全国普通高校电气工程及其自动化专业规划教材

Power System Analysis

电力系统分析

（第2版）

吴俊勇　夏明超　徐丽杰　郎兵◎编著
Wu Junyong　　Xia Mingchao　　Xu Lijie　　　Lang Bing

U0229960

清华大学出版社
北京

内 容 简 介

本书包括电力系统稳态分析(第1～5章)、电力系统暂态分析(第6～8章)和电力系统稳定与控制(第9～11章)共三部分内容。主要讲述:电力系统各元件的参数和等值电路、潮流计算、有功功率平衡和频率调整、无功功率平衡及电压调整、短路的基本概念及计算方法、对称分量法、各序网络的制定、简单不对称短路计算、电力系统静态稳定性及动态稳定性的基本概念及其分析方法。

本书可作为高等学校电气工程及其自动化等相关专业的教学用书,亦可供电力系统相关专业的技术人员参考。

图书在版编目(CIP)数据

电力系统分析/吴俊勇等编著.—2版.—北京:清华大学出版社,2019(2024.7重印)
(全国普通高校电气工程及其自动化专业规划教材)
ISBN 978-7-302-52935-4

Ⅰ.①电… Ⅱ.①吴… Ⅲ.①电力系统－系统分析－高等学校－教材 Ⅳ.①TM711

中国版本图书馆 CIP 数据核字(2019)第 083537 号

责任编辑:曾　珊
封面设计:李召霞
责任校对:胡伟民
责任印制:刘海龙

出版发行:清华大学出版社
网　　　址:https://www.tup.com.cn,https://www.wqxuetang.com
地　　　址:北京清华大学学研大厦 A 座　　　　邮　　编:100084
社 总 机:010-83470000　　　　　　　　　　邮　　购:010-62786544
投稿与读者服务:010-62776969,c-service@tup.tsinghua.edu.cn
质量反馈:010-62772015,zhiliang@tup.tsinghua.edu.cn
课件下载:https://www.tup.com.cn,010-62795954
印 装 者:北京嘉实印刷有限公司
经　　销:全国新华书店
开　　本:185mm×260mm　　印　张:17.25　　字　数:435 千字
版　　次:2014 年 8 月第 1 版　2019 年 7 月第 2 版　　印　次:2024 年 7 月第 9 次印刷
定　　价:59.00 元

产品编号:083461-02

前　言

　　本书是在作者所在学校"电力系统分析"课程本科教材(清华大学出版社,2014)的基础上修订而成的。全书共 11 章,包括电力系统稳态分析(第 1～5 章)、电力系统暂态分析(第 6～8 章)和电力系统稳定与控制(第 9～11 章)三部分内容。

　　电力系统稳态分析的主要内容是:电力系统的组成、运行特点和基本要求,元件参数和等值电路,标幺制,开式电力网的潮流计算和简单闭式电力网的潮流计算,有功功率平衡与频率调整,无功功率平衡与电压调整等。

　　电力系统暂态分析的主要内容是:短路的基本概念,电力系统三相短路的实用计算方法,对称分量法,元件的各序参数和等值电路,各序网络的制定,计算简单不对称短路的复合序网法和正序等效定则。

　　电力系统稳定与控制的主要内容是:电力系统稳定性的定义及分类,同步发电机转子运动方程和功率特性,静态稳定性分析的小干扰法,自动励磁调节对静态稳定的作用,暂态稳定性分析的等面积定则。

　　本书是为电气工程学科的本科生量身打造的"电力系统分析"课程教材,其主要特点是突出了电力系统的基本概念和基本计算方法等基础知识,在每一章的开始都给出该章所涉及的基本概念、重点和难点,使学生做到目标明确,心中有数;再配合精心设计的例题和习题,使学生能够在有限的课时内抓住重点,打好基础。附录 A 给出了部分习题的答案,供学生课后练习和复习参考。

　　本书三部分内容相对独立,任课教师可以根据教学大纲和课时,灵活取舍,自由组合,以满足不同类别学生的教学要求。

　　与本教材配套的在线课程网址可以在"中国大学 MOOC"网站中搜索"电力系统分析"(北京交通大学)。

　　在本书的编写过程中,华北电力大学、华中科技大学等高等院校的老师对教材的初稿提出了宝贵的意见和建议,对此我们表示衷心的感谢。限于作者的水平和条件,书中的缺点和不足在所难免,恳请读者批评指正。

作　者

2018 年 12 月

学 习 建 议

本课程是电气工程及其自动化专业的专业必修课程,也是专业主干课程。本课程的目标是要求学生掌握电力系统稳态分析和暂态分析的基本概念、基本模型和基本计算方法,为后续的电力系统系列课程的学习和今后从事电力系统的相关工作打下坚实的基础。本课程的参考学时为 64 学时,包括课程理论教学环节(56 课时)和实验教学环节(8 课时)。

课程理论教学环节主要包括:课堂讲授、研究性教学。课程以课堂教学为主,在课时不足时可以辅助以大规模在线课程(Massive Open Online Course,MOOC)的教学方式;研究性教学针对课程内容进行扩展和探讨,要求学生根据教师布置的题目撰写论文、提交报告,并在课内讨论讲评。

与本教材配套的在线课程网址为 https://www.icourse163.org/course/NJTU-1003359009,或在"中国大学 MOOC"网站中搜索"电力系统分析"(北京交通大学)。

本课程的主要知识点、重点、难点及课时分配见下表。

序号	知识单元(章节)	主要知识点	要求	推荐学时
1	电力系统的基本概念	电力系统的运行特点及基本要求	了解	2
		电力设备的额定参数	掌握	
		电力系统的接线	了解	
2	电力系统各元件的参数和等值电路	同步发电机的基本方程及参数	理解	6
		变压器的参数和等值电路	理解	
		线路的参数和等值电路	理解	
		负荷的参数和等值电路	理解	
		标幺制	掌握	
3	电力系统的潮流计算	潮流计算的概念	理解	8
		电压降落	掌握	
		功率损耗	掌握	
		开式电力网的潮流计算	掌握	
		基本功率分布	掌握	
		环网的循环功率	掌握	
		闭式电力网的潮流计算	掌握	
4	电力系统有功功率平衡和频率调整	电力系统的频率偏移	了解	6
		电力系统的功频静特性	理解	
		一次调频	掌握	
		二次调频	掌握	
		主调频电厂的选择	理解	

序号	知识单元(章节)	主要知识点	要求	推荐学时
5	电力系统无功功率平衡及电压调整	电力系统的电压偏移	了解	6
		无功功率电源	了解	
		电压中枢点	理解	
		电压调整的原理及措施	理解	
		调压措施的合理应用	理解	
6	电力系统短路的基本概念及三相短路的实用计算方法	短路的基本概念	了解	4
		网络变换方法	掌握	
		转移阻抗的概念及计算	理解	
		无穷大电源	理解	
		三相短路的暂态过程	理解	
		起始次暂态电流的概念及计算	掌握	
7	对称分量法及电力系统元件各序参数和等值电路	对称分量法	掌握	4
		电力元件的序阻抗和序等值	掌握	
		电力系统的序网络制定	掌握	
8	电力系统不对称故障的分析和计算	各种不对称故障的分析	掌握	4
		正序等效定则	掌握	
		对称分量经变压器的相位变换	了解	
		非故障处电压和电流的计算	了解	
		非全相运行的分析和计算	了解	
9	电力系统运行稳定性的基本概念	稳定性的分类	了解	4
		转子运动方程	理解	
		电力系统的功率特性	理解	
10	电力系统的静态稳定性	静态稳定性的基本物理概念	理解	4
		静态稳定性的基本判据	理解	
		小扰动法分析静态稳定性	理解	
		提高静态稳定性的措施	理解	
11	电力系统的暂态稳定性	暂态稳定性的基本物理概念	理解	4
		等面积定则	理解	
		极限切除角的概念及计算	掌握	
		提高暂态稳定性的措施	掌握	
12	研究性教学	课后完成,课堂讨论点评	理解	4

目　　录

第1章 电力系统的基本概念

内容提要：本章介绍电力系统的组成、运行特点和基本要求，输电网和配电网的基本概念及其区别，额定电压、额定电流、额定容量和额定频率等电气设备额定参数和变压器分接头的基本概念，特别是发电机、输电线路、升压变压器、降压变压器和用电设备的额定电压的确定，以及电力系统常见的几种接线方式及其特点。

基本概念：电力系统，输电网，配电网，额定电压，额定电流，额定容量，额定频率及变压器分接头。

重点：电力系统的特点和基本要求，额定参数，接线方式。

难点：发电机、变压器、输电线路和受电设备额定电压的确定。

电力工业是国民经济的一个重要组成部分。由于电能具有便于传输、分配、转换、使用和控制等特点，被广泛用于现代工业、农业、交通运输、科学技术、国防建设，以及人民的日常生活中，涉及社会生产和生活的各个方面。因此可以说，没有电力工业，就没有国民经济的现代化。

1.1 电力系统的组成和特点

1.1.1 电力系统的组成

在输送电能的过程中，为了满足不同用户对供电经济性和可靠性的要求，也为了满足远距离输电的需要，常需要采用多种电压等级输送电能。由发电厂中的发电机、升压和降压变压器、输电线路及电力用户组成的电气上相互连接的整体，称为电力系统，它包括了发电、输电、配电和用电的全过程。由于电力系统的设备大都是三相的，它们的参数也是对称的，一般将三相电力系统用单线图表示。电力系统中用于电能输送和分配的部分，即不同电压等级的升压和降压变电所、不同电压等级的输电线路，称为电力网。发电厂的动力部分，即火电厂的锅炉和汽轮机、水电厂的水轮机、核电厂的反应堆和汽轮机等，与电力系统组成的一个整体称为动力系统。如图 1-1 所示是动力系统、电力系统和电力网的示意图。

变电所分为枢纽变电所、中间变电所、地区变电所和终端变电所。枢纽变电所一般都处于电力系统各部分的中枢位置，容量很大，地位重要，连接电力系统高压和中压的几个部分，汇集多个电源，电压等级为 330kV 及以上；中间变电所处于发电厂和负荷的中间，此处可以转送或抽出部分负荷，高压侧电压为 220～330kV；地区变电所是一个地区和城市的主要变电所，负责给地区用户供电，高压侧电压为 110～220kV；终端变电所一般都是降压变电所，高压侧电压为 35～110kV，只供应局部地区的负荷，不承担转送负荷功率的任务。

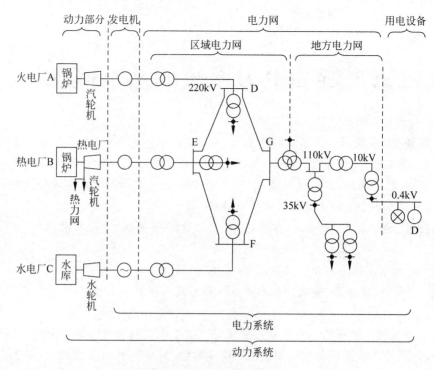

图 1-1　动力系统、电力系统和电力网示意图

电力网按电压等级和供电范围可分为地方电力网、区域电力网和高压输电网。35kV及以下、输电距离几十千米以内、多给地方负荷供电的，称为地方电力网，又称为配电网，它的主要任务是向终端用户配送满足一定电能质量要求和供电可靠性要求的电能；电压为110~220kV，多用于给区域性变电所负荷供电的，称为区域电力网；330kV及以上的远距离输电线路组成的电力网称为高压输电网。区域电力网和高压输电网统称为输电网，它的主要任务是将大量的电能从发电厂远距离传输到负荷中心，并保证系统安全、稳定和经济地运行。

1.1.2　电力系统的运行特点及基本要求

1. 电力系统的运行特点

电能的生产、输送、分配及使用过程和其他工业部门相比有以下特点。

1）电能不能大量储存

虽然钠硫电池、锂电池等蓄电池和电容器等储能元件能够储存少量电能，但对于整个电力系统的能量来说是微不足道的。可以说电能的生产、输送、分配及使用是同时完成的，即发电厂在任何时刻生产的电能恰好等于该时刻用户消耗的电能和输送、分配过程中损耗的能量之和。任何一个环节出现故障，都将影响整个电力系统的正常工作。

2）过渡过程非常迅速

由于电力系统存在大量电感、电容元件(包括导体和设备的等值电感和电容)，当运行状态发生变化或发生故障时会产生过渡过程。电能是以光速传输的，过渡过程将按该速度迅速波及系统的其他部分。因此设备正常运行的调整和切换操作，以及故障的切除，必须采取自动装置迅速而准确地完成。

3）电能生产与国民经济各部门和人民生活关系密切

电能是国民经济各部门的主要动力。随着科技的进步和人民生活水平的逐步提高,生活电器的种类不断增多,生活用电量日益增加。电能的供应不足或突发故障都将给国民经济各部门造成巨大损失,给人民生活带来极大不便。

2. 对电力系统的基本要求

对电力系统的运行有以下基本要求。

1）保证供电的可靠性

中断供电造成的后果往往非常严重,会使各个行业生产停顿,使社会秩序混乱,给人民生活带来不便,甚至危及人身和设备的安全,给国民经济造成巨大的损失。这就要求电力系统在运行中首先要保证可靠、不间断地向电力用户供电。为此,一方面必须保证设备运行可靠,另一方面要提高运行、管理水平。

2）保证供电的电能质量

电能是一种商品,它的质量指标主要有电压、频率和波形。随着经济的发展和生活水平的提高,人们对电能质量的要求越来越高。

（1）电压。系统电压过高或过低,对用电设备运行的技术和经济指标有很大影响,甚至会损坏设备。一般规定,电压的允许变化范围为额定电压的±5%。

（2）频率。频率的高低影响电动机的出力,会影响造纸、纺织等行业的产品质量,影响电子钟和一些电子类自动装置的准确性,使某些设备因低频振动而损坏。我国规定频率的允许变化范围为 $50\pm(0.2\sim0.5)\mathrm{Hz}$。

（3）波形。电力系统供给的电压或电流一般都是较为标准的正弦波,但是在电能的传输过程中会发生畸变,产生谐波。引起谐波产生的原因很多,如带铁芯设备的饱和、系统的不对称运行、在系统中接入了电子设备、整流设备、电气化铁路等。例如,我国规定,110kV电网电压总谐波畸变率[①]不大于 4%,6kV 电网电压总谐波畸变率不大于 2%。

3）保证电力系统运行的经济性

在电能的生产过程中降低能源消耗,以及在传输过程中降低损耗是电力系统需要解决的重要问题。常采用的措施有:采用节能的大机组;提高超高压和特高压输电的比重;合理发展电力系统,选用经济运行方式;无功补偿降低线路损耗;采用低损耗变压器等。

4）满足节能与环保的要求

要求电力系统的运行能满足节能与环保的要求,如实行水火电联合经济运行,最大限度地节省燃煤和天然气等一次能源,将火力发电释放到大气中的二氧化硫、二氧化氮等温室气体控制在最低水平,大力发展风力发电、太阳能发电等可再生能源发电,实现低碳经济和能源的可持续发展战略。

---

① 　总谐波畸变率(Total Harmonic Distortion,THD)是指周期性交流量中的谐波分量的方均根值与其基波分量的方均根值之比,用百分数表示。

1.2　电气设备的额定参数

电力系统的设备和用户电气设备的种类很多,它们的作用、结构、原理、使用条件及要求各不相同,但都有额定电压、额定电流、额定容量(功率)和额定频率这些主要参数。

1) 额定电压

为了使电器的设计、制造和选用实现标准化和系列化,电气设备都要规定其在正常工作条件下的电压,即额定电压。额定电压是国家强制规定的一组系列值。各种设备在其额定电压下运行时的技术、经济效益是最佳的。对于三相电力系统及设备来说,额定电压指其线电压的有效值;对于低压三相四线制系统的单相电器是指其相电压的有效值。

我国编制的电力系统 1kV 以下的电压等级分别为 220V、380V;1kV 及以上的电压等级分别为 3kV、6kV、10kV、35kV、60kV、110kV、220kV、330kV、500kV、750kV、1000kV,其中,60kV 只在东北电网存在,330kV 和 750kV 只在西北电网存在。

表 1-1 列出了我国规定的部分额定电压等级。从表中可以看出以下几点。

表 1-1　部分额定电压等级　　　　　　　　　　(单位:V)

受电设备			发电机		变压器			
直流	三相交流		直流	三相交流 (线电压)	三相		单相	
	线电压	相电压			一次绕组	二次绕组	一次绕组	二次绕组
100			115					
	(127)			(133)	(127)	(133)	(127)	133
220	220	127	230	230	220	330	220	330
400	380	220	400	400	380	400	380	400
			460					
	3000			3150	3000 和 3150	3150 和 3300		
	6000			6300	6000 和 6300	6300 和 6600		
	10 000			10 500	10 000 和 10 500	11 000 和 10 500		
				13 800	13 800			
				15 750	15 750			
				18 000	18 000			
	35 000				35 000	38 500		
	(60 000)				(60 000)	(66 000)		
	110 000				110 000	121 000		
	(154 000)				(154 000)	(169 000)		
	220 000				220 000	242 000		
	330 000				330 000	363 000		
	500 000				500 000	550 000		

说明:括号内数字为不推荐电压等级。

（1）受电设备（用电设备和负荷）的额定电压与系统（电网）的额定电压相等。

（2）电力线路的额定电压和系统的额定电压相等，有时把它们称为网络的额定电压，如220kV 网络等。

（3）发电机是电力系统的电源，处于线路首端。受电设备允许的电压偏移为±5%，考虑线路允许 10% 的电压降落，所以规定发电机额定电压比其所接电网额定电压高 5%。如接入 6kV 系统的发电机，其额定电压为 6.3kV 等。

（4）变压器具有电源和受电设备的双重性，一次绕组看成受电设备，其额定电压等于系统的额定电压，与发电机直接连接时等于发电机的额定电压。二次绕组可看成电源，规定其额定电压为变压器的空载电压值，变压器二次绕组的额定电压比系统的额定电压高 10%。为适应电力系统运行调节的需要，通常在变压器的高压绕组上设计制造分接头。分接头用百分数表示，即表示分接头电压与主抽头电压的差值为主抽头电压的百分之几。当变压器运行于主抽头时，高压侧额定电压与低压侧额定电压之比为变压器的额定变比。对同一电压等级的升压变压器和降压变压器，即使分接头百分值相同，分接头的额定电压也不同。图 1-2 为用线电压表示的连接 10kV 和 220kV 网络的具有抽头 $(1\pm2\times2.5\%)V_N$ 的升压变压器和降压变压器。当变压器运行于同样的 +5% 抽头时，升压变压器高压侧的额定电压为 $(242\times1.05\text{kV}=)254\text{kV}$，变压器的实际变比为 254/10.5；而降压变压器高压侧的额定电压为 $(220\times1.05\text{kV}=)231\text{kV}$，变压器的实际变比为 231/11。

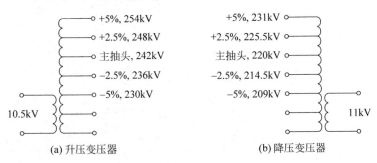

图 1-2　变压器分接头的额定电压

2）额定电流

额定电流是指在一定的周围介质（环境）计算温度下，电气设备所允许长期通过的最大的电流值。此时其绝缘部分和载流部分的长期最大发热温度不应超过其长期工作的允许发热温度。为了使设备的设计、制造、选用实现标准化和系列化，额定电流不是连续任意值，而是一组系列值。

3）额定容量

电气设备的额定容量（功率）规定的条件与额定电流相同。对于发电机、变压器和互感器等可以作为电源的设备，额定容量（功率）是指其能够带负载的能力；对于电动机等用电设备，额定容量（功率）是指其消耗的电功率。发电机的容量一般用有功功率（单位通常为kW）表示，变压器的容量一般用视在功率（单位通常为 kVA）表示，电动机等的容量一般用有功功率（单位通常为 kW 或 W）表示。

4）额定频率

额定频率没有特殊要求和说明，我国电力系统的标准频率为 50Hz。

1.3　电力系统的接线图与接线方式

1. 电力系统的接线图

电力系统的接线图通常分为两种：电气接线图和地理接线图。

电气接线图是用标准的元件符号将主要一次设备按照设计要求连接的电路。它能够详细地描述电力系统各元件之间的电气联系,但不能反映各个发电厂和变电所的地理位置关系,如图 1-3 所示。

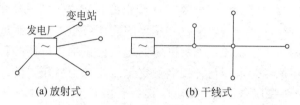

(a) 放射式　　　　　　　　　(b) 干线式

图 1-3　电力系统的电气接线图

地理接线图一般要求按比例把发电厂和变电所的相对位置、线路条数及路径走向表示得很清楚,能够反映元件间的电气联系,但不要求特别清楚。图 1-4 是地理接线图,地理接线往往表示电力网的网络接线形式。

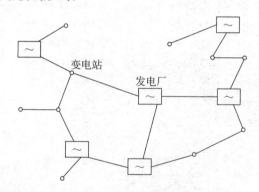

图 1-4　电力系统的地理接线图

2. 电力系统的接线方式

电力系统的接线方式大体可归纳为两种：放射形接线和环网接线。放射形接线是指用户从一个方向取得电源的接线方式,包括单回线放射式、干线式(树状)、链式网络。如图 1-3(a)所示即为放射形网,它的优点是接线明晰、经济、运行方式简单；缺点是供电可靠性差。放射形接线在配电网使用较多,一般适合给不太重要、比较分散的负荷供电。

环网接线是指用户可以从两个及以上方向取得电源的接线方式,包括双回线放射式、两端手拉手环网、复杂环网等,如图 1-5 所示。它的优点是供电可靠；缺点是接线相对复杂,经济性差,运行操作和保护复杂。高电压等级的输电网,可采用环式网；城市配电网中,重要的用户多采用双回线的放射式、干线式、链式网络和两端手拉手环网供电。

大电网通常是以上两种接线方式的各种组合,如某一大型发电厂,它以几条回线的高压或超高压出线,将其发电功率传输到几个高压或超高压变电站,就是采用放射形接线；对于某一重要的变电站,采用两回及以上的输电线进线;电力系统为了保证调度的灵活性和线路故障或检修时的可靠性,又在重要变电站之间架设联络线,这就形成了环网。

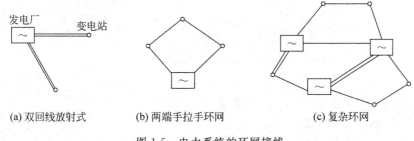

(a) 双回线放射式　　　　(b) 两端手拉手环网　　　　(c) 复杂环网

图 1-5　电力系统的环网接线

1.4　电力系统分析课程的主要内容

电力系统分析是电力系统及其自动化专业的必修课,内容非常丰富。但为了在有限的课时内让学生能抓住重点,本教材的组织重点突出了基本概念和基本计算方法,为学生今后从事本领域的研究和具体实施工作打下一个坚实的基础。它主要包含电力系统稳态分析(第 1～5 章)、电力系统暂态分析(第 6～8 章)、电力系统稳定与控制(第 9～11 章)三大部分内容。其中,第 1 部分是第 2 部分的基础,而第 3 部分相对独立。教师可以根据教学大纲和课时数的要求灵活掌握,或者全部讲授,或者只讲授前两部分,或者只讲授第 3 部分。

本章小结

本章首先介绍了电力系统的组成、运行特点和基本要求。电力系统是由发电厂、输电网、配电网和电力负荷组成的。110kV 及以上的电力网称为输电网,它的主要任务是将大量的电能从发电厂远距离传输到负荷中心,并保证系统安全、稳定和经济地运行。35kV 及以下的电力网称为配电网,它的主要任务是向终端用户配送满足一定电能质量要求和供电可靠性要求的电能。由于电能的生产和消费具有不能大量储存、过渡过程非常迅速、与国民经济各部门和人民生活关系密切等特点,要求电力系统的运行必须保证供电的可靠性、满足电能质量的要求、经济运行的要求和节能环保的要求。

本章还介绍了额定电压、额定电流、额定容量和额定频率等电气设备额定参数,以及变压器分接头的概念,特别是发电机、输电线路、升压变压器、降压变压器和用电设备的额定电压的确定。最后,介绍了电力系统常见的几种接线方式及其特点。

第 1.4 节对本课程内容作了简略的概括。

习题

1-1　电力系统是由哪几个部分组成的? 各部分的主要功能是什么?

1-2　电力系统的运行有哪些特点? 对电力系统运行的基本要求有哪些?

1-3　电力系统的部分接线如图 1-6 所示。

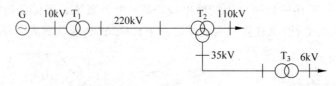

图 1-6　题 1-3 图

试求：

（1）发电机及各变压器高、低压绕组的额定电压；

（2）各变压器的额定变比；

（3）当变压器 T_1 运行于 +5％抽头、T_2 运行于主抽头、T_3 运行于 -2.5％抽头时，各变压器的实际变比。

1-4　电力系统的部分接线如图 1-7 所示，网络的额定电压已标明在图中。试求：

（1）发电机、电动机及变压器高、中、低压绕组的额定电压；

（2）设变压器 T_1 高压侧工作于 +2.5％抽头，中压侧工作于 +5％抽头，T_2 工作于额定抽头，T_3 工作于 -2.5％抽头时，各变压器的实际变比。

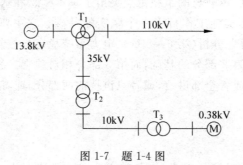

图 1-7　题 1-4 图

第 2 章　电力系统各元件的
参数和等值电路

内容提要：首先介绍电力系统中同步发电机、变压器、电力线路、负荷和高压直流输电系统的等值电路模型及其中各参数的含义和计算公式。其次引入标幺制的概念，介绍电力系统中各元件标幺值的计算公式，同时介绍多电压等级电力系统中基准值的选取方法。

基本概念：参数、变压器、电力线路、负荷和高压直流输电系统的参数和等值电路。

重点：

(1) 同步发电机、变压器、电力线路、负荷的参数和等值电路；

(2) 标幺制的基本概念、基准值的选择和标幺值的计算。

难点：

(1) 对同步发电机各参数含义的理解；

(2) 不同基准下标幺值的换算。

在电力系统的计算中，需要以电路理论为基础，首先通过一些假设将实际元件简化为理想元件，将实际系统等效为理想电路模型，然后应用电路定理、定律和方法求解，最后通过对计算结果的分析得到结论。

2.1　同步发电机的等值电路与参数

2.1.1　同步发电机的基本方程和坐标转换

在"电机学"课程中曾经通过电磁过程的分析，给出了同步发电机稳态运行时的电压方程以及有关的参数。下面将从电路的一般原理出发，推导同步发电机的基本方程，这样可以完整地掌握发电机的数学模型，并更清楚地理解有关参数的意义。

1. 发电机回路电压方程和磁链方程

为建立发电机 6 个回路（3 个定子绕组、1 个励磁绕组以及直轴和交轴阻尼绕组）的方程，首先要选定磁链、电流和电压的正方向。图 2-1 给出了同步发电机各绕组位置的示意图，图中标出了各相绕组的轴线 a、b、c 和转子绕组的轴线 d、q。其中，转子的 d 轴（直轴）滞后于 q 轴（交轴）90°。本书中选定定子各相绕组轴线的正方向作为各相绕组磁链的正方向。励磁绕组和直轴阻尼绕组磁链的正方向与 d 轴正方向相同；交轴阻尼绕相磁链的正主向与 q 轴正方向相同。图 2-1 中也标出了各绕组电流的正方向。定子各相绕组电流产生的磁通方向与各该相绕组轴线的正方向相反时，电流为正值；转子各绕组电流产生的磁通方向与 d 轴或 q 轴正方向相同时，电流为正值。图 2-2 给出各回路的电路（只画了自感），其中标明了电压的正方向。在定子回路中向负荷侧观察，电压降的正方向与定子电流的正方向一致；

在励磁回路中向励磁绕组侧观察,电压降的正方向与励磁电流的正方向一致。阻尼绕组为短接回路,电压为零。

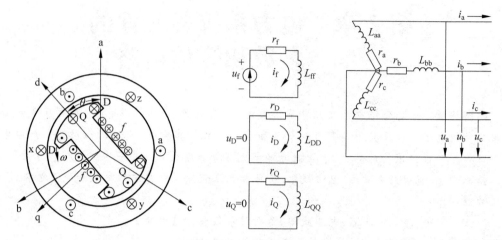

图 2-1　同步发电机各绕组位置示意图　　　　图 2-2　同步发电机各回路电路图

根据图 2-2,假设三相绕组电阻相等,即 $r_a = r_b = r_c = r$,可列出 6 个回路的电压方程

$$
\begin{bmatrix} u_a \\ u_b \\ u_c \\ u_f \\ 0 \\ 0 \end{bmatrix} = \begin{bmatrix} r & 0 & 0 & & & \\ 0 & r & 0 & & \mathbf{0} & \\ 0 & 0 & r & & & \\ & & & r_f & 0 & 0 \\ & \mathbf{0} & & 0 & r_D & 0 \\ & & & 0 & 0 & r_Q \end{bmatrix} \begin{bmatrix} -i_a \\ -i_b \\ -i_c \\ i_f \\ i_D \\ i_Q \end{bmatrix} + \begin{bmatrix} \dot{\psi}_a \\ \dot{\psi}_b \\ \dot{\psi}_c \\ \dot{\psi}_f \\ \dot{\psi}_D \\ \dot{\psi}_Q \end{bmatrix} \tag{2-1}
$$

式中,ψ 为各绕组磁链;$\dot{\psi}$ 为磁链对时间的导数 $\dfrac{\mathrm{d}\psi}{\mathrm{d}t}$。

同步发电机中各绕组的磁链是由本绕组的自感磁链和其他绕组与本绕组间的互感磁链组合而成。它的磁链方程为

$$
\begin{bmatrix} \psi_a \\ \psi_b \\ \psi_c \\ \psi_f \\ \psi_D \\ \psi_Q \end{bmatrix} = \begin{bmatrix} L_{aa} & M_{ab} & M_{ac} & M_{af} & M_{aD} & M_{aQ} \\ M_{ba} & M_{bb} & M_{bc} & M_{bf} & M_{bD} & M_{bQ} \\ M_{ca} & M_{cb} & M_{cc} & M_{cf} & M_{cD} & M_{cQ} \\ M_{fa} & M_{fb} & M_{fc} & M_{ff} & M_{fD} & M_{fQ} \\ M_{Da} & M_{Db} & M_{Dc} & M_{Df} & M_{DD} & M_{DQ} \\ M_{Qa} & M_{Qb} & M_{Qc} & M_{Qf} & M_{QD} & M_{QQ} \end{bmatrix} \begin{bmatrix} -i_a \\ -i_b \\ -i_c \\ +i_f \\ +i_D \\ +i_Q \end{bmatrix} \tag{2-2}
$$

式中,电感矩阵对角元素 L 为各绕组的自感系数,非对角元素 M 为两绕组间的互感系数。两绕组间的互感系数是可逆的,即 $M_{ab} = M_{ba}$、$M_{af} = M_{fa}$、$M_{fD} = M_{Df}$ 等。

对于凸极机,大多数电感系数为周期性变化的,隐极机则小部分电感为周期性变化。无论是凸极机还是隐极机,如果将式(2-2)取导数后代入式(2-1)中,发电机的电压方程则是一组变系数的微分方程。用这种方程来分析发电机的运行状态是很困难的。为了方便起见,一般采用转换变量的方法,或者称为坐标转换的方式来进行分析。这种方法就是把 a、 b、c 3 个绕组的电流 i_a、i_b、i_c 和电压 u_a、u_b、u_c 以及磁链 ψ_a、ψ_b、ψ_c 经过线性变换转换成另外 3 个电流、3 个电压和 3 个磁链，或者说将 a、b、c 坐标系统上的量转换成另外一个坐标系统上的量。经过上述转换后，将式（2-1）和式（2-2）变成新变量的方程，这种新方程应便于求解。当然，在求得新的变量后可利用原线性变换关系来求得 a、b、c 3 个绕组的量。目前已有多种坐标转换，这里只介绍其中最常用的一种，它是由美国工程师派克（Park）在 1929 年首先提出的（其后不久，苏联学者戈列夫也独立地完成了大致相同的工作），一般称为派克变换。

2. 派克变换及 d、q、0 坐标系统的发电机基本方程

派克变换就是将 a、b、c 的量经过下列变换（由于所取的系数不同，有几个不同的形式，这里介绍其中一种），转换成另外 3 个量。例如对于电流，将 i_a、i_b、i_c 转换成另外 3 个电流 i_d、i_q、i_0，分别称为定子电流的 d 轴、q 轴、零轴分量，即有

$$\begin{bmatrix} i_d \\ i_q \\ i_0 \end{bmatrix} = \frac{2}{3} \begin{bmatrix} \cos\theta & \cos(\theta-120°) & \cos(\theta+120°) \\ -\sin\theta & -\sin(\theta-120°) & -\sin(\theta+120°) \\ \frac{1}{2} & \frac{1}{2} & \frac{1}{2} \end{bmatrix} \begin{bmatrix} i_a \\ i_b \\ i_c \end{bmatrix} \quad (2\text{-}3)$$

对于电压和磁链，同样有类似变换关系

$$\begin{bmatrix} u_d \\ u_q \\ u_0 \end{bmatrix} = \frac{2}{3} \begin{bmatrix} \cos\theta & \cos(\theta-120°) & \cos(\theta+120°) \\ -\sin\theta & -\sin(\theta-120°) & -\sin(\theta+120°) \\ \frac{1}{2} & \frac{1}{2} & \frac{1}{2} \end{bmatrix} \begin{bmatrix} u_a \\ u_b \\ u_c \end{bmatrix} \quad (2\text{-}4)$$

$$\begin{bmatrix} \psi_d \\ \psi_q \\ \psi_0 \end{bmatrix} = \frac{2}{3} \begin{bmatrix} \cos\theta & \cos(\theta-120°) & \cos(\theta+120°) \\ -\sin\theta & -\sin(\theta-120°) & -\sin(\theta+120°) \\ \frac{1}{2} & \frac{1}{2} & \frac{1}{2} \end{bmatrix} \begin{bmatrix} \psi_a \\ \psi_b \\ \psi_c \end{bmatrix} \quad (2\text{-}5)$$

它们简写形式为

$$\begin{cases} \boldsymbol{i}_{dq0} = \boldsymbol{P}\boldsymbol{i}_{abc} \\ \boldsymbol{u}_{dq0} = \boldsymbol{P}\boldsymbol{u}_{abc} \\ \boldsymbol{\Psi}_{dq0} = \boldsymbol{P}\boldsymbol{\Psi}_{abc} \end{cases} \quad (2\text{-}6)$$

式中，$\boldsymbol{P}$ 为式（2-3）～式（2-5）中的系数矩阵。

由式（2-3）不难解得其逆变换关系为

$$\begin{bmatrix} i_a \\ i_b \\ i_c \end{bmatrix} = \begin{bmatrix} \cos\theta & -\sin\theta & 1 \\ \cos(\theta-120°) & -\sin(\theta-120°) & 1 \\ \cos(\theta+120°) & -\sin(\theta+120°) & 1 \end{bmatrix} \begin{bmatrix} i_d \\ i_q \\ i_0 \end{bmatrix} \quad (2\text{-}7)$$

对于电压、磁链有类似的逆变换关系。逆变换关系可简写为

$$\begin{cases} \boldsymbol{i}_{abc} = \boldsymbol{P}^{-1}\boldsymbol{i}_{dq0} \\ \boldsymbol{u}_{abc} = \boldsymbol{P}^{-1}\boldsymbol{u}_{dq0} \\ \boldsymbol{\Psi}_{abc} = \boldsymbol{P}^{-1}\boldsymbol{\Psi}_{dq0} \end{cases} \quad (2\text{-}8)$$

下面将电流关系式展开并说明这种变换的意义，即

$$\begin{cases} i_d = \dfrac{2}{3}\left[i_a\cos\theta + i_b\cos(\theta - 120°) + i_c\cos(\theta + 120°)\right] \\[2mm] i_q = \dfrac{2}{3}\left[-i_a\sin\theta - i_b\sin(\theta - 120°) - i_c\sin(\theta + 120°)\right] \\[2mm] i_0 = \dfrac{1}{3}(i_a + i_b + i_c) \end{cases} \tag{2-9}$$

零轴分量 i_0 与三相电流瞬时值之和成正比,当发电机中性点绝缘时,i_0 总为零。

三相电流对应于三相磁动势,式(2-9)中 i_d 和 i_q 分别正比于 i_a、i_b、i_c 磁动势在 d 轴和 q 轴上的分量之和。当同步发电机稳态运行时,i_d、i_q 正比于三相电流合成的幅值不变的磁动势在 d、q 轴的分量,即直、交轴电枢反应磁动势,并均为常数,即直流电流。当然,在任意暂态过程中,i_d 和 i_q 就不再是常数了。

由上分析,可以把 i_{abc} 向 i_{dq0} 的转换设想为将定子三相绕组的电流用另外 3 个假想的绕组电流代替。一个是零轴绕组(通常可以不要),另外两个假想绕组可称为 dd 和 qq,它们的轴线与转子的 d 和 q 轴相重合。

若已知 i_d 和 i_q,则由式(2-7)知,它们在 a、b、c 轴线上投影之和即为 i_a、i_b、i_c(当 $i_0 = 0$)。

【例 2-1】 设发电机转子速度为 ω,三相电流的瞬时值分别为

$$(1)\quad \begin{bmatrix} i_a \\ i_b \\ i_c \end{bmatrix} = I_m \begin{bmatrix} \cos(\omega t - \alpha_0) \\ \cos(\omega t + \alpha_0 - 120°) \\ \cos(\omega t + \alpha_0 + 120°) \end{bmatrix}$$

$$(2)\quad \begin{bmatrix} i_a \\ i_b \\ i_c \end{bmatrix} = I_m \begin{bmatrix} 1 \\ -0.25 \\ -0.25 \end{bmatrix}$$

试计算经派克变换后的 i_d、i_q、i_0。

解:

(1) d 轴和 a 轴之间的夹角 $\theta = \omega t + \theta_0$($\theta_0$ 为 $t = 0$ 时的夹角),则

$$\begin{bmatrix} i_d \\ i_q \\ i_0 \end{bmatrix} = \frac{2I_m}{3} \begin{bmatrix} \cos(\omega t + \theta_0) & \cos(\omega t + \theta_0 - 120°) & \cos(\omega t + \theta_0 + 120°) \\ -\sin(\omega t + \theta_0) & -\sin(\omega t + \theta_0 - 120°) & -\sin(\omega t + \theta_0 + 120°) \\ \dfrac{1}{2} & \dfrac{1}{2} & \dfrac{1}{2} \end{bmatrix} \times$$

$$\begin{bmatrix} \cos(\omega t - \alpha_0) \\ \cos(\omega t + \alpha_0 - 120°) \\ \cos(\omega t + \alpha_0 + 120°) \end{bmatrix} = I_m \begin{bmatrix} \cos(\theta_0 - \alpha_0) \\ -\sin(\theta_0 - \alpha_0) \\ 0 \end{bmatrix}$$

即 i_d、i_q 为直流,i_0 为零。

(2) 同(1)的分析,即

$$\begin{bmatrix} i_d \\ i_q \\ i_0 \end{bmatrix} = \frac{2I_m}{3} \begin{bmatrix} \cos(\omega t + \theta_0) & \cos(\omega t + \theta_0 - 120°) & \cos(\omega t + \theta_0 + 120°) \\ -\sin(\omega t + \theta_0) & -\sin(\omega t + \theta_0 - 120°) & -\sin(\omega t + \theta_0 + 120°) \\ \dfrac{1}{2} & \dfrac{1}{2} & \dfrac{1}{2} \end{bmatrix} \times \begin{bmatrix} 1 \\ -0.25 \\ -0.25 \end{bmatrix}$$

$$= \frac{I_m}{6} \begin{bmatrix} 5\cos(\omega t + \theta_0) \\ -5\sin(\omega t + \theta_0) \\ 1 \end{bmatrix}$$

即 i_d、i_q 为交流。

由本例可见,用 a、b、c 坐标系统和用 d、q、0 坐标系统表示的电流或电压是交、直流互换的。

1) 磁链方程的坐标变换

为了书写方便,将式(2-2)简写为

$$\begin{bmatrix} \boldsymbol{\Psi}_{abc} \\ \boldsymbol{\Psi}_{fDQ} \end{bmatrix} = \begin{bmatrix} \boldsymbol{L}_{SS} & \boldsymbol{L}_{SR} \\ \boldsymbol{L}_{RS} & \boldsymbol{L}_{RR} \end{bmatrix} \begin{bmatrix} -\boldsymbol{i}_{abc} \\ \boldsymbol{i}_{fDQ} \end{bmatrix} \tag{2-10}$$

式中,$\boldsymbol{L}$ 表示各类电感系数;下标 SS 表示定子侧各量,RR 表示转子侧各量,SR 和 RS 则表示定子和转子间各量。

它们的表达式(对称阵仅写上三角)为

$$[\boldsymbol{L}_{SS}] = \begin{bmatrix} l_0 + l_2\cos2\theta & -[m_0 + m_2\cos2(\theta+30°)] & -[m_0 + m_2\cos2(\theta+15°)] \\ & l_0 + l_2\cos2(\theta-120°) & -[m_0 + m_2\cos2(\theta-90°)] \\ & & l_0 + l_2\cos2(\theta+120°) \end{bmatrix}$$

$$[\boldsymbol{L}_{SR}] = [\boldsymbol{L}_{RS}] = \begin{bmatrix} m_{af}\cos\theta & m_{aD}\cos\theta & -m_{aQ}\sin\theta \\ m_{af}\cos(\theta-120°) & m_{aD}\cos(\theta-120°) & -m_{aQ}\sin(\theta-120°) \\ m_{af}\cos(\theta+120°) & m_{aD}\cos(\theta+120°) & -m_{aQ}\sin(\theta+120°) \end{bmatrix}$$

$$[\boldsymbol{L}_{RR}] = \begin{bmatrix} \boldsymbol{L}_f & m_r & O \\ & L_D & O \\ & & L_D \end{bmatrix}$$

将此方程式进行派克变换,即将 $\boldsymbol{\Psi}_{abc}$、$\boldsymbol{i}_{abc}$ 转换为 $\boldsymbol{\Psi}_{dq0}$、$\boldsymbol{i}_{dq0}$,可得

$$\begin{aligned} \begin{bmatrix} \boldsymbol{\Psi}_{dq0} \\ \boldsymbol{\Psi}_{fQD} \end{bmatrix} &= \begin{bmatrix} \boldsymbol{P} & 0 \\ 0 & \boldsymbol{U} \end{bmatrix}\begin{bmatrix} \boldsymbol{\Psi}_{abc} \\ \boldsymbol{\Psi}_{fQD} \end{bmatrix} = \begin{bmatrix} \boldsymbol{P} & 0 \\ 0 & \boldsymbol{U} \end{bmatrix}\begin{bmatrix} \boldsymbol{L}_{SS} & \boldsymbol{L}_{SR} \\ \boldsymbol{L}_{RS} & \boldsymbol{L}_{RR} \end{bmatrix}\begin{bmatrix} -\boldsymbol{i}_{abc} \\ \boldsymbol{i}_{fDQ} \end{bmatrix} \\ &= \begin{bmatrix} \boldsymbol{P} & 0 \\ 0 & \boldsymbol{U} \end{bmatrix}\begin{bmatrix} \boldsymbol{L}_{SS} & \boldsymbol{L}_{SR} \\ \boldsymbol{L}_{RS} & \boldsymbol{L}_{RR} \end{bmatrix}\begin{bmatrix} \boldsymbol{P}^{-1} & 0 \\ 0 & \boldsymbol{U} \end{bmatrix}\begin{bmatrix} \boldsymbol{P} & 0 \\ 0 & \boldsymbol{U} \end{bmatrix}\begin{bmatrix} -\boldsymbol{i}_{abc} \\ \boldsymbol{i}_{fDQ} \end{bmatrix} \\ &= \begin{bmatrix} \boldsymbol{P}\boldsymbol{L}_{SS}\boldsymbol{P}^{-1} & \boldsymbol{P}\boldsymbol{L}_{SR} \\ \boldsymbol{L}_{RS}\boldsymbol{P}^{-1} & \boldsymbol{L}_{RR} \end{bmatrix}\begin{bmatrix} -\boldsymbol{i}_{dq0} \\ \boldsymbol{i}_{fDQ} \end{bmatrix} \end{aligned} \tag{2-11}$$

式中,$\boldsymbol{U}$ 为单位矩阵。

式(2-11)中系数矩阵的各分块子阵分别为

$$\boldsymbol{P}\boldsymbol{L}_{SS}\boldsymbol{P}^{-1} = \begin{bmatrix} \boldsymbol{L}_d & 0 & 0 \\ 0 & \boldsymbol{L}_d & 0 \\ 0 & 0 & \boldsymbol{L}_d \end{bmatrix}$$

其中

$$\begin{cases} \boldsymbol{L}_d = l_0 + m_0 + \dfrac{3}{2}l_2 \\ \boldsymbol{L}_q = l_0 + m_0 - \dfrac{3}{2}l_2 \\ \boldsymbol{L}_0 = l_0 - 2m_0 \end{cases} \tag{2-12}$$

$$PL_{\mathrm{SR}} = \begin{bmatrix} m_{\mathrm{af}} & m_{\mathrm{aD}} & 0 \\ 0 & 0 & m_{\mathrm{aD}} \\ 0 & 0 & 0 \end{bmatrix}$$

$$L_{\mathrm{RS}}P^{-1} = \begin{bmatrix} \dfrac{3}{2}m_{\mathrm{af}} & 0 & 0 \\ \dfrac{3}{2}m_{\mathrm{aD}} & 0 & 0 \\ 0 & \dfrac{3}{2}m_{\mathrm{aQ}} & 0 \end{bmatrix}$$

这样,经过派克变换后的磁链方程为

$$\begin{bmatrix} \psi_{\mathrm{d}} \\ \psi_{\mathrm{q}} \\ \psi_{0} \\ \psi_{\mathrm{f}} \\ \psi_{\mathrm{D}} \\ \psi_{\mathrm{Q}} \end{bmatrix} = \begin{bmatrix} L_{\mathrm{d}} & 0 & 0 & m_{\mathrm{af}} & m_{\mathrm{aD}} & 0 \\ 0 & L_{\mathrm{q}} & 0 & 0 & 0 & m_{\mathrm{aQ}} \\ 0 & 0 & L_{0} & 0 & 0 & 0 \\ \dfrac{3}{2}m_{\mathrm{af}} & 0 & 0 & L_{\mathrm{f}} & m_{\mathrm{r}} & 0 \\ \dfrac{3}{2}m_{\mathrm{aD}} & 0 & 0 & m_{\mathrm{r}} & L_{\mathrm{D}} & 0 \\ 0 & \dfrac{3}{2}m_{\mathrm{aQ}} & 0 & 0 & 0 & L_{\mathrm{Q}} \end{bmatrix} \begin{bmatrix} -i_{\mathrm{d}} \\ -i_{\mathrm{q}} \\ -i_{0} \\ i_{\mathrm{f}} \\ i_{\mathrm{D}} \\ i_{\mathrm{Q}} \end{bmatrix} \qquad (2\text{-}13)$$

其展开形式的定子磁链方程为

$$\begin{cases} \psi_{\mathrm{d}} = -L_{\mathrm{d}}i_{\mathrm{d}} + m_{\mathrm{af}}i_{\mathrm{f}} + m_{\mathrm{aD}}i_{\mathrm{D}} \\ \psi_{\mathrm{q}} = -L_{\mathrm{q}}i_{\mathrm{q}} + m_{\mathrm{aQ}}i_{\mathrm{Q}} \\ \psi_{0} = -L_{0}i_{0} \end{cases} \qquad (2\text{-}14)$$

转子磁链方程为

$$\begin{cases} \psi_{\mathrm{f}} = -\dfrac{3}{2}m_{\mathrm{af}}i_{\mathrm{d}} + L_{\mathrm{f}}i_{\mathrm{f}} + m_{\mathrm{r}}i_{\mathrm{D}} \\ \psi_{\mathrm{D}} = -\dfrac{3}{2}m_{\mathrm{aD}}i_{\mathrm{d}} + m_{\mathrm{r}}i_{\mathrm{f}} + L_{\mathrm{D}}i_{\mathrm{D}} \\ \psi_{\mathrm{Q}} = -\dfrac{3}{2}m_{\mathrm{aQ}}i_{\mathrm{q}} + L_{\mathrm{Q}}i_{\mathrm{Q}} \end{cases} \qquad (2\text{-}15)$$

以下对新磁链方程的电感系数作进一步分析。

(1) 电感系数均为常数。由式(2-14)第 1 式可见,等效绕组 dd 交链的磁链 ψ_{d} 为由 dd 绕组电流 i_{d} 产生的磁链和励磁绕组及 d 轴阻尼绕组 D 产生的互感磁链组合而成。由于 dd 绕组的轴线始终和 d 轴一致,而 d 轴向的导磁系数为常数,因此等效绕组 dd 的自感系数 L_{d} 为常数,它和励磁绕组及 D 绕组的互感系数 m_{af}、m_{aD} 也为常数。同理,等效绕组 qq 只和 q 轴阻尼绕组 Q 有耦合,它的自感系数 L_{q} 和与 Q 绕组的互感系数 m_{aQ} 均为常数。零轴等效绕组与转子绕组没有耦合。由式(2-7)知三相电流中含有相等的零轴电流,由于三相绕组在空间对称分布,三相零轴电流在转子空间的合成磁动势为零,即不与转子绕组相交链,其自感系数 L_{0} 自然为常数。同理,式(2-15)中各电感也为常数。

(2) L_{d}、L_{q} 及 L_{0} 的意义。如上所述,L_{d} 和 L_{q} 是直轴和交轴等效绕组 dd 和 qq 的自感系数。设将一励磁绕组开路($i_{\mathrm{f}}=0$)的同步发电机和三相电压为正弦对称的电源相连,则定子绕组将在气隙中产生一旋转磁场（此时，$i_\mathrm{f}=0$，对应的 $\psi_\mathrm{q}=0$）。如果将转子驱动到与定子旋转磁场等速同步旋转，则因转子绕组与定子磁场间相对静止，阻尼绕组中将没有电流流动（即 $i_\mathrm{D}=i_\mathrm{Q}=0$）。

若使定子旋转磁场与转子 d 轴重合，则 $i_\mathrm{q}=i_0=0$，$i_\mathrm{f}=i_\mathrm{D}=i_\mathrm{Q}=0$，故 $\psi_\mathrm{q}=\psi_0=0$，$\psi_\mathrm{d}=-L_\mathrm{d}i_\mathrm{d}$。

应用式(2-8)将 $i_{\mathrm{dq}0}$ 和 $\boldsymbol{\Psi}_{\mathrm{dq}0}$ 转换至 i_{abc} 和 $\boldsymbol{\Psi}_{\mathrm{abc}}$，可得

$$\frac{\psi_\mathrm{a}}{i_\mathrm{a}}=\frac{\psi_\mathrm{a}\cos\theta}{i_\mathrm{a}\sin\theta}=\frac{\psi_\mathrm{d}}{i_\mathrm{d}}=-L_\mathrm{d}$$

$$\frac{\psi_\mathrm{b}}{i_\mathrm{b}}=\frac{\psi_\mathrm{b}\cos(\theta-120°)}{i_\mathrm{b}\sin(\theta-120°)}=\frac{\psi_\mathrm{d}}{i_\mathrm{d}}=-L_\mathrm{d}$$

$$\frac{\psi_\mathrm{c}}{i_\mathrm{c}}=\frac{\psi_\mathrm{c}\cos(\theta+120°)}{i_\mathrm{c}\sin(\theta+120°)}=\frac{\psi_\mathrm{d}}{i_\mathrm{d}}=-L_\mathrm{d}$$

这就说明，直轴等效绕组 dd 的自然系数 L_d 就是励磁绕组开组、定子合成磁产生单纯直轴磁场时，任一定子绕组的自感系数。这一自感系数称为同步发电机的直轴同步电感系数，与之对应的 $x_\mathrm{d}=\omega L_\mathrm{d}$ 就是同步发电机的直轴同步电抗。

同样，若使定子旋转磁场与转子 q 轴重合，则 $i_\mathrm{d}=i_0=0$，$i_\mathrm{f}=i_\mathrm{D}=i_\mathrm{Q}=0$，故 $\psi_\mathrm{d}=\psi_0=0$，$\psi_\mathrm{q}=-L_\mathrm{q}i_\mathrm{q}$。相应地，有如下关系

$$\frac{\psi_\mathrm{a}}{i_\mathrm{a}}=\frac{\psi_\mathrm{b}}{i_\mathrm{b}}=\frac{\psi_\mathrm{c}}{i_\mathrm{c}}=\frac{\psi_\mathrm{q}}{i_\mathrm{q}}=-L_\mathrm{q}$$

即交轴等效绕组 qq 的自然系数 L_q 就是励磁绕组开组、定子合成磁产生单纯交轴磁场时，任一定子绕组的自感系数。这一自感系数称为同步发电机的交轴同步电感系数，与之对应的 $x_\mathrm{q}=\omega L_\mathrm{q}$ 就是同步发电机的交轴同步电抗。

现在讨论电感系数 L_0 的意义。若将发电机定子组通以零轴电流，即各相绕组流过相同的电流 i，转子励磁绕组短路无励磁。此时

$$\begin{bmatrix} i_\mathrm{d} \\ i_\mathrm{q} \\ i_0 \end{bmatrix}=\boldsymbol{P}\begin{bmatrix} i \\ i \\ i \end{bmatrix}=\begin{bmatrix} 0 \\ 0 \\ i \end{bmatrix}$$

因而 ψ_d 和 ψ_q 也均为零，即零轴电流不产生经气隙穿越转子的磁通。对应于各相绕相磁链的电感系数为

$$\frac{\psi_\mathrm{a}}{i_\mathrm{a}}=\frac{\psi_\mathrm{b}}{i_\mathrm{b}}=\frac{\psi_\mathrm{c}}{i_\mathrm{c}}=\frac{\psi_0}{i_0}=-L_0$$

所以，电感系数 L_0 就是定子三相绕组通过零轴电流时，任意一相定子绕组的自感系数，与之对应的电抗 $x_0=\omega L_0$ 称为同步发电机的零序电抗。

（3）磁链方程式(2-13)中的电感系数不对称。从展开式(2-14)和式(2-15)可以清楚地看到，定子直轴磁链 ψ_d 中由励磁电流 i_f 产生的磁链其互感系数为 m_af，而励磁绕组磁链 ψ_f 中，由定子电流 i_d 产生的磁链其互感系数为 $\frac{3}{2}m_\mathrm{af}$。等效绕组 dd 与直轴阻尼绕组间的互感以及等效绕组 qq 与交轴阻尼绕组间的互感也存在类似的情形。总之，定子等效绕相和转子绕组间的互感系数不能互易，即电感矩阵不对称。实际上，只要将变换矩阵 $\boldsymbol{P}$ 略加改造，使之成为一个正交矩阵，这种互感系数不可易的现象就不会再出现了。在目前采用的变换矩

阵情况下,磁链方程中互感系数不可易问题,只要将各量改为标幺值并适当选取基准值即可克服。采用标幺制后,不但互感系数是可易的,而且还存在

$$m_{af*} = m_{aD*} = m_{r*} = x_{ad*}$$
$$m_{aQ*} = x_{aq*}$$

可知,即所有 d 轴互感系数的标幺值与 d 轴电枢反应电抗标幺值相等,q 轴互感系数的标幺值与 q 值电枢反映电抗标幺值相等。

假定已将磁链方程式(2-13)改为标幺值,为了书写方便又将下标 * 略去,同时,电感的标幺值等于相应电抗的标幺值。最后得到的磁链方程为

$$
\begin{bmatrix} \psi_d \\ \psi_q \\ \psi_0 \\ \psi_f \\ \psi_D \\ \psi_Q \end{bmatrix} =
\begin{bmatrix}
x_d & 0 & 0 & x_{ad} & x_{ad} & 0 \\
0 & x_q & 0 & 0 & 0 & x_{aq} \\
0 & 0 & x_0 & 0 & 0 & 0 \\
x_{ad} & 0 & 0 & x_f & x_{ad} & 0 \\
x_{ad} & 0 & 0 & x_{ad} & x_D & 0 \\
0 & x_{aq} & 0 & 0 & 0 & x_Q
\end{bmatrix}
\begin{bmatrix} -i_d \\ -i_q \\ -i_0 \\ +i_f \\ +i_D \\ +i_Q \end{bmatrix}
\tag{2-16}
$$

式中,x_d、x_q、x_0 的意义和名称如前所述;x_f、x_D、x_Q 分别为励磁绕组、直轴和交轴阻尼绕组的自电抗;x_{ad}、x_{aq} 分别为直轴和交轴电枢反应电抗。

2) 电压平衡方程的坐标变换

电压方程可简写为(设已为标幺值形式)

$$
\begin{bmatrix} u_{abc} \\ u_{fDQ} \end{bmatrix} =
\begin{bmatrix} r_s & 0 \\ 0 & r_R \end{bmatrix}
\begin{bmatrix} -i_{abc} \\ i_{fDQ} \end{bmatrix} +
\begin{bmatrix} \dot{\Psi}_{abc} \\ \dot{\Psi}_{fDQ} \end{bmatrix}
\tag{2-17}
$$

其中

$$
r_s = rU; \quad r_r = \begin{bmatrix} r_f & 0 & 0 \\ 0 & r_D & 0 \\ 0 & 0 & r_Q \end{bmatrix}
$$

将方程式(2-17)进行派克变换。以 $\begin{bmatrix} P & 0 \\ 0 & U \end{bmatrix}$ 乘以等号两侧各项,则等号左侧为

$$
\begin{bmatrix} P & 0 \\ 0 & U \end{bmatrix}
\begin{bmatrix} u_{abc} \\ u_{fDQ} \end{bmatrix} =
\begin{bmatrix} u_{dq0} \\ u_{fDQ} \end{bmatrix}
$$

等号右侧第一项为

$$
\begin{bmatrix} P & 0 \\ 0 & U \end{bmatrix}
\begin{bmatrix} r_s & 0 \\ 0 & r_R \end{bmatrix}
\begin{bmatrix} -i_{abc} \\ i_{fDQ} \end{bmatrix} =
\begin{bmatrix} P & 0 \\ 0 & U \end{bmatrix}
\begin{bmatrix} r_s & 0 \\ 0 & r_R \end{bmatrix}
\begin{bmatrix} P^{-1} & 0 \\ 0 & U \end{bmatrix}
\begin{bmatrix} P & 0 \\ 0 & U \end{bmatrix}
\begin{bmatrix} -i_{abc} \\ i_{fDQ} \end{bmatrix}
$$

$$
= \begin{bmatrix} r_s & 0 \\ 0 & r_R \end{bmatrix}
\begin{bmatrix} -i_{dq0} \\ i_{fDQ} \end{bmatrix}
$$

等号右侧第二项为

$$
\begin{bmatrix} P & 0 \\ 0 & U \end{bmatrix}
\begin{bmatrix} \dot{\Psi}_{abc} \\ \dot{\Psi}_{fDQ} \end{bmatrix} =
\begin{bmatrix} P\dot{\Psi}_{abc} \\ \dot{\Psi}_{fDQ} \end{bmatrix}
$$

由于 $\boldsymbol{\Psi}_{dq0} = \boldsymbol{P}\boldsymbol{\Psi}_{abc}$，对两侧求导，得

$$\dot{\boldsymbol{\Psi}}_{dq0} = \dot{\boldsymbol{P}}\,\boldsymbol{\Psi}_{abc} + \boldsymbol{P}\dot{\boldsymbol{\Psi}}_{abc}$$

于是

$$\boldsymbol{P}\dot{\boldsymbol{\Psi}}_{abc} = \dot{\boldsymbol{\Psi}}_{dq0} - \dot{\boldsymbol{P}}\,\boldsymbol{\Psi}_{abc} = \dot{\boldsymbol{\Psi}}_{dq0} - \dot{\boldsymbol{P}}\boldsymbol{P}^{-1}\boldsymbol{\Psi}_{dq0}$$

经过运算，可得

$$\dot{\boldsymbol{P}}\boldsymbol{P}^{-1} = \begin{bmatrix} 0 & \omega & 0 \\ -\omega & 0 & 0 \\ 0 & 0 & 0 \end{bmatrix}$$

式中，ω 为转子角速度，其标幺值为 $1+s$；s 为转差率。

转子以同步转速旋转时，ω 标幺值为 1。令

$$\boldsymbol{S} = \dot{\boldsymbol{P}}\boldsymbol{P}^{-1}\boldsymbol{\Psi}_{dp0} = \begin{bmatrix} 0 & \omega & 0 \\ -\omega & 0 & 0 \\ 0 & 0 & 0 \end{bmatrix}\begin{bmatrix} \psi_d \\ \psi_q \\ \psi_0 \end{bmatrix} = \begin{bmatrix} \omega\psi_q \\ -\omega\psi_d \\ 0 \end{bmatrix}$$

于是式(2-17)经派克变换后为

$$\begin{bmatrix} \boldsymbol{u}_{dq0} \\ \boldsymbol{\omega}_{fDQ} \end{bmatrix} = \begin{bmatrix} \boldsymbol{r}_s & \boldsymbol{0} \\ \boldsymbol{0} & \boldsymbol{r}_R \end{bmatrix}\begin{bmatrix} -\boldsymbol{i}_{dq0} \\ \boldsymbol{i}_{fDQ} \end{bmatrix} + \begin{bmatrix} \dot{\boldsymbol{\Psi}}_{dp0} \\ \dot{\boldsymbol{\Psi}}_{fDq} \end{bmatrix} - \begin{bmatrix} \boldsymbol{S} \\ \boldsymbol{0} \end{bmatrix} \qquad (2\text{-}18)$$

将其展开则为

$$\begin{bmatrix} u_d \\ u_q \\ u_0 \\ u_f \\ 0 \\ 0 \end{bmatrix} = \begin{bmatrix} r & 0 & 0 & & & \\ 0 & r & 0 & & \boldsymbol{0} & \\ 0 & 0 & r & & & \\ & & & r_f & 0 & 0 \\ & \boldsymbol{0} & & 0 & r_D & 0 \\ & & & 0 & 0 & r_Q \end{bmatrix}\begin{bmatrix} -i_a \\ -i_b \\ -i_0 \\ i_f \\ i_D \\ i_Q \end{bmatrix} + \begin{bmatrix} \dot{\psi}_d \\ \dot{\psi}_q \\ \dot{\psi}_0 \\ \dot{\psi}_f \\ \dot{\psi}_D \\ \dot{\psi}_Q \end{bmatrix} - \begin{bmatrix} (1+s)\psi_q \\ -(1+s)\psi_d \\ 0 \\ 0 \\ 0 \\ 0 \end{bmatrix} \qquad (2\text{-}19)$$

如果将磁链方程式(2-16)代入式(2-19)，则此式成为以 d、q、0 坐标系统表示的同步发电机各回路电压、电流间的关系式。若 s 为常数，它就是一组常系数线性微分方程式，求解这种微分方程并不困难。在分析发电机突然短路后短路电流的变化过程时，可近似认为转子转速维持同步速度，则 $s=0$，利用式(2-19)即可求得短路电流。当研究发电机的机电暂态过程时，s 本身也是一变量，这时必须补充一个转子机械运动方程与式(2-19)一起联立求解，这样一来，式(2-19)为非线性(在工程上往往采用一些假设，使分析简化)。

比较式(2-19)和式(2-1)可见，新的定子电压方程与原始方程的形式有所不同，其中除具有像静止电路中一样的 r、i 与 ψ 项外，还有一个附加项 $\omega\psi$，这一项是由将空间不动的 a、b、c 坐标系统转换为与转子一起旋转的 d、q 坐标系统所引起的，ψ 项是由于磁链大小的变化而引起的，称为变压器电动势。在发电机稳态对称运行时，i_d、i_q、i_f 均为常数，i_D、i_Q 为零，故磁链 ψ_d、ψ_q 为常数，因此，变压器电动势 $\psi_d=\psi_q=0$。$\omega\psi$ 项与转子旋转角速度 ω 成正比，称为旋转电动势，又称为发电机电动势。在发电机稳态运行时 $\omega=1$，旋转电动势与 ψ_d、ψ_q 成正比，为常数。

式(2-16)和式(2-19)中 12 个方程是具有阻尼绕组的同步电机经过坐标转换——派克

变换——而得到的基本方程，或称为派克方程，其中总共包含(假定 s 为零或常数)16 个运行变量。在定子方面有：u_d、u_q、u_0；ψ_d、ψ_q、ψ_0；i_d、i_q、i_0。在转子方面有：u_f；ψ_f、ψ_D；i_f、i_D、i_Q。若研究的是三相对称的问题，则 $u_0=0$、$\psi_0=0$、$i_0=0$。这时剩下 10 个方程，13 个变量，必须给定 3 个运行变量，如 u_f、u_d、u_q，然后利用 10 个方程求得其他 10 个运行变量。

现将 10 个方程列举如下

$$\begin{cases} u_d = -ri_d + \dot{\psi}_d - \psi_q \\ u_q = -ri_q + \dot{\psi}_q + \psi_d \\ u_f = r_f i_f + \dot{\psi}_f \end{cases}$$

$$\begin{cases} 0 = r_D i_D + \dot{\psi}_D \\ 0 = r_Q i_Q + \dot{\psi}_Q \\ \psi_d = -x_d i_d + x_{ad} i_f + x_{ad} i_D \\ \psi_q = -x_q i_q + x_{aq} i_Q \\ \psi_f = -x_{ad} i_d + x_f i_f + x_{ad} i_D \\ \psi_D = -x_{ad} i_d + x_{ad} i_f + x_D i_D \\ \psi_Q = -x_{aq} i_q + x_Q i_Q \end{cases} \tag{2-20}$$

对于不计阻尼绕组的情形，变量和方程均减少 4 个，其方程如下

$$\begin{cases} u_d = -ri_d + \dot{\psi}_d - \psi_q \\ u_q = -ri_q + \dot{\psi}_q + \psi_d \\ u_f = r_f i_f + \dot{\psi}_f \\ \psi_d = -x_d i_d + x_{ab} i_f \\ \psi_q = -x_q i_q \\ \psi_f = -x_{ab} i_d + x_f i_f \end{cases} \tag{2-21}$$

2.1.2　同步发电机稳态运行方程、相量图和等值电路

如果同步发电机处于稳态运行，阻尼回路不起作用；定子三相电流、电压均为对称交流，它们对应的 i_d、i_q 和 u_d、u_q 均为常数；此外，励磁电流 i_f 也为常数，所以 ψ_d、ψ_q 和 ψ_f 也均为常数，式(2-21)变为代数方程，即

$$\begin{cases} u_d = -ri_d - \psi_q, & \psi_d = -x_d i_d + x_{ad} i_f \\ u_q = -ri_q + \psi_d, & \psi_q = -x_q i_q \\ u_f = r_f i_f, & \psi_f = -x_{ab} i_d + x_f i_f \end{cases} \tag{2-22}$$

以上稳态方程中的运行变量均为瞬时值，但可以很方便地将此方程转换为读者已熟悉的稳态相量关系。将式(2-22)中的 ψ_d、ψ_q 式代入 u_d、u_q 式中，得到

$$\begin{cases} u_d = -ri_d + x_q i_q \\ u_q = -ri_q - x_d i_d + x_{ab} i_f = -ri_q - x_d i_d + E_q \end{cases} \tag{2-23}$$

式中，$E_q = x_{ab} i_f$ 为空载电动势。

由于稳态运行时定子三相电流、电压等均为正弦变比量，而且它们分别是 i_d、i_q 和 u_d、u_q

在 a、b、c 轴线上的投影，故可将 i_d、i_q 和 u_d、u_q 等当作相量。令 q 轴为虚轴、d 轴为实轴，则 i_d、u_d 均为实轴相量，i_q、u_q 均为虚轴相量，即

$$\dot{U}_d = u_d \qquad \dot{U}_q = ju_q$$

$$\dot{I}_d = i_d \qquad \dot{I}_q = ji_q$$

将式(2-23)的第 2 式等号两侧乘以 j，式(2-23)可改写为相量形式，即

$$\begin{cases} \dot{U}_d = -r\dot{I}_d - jx_q\,\dot{I}_q \\ \dot{U}_q = -r\dot{I}_q - jx_d\,\dot{I}_d + \dot{E}_q \end{cases} \tag{2-24}$$

两式相加后得电压、电流相量关系为

$$\dot{U}_d + \dot{U}_q = -r(\dot{I}_d + \dot{I}_q) - jx_q\,\dot{I}_q - jx_d\,\dot{I}_d + \dot{E}_q \tag{2-25}$$

即

$$\dot{U} = -r\dot{I} - jx_d\,\dot{I}_d - jx_q\,\dot{I}_q + \dot{E}_q$$

式中，$\dot{U}$ 为发电机端电压相量；$\dot{I}$ 为电流相量。

对于隐极式发电机，直轴和交轴磁阻相等，即 $x_d = x_q$，发电机电压方程为

$$\dot{U} = -r\dot{I} - jx_d\,\dot{I} + \dot{E}_q$$

如忽略电阻，则同步发电机稳态电路模型与相量图分别如图 2-3 和图 2-4 所示。

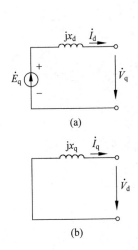

图 2-3　同步发电机稳态运行时沿两个
轴向分别等效的电路模型

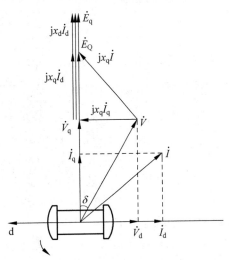

图 2-4　同步发电机稳态运行时相量图

在凸极机中，有 $x_d \neq x_q$，在式(2-25)中含有电流的两个轴向分量，等值电路图也只能沿两个轴向分别作出，这是不便于实际应用的。为了能用一个等值电路来代表凸极同步电机，或者仅用定子全电流列写电势方程，我们虚拟一个计算用的电势 $\dot{E}_Q$，且

$$\dot{E}_Q = \dot{E}_q - j(x_d - x_q)\,\dot{I}_d \tag{2-26}$$

借助这个电势，式(2-25)便简化为

$$\dot{V} = \dot{E}_Q - jx_q\,\dot{I} \tag{2-27}$$

相应的等值电路见图 2-5。实际的凸极机表示为具有电抗 x_q 和电势 $\dot{E}_Q$ 的等值隐极机。这种处理方法称为等值隐极机法。在相量图中，$\dot{E}_Q$ 和 $\dot{E}_q$ 同相位，但是 E_Q 的数值既同电势 E_q 相关，又同定子电流纵轴分量 I_d 有关，因此，即使励磁电流是常数，E_Q 也会随着运行状态而变化。

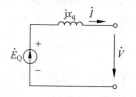

图 2-5　等值隐极机电路

在实际计算中，往往是已知发电机的端电压和电流(或功率)，要确定空载电势 $\dot{E}_q$。为了计算凸极机的电势 $\dot{E}_q$，需要将定子电流分解为两个轴向分量，但是 q 轴的方向还是未知的。

这种情况下利用式(2-27)确定 $\dot{E}_Q$ 是极为方便的。通过 $\dot{E}_Q$ 的计算也就确定了 q 轴的方向。

【**例 2-2**】　已知同步电机的参数为：$x_d = 1.0$，$x_q = 0.6$，$\cos\varphi = 0.85$。试求在额定满载运行时的电势 E_q 和 E_Q。

解：用标幺值(详见 2.6.1 节)计算，额定满载时 $V = 1.0$，$I = 1.0$。

(1) 先计算 E_Q。由图 2-6 可得

$$E_Q = \sqrt{(V + x_q I \sin\varphi)^2 + (x_q I \cos\varphi)^2}$$
$$= \sqrt{(1 + 0.6 \times 0.53)^2 + (0.6 \times 0.85)^2} = 1.41$$

(2) 确定 $\dot{E}_Q$ 的相位。相量 $\dot{E}_Q$ 和 $\dot{V}$ 间的相角差为

$$\delta = \arctan \frac{x_q I \cos\varphi}{V + x_q I \sin\varphi} = \arctan \frac{0.6 \times 0.85}{1 + 0.6 \times 0.53} = 21°$$

也可以直接计算 $\dot{E}_Q$ 同 $\dot{I}$ 的相位差($\delta + \varphi$)

$$\delta + \varphi = \arctan \frac{V \sin\varphi + x_q I}{V \cos\varphi} = \arctan \frac{0.53 + 0.6}{0.85} = 53°$$

(3) 计算电流和电压的两个轴向分量为

$$I_d = I \sin(\delta + \varphi) = I \sin 53° = 0.8$$
$$I_q = I \cos(\delta + \varphi) = I \cos 53° = 0.6$$
$$V_d = V \sin\delta = V \sin 21° = 0.36$$
$$V_q = V \cos\delta = V \cos 21° = 0.93$$

(4) 计算空载电势 E_q 为

$$E_q = E_Q + (x_d - x_q) I_d = 1.41 + (1 - 0.6) \times 0.8 = 1.73$$

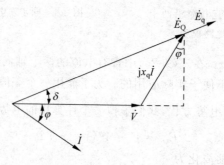

图 2-6　例 2-2 的电势相量图

2.1.3 基本方程的拉氏运算形式和运算电抗

前述的同步发电机基本方程可以用常微分方程的数值计算方法求得其变量随时间变比的数值解,为了求得解析解,一般通过拉氏变换将原函数的微分方程转换为象函数的代数方程,最后由象函数的解经反变换得到变量的时间函数。本节将列出基本方程的拉氏运算形式以备以后应用,其中假设发电机转速恒为同步转速,即转差率 s 为零。

1. 不计阻尼绕组时基本方程的拉氏运算形式,运算电抗和暂态电抗

无阻尼绕组同步发电机的等值电路见图 2-7,暂态等值电路与相量图见图 2-8。

式(2-21)的拉氏运算形式为

$$\begin{cases} U_d(p) = -rI_d(p) + (p\boldsymbol{\Psi}_d(p) - \psi_{d0}) - \boldsymbol{\Psi}_d(p) \\ U_q(p) = -rI_q(p) + (p\boldsymbol{\Psi}_q(p) - \psi_{q0}) + \boldsymbol{\Psi}_d(p) \\ U_f(p) = r_f I_f(p) + (p\boldsymbol{\Psi}_f(p) - \psi_{f0}) \\ \boldsymbol{\Psi}_d(p) = -x_d I_d(p) + x_{ab} I_f(p) \\ \boldsymbol{\Psi}_q(p) = -x_q I_q(p) \\ \boldsymbol{\Psi}_f(p) = -x_{ad} I_d(p) + x_f I_f(p) \end{cases} \tag{2-28}$$

式中,$U_d(p)$、$I_d(p)$、$\boldsymbol{\Psi}_d(p)$ 等表示 u_d、i_d、ψ_d 等的象函数;ψ_{d0}、ψ_{q0} 和 ψ_{f0} 为相应变量的起始值。

一般待分析的是定子的变量,在转子回路的各量中,已知的往往是励磁电压,故可在式(2-28)中消去变量 I_f 和 ψ_f,即可消去励磁回路的电压和磁链两个方程。先由 U_f 和 $\boldsymbol{\Psi}_f$ 方程消去 $\boldsymbol{\Psi}_f$,可得 I_f 为 U_f 和 I_d 的函数,为

$$I_f(p) = \frac{U_f(p) + \psi_{f0} + px_{ad} I_d(p)}{r_f + px_f} \tag{2-29}$$

将 I_f 代入 $\boldsymbol{\Psi}_d$ 方程即可得仅包含定子变量和励磁电压的象函数代数方程为

$$\begin{cases} U_d(p) = -rI_d(p) + (p\boldsymbol{\Psi}_d(p) - \psi_{d0}) - \boldsymbol{\Psi}_q(p) \\ U_q(p) = -rI_d(p) + (p\boldsymbol{\Psi}_d(p) - \psi_{q0}) + \boldsymbol{\Psi}_d(p) \\ \boldsymbol{\Psi}_d(p) = \dfrac{x_{ad}}{r_f + px_f}(U_f(p) + \psi_{f0}) - \left(x_d - \dfrac{px_{ad}^2}{r_f + px_f}\right)I_d(p) \\ \qquad\;\; = G(p)(u_f(p) + \psi_{f0}) - x_d(p)I_d(p) \\ \boldsymbol{\Psi}_q(p) = -x_q I_q(p) \end{cases} \tag{2-30}$$

其中

$$\begin{cases} G(p) = \dfrac{x_{ad}}{r_f + px_f} \\ X_d(p) = x_d - \dfrac{px_{ad}^2}{r_f + px_f} \end{cases} \tag{2-31}$$

$X_d(p)$ 称为直轴运算电抗,它是 $\boldsymbol{\Psi}_d$ 中除了励磁电压源和 ψ_{f0} 之外,与 I_d 成比例项的系数,相当于 d 轴等效电抗,它包含了励磁回路对定子电抗的影响。显然,若励磁回路为超导体,$X_d(p)$ 应为直轴暂态电抗 x_d',即

$$X_d(p) = x_d - \frac{x_{ad}^2}{x_f} = x_d'$$

另外,在 $t=0$ 时,$X_d(p)$ 的值也应为 x_d',即

$$X_d(p) \underset{p \to \infty}{=} x_d - \frac{x_{ad}^2}{x_f} = x_d' \tag{2-32}$$

当过程进入稳态时（$t=\infty$，$p=0$），直轴运算电抗为

$$X_d(p) \underset{p \to \infty}{=} x_d \tag{2-33}$$

即为直轴同步电抗。

转子交轴方向无回路，故定子交轴运算电抗恒为交轴同步电抗 x_q。

式（2-32）还可以演化为

$$x_d' = (x_0 + x_{ad}) - \frac{x_{ad}^2}{x_{f\sigma} + x_{ad}} = x_\sigma + \frac{x_{f\sigma} x_{ad}}{x_{f\sigma} + x_{ad}}$$

$$= x_\sigma + \frac{1}{\dfrac{1}{x_{ad}} + \dfrac{1}{x_{f\sigma}}} = x_\sigma + x_{ad}' \tag{2-34}$$

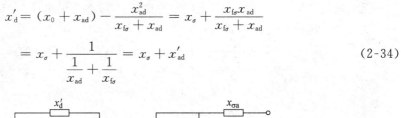

图 2-7　无阻尼绕组同步发电机的等值电路

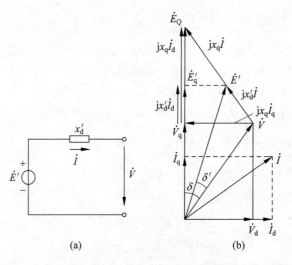

图 2-8　无阻尼绕组同步发电机的暂态等值电路与相量图

2. 计及阻尼绕组时基本方程的拉氏运算形式，运算电抗和次暂态电抗

有阻尼绕组同步发电机的磁链平衡等值电路见图 2-9，暂态等值电路与相量图见图 2-10。

计及阻尼绕组后基本方程式（2-30）的拉氏变换运算形式为

$$\begin{cases}
U_d(p) = -rI_d(p) + [p\,\boldsymbol{\Psi}_d(p) - \psi_{d0}] - \boldsymbol{\Psi}_q(p) \\
U_q(p) = -rI_q(p) + [p\,\boldsymbol{\Psi}_q(p) - \psi_{q0}] + \boldsymbol{\Psi}_d(p) \\
U_f(p) = r_f I_f(p) + [p\,\boldsymbol{\Psi}_f(p) - \psi_{f0}] \\
0 = r_D I_D(p) + [p\,\boldsymbol{\Psi}_D(p) - \psi_{D0}] \\
0 = r_Q I_Q(p) + [p\,\boldsymbol{\Psi}_Q(p) - \psi_{Q0}] \\
\boldsymbol{\Psi}_d(p) = -x_d I_d(p) + x_{ad} I_f(p) + x_{ad} I_D(p) \\
\boldsymbol{\Psi}_q(p) = -x_q I_q(p) + x_{aq} I_Q(p) \\
\boldsymbol{\Psi}_f(p) = -x_{ad} I_d(p) + x_f I_f(p) + x_{ad} I_D(p) \\
\boldsymbol{\Psi}_D(p) = -x_{ad} I_d(p) + x_{ad} I_f(p) + x_D I_D(p) \\
\boldsymbol{\Psi}_Q(p) = -x_{aq} I_q(p) + x_Q I_Q(p)
\end{cases} \tag{2-35}$$

同样地，可消去转了绕组变量 $\boldsymbol{\Psi}_f$、$\boldsymbol{\Psi}_D$、$\boldsymbol{\Psi}_Q$、I_f、I_D、I_Q。先由 f 和 D 绕组的电压和磁链方程消去 $\boldsymbol{\Psi}_f$ 和 $\boldsymbol{\Psi}_D$ 得

$$\begin{cases}
I_f(p) = \dfrac{(r_D + px_D)[U_f(p) + \psi_{f0}] - px_{ad}\psi_{D0} + [p^2(x_D - x_{ad}) + pr_D]x_{ad} I_d(p)}{A(p)} \\[4mm]
I_D(p) = \dfrac{-px_{ad}[U_f(p) + \psi_{f0}] + (r_f + px_f)\psi_{D0} + [p^2(x_f - x_{ad}) + pr_f]x_{ad} I_d(p)}{A(p)}
\end{cases} \tag{2-36}$$

其中

$$A(p) = p^2(x_D x_f - x_{ad}^2) + p(x_D r_f + x_f r_D) + r_D r_f$$

再由 Q 绕组的电压和磁链方程消去 $\boldsymbol{\Psi}_Q$，得

$$I_Q(p) = \frac{\psi_{Q0} + px_{aq} I_q(p)}{r_Q + px_Q} \tag{2-37}$$

将 I_f、I_D、I_Q 代入 $\boldsymbol{\Psi}_d$ 和 $\boldsymbol{\Psi}_q$ 方程，可得仅包含定子变量和励磁电压的象函数代数方程

$$\begin{cases}
U_d(p) = -rI_d(p) + [p\,\boldsymbol{\Psi}_d(p) - \psi_{d0}] - \boldsymbol{\Psi}_q(p) \\
U_q(p) = -rI_q(p) + [p\,\boldsymbol{\Psi}_q(p) - \psi_{q0}] + \boldsymbol{\Psi}_d(p) \\
\boldsymbol{\Psi}_d(p) = G_f(p)[U_f(p) + \psi_{f0}] + G_D(p)\psi_{D0} - X_d(p) I_d(p) \\
\boldsymbol{\Psi}_q(p) = G_Q(p)\psi_{Q0} - X_q(p) I_q(p)
\end{cases} \tag{2-38}$$

其中

$$\begin{cases}
G_f(p) = \dfrac{[p(x_D - x_{ad}) + r_D]x_{ad}}{A(p)} \\[3mm]
G_D(p) = \dfrac{[p(x_f - x_{ad}) + r_f]x_{ad}}{A(p)} \\[3mm]
X_d(p) = x_d - \dfrac{[p(x_D + x_f - 2x_{ad}) + (r_D + r_f)]px_{ad}}{A(p)} \\[3mm]
G_Q(p) = \dfrac{x_{aq}}{r_Q + px_Q} \\[3mm]
X_q(p) = x_q - \dfrac{px_{aq}^2}{r_Q + px_Q}
\end{cases} \tag{2-39}$$

式中，$X_d(p)$ 和 $X_q(p)$ 分别称为直轴和交轴运算电抗。

当假设励磁绕组和阻尼绕组均为超导体时，或者在暂态过程的起始瞬间，$X_d(p)$ 和 $X_q(p)$ 分别对应直轴和交轴次暂态电抗，即

$$x_d'' = x_d - \frac{(x_D + x_f - 2x_{ad})x_{ad}^2}{x_D x_f - x_{ad}^2} \tag{2-40}$$

$$x_q'' = x_q - \frac{x_{aq}^2}{x_Q} \tag{2-41}$$

式(2-40)和式(2-41)还可转化为

$$x''_d = x_\sigma + \frac{xD_\sigma x_{f\sigma} x_{ad}}{x_{D\sigma} x_{f\sigma} + x_{f\sigma} x_{ad} + x_{D\sigma} x_{ad}}$$

$$= x_\sigma + \frac{1}{\dfrac{1}{x_{ad}} + \dfrac{1}{x_{f\sigma}} + \dfrac{1}{x_{D\sigma}}} \tag{2-42}$$

$$x''_q = x_0 + \frac{1}{\dfrac{1}{x_{aq}} + \dfrac{1}{x_{Q\sigma}}} \tag{2-43}$$

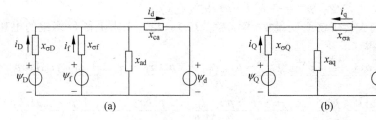

图 2-9　有阻尼绕组同步发电机的磁链平衡等值电路

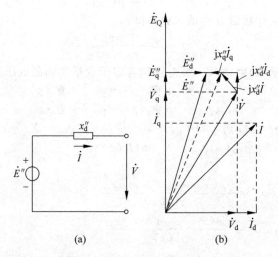

图 2-10　有阻尼绕组同步发电机的暂态等值电路与相量图

2.2　变压器的参数和等值电路

2.2.1　双绕组变压器的参数和等值电路

1. 双绕组变压器的等值电路

在双绕组变压器的等值电路中,一般将励磁支路前移到电源侧;将变压器二次绕组的电阻和漏抗折算到一次绕组侧并和一次绕组的电阻和漏抗合并,用等值阻抗 $R_T + jX_T$ 来表示,如图 2-11 所示。

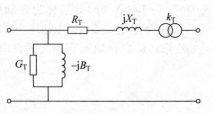

图 2-11　双绕组变压器的等值电路

2. 双绕组变压器的参数

变压器的参数指其等值电路中的电阻 R_T、电抗 X_T、电导 G_T、电纳 B_T 和变比 k_T。电阻 R_T、电抗 X_T、电导 G_T、电纳 B_T 可以分别根据短路损耗 ΔP_S、短路电压 $V_S\%$、空载损耗 ΔP_0、空载电流 $I_0\%$ 计算得到。而此 4 个数据可通过短路试验和空载试验测得,并标明在变压器出厂铭牌中。

1) 电阻 R_T

双绕组变压器电阻 R_T 是指将二次绕组的电阻折算到一次绕组侧,并和一次绕组的电阻合并的等效的电阻值,可根据短路损耗 ΔP_S 计算得到,而短路损耗 ΔP_S 可通过变压器短路试验测得。短路试验的等效电路如图 2-12 所示,进行短路试验时,将一侧绕组短接,在另一侧绕组施加电压,使短路绕组的电流达到额定值,即可测得变压器的短路总损耗。

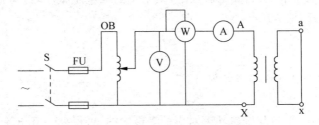

图 2-12　短路试验的等效电路

由于此时外加电压较小,相应的铁芯损耗也小,可认为短路损耗即等于变压器通过额定电流时原、副方绕组的总损耗(铜耗),对于单相变压器,$\Delta P_S = I_N^2 R_T$;对于三相变压器,$\Delta P_S = 3 I_N^2 R_T$,因此

$$R_T = \frac{\Delta P_S V_N^2}{S_N^2} \times 10^3 \qquad (2\text{-}44)$$

式中,ΔP_S 的单位为 kW,S_N 的单位为 kVA,V_N 的单位为 kV,R_T 的单位为 Ω。对于前 3 个物理量,如果是三相变压器则为三相的值,如果是单相变压器则为单相的值,且本节其他内容对这 3 个物理量单位的规定与此处相同。

2) 电抗 X_T

双绕组变压器电抗 X_T 是指将二次绕组的漏抗折算到一次绕组侧,并和一次绕组的漏抗合并的等效电抗值,可根据短路电压百分数 $V_S\%$ 计算得到,而短路电压百分数 $V_S\%$ 可通过变压器短路试验测得。如图 2-12 所示,将一侧绕组短接,在另一侧绕组施加电压,使短路绕组的电流达到额定值,即可测得变压器的短路电压 V_S,以额定电压的百分数表示则得到 $V_S\%$。由于短路时电阻上的电压远小电抗上的电压,故可认为短路电压即等于变压器通过额定电流时等效电抗的电压,对于单相变压器 $V_S = I_N X_T$,对于三相变压器 $V_S = \sqrt{3}\, I_N X_T$,因此

$$X_T = \frac{V_S\%}{100} \times \frac{V_N^2}{S_N} \times 10^3 \qquad (2\text{-}45)$$

式中,X_T 的单位为 Ω。

3) 电导 G_T

变压器的电导 G_T 是指与铁芯损耗对应的等值电导,可根据空载损耗 ΔP_0 计算得到,而

空载损耗 ΔP_0 可通过变压器空载试验测得。空载试验的等效电路如图 2-13 所示,进行空载试验时,将一侧绕组空载,在另一侧绕组施加额定电压,即可测得变压器的空载损耗。

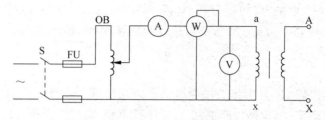

图 2-13　空载试验的等效电路

由于相对额定电流来说,空载电流很小,绕组中的铜耗也很小,故可认为变压器的铁芯损耗就等于空载损耗,即 $\Delta P_{Fe} = \Delta P_0$,因此

$$G_T = \frac{\Delta P_0}{V_N^2} \times 10^{-3} \tag{2-46}$$

式中,ΔP_0 的单位为 kW,G_T 的单位为 S。

4) 电纳 B_T

变压器的电纳 B_T 是指与励磁功率对应的等值电纳,可根据空载电流 $I_0\%$ 计算得到,而空载电流 $I_0\%$ 可通过变压器空载试验测得。如图 2-13 所示,进行空载试验时,将一侧绕组空载,在另一侧绕组施加额定电压,即可测得变压器的空载电流 I_0,以额定电流的百分数表示则得到 $I_0\%$。变压器空载电流包含有功分量和无功分量,与励磁功率对应的是无功分量。由于有功分量很小,故可认为无功分量和空载电流在数值上相等,因此

$$B_T = \frac{I_0\%}{100} \times \frac{S_N}{V_N^2} \times 10^{-3} \tag{2-47}$$

式中,B_T 的单位为 S。

5) 变比 k_T

在三相电力系统计算中,变压器的变比 k_T 是指两侧绕组空载线电压的比值。对于 Y、y 和 D、d 接法的变压器,$k_T = V_{1N}/V_{2N} = w_1/w_2$,即变压比与原、副绕组匝数比相等;对于 Y、d 接法的变压器,$k_T = V_{1N}/V_{2N} = \sqrt{3}\,w_1/w_2$。

根据电力系统运行调节的要求,变压器不一定工作在主抽头上,因此,变压器运行中的实际变比,应是工作时两侧绕组实际抽头的空载线电压之比。

【例 2-3】　一台 SFL20 000/110 型降压变压器向 10kV 网络供电,铭牌给出的试验数据为:$\Delta P_s = 135\text{kW}$,$V_s\% = 10.5$,$\Delta P_0 = 22\text{kW}$,$I_0\% = 0.8$。试计算归算到高压侧的变压器参数。

解:由型号知,$S_N = 20\,000\text{kVA}$,高压侧额定电压 $V_N = 110\text{kV}$。各参数如下

$$R_T = \frac{\Delta P_s V_N^2}{S_N^2} \times 10^3 = \frac{135 \times 110^2}{20\,000^2} \times 10^3 = 4.08(\Omega)$$

$$X_T = \frac{V_s\%}{100} \times \frac{V_N^2}{S_N} \times 10^3 = \frac{10.5 \times 110^2}{100 \times 20\,000} \times 10^3 = 63.53(\Omega)$$

$$G_T = \frac{\Delta P_0}{V_N^2} \times 10^{-3} = \frac{22}{110^2} \times 10^{-3} = 1.82 \times 10^{-6}(\text{S})$$

$$B_{\mathrm{T}} = \frac{I_0 \%}{100} \times \frac{S_{\mathrm{N}}}{V_{\mathrm{N}}^2} \times 10^{-3} = \frac{0.8}{100} \times \frac{20\,000}{110^2} \times 10^{-3} = 13.2 \times 10^{-6}(\mathrm{S})$$

$$k_{\mathrm{T}} = \frac{V_{1\mathrm{N}}}{V_{2\mathrm{N}}} = \frac{110}{11} = 10$$

2.2.2　三绕组变压器的参数和等值电路

1. 三绕组变压器的等值电路

在三绕组变压器的等值电路中,一般将励磁支路前移到电源侧；将变压器二次绕组的电阻和漏抗折算到一次绕组侧,3 个绕组的电阻和漏抗分别表示,用等值阻抗 $R_i + jX_i (i = 1,2,3)$ 来表示,如图 2-14 所示。

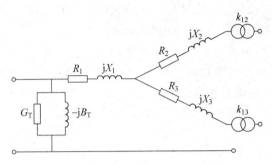

图 2-14　三绕组变压器的等值电路

2. 三绕组变压器的参数

三绕组变压器等值电路中的参数计算原则与双绕组变压器的相同,下面分别介绍。

1) 电阻 R_1、R_2、R_3

按照三绕组变压器铭牌给出的短路损耗不同,其电阻的计算方法分为两种。

(1) 第 1 种情况：铭牌中给出各绕组之间的短路损耗。

当变压器 3 个绕组的容量比为 100/100/100 时,3 个绕组的额定容量都等于变压器额定容量,铭牌中给出 3 个绕组间的短路损耗 $\Delta P_{\mathrm{S}(1-2)}$、$\Delta P_{\mathrm{S}(2-3)}$、$\Delta P_{\mathrm{S}(3-1)}$。短路试验方法是：依次将一个绕组开路,对另外双绕组变压器进行短路试验,得到这两个绕组间的短路总损耗。则每个绕组的短路损耗为

$$\begin{cases} \Delta P_{\mathrm{S}1} = \dfrac{1}{2}(\Delta P_{\mathrm{S}(1-2)} + \Delta P_{\mathrm{S}(3-1)} - \Delta P_{\mathrm{S}(2-3)}) \\[2mm] \Delta P_{\mathrm{S}2} = \dfrac{1}{2}(\Delta P_{\mathrm{S}(1-2)} + \Delta P_{\mathrm{S}(2-3)} - \Delta P_{\mathrm{S}(3-1)}) \\[2mm] \Delta P_{\mathrm{S}3} = \dfrac{1}{2}(\Delta P_{\mathrm{S}(2-3)} + \Delta P_{\mathrm{S}(3-1)} - \Delta P_{\mathrm{S}(1-2)}) \end{cases} \tag{2-48}$$

于是,根据双绕组变压器等效电阻 R_{T} 计算方法,同理可得三绕组变压器各绕组等效电阻为

$$R_i = \frac{\Delta P_{\mathrm{S}i} V_{\mathrm{N}}^2}{S_{\mathrm{N}}^2} \times 10^3 \quad (i = 1,2,3) \tag{2-49}$$

当变压器 3 个绕组的容量比为 100/100/50 或 100/50/100 时,变压器铭牌上各短路损耗的含义如下：两个 100% 绕组间的短路损耗是指,50% 绕组开路时两个 100% 绕组的短路

试验测得的短路总损耗；一个 100% 绕组与 50% 绕组短路损耗是指，另一个 100% 绕组开路、50% 绕组流过其额定电流 $I_{N2}=0.5I_N$ 时，该 100% 绕组与 50% 绕组的短路试验测得的短路总损耗。因此，必须将 100% 绕组与 50% 绕组间短路总损耗折算成对应额定容量的值，即

$$\begin{cases} \Delta P_{S(1-2)} = \Delta P'_{S(1-2)}\left(\dfrac{S_N}{S_{2N}}\right)^2 \\[2mm] \Delta P_{S(2-3)} = \Delta P'_{S(2-3)}\left(\dfrac{S_N}{\min\{S_{2N},S_{3N}\}}\right)^2 \\[2mm] \Delta P_{S(3-1)} = \Delta P'_{S(3-1)}\left(\dfrac{S_N}{S_{3N}}\right)^2 \end{cases} \tag{2-50}$$

然后，按照式(2-48)和式(2-49)分别计算 3 个绕组的电阻值。

（2）第 2 种情况：铭牌中给出最大短路损耗。

铭牌中给出的最大短路损耗 $\Delta P_{S.max}$ 的含义是：两个 100% 容量的绕组通过额定电流，另一个 100% 绕组或 50% 绕组空载时的损耗。依据变压器设计中按电流密度相等选择各绕组导线截面积的原则，可以确定额定容量 S_N 的绕组的电阻为

$$R_{(S_N)} = \frac{\Delta P_{S.max}V_N^2}{2S_N^2}\times 10^3 \tag{2-51}$$

额定容量 S'_N 的绕组的电阻为

$$R_{(S'_N)} = \frac{S_N}{S'_N}R_{(S_N)} \tag{2-52}$$

2）电抗 X_1、X_2、X_3

类似于双绕组变压器，可以近似地认为电抗上的电压等于短路电压。铭牌上给出的是通过短路试验测得的每两个绕组之间的短路电压 $V_{S(1-2)}\%$、$V_{S(2-3)}\%$、$V_{S(3-1)}\%$，则每个绕组的短路电压为

$$\begin{cases} V_{S1}\% = \frac{1}{2}(V_{S(1-2)}\% + V_{S(3-1)}\% - V_{S(2-3)}\%) \\[2mm] V_{S2}\% = \frac{1}{2}(V_{S(1-2)}\% + V_{S(2-3)}\% - V_{S(3-1)}\%) \\[2mm] V_{S3}\% = \frac{1}{2}(V_{S(2-3)}\% + V_{S(3-1)}\% - V_{S(1-2)}\%) \end{cases} \tag{2-53}$$

于是，根据双绕组变压器等效电阻 R_T 计算方法，同理可得三绕组变压器各绕组等效电抗为

$$X_i = \frac{V_{Si}\%}{100}\times \frac{V_N^2}{S_N}\times 10^3 \quad (i=1,2,3) \tag{2-54}$$

注意：手册和制造厂在变压器铭牌上给出的短路电压值，不论变压器各绕组容量比如何，一般都已折算为与变压器额定容量相对应的值。因此，可以直接利用上述公式计算。

此外，各绕组等效电抗的相对大小与 3 个绕组在铁芯上的排列方式有关。三绕组变压器按其 3 个绕组排列方式不同分为升压结构和降压结构两种。无论哪种结构，因绝缘要求高压绕组总是排在外层，中压和低压绕组均有可能排在中层。排在中层的绕组的等值电抗较小，或具有不大的负值。

低压绕组位于中层时，如图 2-15(a)所示，低压绕组与高、中压绕组均电磁耦合紧密，有利于功率从低压侧向高、中压侧传送，因此常用于升压变压器中。

中压绕组位于中层时,如图 2-15(b)所示,中压绕组与高压绕组电磁耦合紧密,有利于功率从高压侧向中压侧传送,也有利于限制低压侧的短路电流,因此常用于降压变压器中。

3) 导纳及变比

三绕组变压器的等效导纳 $G_T - jB_T$ 和变比 k_{12}、k_{23}、k_{31} 的计算与双绕组变压器相同。

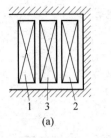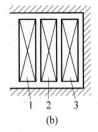

图 2-15 三绕组变压器的绕组排列
1—高压绕组;2—中压绕组;3—低压绕组

【例 2-4】 某容量比为 90/90/60MVA,额定电压为 220/38.5/11kV 的三绕组变压器。铭牌给出的试验数据为:$\Delta P'_{S(1-2)} = 560\text{kW}$,$\Delta P'_{S(2-3)} = 178\text{kW}$,$\Delta P'_{S(3-1)} = 363\text{kW}$,$V_{S(1-2)}\% = 13.15$,$V_{S(2-3)}\% = 5.7$,$V_{S(3-1)}\% = 20.4$,$\Delta P_0 = 187\text{kW}$,$I_0\% = 0.856$。求归算到 220kV 侧的变压器参数。

解:

(1) 各绕组电阻为

$$\begin{cases} \Delta P_{S(1-2)} = \Delta P'_{S(1-2)} \left(\dfrac{S_N}{S_{2N}}\right)^2 = 560\left(\dfrac{90}{90}\right)^2 = 560(\text{kW}) \\[2mm] \Delta P_{S(2-3)} = \Delta P'_{S(2-3)} \left[\dfrac{S_N}{\min(S_{2N},S_{3N})}\right]^2 = 178\left(\dfrac{90}{60}\right)^2 = 401(\text{kW}) \\[2mm] \Delta P_{S(3-1)} = \Delta P'_{S(3-1)} \left(\dfrac{S_N}{S_{3N}}\right)^2 = 363\left(\dfrac{90}{60}\right)^2 = 817(\text{kW}) \end{cases}$$

$$\begin{cases} \Delta P_{S1} = \dfrac{1}{2}(\Delta P_{S(1-2)} + \Delta P_{S(3-1)} - \Delta P_{S(2-3)}) = \dfrac{1}{2}(560 + 817 - 401) = 488(\text{kW}) \\[2mm] \Delta P_{S2} = \dfrac{1}{2}(\Delta P_{S(1-2)} + \Delta P_{S(2-3)} - \Delta P_{S(3-1)}) = \dfrac{1}{2}(560 + 401 - 817) = 72(\text{kW}) \\[2mm] \Delta P_{S3} = \dfrac{1}{2}(\Delta P_{S(2-3)} + \Delta P_{S(3-1)} - \Delta P_{S(1-2)}) = \dfrac{1}{2}(401 + 817 - 560) = 329(\text{kW}) \end{cases}$$

$$\begin{cases} R_1 = \dfrac{\Delta P_{S1} V_N^2}{S_N^2} \times 10^3 = \dfrac{488 \times 220^2}{90\,000^2} \times 10^3 = 2.92(\Omega) \\[2mm] R_2 = \dfrac{\Delta P_{S2} V_N^2}{S_N^2} \times 10^3 = \dfrac{72 \times 220^2}{90\,000^2} \times 10^3 = 0.43(\Omega) \\[2mm] R_3 = \dfrac{\Delta P_{S3} V_N^2}{S_N^2} \times 10^3 = \dfrac{329 \times 220^2}{90\,000^2} \times 10^3 = 1.97(\Omega) \end{cases}$$

(2) 各绕组电抗为

$$\begin{cases} V_{S1}\% = \dfrac{1}{2}(V_{S(1-2)}\% + V_{S(3-1)}\% - V_{S(2-3)}\%) = \dfrac{1}{2}(13.15 + 20.4 - 5.7) = 13.93 \\[2mm] V_{S2}\% = \dfrac{1}{2}(V_{S(1-2)}\% + V_{S(2-3)}\% - V_{S(3-1)}\%) = \dfrac{1}{2}(13.15 + 5.7 - 20.4) = -0.78 \\[2mm] V_{S3}\% = \dfrac{1}{2}(V_{S(2-3)}\% + V_{S(3-1)}\% - V_{S(1-2)}\%) = \dfrac{1}{2}(5.7 + 20.4 - 13.15) = 6.48 \end{cases}$$

$$\begin{cases} X_1 = \dfrac{V_{S1}\%}{100} \times \dfrac{V_N^2}{S_N} \times 10^3 = \dfrac{13.93}{100} \times \dfrac{220^2}{90\,000} \times 10^3 = 74.9(\Omega) \\[2mm] X_2 = \dfrac{V_{S2}\%}{100} \times \dfrac{V_N^2}{S_N} \times 10^3 = \dfrac{-0.78}{100} \times \dfrac{220^2}{90\,000} \times 10^3 = -4.2(\Omega) \\[2mm] X_3 = \dfrac{V_{S3}\%}{100} \times \dfrac{V_N^2}{S_N} \times 10^3 = \dfrac{6.48}{100} \times \dfrac{220^2}{90\,000} \times 10^3 = 34.8(\Omega) \end{cases}$$

（3）变压器电导为

$$G_\mathrm{T} = \frac{\Delta P_0}{V_\mathrm{N}^2} \times 10^{-3} = \frac{187}{220^2} \times 10^{-3} = 3.9 \times 10^{-6}(\mathrm{S})$$

（4）变压器电纳为

$$B_\mathrm{T} = \frac{I_0\%}{100} \times \frac{S_\mathrm{N}}{V_\mathrm{N}^2} \times 10^{-3} = \frac{0.856}{100} \times \frac{90\,000}{220^2} \times 10^{-3} = 15.9 \times 10^{-6}(\mathrm{S})$$

2.2.3 自耦变压器的参数和等值电路

自耦变压器的等值电路及其参数计算的原理和普通变压器相同。通常，三绕组自耦变压器的第三绕组（低压绕组）总是接成三角形，以消除由于铁芯饱和引起的三次谐波，且它的容量比变压器的额定容量（高、中压绕组的容量）小。因此，计算等效电阻时应按照上述三绕组变压器的方法对短路损耗的数据进行折算。如果铭牌给出的短路电压百分值是未经折算的，在计算等值电抗时还需要按照上述三绕组变压器的方法对短路电压百分值进行折算

$$\begin{cases} V_{\mathrm{S}(2-3)}\% = V'_{\mathrm{S}(2-3)}\%\left(\dfrac{S_\mathrm{N}}{S_{3\mathrm{N}}}\right) \\[2mm] V_{\mathrm{S}(3-1)}\% = V'_{\mathrm{S}(3-1)}\%\left(\dfrac{S_\mathrm{N}}{S_{3\mathrm{N}}}\right) \end{cases} \tag{2-55}$$

2.3 电力线路的参数和等值电路

2.3.1 电力线路的参数

输电线路的参数有 4 个：电阻、电感和电抗、电导、电容。这些参数通常可以认为是沿全长均匀分布的，每单位长度的参数分别为电阻 r_0、电感 L_0、电导 g_0 及电容 C_0，其三相等值电路如图 2-16 所示。

输电线路包括电缆和架空线路，它们在结构上是完全不同的，电缆的参数计算比较复杂，一般由工厂按标准规格制造，可根据厂家提供的数据或者通过实测求得，这里不予讨论。

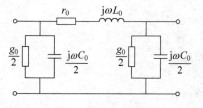

图 2-16 单位长线路的三相等值电路

本节着重介绍架空线路的参数计算。架空线路的参数与架设条件等外界因素有密切关系。

1. 电阻

架空线路的等效电阻用于反映线路通过电流时产生的有功功率损失效应。

有色金属导线单位长度的直流电阻计算公式为

$$r = \rho/S \tag{2-56}$$

式中，r 的单位为 Ω/km；ρ 为导线的电阻率，单位为 $\Omega \cdot \mathrm{mm}^2/\mathrm{km}$；$S$ 为导线载流部分的标称截面积，单位为 mm^2。铝和铜的直流电阻率分别为 $28.5\,\Omega \cdot \mathrm{mm}^2/\mathrm{km}$ 和 $17.5\,\Omega \cdot \mathrm{mm}^2/\mathrm{km}$。

铝和铜的交流电阻率略大于直流电阻率，分别为 $31.5\,\Omega \cdot \mathrm{mm}^2/\mathrm{km}$ 和 $18.8\,\Omega \cdot \mathrm{mm}^2/\mathrm{km}$。这是因为：

（1）导线通过三相工频交流电流时存在集肤效应和邻近效应；

（2）由于多股绞线的扭绞，每股导体实际长度比导线长度长 2%～3%；

（3）在制造中，导线的实际截面积常比标称截面积略小。

工程计算中，也可以直接从有关手册中查出各种导线的电阻值。按式（2-56）计算所得或从手册查得的电阻值都是指工作环境温度为 20℃ 时的值 Y_{20}，在要求较高精度时，t℃ 时的电阻值 r_t 可按下式进行修正

$$r_t = r_{20}(1 + \alpha(t - 20)) \tag{2-57}$$

式中，α 为电阻温度系数。对于铜，$\alpha = 0.003\,821/℃$；对于铝，$\alpha = 0.003\,61/℃$。

2. 电感和电抗

架空线路的等效电感用于反映载流导线产生的磁场效应。

1）基本公式

导体通过电流时在导体内部及其周围产生磁场。若磁路的磁导率为常数，与导体交链的磁链 ψ 就同电流 i 呈线性关系，导体的自感为

$$L = \psi/i \tag{2-58}$$

若导体 A 和导体 B 相邻，导体 B 中的电流 i_B 产生与导体 A 相交链的磁链为 ψ_{AB}，则互感为

$$M_{AB} = \psi_{AB}/i_B \tag{2-59}$$

由非铁磁材料制成的、长度为 l、半径为 r 的圆柱形长导线（$l \gg r$），若周围介质为空气，则单位长度的自感为

$$L = \frac{\psi}{i} = \frac{\mu_0}{2\pi}\left(\ln\frac{2l}{D_s} - 1\right) \tag{2-60}$$

式中，$D_s = re^{-1/4}$ 为圆柱形导线的自几何均距；L 的单位为 H/m。

两根平行的、长度为 l 的圆柱形长导线，导线轴线之间的距离为 D，则单位长度的互感为

$$M = \frac{\psi_{AB}}{i_B} = \frac{\mu_0}{2\pi}\left(\ln\frac{2l}{D} - 1\right) \tag{2-61}$$

式中，M 的单位为 H/m。

2）三相输电线路的等值电感

呈等边三角形对称排列的三相输电线，各相导线的半径都是 r，导线轴线间的距离为 D。当输电线通以三相对称正弦电流时，与 a 相导线相交链的磁链为

$$\psi_a = Li_a + M(i_b + i_c) = \frac{\mu_0}{2\pi}\left[\left(\ln\frac{2l}{D_s} - 1\right)i_a + \left(\ln\frac{2l}{D} - 1\right)(i_b + i_c)\right] \tag{2-62}$$

由于三相对称时，有 $i_a + i_b + i_c = 0$，故

$$\psi_a = \frac{\mu_0}{2\pi}\ln\frac{D}{D_s}i_a \tag{2-63}$$

因此，a 相的等效电感为

$$L_a = \frac{\psi_a}{i_a} = \frac{\mu_0}{2\pi}\ln\frac{D}{D_s} \tag{2-64}$$

由于三相导线排列对称，所以 b、c 相的电感均与 a 相的电感相同。

当三相导线排列不对称时，各相导线所交链的磁链及各相等值电感便不相同，这将引起三相参数不对称。因此必须利用导线换位来使三相参数基本对称。图 2-17 为导线的一个整循环换位的示意图。

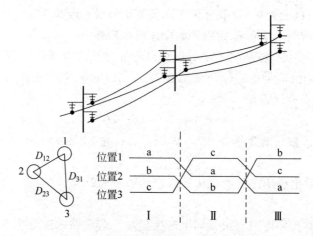

图 2-17　导线的一个整循环换位示意图

当图 2-17 中Ⅰ、Ⅱ、Ⅲ段线路长度相同时,三相导线 a、b、c 分别处于 1、2、3 位置的长度也相等,可使各相平均电感接近相等。图中,a 相Ⅰ、Ⅱ、Ⅲ段导线在单位长度所交链的磁链分别为

$$\begin{cases} \psi_{aⅠ} = \dfrac{\mu_0}{2\pi}\left[i_a \ln \dfrac{1}{D_s} + i_b \ln \dfrac{1}{D_{12}} + i_c \ln \dfrac{1}{D_{31}} \right] \\[2mm] \psi_{aⅡ} = \dfrac{\mu_0}{2\pi}\left[i_a \ln \dfrac{1}{D_s} + i_b \ln \dfrac{1}{D_{23}} + i_c \ln \dfrac{1}{D_{12}} \right] \\[2mm] \psi_{aⅢ} = \dfrac{\mu_0}{2\pi}\left[i_a \ln \dfrac{1}{D_s} + i_b \ln \dfrac{1}{D_{31}} + i_c \ln \dfrac{1}{D_{23}} \right] \end{cases} \tag{2-65}$$

由于经过整循环换位后,三相参数基本对称,所以有 $i_a + i_b + i_c = 0$,故 a 相单位长度所交链的磁链平均值为

$$\psi_a = \frac{1}{3}(\psi_{aⅠ} + \psi_{aⅡ} + \psi_{aⅢ}) \tag{2-66}$$

因此,a 相等效电感为

$$L_a = \frac{\psi_a}{i_a} = \frac{\mu_0}{2\pi}\ln\frac{D_{eq}}{D_s} \tag{2-67}$$

式中,$D_{eq} = \sqrt[3]{D_{12}D_{23}D_{31}}$,称为三相导线的互几何均距。对于呈等边三角形布置的三相导线,$D_{eq} = D$;对于水平布置的三相导线,$D_{eq} = 1.26D$。

对于非铁磁材料的单股线

$$D_s = re^{-1/4} = 0.779r$$

对于非铁磁材料的多股线

$$D_s = (0.724 \sim 0.771)r$$

对于钢芯铝线

$$D_s = (0.77 \sim 0.9)r$$

式中,r 为多股绞线的计算半径。

3) 具有分裂导线的输电线路的等效电感

将输电线的每相导线分裂成若干根按一定的规则分散排列的导线,称为分裂导线输电线路。通常,分裂导线的各根导线布置在正多边形的顶点上,如图 2-18 所示。各根导线的轴间距 d 称为分裂间距。输电线路各相间距离 D 通常远大于分裂间距 d,故可以认为不同相的导线间的距离都近似地等于该两相分裂导线轴心之间的距离,即

$$D_{a1b1} \approx D_{a1b2} \approx D_{a1b3}$$

$$D_{a2b1} \approx D_{a2b2} \approx D_{a2b3}$$

$$D_{a3b1} \approx D_{a3b2} \approx D_{a3b3}$$

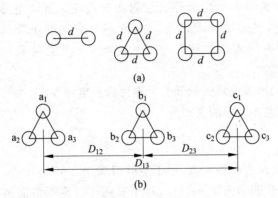

(a)

(b)

图 2-18　分裂导线的布置

于是,分裂导线一相等值电感的计算公式如下

$$L_a = \frac{\psi_a}{i_a} = \frac{\mu_0}{2\pi}\ln\frac{D_{eq}}{D_{sb}} \tag{2-68}$$

式中,D_{sb} 为分裂导线每相的自几何均距,其值与分裂间距及分裂根数有关。

分裂根数为 2 时

$$D_{sb} = \sqrt{D_s d} \tag{2-69}$$

分裂根数为 3 时

$$D_{sb} = \sqrt[3]{D_s d^2} \tag{2-70}$$

分裂根数为 4 时

$$D_{sb} = 1.09 \sqrt[4]{D_s d^3} \tag{2-71}$$

式中,D_s 为每根多股绞线的自几何均距。

通常,分裂间距 d 比每根导线的自几何均距大得多,因而分裂导线每相的自几何均距 D_{sb} 比单导线线路每相的自几何均距 D_s 大,所以分裂导线线路的等效电感比单导线小。

4)输电线路的等效电抗

额定频率(50Hz)下输电线路每相的等值电抗为

$$x = 2\pi f_N L$$

对于单导线线路

$$x = 2\pi f_N L = 0.0628 \ln\frac{D_{eq}}{D_s} = 0.1445\lg\frac{D_{eq}}{D_s} \tag{2-72}$$

对于分裂导线线路

$$x = 2\pi f_N L = 0.0628 \ln\frac{D_{eq}}{D_{sb}} = 0.1445\lg\frac{D_{eq}}{D_{sb}} \tag{2-73}$$

可见,分裂导线单位长度的等效电抗比单导线线路单位长度的等效电抗略小。一般地,对于单导线线路,单位长度的等效电抗约为 $0.40\Omega/\text{km}$;对于分裂导线线路,当分裂根数分别为 2、3、4 根时,单位长度的等效电抗分别约为 $0.33\Omega/\text{km}$、$0.30\Omega/\text{km}$、$0.28\Omega/\text{km}$。

3. 电导

架空输电线路的等效电导用来反映线路带电时绝缘介质中产生泄漏电流及导线附近空气游离所引起的有功功率损耗。一般地,在线路绝缘良好的情况下,泄漏电流很小,可忽略,电导反映的主要是除电晕现象外引起的功率损耗。所谓电晕现象,就是架空线路带有高电压的情况下,当导线表面的电场强度超过空气的击穿强度时,导体附近的空气电离而产生局部放电的现象。这时会发生咝咝声,产生臭氧,夜间还可看到紫色的晕光。

架空输电线路开始出现电晕的最低电压称为临界电压 V_{cr}。当三相导线呈现等边三角形排列时,电晕临界相电压的经验公式为

$$V_{\text{cr}} = 49.3 m_1 m_2 \delta r \lg \frac{D}{r} (\text{kV}) \tag{2-74}$$

式中,m_1 为考虑导线表面状况的系数,对于多股绞线,$m_1 = 0.83 \sim 0.87$;m_2 为考虑气象状况的系数,对于干燥和晴朗的天气,$m_2 = 1$,对于有雨、雪、雾等的恶劣天气,$m_2 = 0.8 \sim 1$;r 为导线的计算半径,单位为 cm;D 为相间距离;δ 为空气的相对密度。

对于水平排列的线路,两根边线的电晕临界电压比式(2-74)算得的值高 6%;而中间相导线对应的值则低 4%。

当实际运行电压过高或气象条件变坏时,运行电压将超过临界电压而产生电晕。运行电压超过临界电压越多,电晕损耗也越大。如果三相线路每公里的电晕损耗为 ΔP_{g},则每相等值电导为

$$g = \frac{\Delta P_{\text{g}}}{V_{\text{L}}^2} \tag{2-75}$$

式中,V_{L} 为线电压,单位为 kV;g 的单位为 s/km。

可以看出,增大导线半径是防止和减小电晕损耗的有效方法。在设计时,对 220kV 以下的线路通常按避免电晕损耗的条件选择导线半径;对 220kV 及以上的线路,为了减少电晕损耗,常采用分裂导线来增大每相的等值半径,特殊情况下也采用扩径导线。因此,在电力系统计算中,一般忽略电晕损耗,即认为 $g = 0$。

4. 电容

输电线路的电容用来反映导线带电时在其周围介质中建立的电场效应。

1) 基本算式

当导体带有电荷时,若周围介质的介电系数为常数,则导体的电容

$$C = q/V \tag{2-76}$$

式中,q 为导体所带的电荷;V 为导体的电位。

设有两条带电荷的平行长导线 A 和 B,如图 2-19 所示,导线半径为 r,其轴线相距为 D,两导线单位长度的电荷分别为 $+q$ 和 $-q$。若 $D \gg r$,

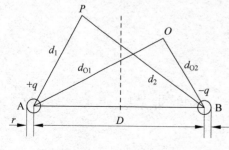

图 2-19　带电的平行长导线

则可以忽略导线间静电感应的影响,两导线周围的电场分布与位于导线几何轴线上的线电荷的电场分布相同。当周围介质的介电系数为常数时,空间任意点 P 的电位可以利用叠加原理求得。

选 O 点为电位参考点,则当线电荷 $+q$ 单独存在时,在 P 点产生的电位为

$$V_{P1} = \frac{q}{2\pi\varepsilon} \ln \frac{d_{O1}}{d_1} \tag{2-77}$$

当线电荷 $-q$ 单独存在时,在 P 点产生的电位为

$$V_{P2} = -\frac{q}{2\pi\varepsilon} \ln \frac{d_{O2}}{d_2} \tag{2-78}$$

因此,当线电荷 $+q$ 和 $-q$ 同时存在时,P 点原电位为

$$V_P = V_{P1} + V_{P2} = \frac{q}{2\pi\varepsilon}\left(\ln \frac{d_{O1}}{d_1} - \ln \frac{d_{O2}}{d_2}\right) = \frac{q}{2\pi\varepsilon}\ln \frac{d_2 d_{O1}}{d_1 d_{O2}} \tag{2-79}$$

若选与两线电荷等距离处(如图 2-19 中虚线所示)作为电位参考点,则有

$$V_P = \frac{q}{2\pi\varepsilon}\ln \frac{d_2}{d_1} \tag{2-80}$$

将式(2-80)应用于导线 A 的表面,则有 $d_1 = r$ 和 $d_2 = D - r$,由于 $D \gg r$,故导线 A 的电位为

$$V_A = \frac{q}{2\pi\varepsilon}\ln \frac{D-r}{r} = \frac{q}{2\pi\varepsilon}\ln \frac{D}{r} \tag{2-81}$$

2) 三相输电线路的等效电容

三相架空线路架设在离地面一定高度的地方,大地将影响导线周围的电场。同时,三相导线均带有电荷,在计算空间任意点的电位时均需计及三相电路的影响。在静电场计算中,平行于地面的带电导体与大地之间电场的等效电容可用镜像法求解,如图 2-20 所示。

设经过整循环换位的三相线路的 a、b、c 三相导线上每位长度的电荷分别为 $+q_a$、$+q_b$、$+q_c$,三相导线的镜像 a′、b′、c′ 上的电荷分别为 $-q_a$、$-q_b$、$-q_c$,并假定电荷沿线均匀分布。

若选地面作为参考电位,利用叠加定理,则 a 相 Ⅰ、Ⅱ、Ⅲ 段导线对地电位为

$$\begin{cases} V_{aI} = \frac{1}{2\pi\varepsilon}\left(q_a\ln \frac{H_1}{r} + q_b\ln \frac{H_{12}}{D_{12}} + q_c\ln \frac{H_{31}}{D_{31}}\right) \\[2mm] V_{aII} = \frac{1}{2\pi\varepsilon}\left(q_a\ln \frac{H_2}{r} + q_b\ln \frac{H_{23}}{D_{23}} + q_c\ln \frac{H_{12}}{D_{12}}\right) \\[2mm] V_{aIII} = \frac{1}{2\pi\varepsilon}\left(q_a\ln \frac{H_3}{r} + q_b\ln \frac{H_{31}}{D_{31}} + q_c\ln \frac{H_{23}}{D_{23}}\right) \end{cases} \tag{2-82}$$

在近似计算中,常假设各线段单位长度导线上的电荷都相等,而导线对地电位却不相等。由于考虑 $q_a + q_b + q_c = 0$,取各段电位的平均值为 a 相电位,故

$$V_a = V_{aI} + V_{aII} + V_{aIII}$$
$$= \frac{q_a}{2\pi\varepsilon}\left(\ln \frac{\sqrt[3]{D_{12}D_{23}D_{31}}}{r} - \ln \sqrt[3]{\frac{H_{12}H_{23}H_{31}}{H_1 H_2 H_3}}\right) \tag{2-83}$$

则每相的等效电容为

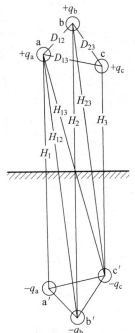

图 2-20　输电线的导线及其镜像

$$C = \frac{q_a}{V_a} = \frac{2\pi\varepsilon}{\ln\dfrac{\sqrt[3]{D_{12}D_{23}D_{31}}}{r} - \ln\sqrt[3]{\dfrac{H_{12}H_{23}H_{31}}{H_1 H_2 H_3}}}$$

由于空气的介电系数 $\varepsilon \approx \varepsilon_0 = 8.85 \times 10^{-12}\,\mathrm{F/m}$,并改用对数表示,有

$$C = \frac{0.0241}{\lg\dfrac{D_{eq}}{r} - \lg\sqrt[3]{\dfrac{H_{12}H_{23}H_{31}}{H_1 H_2 H_3}}} = \frac{0.0241}{\lg\dfrac{D_{eq}}{r}} \times 10^{-6} \tag{2-84}$$

式中,C 的单位为 $\mathrm{F/km}$。

3) 分裂导线的电容

采用分裂导线的输电线路,可以用所有导线及其镜像构成的多导体系统来进行电容计算。由于各相间的距离比分裂间距大得多,因此可以用各相分裂导线重心间的距离代替相间各导线的距离。各导线与各镜像间的距离取为各相导线重心与其镜像重心之间的距离。根据式(2-84)可得

$$C = \frac{0.0241}{\lg\dfrac{D_{eq}}{r_{eq}}} \times 10^{-6} \tag{2-85}$$

式中,D_{eq} 为各相分裂导线中心间的几何均距;r_{eq} 为一相导线组的等效半径,其值与分裂根数有关。

分裂根数为 2 时

$$r_{eq} = \sqrt{rd} \tag{2-86}$$

分裂根数为 3 时

$$r_{eq} = \sqrt[3]{rd^2} \tag{2-87}$$

分裂根数为 4 时

$$r_{eq} = 1.09\sqrt[4]{rd^3} \tag{2-88}$$

通常,分裂间距 d 比每根导线半径 r 大得多,一相导线组的等效半径比每根导线的半径大得多,所以以分裂导线线路的等效电容比单导线大。

4) 输电线路的等效电纳

额定频率(50Hz)下输电线路每相的等值电纳为

$$b = 2\pi f_N C \tag{2-89}$$

对于单导线线路

$$b = 2\pi f_N C = \frac{7.58}{\lg\dfrac{D_{eq}}{r}} \times 10^{-6} \tag{2-90}$$

对于分裂导线线路

$$b = 2\pi f_N C = \frac{7.58}{\lg\dfrac{D_{eq}}{r_{eq}}} \times 10^{-6} \tag{2-91}$$

式中,b 的单位为 $\mathrm{S/km}$。

可见,分裂导线单位长度的等效电纳比单导线线路单位长度的等效电纳略大。一般地,对于单导线线路,单位长度的等效电纳约为 $2.8 \times 10^{-6}\,\mathrm{S/km}$;对于分裂导线线路,当分裂根

数分别为 2、3、4 根时,单位长度的等效电抗分别约为 $3.4 \times 10^{-6} \text{S/km}$、$3.8 \times 10^{-6} \text{S/km}$、$4.1 \times 10^{-6} \text{S/km}$。

【例 2-5】　LGJ-185 型 110kV 架空输电线路,三相导线水平排列,相间距离为 4m。求线路参数。

$$r = \frac{\rho}{s} = \frac{31.5}{185} = 0.17 (\Omega/\text{km})$$

由手册查得 LGJ-185 的计算直径为 19mm,则计算半径为 9.5mm。

线路的电抗为

$$x = 0.1445 \lg \frac{D_{\text{eq}}}{D_{\text{s}}} = 0.1445 \lg \frac{1.26 \times 4000}{0.88 \times 9.5} = 0.402 (\Omega/\text{km})$$

线路的电纳为

$$b = \frac{7.58}{\lg \dfrac{D_{\text{eq}}}{r}} \times 10^{-6} = \frac{7.58}{\lg \dfrac{1.26 \times 4000}{9.5}} \times 10^{-6} = 2.78 \times 10^{-6} (\text{S/km})$$

【例 2-6】　330kV 架空输电线路,三相导线水平排列,相间距离为 8m,每相采用 $2 \times$ LGJQ-300 分裂导线,分裂间距为 400mm,试求线路参数。

解：线路电阻为

$$r = \frac{\rho}{s} = \frac{31.5}{2 \times 300} = 0.053 (\Omega/\text{km})$$

由手册查得 LGJQ-300 导线的计算直径为 23.5mm,分裂导线的自几何均距为

$$D_{\text{sb}} = \sqrt{D_{\text{s}} d} = \sqrt{0.9 \times \frac{23.5}{2} \times 400} = 65.04 (\text{mm})$$

线路的电抗为

$$x = 0.1445 \lg \frac{D_{\text{eq}}}{D_{\text{sb}}} = 0.1445 \lg \frac{1.26 \times 8000}{65.04} = 0.316 (\Omega/\text{km})$$

每相导线组的等值半径 r_{eq} 为

$$r_{\text{eq}} = \sqrt{rd} = \sqrt{\frac{23.5}{2} \times 400} = 68.56 (\text{mm})$$

线路的电纳为

$$b = \frac{7.58}{\lg \dfrac{D_{\text{eq}}}{r_{\text{eq}}}} \times 10^{-6} = \frac{7.58}{\lg \dfrac{1.26 \times 8000}{68.56}} \times 10^{-6} = 3.5 \times 10^{-6} (\text{S/km})$$

2.3.2　架空电力线路的等值电路

1. 输电线路的方程式

设有长度为 l 的输电线路,其参数沿线均匀分布,单位长度的阻抗和导纳分别为 $z_0 = r_0 + \text{j}\omega L_0 = r_0 + \text{j}x_0$,$y = g_0 = \text{j}\omega C_0 = g_0 + \text{j}b_0$。在距末端 x 处取一微段 $\text{d}x$,可作出等值电路(为二端口网络),如图 2-21 所示。

此二端口网络的特性方程为

$$\begin{cases} \dot{V}_1 = \dot{V}_2 \,\text{ch}\gamma x + \dot{I}_2 Z_{\text{c}} \,\text{sh}\gamma x \\[2mm] \dot{I}_1 = \dfrac{\dot{V}_2}{Z_{\text{c}}} \,\text{sh}\gamma x + \dot{I}_2 \,\text{ch}\gamma x \end{cases}$$

(2-92)

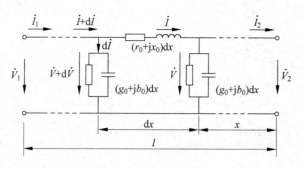

图 2-21　输电线路等值电路

当 $x=l$ 时,线路首、末端电压电流关系如下

$$
\begin{cases}
\dot{V}_1 = \dot{V}_2 \operatorname{ch}\gamma l + \dot{I}_2 Z_c \operatorname{sh}\gamma l = \dot{A}\dot{V}_2 + \dot{B}\dot{I}_2 \\
\dot{I}_1 = \dfrac{\dot{V}_2}{Z_c}\operatorname{sh}\gamma l + \dot{I}_2 \operatorname{ch}\gamma l = \dot{C}\dot{V}_2 + \dot{D}\dot{I}_2
\end{cases}
\tag{2-93}
$$

式中,$\dot{A}=\dot{D}=\operatorname{ch}\gamma l$;$\dot{B}=Z_c \operatorname{ch}\gamma$;$\dot{C}=\dfrac{\operatorname{sh}\gamma l}{Z_c}$;$\gamma$ 为传播常数;Z_c 为波阻抗。

2. 输电线的集中参数等值电路

1) 长电力线路的等值电路

长电力线路指电压等级长度为 300km 以上的架空电力线路和长度为 100km 以上的电缆线路。

根据式(2-93)的电压和电流的关系,可以得出对应长 l 的输电线路的等值二端口网络的 Ⅱ 型集中参数等值电路,如图 2-22 所示。

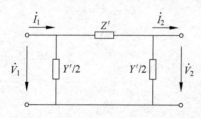

图 2-22　长电力线路的 Ⅱ 型集中参数
等值电路

Ⅱ 型集中参数等值电路中,各参数为

$$
\begin{cases}
Z' = \dot{B} = Z_c \operatorname{sh}\gamma l \\
Y' = \dfrac{2(\dot{A}-1)}{\dot{B}} = \dfrac{2(\operatorname{ch}\gamma l - 1)\dot{V}_2}{Z_c \operatorname{sh}\gamma l}
\end{cases}
$$

若令 $Z=z_0 l,Y=y_0 l$,又令

$$
\begin{cases}
k_Z = \dfrac{\operatorname{sh}\sqrt{ZY}}{\sqrt{ZY}} \\
k_Y = \dfrac{2(\operatorname{ch}\gamma l - 1)}{\sqrt{ZY}\operatorname{sh}\gamma l}
\end{cases}
\tag{2-94}
$$

则可将式(2-94)表示为

$$
\begin{cases}
Z' = k_Z Z \\
Y' = k_Y Y
\end{cases}
\tag{2-95}
$$

由于电晕现象很少发生,实际计算中常忽略架空输电线路的电导,则可得到简化近似计算公式

$$
\begin{cases}
Z' = k_r r_0 l + \mathrm{j}k_x x_0 l \\
Y' = \mathrm{j}k_b b_0 l
\end{cases}
\tag{2-96}
$$

式中

$$\begin{cases} k_{\mathrm{r}} = 1 - \dfrac{1}{3} x_0 b_0 l^2 \\[2mm] k_{\mathrm{x}} = 1 - \dfrac{1}{6}\left(x_0 b_0 - r_0^2 \dfrac{b_0}{x_0}\right) l^2 \\[2mm] k_{\mathrm{b}} = 1 + \dfrac{1}{20} x_0 b_0 l^2 \end{cases} \tag{2-97}$$

为了计算方便,常采用近似表达式

$$\begin{cases} Z' \approx Z = r_0 l + \mathrm{j} x_0 l \\[1mm] Y' \approx Y = g_0 l + \mathrm{j} b_0 l \end{cases} \tag{2-98}$$

2) 短电力线路的等值电路

短线路指电压等级 110kV 以下、长度不超过 100km 的架空电力线路和长度较小的电缆线路。短线路由于长度小、电压不高,故可忽略电导和电纳的影响,阻抗为

$$Z = R + \mathrm{j} X = r_0 l + \mathrm{j} x_0 l \tag{2-99}$$

其等值电路如图 2-23 所示。

3) 中等长度电力线路的等值电路

中等长度电力线路指电压等级为 110~220kV、长度为 100~300km 的架空电力线路和长度不超过 100km 的电缆线路。对于中等长度电力线路,通常可不考虑电晕现象,还可近似认为 $K_Z = 1$,$K_Y = 1$,故有

$$Z' = Z, \quad Y' = Y, \quad G = 0 \tag{2-100}$$

其等值电路如图 2-24 所示。

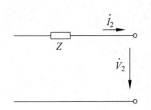
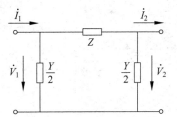

图 2-23　短电力线路的集中参数等值电路　　　　图 2-24　中等长度电力线路的集中参数等值电路

下面通过例题对电力线路的 3 种公式的计算结果进行比较。

【例 2-7】　330kV 架空线路的参数为:$r_0 = 0.057\,90\,\Omega/\mathrm{km}$,$x_0 = 0.3160\,\Omega/\mathrm{km}$,$g_0 = 0$,$b_0 = 3.55 \times 10^{-6}\,\mathrm{S/km}$。试分别用长电力线路的 3 种公式(即,精确表达式(2-95)、简化表达式(2-96)、近似表达式(2-98))计算长度分别为 100km、200km、300km、400km、500km 线路的 Π 型等值电路参数值。

解:首先计算 100km 线路的参数。

(1) 近似参数计算

$$Z' = (r_0 + \mathrm{j} x_0) l = (0.0579 + \mathrm{j} 0.316) \times 100 = (5.79 + \mathrm{j} 31.6)\,(\Omega)$$

$$Y' = (g_0 + \mathrm{j} b_0) l = (0 + \mathrm{j} 3.55 \times 10^{-6}) \times 100 = \mathrm{j} 3.55 \times 10^{-4}\,(\mathrm{S})$$

(2) 简化参数计算

$$k_r = 1 - \frac{1}{3}x_0 b_0 l^2 = 1 - \frac{1}{3} \times 0.316 \times 3.55 \times 10^{-6} \times (100)^2 = 0.9963$$

$$k_x = 1 - \frac{1}{6}\left(x_0 b_0 - r_0^2 \frac{b_0}{x_0}\right)l^2$$

$$= 1 - \frac{1}{6}[0.316 \times 3.55 \times 10^{-6} - (0.0579)^2 \times 3.55 \times 10^{-6}/0.316] \times (100)^2$$

$$= 0.9982$$

$$k_b = 1 + \frac{1}{12}x_0 b_0 l^2 = 1 + \frac{1}{12} \times 0.316 \times 3.55 \times 10^{-6} \times (100)^2 = 1.0009$$

$$Z' = (k_r r_0 + jk_x x_0)l = (0.9963 \times 0.0579 + j0.9982 \times 0.316) \times 100$$

$$= 5.7686 + j31.5431(\Omega)$$

$$Y' = jk_b b_0 l = j1.0009 \times 3.55 \times 10^{-6} \times 100 = 3.5533 \times 10^{-4}(S)$$

(3) 精确参数计算

先计算 Z_c 和 γl

$$Z_c = \sqrt{(r_0 + jx_0)/(g_0 + jb_0)} = \sqrt{(0.0579 + j0.316)/(j3.55 \times 10^{-6})}$$

$$= (299.5914 - j27.2201)\Omega = 300.8255\underline{/-5.192°}(\Omega)$$

$$\gamma = \sqrt{(r_0 + jx_0)(g_0 + jb_0)} = \sqrt{(0.0579 + j0.316) \times j3.55 \times 10^{-6}}$$

$$= (0.9663 + j10.6355) \times 10^{-4}(km^{-1})$$

$$\gamma l = (0.9663 + j10.6355) \times 10^{-4} \times 100 = (0.9663 + j10.6355) \times 10^{-2}$$

计算双曲线函数。利用公式

$$sh(x + jy) = shx\cos y + jchx\sin y$$

$$ch(x + jy) = chx\cos y + jshx\sin y$$

将 γl 之值代入,便得

$$sh\gamma l = sh(0.9663 \times 10^{-2} + j10.6355 \times 10^{-2})$$

$$= sh(0.9663 \times 10^{-2})\cos(10.6355 \times 10^{-2})$$

$$+ jch(0.9663 \times 10^{-2})\sin(10.6355 \times 10^{-2})$$

$$= (0.9609 + j10.6160) \times 10^{-2}$$

$$ch\gamma l = ch(0.9663 \times 10^{-2} + j10.6355 \times 10^{-2})$$

$$= ch(0.9663 \times 10^{-2})\cos(10.6355 \times 10^{-2})$$

$$+ jsh(0.9663 \times 10^{-2})\sin(10.6355 \times 10^{-3})$$

$$= 0.9944 + j0.1026 \times 10^{-2}$$

Ⅱ型电路的精确参数为

$$Z' = Z_c sh\gamma l = (299.5914 - j27.2201) \times (0.9609 + j10.6160) \times 10^{-2}$$

$$= 5.7684 + j31.5429(\Omega)$$

$$Y' = \frac{2(ch\gamma l - 1)}{Z_c sh\gamma l} = \frac{2 \times (0.9944 + j0.1026 \times 10^{-2} - 1)}{5.7684 + j31.5429}$$

$$= (0.0006 + j3.5533) \times 10^{-4}(S)$$

然后将不同长度线路的Ⅱ型等值电路参数用相同的方法算出,其结果列于表 2-1。

表 2-1　例 2-7 的计算结果

l/km		Z'/Ω	Y'/S
100	1	$5.7900+j31.6000$	$j3.55\times10^{-4}$
	2	$5.7683+j31.5429$	$j3.5533\times10^{-4}$
	3	$5.7684+j31.5429$	$(0.0006+j3.5533)\times10^{-4}$
200	1	$11.58+j63.2000$	$j7.100\times10^{-4}$
	2	$11.4068+j62.7432$	$j7.1265\times10^{-4}$
	3	$11.4074+j62.7442$	$(0.0049+j7.1267)\times10^{-4}$
300	1	$17.3700+j94.8000$	$j10.6500\times10^{-4}$
	2	$16.7854+j93.2584$	$j10.7393\times10^{-4}$
	3	$16.7898+j93.2656$	$(0.0167+j10.7405)\times10^{-4}$
400	1	$23.1600+j1264000$	$j14.2000\times10^{-4}$
	2	$21.7744+j122.7457$	$j14.4124\times10^{-4}$
	3	$21.7927+j122.7761$	$(0.0403+j14.4161)\times10^{-4}$
500	1	$28.9500+j158.0000$	$j17.7500\times10^{-4}$
	2	$26.2437+j150.8627$	$j18.1648\times10^{-4}$
	3	$26.2995+j150.9553$	$(0.0804+j18.1764)\times10^{-4}$

注：1—近似值，2—修正值，3—精确值。

由例题 2-7 的计算结果可见，近似参数的误差随线路长度而增大。相对而言，电阻的误差最大，电抗次之，电纳的误差最小。参数的修正值与精确值的误差也是随线路长度而增大，但是修正后的参数已非常接近精确参数。此外，即使线路的电导为 0，等值电路的精确参数中仍有一个数值很小的电导，实际计算时可以忽略。

在工程计算中，既要保证必要的精度，又要尽可能简化计算。采用近似参数时，长度不超过 300km 的线路可用一个 Ⅱ 型等值电路来表示，对于更长的线路，则可用串联的多个 Ⅱ 型等值电路来模拟，每一个 Ⅱ 型电路代替长度为 200～300km 的一段线路。采用修正参数时，一个 Ⅱ 型电路可用来代替 500～600km 长的线路。还要指出，这里所讲的处理方法仅适用于工频下的稳态计算。

2.4　负荷的参数和等值电路

1. 负荷的功率

通常，定义感性负荷吸收无功功率，为正；容性负荷发出无功功率，为负。因此，负荷的复功率表示为

$$\dot{S}_L = \dot{V}_L \overset{*}{I}_L = V_L I_L e^{j(\varphi_u-\varphi_i)} = V_L I_L e^{j\varphi} = S_L(\cos\varphi + j\sin\varphi) = P_L + jQ_L \quad (2\text{-}101)$$

2. 负荷的阻抗和导纳

根据欧姆定律，负荷的阻抗和导纳分别为

$$Z_L = \frac{\dot{V}_L}{\dot{I}_L} = \frac{\dot{V}_L}{\overset{*}{S}_L/\overset{*}{V}_L} = \frac{V_L^2}{S_L}(\cos\varphi_L + j\sin\varphi_L) = R_L + jX_L \quad (2\text{-}102)$$

$$Y_L = \frac{\dot{I}_L}{\dot{V}_L} = \frac{\overset{*}{S}_L/\overset{*}{V}_L}{\dot{V}_L} = \frac{S_L}{V_L^2}(\cos\varphi_L - j\sin\varphi_L)$$

$$= \frac{1}{V_L^2}(P_L - jQ_L) = G_L + jB_L \quad (2\text{-}103)$$

3. 负荷的等值电路

由上述阻抗和导纳计算公式可得负荷的等值电路,如图 2-25 所示。对于感性负荷,X_L 为正,B_L 为负;对于容性负荷,X_L 为负,B_L 为正。

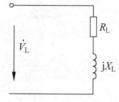

图 2-25　负荷的等值电路

2.5　高压直流输电系统

高压直流输电(High Voltage Direct Current,HVDC)最早应用汞弧整流器进行整流和逆变,1972 年起采用晶闸管。与交流输电相比,直流输电有以下主要优点:

(1) 直流输电的主要投资在于两端的换流站,而直流输电线路的投资比交流输电线路少,因此,当输电距离超过一定长度后,直流输电比交流输电经济。

(2) 直流输电通过控制晶闸管的触发角度,可以快速地控制线路所传输的功率。

(3) 交流输电线路,特别是长距离输电或作为区域之间的联络线,存在比较严重的稳定性问题,而直流输电则不存在或者减轻了稳定性问题,有些情况下通过对晶闸管的控制甚至可以改善系统的稳定性。

(4) 应用直流输电线路不会增大系统的短路容量,而应用交流输电线路将使短路容量增大,甚至使设备因此需要更换,或者需要采取限制短路电流的措施。

当然,目前采用晶闸管换流器的直流输电线路也存在一定的缺点,如产生大量的谐波和需要吸收较多的无功功率等。

高压直流输电在国际上已经获得了比较广泛的应用。在我国,截至 2009 年底已经投入运行的有舟山、嵊泗两个海底直流输电工程,以及葛洲坝—南桥(葛南线,电压±500kV,传输 1200MW)、天生桥—广州(天广线,±500kV,1800MW)、安顺—肇庆(贵广一回线,±500kV,3000MW)、兴仁—深圳(贵广二回线,±500kV,3000MW)、龙泉—政平(龙政线,±500kV,3000MW)、宜都—华新(三上线,±500kV,3000MW)、江陵—鹅城(三广线,±500kV,3000MW)、宜都—华新(三上线,±500kV,3000MW)以及灵宝(360MW)和高陵(1500MW)背靠背直流工程。世界上电压等级最高、输送容量最大、输电距离最长的两条±800kV 特高压直流输电线路,楚雄—穗东(云广线,1500km,5000MW)和向家坝—上海(向上线,2000km,6400MW),已经于 2012 年投入运行。

除了采用晶闸管构成的直流输电以外,近年来应用脉宽调制电压源换流器构成的"轻型直流输电"已经在实际系统中获得应用,但由于它们所采用的具有关断能力的绝缘栅双极晶体管(Insulated Gate Bipolar Transistor,IGBT)等元件价格比较昂贵,因此目前仅用于风力发电接入系统等传输功率不大的地方。

2.5.1　高压直流输电系统的结构

目前的高压直流输电系统大都采用双极式,其中的一个极为正体,另一个极为负体,其原理结构如图 2-26 所示,所包含的主要元件介绍如下。

　　1）换流器

　　换流器包括整流器和逆变器两种,分别设置在直流输电线路两端的整流站和逆变站中,用于进行交流—直流和直流—交流的转换。在整流站和逆变站中,两组换流器在直流侧相串联,其连接点可以通过电极接地,其他两端分别为正极和负极。在绝大多数高压直流输电系统中,每组换流器都由两个三组 6 脉冲可控桥式电路在直流侧串联而成,它们的换流变压器或者分别采用 Yy 和 Yd 接线方式的双绕组变压器(见图 2-26),或者合用一个三绕组变压器,其与交流系统连接的绕组接成星形,与两个换流桥相连接的绕组分别接成星形和三角形,从而组成一组 12 脉冲的换流器。

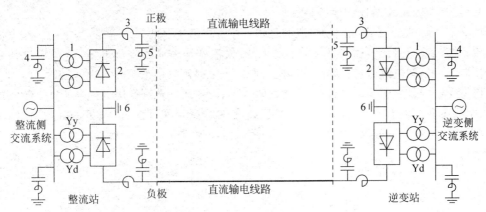

图 2-26　高压直流输电系统的原理结构图

1—换流变压器；2—换流器；3—平波电抗器；4—交流滤波器；5—直流滤波器；6—接地极

　　2）直流输电线路

　　直流输电线路由正极导线和负极导线构成,在正常运行情况下,它们分别与两个换流站的正极和负极相连。当整流站和逆变站都通过电极接地时,直流电流可以流经大地而形成回路,在此情况下,整个直流系统将由两个独立的回路组成,一个是从整流站的正极出发,经正极导线流向逆变站的接正极,再经过负极逆变器后由大地流回；另一个从整流站的接地极流出,经过大地流向逆变站的接地极,再经过负极逆变器后由负极导线流回。由于这两个回路中通过大地的两个电流方向相反,所以,在换流站正、负极完全对称的情况下,它们相互抵消从而使大地中的电流为零(在不完全对称的情况下,流过大地的电流也很小)。只有在某一极导线(或者某一级换流器)发生故障或检修的情况下,才由另一极导线(或者将两极导线并联)与大地组成的回路,短时间地继续运行。

　　3）平波电抗器

　　在整流站和逆变站直流侧的两个极上,分别设置电感为数百毫亨或更大的电抗器。其作用有：

　　(1) 减少直流线路上的谐波电压和电流。

　　(2) 防止逆变器换相失败。

　　(3) 避免负载较小时直流电流不连续。

　　(4) 在直流线路发生短路时,限制换流器中流过的峰值电流。

　　4）交流滤波器和直流滤波器

　　由于换流器的非线性,在其交流侧将产生大量的谐波电流,它们流入交流系统后在各个节点上产生谐波电压,使电压波形畸变而造成电能质量降低；在直流侧所产生的谐波电压和谐波电流,则可能对临近的通信线路产生干扰。因此,在两侧交流系统中需要设置交流滤波器,以吸收换流器所产生的谐波电流;而在直流侧,也大都需要设置滤波器。前者常简称为交流滤波器,后者简称为直流滤波器。

必须指出,在有些直流系统中实际上没有直流线路,而只是通过整流和逆变完成交流—直流—交流的变换,这种系统常称为背靠背的直流系统。它们主要用于连接两个额定频率不同或者两个不同步运行的交流系统。

2.5.2　高压直流输电系统的工作原理和运行特性

1. 整流器的工作原理和运行特性

图 2-27 所示是一个由晶闸管组成的三相可控桥式整流器的等值电路,其中的三相电源代表交流系统经换流变压器加在整流器上的电压(换流变压器阀侧空载电压),3 个电感代表换流变压器绕组的漏电感而略去绕组的电阻。假定 6 个晶闸管(V1~V6)都是理想元件,即在正向电压下受触发后立即导通,导通时正向电阻为零,而在反向电压作用下且电流过零时立即关断,关断后反向电阻为无穷大;在一个周期内,它们依次受到间隔(60°)脉冲的触发。在整流桥的直流侧,假定平波电抗器的电感为无穷大,使输出的电流为恒定的不含纹波的直流电流 I_d。

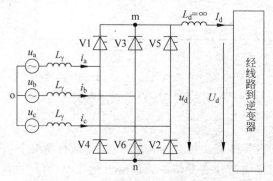

图 2-27　三相可控桥式整流器的等值电路图

用 U_m 表示相电压的最大值,则电源的 3 个相电压为(注意,在下面的分析中,各量均采用有名值)

$$\begin{cases} u_a = U_m \sin(\omega t + 30°) \\ u_b = U_m \sin(\omega t - 90°) \\ u_c = U_m \sin(\omega t + 150°) \end{cases} \quad (2\text{-}104)$$

相应地,可以列出各个线电压的表达式为

$$\begin{cases} u_{ac} = u_a - u_c = \sqrt{3} U_m \sin\omega t, & u_{bc} = u_b - u_c = \sqrt{3} U_m \sin(\omega t - 60°) \\ u_{ba} = u_b - u_a = \sqrt{3} U_m \sin(\omega t - 120°), & u_{ca} = u_c - u_a = \sqrt{3} U_m \sin(\omega t - 180°) \\ u_{cb} = u_c - u_b = \sqrt{3} U_m \sin(\omega t - 240°), & u_{ab} = u_a - u_b = \sqrt{3} U_m \sin(\omega t - 300°) \end{cases}$$

$$(2\text{-}105)$$

相电压和线电压的波形图如图 2-28(a)、(b)所示。三相相电压波形的交点 C1~C6 对应于线电压的过零点,例如,C1 对应于线电压 u_{ac} 由负变正的过零点,C2 对应于线电压 u_{bc} 由负变正的过零点,以此类推。在系统对称的情况下,各个电压过零点之间的相位彼此相差 60°。

1) 稳态运行情况下整流器的换相过程

下面分析晶闸管(简称阀)V1 在过零点 C1 后($\omega t > 0$)受到触发以后的过程,在此以前的运行情况是,阀 V5 和 V6 导通,其他阀都处于关断状态,直流侧电流为 I_d,如图 2-29(a)所示。这时,电源电压 u_c 经过阀 V5 加到直流侧的 m 点,直流侧的 n 点则通过阀 V6 接到电源电压 u_b,因此,直流侧的电压 $u_d = u_{cb}$,而 $i_c = I_d$,$i_b = -I_d$,$i_a = 0$。由图 2-28(b)可知,在过零点 C1 处,u_{ac} 开始由负变正,而由于这时电压 u_c 经 V5 与 m 点相连,因此,阀 V1 上的电压便是 u_{ac},即 V1 开始承受正向电压。

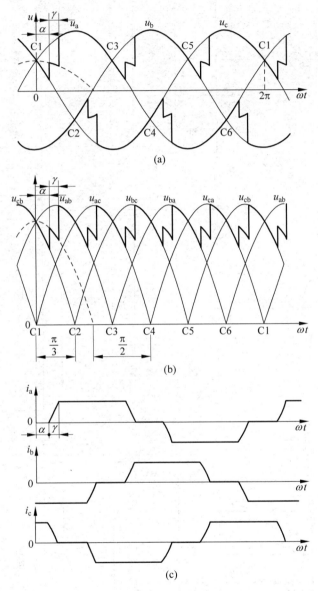

图 2-28　整流器的电压和电流波形图

(a) 相电压波形;(b) 线电压及直流电压波形;(c) 三相电流波形

现在,考虑在 $\omega t = \alpha$ 时对阀 V1 进行触发,则在正向电压作用下它开始导通,相应的电路图如图 2-29(b)所示。由于在 a 相电路中存在电感,因此其中的电流 i_a 不能突变,它必须从零开始逐渐增大。这说明在 V1 导通后,V5 中的电流 i_c 不能立刻降到零,而必须与 i_a 一起共同承担直流侧所需要的恒定电流 I_d。而随着 i_a 的逐渐增大,i_c 将逐渐减小,直至 i_c 增大到 I_d,i_c 减少到零阀 V5 关断为止。以上说明,当阀 V1 触发后将出现一个电流由 c 相转移到 a 相的过程,这一过程称为换相过程。由于 α 为滞后于电压过零点 C1 角度,故称之为滞后触发角。

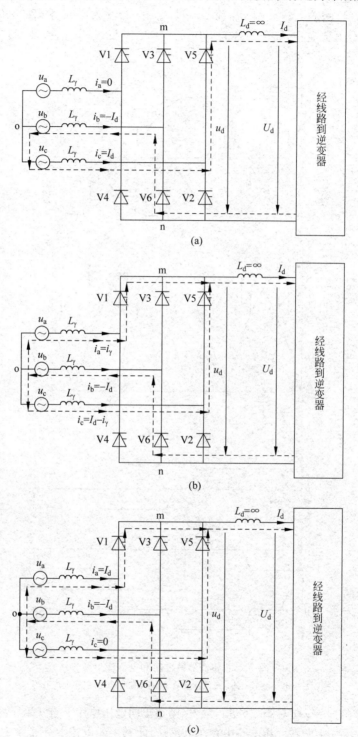

图 2-29　整流器在换相期间和非换相期间的电路图

(a) 阀 V5 和 V6 导通时;(b) 阀 V5 和 V1 换相时;(c) 阀 V1 和 V6 导通时

为了清楚起见,根据图 2-29(b)画出如图 2-30 所示的换相过程等值电路。其中,各相电流分别为 $i_a = i_\gamma$、$i_c = I_d - i_\gamma$、$i_b = -I_d$,i_γ 称为换相电流。由其中的第一个回路可以列出回路方程

$$L_\gamma \frac{di_\gamma}{dt} - L_\gamma \frac{d(I_d - i_\gamma)}{dt} = u_{ac} = \sqrt{3}U_m \sin\omega t$$

即

$$2L_\gamma \frac{di_\gamma}{dt} = \sqrt{3}U_m \sin\omega t \qquad (2\text{-}106)$$

其通解为

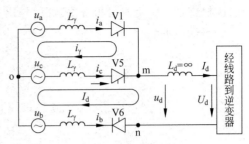

图 2-30　换相过程的等值电路图

$$i_a = i_\gamma = -\frac{\sqrt{3}U_m}{2\omega L_\gamma}\cos\omega t + k \quad (2\text{-}107)$$

其中的积分常数 k 可以应用边界条件:当 $\omega t = \alpha$ 时,$i_a = 0$,代入而得

$$k = \frac{\sqrt{3}U_m}{2\omega L_\gamma}\cos\alpha$$

再将它代入式(2-107),得

$$i_a = i_\gamma = \frac{\sqrt{3}U_m}{2\omega L_\gamma}(\cos\alpha - \cos\omega t) \qquad (2\text{-}108)$$

换相过程结束的条件是:当经过某一相位角 γ 后,i_a 等于 I_d,使流过阀 V5 的电流减少到零而使 V5 关断。于是,在式(2-108)中,令 $\omega t = \alpha + \gamma$ 和 $i_a = I_d$,得

$$I_d = \frac{\sqrt{3}U_m}{2\omega L_\gamma}[\cos\alpha - \cos(\alpha + \gamma)] \qquad (2\text{-}109)$$

相位角 γ 称为换相角。由式(2-109)可以解出

$$\gamma = -\alpha + \cos^{-1}\left(\cos\alpha - \frac{2\omega L_\gamma I_d}{\sqrt{3}U_m}\right) \qquad (2\text{-}110)$$

由式(2-110)表示的换相电流波形,可以画出换相期间三相电流的波形图,如图 2-28(c)所示。

对于直流侧的电压,在阀 V1 受触发以前为 $u_d = u_{cb}$。在触发后的换相过程中,由图 2-29,阀 V1 和 V5 同时导通,这时电源电压 u_a 和 u_c 将通过两个电抗短路,于是,直流侧的电压应是 u_{ab} 与 u_{cb} 的平均值,即

$$u_d = \frac{u_{ab} + u_{cb}}{2} = \frac{3}{2}U_m \sin(\omega t + 90°) \quad (\alpha \leqslant \omega t \leqslant \alpha + \gamma) \qquad (2\text{-}111)$$

其波形如图 2-28(b)中用虚线所画出的曲线。

2)稳态运行情况下整流器的非换相过程

当换相过程结束后,阀 V1 和 V6 继续导通,直至下一个触发脉冲于 $\omega t = \alpha + 60°$ 加在阀 V2 上为止。在此期间,三相电流分别为

$$i_a = I_d, \quad i_b = -I_d, \quad i_c = 0 \quad (\alpha + \gamma < \omega t < \alpha + 60°) \qquad (2\text{-}112)$$

其直流侧的电压为线电压 u_{ab},即

$$u_d = \sqrt{3}U_m \sin(\omega t - 300°) \quad (\alpha + \gamma < \omega < \alpha + 60°) \qquad (2\text{-}113)$$

3)交流侧电流和直流侧电压的全部波形

当过了线电压过零点 C2,在 $\omega t = \alpha + 60°$ 时刻对阀 V2 进行触发后,由于这时 u_{bc} 大于零,

即阀 V2 处于正向电压之下,因此它开始导通,直流电流开始经过阀 V2 流入 c 相电源。同样地,由于 i_c 不能突变,因此阀 V2 和 V6 将同时导通而产生一个负极电流由 b 相转换至 c 相的换相过程。应用相同的方法,可以导出这一换相过程中的三相电流为

$$\begin{cases} i_a = I_d \\ i_d = -I_d + \dfrac{\sqrt{3}U_m}{2\omega L_\gamma}[\cos\alpha - \cos(\omega t - 60°)] \quad (\alpha + 60° < \omega t < \alpha + \gamma + 60°) \\ i_c = \dfrac{\sqrt{3}U_m}{2\omega L_\gamma}[\cos\alpha - \cos(\omega t - 60°)] \end{cases}$$

$$(2\text{-}114)$$

换相过程于 $\omega t = \alpha + \gamma + 60°$ 时结束。在此期间,直流侧的电压为 u_{ab} 与 u_{ac} 的平均值

$$u_d = \frac{u_{ab} + u_{ac}}{2} = \frac{3}{2}U_m\sin(\omega t + 30°) \quad (\alpha + 60° \leqslant \omega t \leqslant \alpha + \gamma + 60°) \qquad (2\text{-}115)$$

换相过程结束后,阀 V6 关断,而在此后的非换相期间,阀 V1 和阀 V2 继续导通,直至 $\omega t = \alpha + 120°$ 时刻阀 V3 受到触发为止。这一期间的三相电流和直流侧电压分别为

$$i_a = I_d, \quad i_b = 0, \quad i_c = -I_d \quad (\alpha + \gamma + 60° < \omega t < \alpha < +120°) \qquad (2\text{-}116)$$

$$u_d = u_{ac} = U_m\sin\omega t \quad (\alpha + \gamma + 60° < \omega t < \alpha + 120°) \qquad (2\text{-}117)$$

与式(2-113)~式(2-117)相应的三相电流和直流侧电压的波形图如图 2-28(c)所示。

以后,第 3、4 个触发脉冲发出后的情况与第 1、2 个触发脉冲发出的情况相似,只要在上面的分析中将 a、b、c 分别换成 b、c、a 便可得出相应的结果;而对于第 5、6 个触发脉冲发出后的情况,则需换成 c、a、b。在一个周期内,三相电流和直流侧电压的完整波形画于图 2-28(c)、(b)中。显然,当一个周波结束时,仍然回到阀 V5 和 V6 导通,其他阀都关断的状态。

4) 直流电压的平均值和谐波

由图 2-28(b)可见,直流侧电压的波形每隔 60°重复一次,对它进行傅里叶级数分解,可以得出直流电压的平均值为

$$U_d = \frac{6}{2\pi}\left[\int_\alpha^{\alpha+\gamma} + \frac{3}{2}U_m\sin(\omega t + 90°)\mathrm{d}\omega t + \int_{\alpha+\gamma}^{\alpha+\pi/6}\sqrt{3}U_m\sin(\omega t - 300°)\mathrm{d}\omega t\right]$$

$$= \frac{3\sqrt{3}U_m}{2\pi}[\cos\alpha + \cos(\alpha + \gamma)]$$

令 U 为电源线电压的有效值,即 $U = U_m \times \sqrt{3/2}$,则上式变为

$$U_d = \frac{2\sqrt{2}U}{2\pi}[\cos\alpha + \cos(\alpha + \gamma)] = \frac{U_{d0}}{2}[\cos\alpha + \cos(\alpha + \gamma)] \qquad (2\text{-}118)$$

其中

$$U_{d0} = \frac{3\sqrt{2}}{\pi}U \qquad (2\text{-}119)$$

称为理想空载直流电压,显然,它是在 $\alpha = \gamma = 0$ 情况下的直流电压的平均值。

应用式(2-108),可以将式(2-118)中的 γ 用 I_d 代替,从而得出

$$U_d = U_{d0}\cos\alpha - \frac{3\omega L_\gamma}{\pi}I_d = U_{d0}\cos\alpha - d_\gamma I_d \qquad (2\text{-}120)$$

式中，d_γ 称为等值换相电阻，$d_\gamma = 3\omega L_\gamma/\pi$；$d_\gamma I_d$ 称为换相压降。

另外，根据直流侧电压的波形，应用傅里叶级数分解，还可以求出电压的谐波分量。由于直流侧的电压每隔 60° 重复一次，因此，它只含 $6,12,18\cdots$（即 $6k(k=1,2,\cdots)$）次谐波。

5）交流侧的基波电流和谐波

由图 2-28(c)中的 a 相电流波形，可以列出它在半个周波内的电流表达式为

$$i_a(t) = \begin{cases} i_1(t) = \dfrac{\sqrt{3}U_m}{2\omega L_\gamma}(\cos\alpha - \cos\omega t) & (\alpha \leqslant \omega t \leqslant \alpha + \gamma) \\[2mm] i_2(t) = I_d & (\alpha + \gamma \leqslant \omega t \leqslant \alpha + 120°) \\[2mm] i_3(t) = I_d - \dfrac{\sqrt{3}U_m}{2\omega L_\gamma}[\cos\alpha - \cos(\omega t - 120°)] & (\alpha + 120° \leqslant \omega t \leqslant \alpha + \gamma + 120°) \\[2mm] i_4(t) = 0 & (\alpha + \gamma + 120° \leqslant \omega \leqslant \alpha + 180°) \end{cases}$$

$$(2\text{-}121)$$

其中，$i_1(t)$ 由式(2-108)而来，$i_3(t)$ 的波形与 i_c 在换相期间 $\alpha \leqslant \omega t \leqslant \alpha + \gamma$ 内的波形相同，但相位滞后 120°，I_d 与 α 和 γ 的关系为式(2-104)。另外，电流的波形满足 $i_a(\omega t + 180°) = -i_a(\omega t)$ 的条件。

对式(2-122)中的电流进行傅里叶级数分解，可以得出与式(2-104)中电压 u_a 同相的分量，这一分量即为电流的有功分量，其有效值为

$$I_{1R} = \frac{2}{\sqrt{2}\pi}\Big[\int_\alpha^{\alpha+\gamma} i_1(t)\sin(\omega t + 30°)\mathrm{d}\omega t + \int_{\alpha+\gamma}^{\alpha+120°} i_2(t)\sin(\omega t + 30°)\mathrm{d}\omega t + \int_{\alpha+120°}^{\alpha+\gamma+120°} i_3(t)\sin(\omega t + 30°)\mathrm{d}\omega t\Big]$$

进行积分运算后，可以求得

$$I_{1R} = \frac{\sqrt{6}}{\pi}I_d \frac{\cos\alpha + \cos(\alpha + \gamma)}{2} \qquad (2\text{-}122)$$

同理，电流的无功分量的有效值为

$$I_{1I} = \frac{2}{\sqrt{2}\pi}\Big[\int_\alpha^{\alpha+\gamma} i_1(t)\cos(\omega t + 30°)\mathrm{d}\omega t + \int_{\alpha+\gamma}^{\alpha+120°} i_2(t)\sin(\omega t + 30°)\mathrm{d}\omega t + \int_{\alpha+120°}^{\alpha+\gamma+120°} i_3(t)\cos(\omega t + 30°)\mathrm{d}\omega t\Big]$$

即

$$I_{1I} = \frac{\sqrt{6}}{\pi}I_d \frac{\sin2\alpha - \sin2(\alpha + \gamma) + 2\gamma}{4[\cos\alpha - \cos(\alpha + \gamma)]} \qquad (2\text{-}123)$$

将式(2-122)和式(2-123)分别乘以 $\sqrt{3}U$，便可得出三相可控桥式整流器吸收的有功功率和无功功率。由图 2-28(a)、(c)可以看出，a 相电流的基波分量总是滞后于电压，说明整流器总需要吸收无功功率，而且 α 和 γ 越大，功率因数越低，除非 α 和 γ 都等于零时，功率因数才等于 1。为了不使功率因数过低，应尽量减少 α，但为了保证阀的正常触发导通，α 应不小于 3°～5°。

除了基波电流以外，整流器的交流侧存在 $5,7,11,13,17,19,\cdots$（即 $6k\pm1(k=1,2,\cdots)$）次谐波电流，其数值可以通过傅里叶积分求得。

　　为了减少交流侧的谐波电流和直流侧的谐波电压,通常采用 12 脉冲换流电路。其结构是,用两个三相可控桥式整流器,将它们的直流侧进行串联,交流侧分别由 Yy(Y/Y)和 Yd(Y/△)连接的换流变压器(或用 Yyd(Y/Y/△)连接的三绕组变压器)供电,使得两个整流器的供电电压彼此相差 30°,它们的触发脉冲之间也彼此相差 30°,即在一个周期内共发出 12 个触发脉冲。在这样的结构下,交流侧的总电流将只含 $11,13,23,25,\cdots$(即 $12k\pm1(k=1,2,\cdots)$)次谐波,而直流侧电压只含 $12,24,\cdots$(即 $12k(k=1,2,\cdots)$)次谐波。由于两个三相可控桥式整流器在直流侧进行串联,因此每一极的直流电压为每个桥直流电压的两倍,而流入交流系统的交流电流为每桥交流电流的两部。

2. 逆变器的工作原理和运行特性

　　三相可控桥式逆变器的等值电路如图 2-31 所示,从电路结构来说,相当于将图 2-27 中的整流器等值电路旋转 180°,但阀的命名次序有所改变,另外在逆变工作状态下所用到的线电压波形如图 2-32 所示。

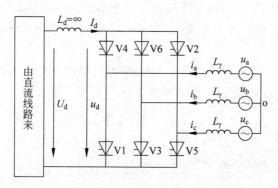

图 2-31　三相可控桥式逆变器的等值电路图

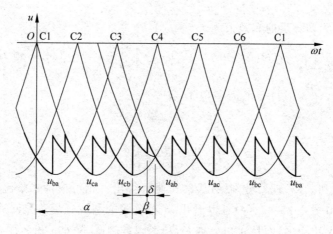

图 2-32　逆变器的线电压波形图

　　仍然从图 2-31 中的阀 V1 受触发开始来进行分析。在此之前,阀 V5 和 V6 导通,直流侧电压的正端通过 V6 与 b 相电压相连,c 相电压则经 V5 与直流侧电压的负端相连。如果在图 2-32 中的 $\omega t=\alpha$ 时刻对阀 V1 进行触发,则由图 2-32 可见,这时的 u_{ca} 小于零,说明阀

V1 处于正向电压之下，而其被触发后便开始导通。与整流器的换相过程相似，由于 a 相经过阀 V1 的电流不能突变，因此将存在电流由 c 相转换到 a 相的换相过程。在这一过程中，阀 V1 和 V5 同时导通，c 相和 a 相电源电压经两个电感短路，使直流侧电压为 u_{ab} 与 u_{cb} 的平均值。当 V5 中的电流减少到零而关断，直流电流 I_d 完全转移到阀 V1，即 $\omega t = \alpha + \gamma$ 时，换相过程结束。当换相过程在过零点 C4 以前（$\alpha+\gamma<180°$）结束时，阀 V5 所承受的电压 $u_{ca}<0$，在此情况下，一旦流过的电流为零 V5 便能关断。然而，如果在过零点 C4 以前换相过程尚不能结束，则阀 V5 将不能关断而继续导通，其结果是换相失败。从换相过程结束到过零点 C4 之间的相角差为

$$\delta = 180° - (\alpha + \gamma) \tag{2-124}$$

它称为关断超前角，对于逆变器来说，是一个很重要的运行参数。实际运行时，为了保证阀 V5 能有效关断，δ 一般取 15° 或更大些。习惯上，逆变器常用超前触发角 $\beta=180°-\alpha$ 的大小来表示触发的迟早，而不用滞后触发角 α。

换相过程结束后，便是阀 V1 和 V6 继续导通的非换相过程，直至 $\omega t = \alpha + 60°$ 时刻第 2 个触发脉冲加到阀 V2 为止。以此类推，形成一个周期内的 6 个换相过程和非换相过程。

采用与整流器相同的分析方法，可以得出逆变器的运行特性，包括直流侧电流和电压以及交流电流的有功分量和无功分量与交流电压、触发角及换相角之间的关系。实际上，只要在式（2-109）、式（2-118）、式（2-120）、式（2-122）和式（2-123）中，将 α 换成关断超前角 δ，便是相应的表达式，其具体推导不再给出。同样地，在直流侧的电压和交流侧的电流中也存在谐波分量，它们的谐波次数与整流器相同。

2.6　标幺制

2.6.1　关于标幺制

1. 标幺制的基本概念

在电力系统计算中，通常在电压、电流、功率和阻抗等参数值的后面标有单位（分别为 V、A、W、Ω 等），这种用实际有名单位表示物理量的方法称为有名制。在电力系统计算中，还广泛地采用标幺制。标幺制是一种相对单位制，在标幺制中各物理量都用标幺值表示

$$标幺值 = \frac{实际有名值（任意单位）}{基准值（与有名值同单位）} \tag{2-125}$$

可见，标幺值是没有量纲的数值，用标幺值表示时必须先选定电压的基准值，对于同一个实际有名值，基准值选得不同，其标幺值也就不同。例如，某发电机的端电压 V_G 用有名值表示为 10.5kV，若选电压的基准值 $V_B=10.5kV$，则发电机电压的标幺值应为 $V_{G*}=1.0$；若选电压基准值 $V_B=10kV$，则发电机电压的标幺值应为 $V_{G*}=1.05$。因此，谈到一个量的标幺值时，必须同时说明它的基准值，否则，标幺值的意义是不明确的。

通常，电压、电流、功率、阻抗的基准值分别表示为 V_B、I_B、S_B、Z_B 时，相应的标幺值计算公式如下

$$
\begin{cases}
V_* = \dfrac{V}{V_{\mathrm{B}}} \\[2mm]
I_* = \dfrac{I}{I_{\mathrm{B}}} \\[2mm]
S_* = \dfrac{S}{S_{\mathrm{B}}} = \dfrac{P+\mathrm{j}Q}{S_{\mathrm{B}}} = \dfrac{P}{S_{\mathrm{B}}} + \mathrm{j}\dfrac{Q}{S_{\mathrm{B}}} = P_* + \mathrm{j}Q_* \\[2mm]
Z_* = \dfrac{Z}{Z_{\mathrm{B}}} = \dfrac{R+\mathrm{j}X}{Z_{\mathrm{B}}} = \dfrac{R}{Z_{\mathrm{B}}} + \mathrm{j}\dfrac{X}{Z_{\mathrm{B}}} = R_* + \mathrm{j}X_*
\end{cases}
\tag{2-126}
$$

2. 标幺制的特点

电力系统采用标幺值进行计算时,主要优点如下。

(1) 易于比较电力系统各元件的特性及参数。例如,对于同一类型的电机,尽管它们的容量不同,参数的有名值也各不相同,但是换算成以各自的额定功率和额定电压为基准的标幺值以后,参数的数值都有一定的范围。

(2) 能够简化计算公式。交流电路中,用标幺制计算时,三相电压、电流、功率、阻抗与单相电压、电流、功率、阻抗的计算公式相同;线电压与相电压的标幺值相等,三相功率与单相功率的标幺值相等。

交流电路中,通常频率为额定值 50Hz,即频率的标幺值 $f_* = 1$,则一些与频率有关的标幺值计算公式就可简化。如,$\omega_* = f_* = 1$,$X_* = \omega_* L_* = L_*$,$\psi_* = I_* L_* = I_* X_*$,$E_* = \omega_* \psi_* = \psi_*$。

交流电路中,通常运行电压与额定电压偏差很小,可近似认为 $V_* = 1$,此时,一些与电压有关的量的标幺值计算公式就可简化。例如,$I_* = 1/Z_* = Y_*$,$S_* = 1 \times I_* = I_*$。

标幺制也有缺点,主要是没有量纲,因而其物理概念不如有名值明确。

2.6.2 基准值的选择

1. 基准值的选择原则

1) 选择功率和电压的基准值,推导出电流、阻抗等的基准值

在电力系统计算中,涉及的主要参数有电压、电流、功率和阻抗 4 个。这 4 个量之间是不独立的,它们之间的关系如下

$$
\begin{cases}
\text{对于单相电路：} V_{\mathrm{p}} = ZI, \quad S_{\mathrm{p}} = V_{\mathrm{p}}I \\[2mm]
\text{对于三相电路：} V = \sqrt{3}ZI, \quad S = \sqrt{3}VI
\end{cases}
\tag{2-127}
$$

其中,V_{p}、S_{p} 分别为相电压、单相功率;V、S 分别为线电压和三相功率。

在选择这 4 个量的基准值时,必须使它们满足以下关系

$$
\begin{cases}
\text{对于单相电路：} V_{\mathrm{pB}} = Z_{\mathrm{B}}I_{\mathrm{B}}, \quad S_{\mathrm{pB}} = V_{\mathrm{pB}}I_{\mathrm{B}} \\[2mm]
\text{对于三相电路：} V_{\mathrm{B}} = \sqrt{3}Z_{\mathrm{B}}I_{\mathrm{B}}, \quad S_{\mathrm{B}} = \sqrt{3}V_{\mathrm{B}}I_{\mathrm{B}}
\end{cases}
\tag{2-128}
$$

为了满足上述约束关系,就只能在 4 个量中选择 2 个量的基准值。通常选择功率、电压的基准值 S_{B}、V_{B},再根据以上约束关系推导出电流、阻抗的基准值 I_{B}、Z_{B},即

$$
\begin{cases}
\text{对于单相电路：} I_{\mathrm{B}} = S_{\mathrm{pB}}/V_{\mathrm{pB}}, \quad Z_{\mathrm{B}} = V_{\mathrm{pB}}/I_{\mathrm{B}} = V_{\mathrm{pB}}^2/S_{\mathrm{B}} \\[2mm]
\text{对于三相电路：} I_{\mathrm{B}} = \dfrac{S_{\mathrm{pB}}}{\sqrt{3}V_{\mathrm{pB}}}, \quad Z_{\mathrm{B}} = \dfrac{V_{\mathrm{pB}}}{\sqrt{3}I_{\mathrm{B}}} = V_{\mathrm{pB}}^2/S_{\mathrm{B}}
\end{cases}
\tag{2-129}
$$

于是,无论是单相电路还是三相电路,在标幺制中,均有

$$\begin{cases} V_* = Z_* I_* = V_{p*} \\ S_* = V_* I_* = S_{p*} \end{cases} \tag{2-130}$$

可见,在标幺制中,三相电压、电流、功率、阻抗与单相电压、电流、功率、阻抗的计算公式相同;线电压与相电压的标幺值相等,三相功率与单相功率的标幺值相等。

2) 选择基准值时应考虑尽量简化计算和便于对计算结果的分析

在选择功率的基准值时,通常采取的方法有:选择该设备额定容量(或额定功率),选择同一系统中各设备额定容量(或额定功率)的最小公倍数或最小公约数,选择 100 或 1000 等易于计算的数值。

在选择电压的基准值时,通常采取的方法有:选择该设备额定电压,选择平均额定电压,按"使各变压器变比标幺值为 1"的原则来推算出基准电压。

2. 不同基准值下的阻抗标幺值间的换算

在电力系统的实际计算中,对于直接电气联系的网络,在制订标幺值的等值电路时,各元件的参数必须按统一的基准值进行归算。然而,从手册或产品说明书中查得的电机和电器的阻抗值,一般都是以各自的额定容量(或额定电流)和额定电压为基准的标幺值,即额定标幺阻抗。而各元件的额定值可能不同,因此,必须把不同基准值的阻抗标幺值换算成对应统一基准值的阻抗标幺值。

进行换算时,首先应把以额定值为基准阻抗标幺值还原为有名值,然后,再利用标幺值定义求出该有名值对应统一基准值的标幺值。

在电力系统的实际计算中,由于各元件在手册或产品说明书中给出的已知参数不同,因此,各元件对应统一基准值的阻抗标幺值计算公式也不同。

3. 各元件电抗标幺值的计算

1) 发电机

通常已知额定容量、额定电压、以额定值为基准的电抗标幺值 $X_{(N)*}$。计算对应统一基准值的电抗标幺值 $X_{(B)*}$ 的方法如下

$$X_{(B)*} = X \frac{S_B}{V_B^2} = X_{(N)*} \frac{V_N^2 S_B}{S_N V_B^2} \approx X_{(N)*} \frac{S_B}{S_N} \tag{2-131}$$

2) 变压器

通常已知额定容量、额定电压、短路电压百分数 $V_s\%$。则以额定值为基准的电抗标幺值 $X_{(N)*}$ 为

$$X_{(N)*} = V_s\%/100$$

计算对应统一基准值的电抗标幺值 $X_{(B)*}$ 的方法同发电机,即

$$X_{(B)*} = \frac{V_s\%}{100} \cdot \frac{V_N^2}{S_N} \cdot \frac{S_B}{V_B^2} \approx \frac{V_s\%}{100} \cdot \frac{S_B}{S_N} \tag{2-132}$$

3) 电抗器

通常已知额定电压、额定电流、电抗百分数 $X_R\%$。则以额定值为基准的电抗标幺值 $X_{(N)*}$ 为

$$X_{(N)*} = X_R\%/100 \tag{2-133}$$

计算对应统一基准值的电抗标幺值 $X_{(B)*}$ 的方法如下

$$X_{R(B)*} = X_R \frac{S_B}{V_B^2} = X_{R(N)*} \frac{V_N}{\sqrt{3} I_N} \frac{S_B}{V_B^2} \tag{2-134}$$

4) 电力线路

通常已知额定电压、额定电流、电抗有名值 X。计算对应统一基准值的电抗标幺值 $X_{(B)*}$ 的方法如下

$$X_{(B)*} = \frac{X}{V_B^2/S_B} = X\frac{S_B}{V_B^2} = x_0 l \frac{S_B}{V_B^2} \tag{2-135}$$

【例 2-8】　一条 220kV 架空输电线,长 100km,已知 $r_0 = 0.0579\Omega/\text{km}$, $x_0 = 0.0316\Omega/\text{km}$,选取 $S_B = 90\text{MVA}$, $U_B = 220\text{kV}$,请分别计算其阻抗的有名值和标幺值。

解:

有名值:　　　$R + jX = 100 * (r_0 + jx_0) = 5.79 + j3.16(\Omega)$

标幺值:　　　$Z_B = \frac{U_B^2}{S_B} = \frac{220^2}{90} = 537.78$

$$R + jX = (5.79 + j3.16)/537.78 = 0.0107 + j0.0059$$

【例 2-9】　两台发电机,其铭牌电抗标幺值相同,试求其电抗有名值之比:

(1) $S_{N1} = S_{N2}$, $U_{N1} = 10.5\text{kV}$, $U_{N2} = 6.3\text{kV}$

(2) $S_{N1} = 2S_{N2}$, $U_{N1} = U_{N2}$

解:发电机铭牌电抗标幺值为以其额定功率和额定电压计算获得的电抗标幺值。故其有名值之比:

(1) $\dfrac{X_1}{X_2} = \dfrac{X_{1*}\dfrac{U_{N1}^2}{S_{N1}}}{X_{2*}\dfrac{U_{N2}^2}{S_{N2}}} = \dfrac{U_{N1}^2}{U_{N1}^2} = \dfrac{10.5^2}{6.3^2} = 2.78$

(2) $\dfrac{X_1}{X_2} = \dfrac{X_{1*}\dfrac{U_{N1}^2}{S_{N1}}}{X_{2*}\dfrac{U_{N2}^2}{S_{N2}}} = \dfrac{S_{N2}}{S_{N1}} = 0.5$

2.6.3　多电压等级电力系统中基准电压的选择

在电力系统中往往有多个不同电压等级的线路段,它们由变压器形成电磁联系。

如图 2-33(a)所示为一个由 3 个不同电压等级线路经 2 台变压器耦联所组成的电力系统。以下分别分析该电力系统以有名值表示和以标幺值表示的等值电路。分析的前提是:假设各变压器漏抗为折算到高压侧的等效电抗,并略去各元件的电阻和变压器的励磁支路。

1. 以有名值表示的等值电路

以有名值表示的等值电路,如图 2-33(b)所示。电路中各元件有名值计算如下

$$\begin{cases} X_G = X_{G(N)*}\dfrac{V_{G(N)}^2}{S_{G(N)}} \\[2mm] X_{T1} = X_{T1(N)*}\dfrac{V_{T1(N\,I)}^2}{S_{T1(N)}} = \dfrac{V_{S1}\%}{100}\dfrac{V_{T1(N\,I)}^2}{S_{T1(N)}}, \quad k_{T1} = \dfrac{V_{T1(N\,I)}}{V_{T1(N\,II)}} \\[2mm] X_R = \dfrac{X_R\%}{100}\dfrac{U_{R(N)}}{\sqrt{3}\,I_{R(N)}} \\[2mm] X_{T2} = X_{T2(N)*}\dfrac{V_{T2(N\,II)}^2}{S_{T2(N)}} = \dfrac{V_{S2}\%}{100}\dfrac{V_{T2(N\,II)}^2}{S_{T2(N)}}, \quad k_{T1} = \dfrac{V_{T2(N\,II)}}{V_{T2(N\,III)}} \end{cases} \tag{2-136}$$

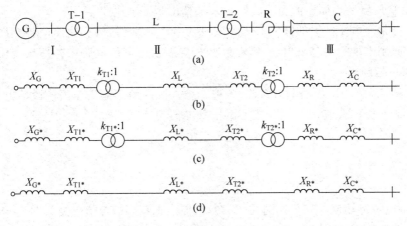

图 2-33　3 个电压等级的电力系统

2. 以标幺值表示的等值电路

对于有多个不同电压等级的电力系统,整个系统各段应选择一个统一的基准功率,但是电压基准值的选择方法通常有以下 3 种。根据电压基准值的选择方法不同,将会得到不同的电抗标幺值和等值电路。

1) 选择以各设备的额定电压为该设备的电压基准值

当选择以各设备的额定电压为该设备的电压基准值时,各设备电抗标幺值为

$$\begin{cases} X_{G*} = X_G \dfrac{S_B}{V_{B(\text{I})}^2} \approx X_{G(N)*} \dfrac{S_B}{S_{G(N)}} \\[2mm] X_{T1*} = X_{T1} \dfrac{S_B}{V_{B(\text{I})}^2} \approx \dfrac{V_{S1}\%}{100} \dfrac{S_B}{S_{T1(N)}} \\[2mm] X_{L*} = X_L \dfrac{S_B}{V_{B(\text{II})}^2} \\[2mm] X_{T2*} = X_{T2} \dfrac{S_B}{V_{B(\text{II})}^2} \approx \dfrac{V_{S2}\%}{100} \dfrac{S_B}{S_{T2(N)}} \\[2mm] X_{R*} = X_R \dfrac{S_B}{V_{B(\text{III})}^2} = \dfrac{X_R\%}{100} \dfrac{V_{R(N)}}{\sqrt{3}\,I_{R(N)}} \dfrac{S_B}{V_{B(\text{III})}^2} \\[2mm] X_{C*} = X_C \dfrac{S_B}{V_{B(\text{III})}^2} \end{cases} \tag{2-137}$$

各变压器的变比标幺值为

$$\begin{cases} k_{T1*} = \dfrac{k_{T1*}}{k_{B(\text{I}-\text{II})}} = \dfrac{V_{T1(N\text{I})}/V_{T1(N\text{II})}}{V_{B(\text{I})}/V_{B(\text{II})}} \\[3mm] k_{T2*} = \dfrac{k_{T2}}{k_{B(\text{II}-\text{III})}} = \dfrac{V_{T2(N\text{II})}/V_{T2(N\text{III})}}{V_{B(\text{II})}/V_{B(\text{III})}} \end{cases} \tag{2-138}$$

式中,$k_{B(\text{I}-\text{II})}$、$k_{B(\text{II}-\text{III})}$为变比基准值,称为基准变比。

该电力系统的等值电路为含有理想变压器的电路,如图 2-33(c)所示。利用这种形式的等值电路进行电力系统计算时,需要按照变比标幺值进行各电压等级之间电压的折算,所以计算比较复杂。下面介绍可以使电力系统等值电路不含有理想变压器的两种方法。

2) 按使变压器变比标幺值为 1 的原则来推算出基准电压

首先选择某一电压等级的额定电压为该段的电压基准值,然后按照使各变压器变比标幺值为 1 的原则来推算出基准电压,则在以标幺值表示的等值电路中各理想变压器变比标幺值均为 1,可不画出。

对于如图 2-33(a)所示的电力系统,若选择第 Ⅰ 段的额定电压作为该段的电压基准值,为使各变压器变比标幺值为 1,则各段的电压基准值为

$$\begin{cases} V_{B(\text{II})} = V_{B(\text{I})}\dfrac{1}{k_{T1}} \\ V_{B(\text{III})} = V_{B(\text{II})} = \dfrac{1}{k_{T2}} = V_{B(\text{I})}\dfrac{1}{k_{T2}\cdot k_{T2}} \end{cases} \tag{2-139}$$

此时,各设备电抗标幺值计算公式同式(2-137),该电力系统的等值电路如图 2-33(d)所示。

对于多电压等级的环形电力网,若采用这种方法选择电压基准值时,会出现难以解决的问题:对于同一段线路,按使各变压器变比标幺值为 1 的原则,从两个不同方向推算出的该段线路的基准电压不同,这时就无法确定该段的电压基准值。为了解决这个问题,通常选择以各电压等级的平均额定电压作为该段各设备的电压基准值。

3) 选择以各电压等级的平均额定电压作为该段各设备的电压基准值

同一电压等级电网中各设备的额定电压常常不同,取各设备的额定电压的最大值与最小值的算术平均值,称为平均额定电压。对应我国常用各电压等级,其平均额定电压规定见表 2-2。

表 2-2 我国常用各电压等级平均额定电压规定值

电网额定电压/kV	0.22	0.38	3	6	10	35	110	220	330	500
平均额定电压/kV	0.23	0.40	3.15	6.3	10.5	37	115	230	345	525

对于如图 2-33(a)所示电力系统,若选择各电压等级的平均额定电压作为该段各设备的电压基准值,则各设备电抗标幺值计算公式同式(2-137),该电力系统的等值电路如图 2-33(d)所示。

当选择各电压等级的平均额定电压作为该段各设备的电压基准值时,可近似认为各变压器变比标幺值为 1,则在以标幺值表示的等值电路中各理想变压器均可不画出。

当电力网络比较复杂时,变压器的变比在所选定的标幺值基准下会出现不是 1∶1 的情况(即非标准变比)。这里主要讨论对于非标准变比变压器的等值电路及对节点导纳阵的影响。

当将变压器励磁回路忽略或作为负荷或阻抗单独处理时,一个变压器的其他性能可以用它的漏抗串联一个无损耗理想变压器来模拟,如图 2-34 所示,设变压器 i 侧与 j 侧的变比为 $1∶K$(标幺值),不难看出,图中的电流及电压存在如下关系

$$\begin{cases} \dot{I}_i + K\dot{I}_j = 0 \\ \dot{V}_i - z_T\dot{I}_i = \dfrac{\dot{V}_j}{K} \end{cases} \tag{2-140}$$

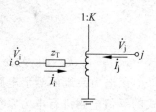
图 2-34 变压器等值电路

由式(2-140)得

$$\begin{cases} \dot{I}_i = \dfrac{1}{z_T}\dot{V}_i - \dfrac{1}{Kz_T}\dot{V}_j \\ \dot{I}_j = -\dfrac{1}{Kz_T}\dot{V}_i + \dfrac{1}{K^2 z_T}\dot{V}_j \end{cases} \tag{2-141}$$

或写成

$$\begin{cases} I_i = \dfrac{K-1}{Kz_T}\dot{V}_i + \dfrac{1}{Kz_T}(\dot{V}_i - \dot{V}_j) \\ I_j = \dfrac{1-K}{K^2 z_T}\dot{V}_j + \dfrac{1}{Kz_T}(\dot{V}_j - \dot{V}_i) \end{cases} \tag{2-142}$$

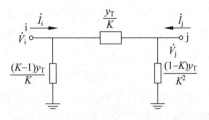

图 2-35　非标准变压器等值电路

根据式(2-142)即可得到如图 2-35 所示的非标准变压器等值电路,其中 $y_T = 1/z_T$,为支路导纳;z_T 为归算到变比为 1 一侧的变压器漏抗标幺值。

在简化计算中,由于 $K \approx 1$,可将变压器的横向支路忽略,只保留纵向支路 y_T/K。

本章小结

首先介绍了同步发电机的等值电路和派克变换。正常运行时,发电机的等值电路为横轴同步电抗与虚拟电势的串联,横轴同步电抗与虚拟电势按照正常运行时的磁链方程和电势方程推得。短路情况下,无阻尼绕组发电机的等值电路为暂态电抗与暂态电势的串联,暂态电抗与暂态电势按照短路情况下的磁链方程和电势方程推得;有阻尼绕组发电机的等值电路为次暂态电抗与次暂态电势的串联,次暂态电抗与次暂态电势按照短路情况下的磁链方程和电势方程推得。

变压器的参数主要有电阻、电抗、电导和电纳 4 个,可以根据变压器铭牌中给出的短路损耗、短路电压、空载损耗、空载电流计算得到。

对于双绕组变压器,其等值电路常用 Γ 型电路表示。

对于三绕组变压器参数计算时,还要考虑等绕组容量不等,将短路损耗和短路电压折算到额定容量下,并将折算值分配到每个绕组。

在工频下,电力线路的参数主要有电阻、电抗、电导、电纳 4 个。三相电力线路的等值参数是考虑到相间互感和电容后得到的等效参数。架空线路采用循环换位后三相参数基本对称。对额定电压等级低于 110kV 的电力线路,可以忽略电导。采用分裂导线可以减小等效电抗,增大等效电纳。

电力线路的集中参数等值电路为 Π 型电路,可以通过精确计算或近似计算得到三相等效参数。对于长度较短的线路,可以忽略电导和电纳,简化为一型电路。

综合负荷的参数主要是阻抗。

在电力系统计算中,有些适合采用有名制,也有些适合采用标幺制。标幺值是有名值与基准值之比。采用标幺制的好处是:易于比较电力系统各元件的特性及参数,能够简化计算公式。

在容量、电压、电流、电抗 4 个物理量中,通常只选择电压和容量的基准值,从而推导出电流和电抗的基准值。电压和容量的基准值选择的不同,相应的标幺值也不同。

习题

2-1　分别画出同步发电机在正常稳态、无阻尼绕组发生三相短路、考虑阻尼发生三相短路这3种情况下的戴维宁等效电路,并说明3个电路中等值电势和等值电抗的区别。

2-2　某110kV架空线路,采用LGJ—120型导线,三相导线呈等边三角形排列,相间距为3.5m,计算半径为7.6mm。求该架空线路长分别为80km、200km时的等值电路及等效参数($D_s=0.88r$)。

2-3　某500kV架空线路,采用$3\times$LGJQ—400型导线,三相导线呈水平排列,相间距离为11m,计算半径为13.6mm,分裂间距$d=400$mm。试计算该架空线路长400km时的等值电路,并求出其中的等效参数($D_s=0.8r$)。

2-4　某双绕组变压器型号为SFL-10000/110,其铭牌中给出参数如下:$S_{NT}=10\,000$kVA,$V_{NT1}/V_{NT2}=121/10.5$kV,$\Delta P_s=72$kW,$V_S\%=10.5$,$\Delta P_S=14$kW,$I_0\%=1.1$。试画出求变压器的等值电路,并计算归算到高压侧的等效参数。

2-5　某三相三绕组变压器型号为SFL-40000/220,铭牌中给出参数:容量比为100/100/100,额定变比为220/38.5/11kV,$\Delta P_{S(1-2)}=217$kW,$\Delta P_{S(2-3)}=158.6$kW,$\Delta P_{S(1-3)}=200.7$kW,$V_{S(1-2)}\%=17$,$V_{S(2-3)}\%=6$,$V_{S(1-3)}\%=10.5$,$\Delta P_0=46.8$kW,$I_0\%=0.9$。试画出变压器的等值电路并计算归算到高压侧的等效参数。

2-6　如图2-36所示的某电力系统,已知参数如下:

(1) 发电机(隐极机):$S_{NG}=30$MVA,$V_N=10.5$kV,$x_{d*}=0.8$,$X'_{d*}=0.246$,$X''_{d*}=0.146$;

(2) 变压器T1:$S_{NT}=31.5$MVA,$K_T=121/10.5$,$V_S\%=10.5$;

(3) 变压器T2:$S_{NT}=15$MVA,$K_T=110/6.6$,$V_S\%=10.5$;

(4) 线路:100km,$0.4\Omega/$km。

若以各电压等级平均额定电压为基准电压,求该系统在正常稳态、无阻尼绕组发生三相短路、有阻尼绕组发生三相短路这3种情况下的等效电路标幺值形式,并求出各电抗标幺值($S_B=100$MVA)。

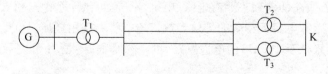

图 2-36　某电力系统示意图

第3章 电力系统的潮流计算

内容提要：本章首先在介绍潮流计算、电压降落和功率损耗等基本概念的基础上，详细讲解了各种情况下开式电力网的潮流计算，接着以两端供电网络和简单环形供电网络为例，讲解了简单闭式电力网的潮流计算，最后介绍了节点导纳矩阵、统一潮流方程等复杂电力系统潮流计算的基本概念，牛顿-拉夫逊法潮流计算，PQ分解法潮流计算，以及潮流计算在实际电力系统中的应用。

基本概念：潮流计算，电压降落，功率损耗，电压损耗，电压偏移，输电效率；自然功率，循环功率，有功分点，无功分点；节点导纳矩阵，自导纳，互导纳；统一潮流方程，节点分类。

重点：

(1) 开式电力网的潮流计算；

(2) 两端供电网络的潮流计算；

(3) 简单环形网络的潮流计算；

(4) 节点导纳矩阵及其修正。

难点：含变压器的多电压等级开式电力网的潮流计算。

电力系统分析和计算的基础主要包括三大基本计算，分别是潮流计算、短路计算和暂态稳定计算。其中，潮流计算(Power Flow Analysis)的计算结果为短路计算和暂态稳定计算提供系统初始运行状态，因此潮流计算又是电力系统分析中最基本的计算。它的任务是对给定的系统运行条件确定系统的运行状态。系统运行条件是指发电机组发出的有功功率和无功功率(或机端电压)、负荷的有功功率和无功功率等。运行状态是指系统中所有母线(或称节点)电压的幅值和相位，所有线路的功率分布和功率损耗等。

本章介绍开式电力网潮流计算和简单闭式电力网潮流计算的基本方法和计算步骤，介绍节点导纳矩阵、统一潮流方程等复杂电力系统潮流计算的一些基本概念，介绍牛顿-拉夫逊法潮流计算，PQ分解法潮流计算，讨论潮流计算在电力系统中的应用。

3.1 开式电力网的潮流计算

3.1.1 网络元件的电压降落和功率损耗

1. 网络元件的电压降落

设网络元件的一相等值电路如图 3-1 所示，其中 R 和 X 分别为一相的电阻和等值电抗，B 为对地电纳，V 和 I 表示相电压和相电流。

1) 电压降落

网络元件的电压降落(Voltage Drop)是指元件首末端两点电压的相量差，由等值电路

图 3-1 可知

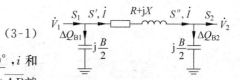

图 3-1　网络元件的等值电路

$$\dot{V}_1 - \dot{V}_2 = (R + \mathrm{j}X)\dot{I} \tag{3-1}$$

若以末端电压相量 $\dot{V}_2$ 为参考轴,令 $\dot{V}_2 = V_2 \underline{/0°}$,$i$ 和 $\cos\varphi_2$ 已知,可作出相量图如图 3-2(a)所示。图中 $\overline{AB}$ 就是电压降落相量 $(R+\mathrm{j}X)\dot{I}$。把电压降落相量分解为与电压相量 $\dot{V}_2$ 同方向和相垂直的两个分量 $\overline{AD}$ 和 $\overline{DB}$,记这两个分量的绝对值为 $\Delta V_2 = \overline{AD}$ 和 $\delta V_2 = \overline{DB}$,由图可以写出

$$\begin{cases} \Delta V_2 = RI\cos\varphi_2 + XI\sin\varphi_2 \\ \delta V_2 = XI\cos\varphi_2 - RI\sin\varphi_2 \end{cases} \tag{3-2}$$

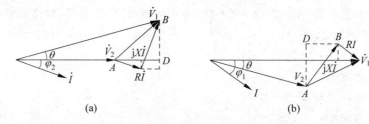

图 3-2　电压降落的相量图

于是,网络元件的电压降落可以表示为

$$\dot{V}_1 - \dot{V}_2 = (R+\mathrm{j}X)\dot{I} = \Delta\dot{V}_2 + \delta\dot{V}_2 \tag{3-3}$$

式中,$\Delta\dot{V}_2$ 和 $\delta\dot{V}_2$ 分别称为电压降落的纵分量和横分量。

在电力系统分析中,习惯用功率进行计算。与电压 $\dot{V}_2$ 和电流 $\dot{I}$ 相对应的一相功率为

$$S'' = \dot{V}_2 I^* = P'' + \mathrm{j}Q'' = V_2 I\cos\varphi_2 + \mathrm{j}V_2 I\sin\varphi_2 \tag{3-4}$$

用功率代替电流,要将式(3-2)改写为

$$\begin{cases} \Delta V_2 = \dfrac{P''R + Q''X}{V_2} \\ \delta V_2 = \dfrac{P''X - Q''R}{V_2} \end{cases} \tag{3-5}$$

则元件首端的相电压为

$$\dot{V}_1 = \dot{V}_2 + \Delta\dot{V}_2 + \delta\dot{V}_2 = \dot{V}_2 + \frac{P''R+Q''X}{V_2} + \mathrm{j}\frac{P''X-Q''R}{V_2} = V_1\underline{/\theta°} \tag{3-6}$$

$$V_1 = \sqrt{(V_2 + \Delta V_2)^2 + (\delta V_2)^2} \tag{3-7}$$

$$\theta = \arctan\frac{\delta V_2}{V_2 + \Delta V_2} \tag{3-8}$$

式中,θ 为元件首末端电压相量的相位差。

若以首端电压相量 $\dot{V}_1$ 作为参考轴,令 $\dot{V}_1 = V_1\underline{/0°}$,且已知电流 $\dot{I}$ 和 $\cos\varphi_1$ 时,也可以把电压降落相量分解为与 $\dot{V}_1$ 同方向的 $\overline{DB}$ 和相垂直的 $\overline{AD}$ 这两个分量,如图 3-2(b)所示,于是

$$\dot{V}_1 - \dot{V}_2 = (R+\mathrm{j}X)\dot{I} = \Delta\dot{V}_1 + \delta\dot{V}_1 \tag{3-9}$$

如果再用一相功率表示电流,即

$$S' = \dot{V}_1 I^* = P' + jQ' = V_1 I\cos\varphi_1 + jIV_1\sin\varphi_1$$

得

$$\begin{cases} \Delta V_1 = \dfrac{P'R + Q'X}{V_1} \\ \delta V_1 = \dfrac{P'X - Q'R}{V_1} \end{cases} \tag{3-10}$$

则元件末端的相电压为

$$\dot{V}_2 = \dot{V}_1 - \Delta\dot{V}_1 - \delta\dot{V}_1 = \dot{V}_1 - \frac{P'R + Q'X}{V_1} - j\frac{P'X - Q'R}{V_1} = V_2\underline{/-\theta} \tag{3-11}$$

$$V_2 = \sqrt{(V_1 - \Delta V_1)^2 + (\delta V_1)^2} \tag{3-12}$$

$$\theta = \arctan\frac{\delta V_1}{V_1 - \Delta V_1} \tag{3-13}$$

图 3-3 给出了电压降落相量的两种不同的分解。由图 3-3 可见,$\Delta V_1 \neq \Delta V_2$,$\delta V_1 \neq \delta V_2$。必须注意,在使用式(3-5)和式(3-10)计算电压降落的纵、横分量时,必须使用同一点的功率和电压。

上述公式都是按电流落后于电压(即功率因数角 φ 为正)的情况下导出的。如果电流超前于电压,则 φ 应有负值,在以上公式中的无功功率 Q 也应改变符号。顺便说明:在本书的所有公式中,Q 代表感性无功功率时,其数值为正;代表容性无功功率时,其数值为负。

2) 电压损耗

通常,我们把两点间电压幅值之差称为电压损耗(Voltage Loss),用 ΔV 表示,它是一个标量。如图 3-4 所示为电压损耗示意图,由图 3-4 可见

$$\Delta V = V_1 - V_2 = \overline{AG}$$

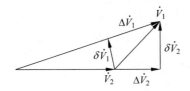

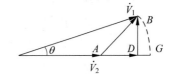

图 3-3　电压降落的两种分解方法　　　　　　图 3-4　电压损耗示意图

当两点电压之间的相角差 θ 不大时,$\overline{AG}$ 和 $\overline{AD}$ 的长度相差不大,可近似地认为电压损耗等于电压降落的纵分量。

电压损耗可以用 kV 表示,也可以用该元件额定电压的百分数表示。在工程实际中,常需要计算从电源点到某负荷点的总电压损耗。显然,总电压损耗等于从电源点到该负荷点所经各串联元件电压损耗的代数和。

3) 电压偏移

由于传送功率时在网络元件上会产生电压损耗,同一电压等级电力网中各点的电压是不相等的。为了衡量电压质量,必须知道网络中某些节点的电压偏移。所谓电压偏移(Voltage Deviation),是指网络中某点的实际电压同网络该处的额定电压之差,可以用 kV 表示,也可以用额定电压的百分数表示。若某点的实际电压为 V,该处的额定电压为 V_N,则

用百分数表示的电压偏移为

$$\text{电压偏移} = \frac{V - V_N}{V_N} \times 100\% \tag{3-14}$$

电力网实际电压的高低对用户的用电设备是有影响的,而电压的相位则对用户没有什么影响。在讨论电力网的电压水平时,电压损耗和电压偏移是两个常用的概念。

4) 电压降落公式的分析

从电压降落的公式可见,不论从元件的哪一端计算,电压降落的纵、横分量计算公式的结构都是一样的,元件两端的电压幅值差主要由电压降落的纵分量决定,电压的相角差则由横分量决定。在高压输电线路中,电抗要远远大于电阻,即 $X \gg R$,作为极端的情况,令 $R = 0$,便得

$$\Delta V = QX/V, \quad \delta V = PX/V \tag{3-15}$$

上式说明,在纯电抗元件中,电压降落的纵分量是因传送无功功率而产生的,而电压降落的横分量则是因传送有功功率产生的。换句话说,元件两端存在电压幅值差是传送无功功率的条件,存在电压相角差则是传送有功功率的条件。感性无功功率将从电压较高的一端流向电压较低的一端,有功功率则从电压相位超前的一端流向电压相位落后的一端,这是交流电网中关于功率传送的重要概念。实际的网络元件都存在电阻,电流的有功分量流过电阻将会增加电压降落的纵分量,电流的感性无功分量通过电阻则将使电压降落的横分量有所减少。

2. 网络元件的功率损耗

1) 功率损耗

网络元件的功率损耗(Power Loss)包括电流通过元件的电阻和等值电抗时产生的功率损耗和电压施加于元件的对地等值导纳时产生的损耗。

网络元件主要指输电线路和变压器,其等值电路如图 3-5 所示。电流在线路的电阻和电抗上产生的功率损耗为

$$\Delta S_L = \Delta P_L + j\Delta Q_L = I^2(R + jX) = \frac{P''^2 + Q''^2}{V_2^2}(R + jX) \tag{3-16}$$

或

$$\Delta S_L = \frac{P'^2 + Q'^2}{V_1^2}(R + jX) \tag{3-17}$$

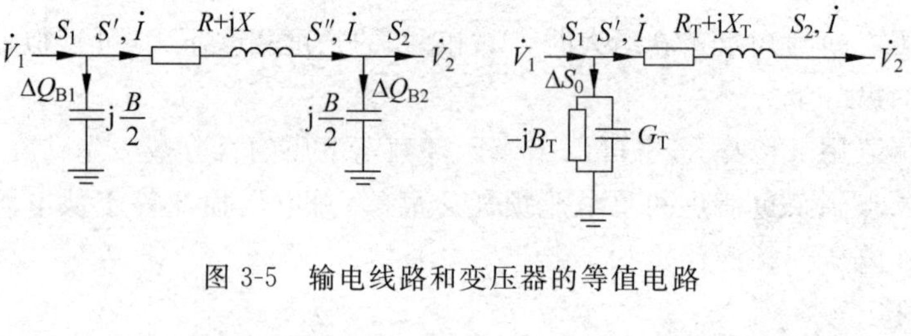

图 3-5　输电线路和变压器的等值电路

在外加电压作用下,线路电容将产生无功功率 ΔQ_B。作为无功功率损耗,ΔQ_L 取正号,ΔQ_B 则应取负号。

$$\Delta Q_{B1} = -\frac{1}{2}BV_1^2, \quad \Delta Q_{B2} = -\frac{1}{2}BV_2^2 \tag{3-18}$$

变压器绕组电阻和电抗产生的功率损耗,其计算公式与线路的相似,在此不再列出。变压器的励磁损耗可由等值电路中励磁支路的导纳确定

$$\Delta S_0 = (G_{\mathrm{T}} + \mathrm{j}B_{\mathrm{T}})V^2 \tag{3-19}$$

实际计算中,变压器的励磁损耗可直接利用空载试验的数据确定,而且一般也不考虑电压变化对它的影响。故

$$\Delta S_0 = \Delta P_0 + \mathrm{j}\Delta Q_0 = \Delta P_0 + \mathrm{j}\frac{I_0\%}{100}S_{\mathrm{N}} \tag{3-20}$$

式中,ΔP_0 为变压器的空载损耗;$I_0\%$ 为空载电流百分比;S_{N} 为变压器的额定容量。

对于 35kV 以下的电力网,在简化计算中常略去变压器的励磁功率。

2) 输电效率

在图 3-5 中,计算出线路电阻和电抗上的功率损耗之后,就可以得到线路首端(或末端)的功率。线路首端的输入功率为

$$S_1 = S' + \mathrm{j}\Delta Q_{\mathrm{B1}} \tag{3-21}$$

末端的输出功率为

$$S_2 = S'' - \mathrm{j}\Delta Q_{\mathrm{B2}} \tag{3-22}$$

所谓输电效率(Transmission Efficiency),是指线路末端输出的有功功率 P_2 与线路首端输入的有功功率 P_1 之比,即

$$输电效率 = \frac{P_2}{P_1} \times 100\% \tag{3-23}$$

要说明的是,本节所有的公式都是从单相电路导出的,各式中的电压和功率应为相电压和单相功率。在电力网的实际计算中,习惯采用线电压和三相功率,以上导出的公式仍然适用。各公式中有关参数的单位如下:电阻为 Ω,导纳为 S,电压为 kV,功率为 MVA。

3.1.2　已知末端电压和末端功率的开式网潮流计算

在如图 3-1 所示的简单电力系统中,已知末端电压 V_2 和末端功率 S_2,要求线路首端电压 V_1 和线路首端功率 S_1,以及线路上的功率损耗 ΔS。线路上的电压降落的相量图如图 3-2(a) 所示。根据 3.1.1 节对电压降落的分析可知,电压降落的纵分量和横分量分别为

$$\begin{cases} \Delta V_2 = \dfrac{P''R + Q''X}{V_2} \\[2mm] \delta V_2 = \dfrac{P''X - Q''R}{V_2} \end{cases} \tag{3-24}$$

因此,线路首端电压的幅值和相位为

$$\dot{V}_1 = \dot{V}_2 + \Delta \dot{V}_2 + \delta \dot{V}_2 = \dot{V}_2 + \frac{P''R + Q''X}{V_2} + \mathrm{j}\frac{P''X - Q''R}{V_2} = V_1 \underline{/\theta} \tag{3-25}$$

$$V_1 = \sqrt{(V_2 + \Delta V_2)^2 + (\delta V_2)^2} \tag{3-26}$$

$$\theta = \arctan \frac{\delta V_2}{V_2 + \Delta V_2} \tag{3-27}$$

根据 3.1.1 节对功率损耗的分析可知,线路上的功率损耗和线路首端的输入功率为

$$S'' = S_2 + \mathrm{j}\Delta Q_{\mathrm{B2}} \tag{3-28}$$

$$\Delta S_{\mathrm{L}} = \frac{P''^2 + Q''^2}{V_2^2}(R + \mathrm{j}X) \tag{3-29}$$

$$S' = S'' + \Delta S_{\mathrm{L}} \tag{3-30}$$

$$S_1 = S' + \mathrm{j}\Delta Q_{\mathrm{B1}} \tag{3-31}$$

最后,根据式(3-14)和式(3-23)可以计算首末端的电压偏移和线路的输电效率。

3.1.3　已知首端电压和首端功率的开式网潮流计算

在如图 3-1 所示的简单电力系统中,已知线路首端电压 V_1 和首端的输入功率 S_1,要求线路末端电压 V_2 和线路末端的输出功率 S_2,以及线路上的功率损耗 ΔS。线路上的电压降落的相量图如图 3-2(b)所示。根据 3.1.1 节对电压降落的分析可知,电压降落的纵分量和横分量分别为

$$\begin{cases} \Delta V_1 = \dfrac{P'R + Q'X}{V_1} \\[3mm] \delta V_1 = \dfrac{P'X - Q'R}{V_1} \end{cases} \tag{3-32}$$

因此,线路末端电压的幅值和相位为

$$\dot{V}_2 = \dot{V}_1 - \Delta\dot{V}_1 - \delta\dot{V}_1 = \dot{V}_1 - \frac{P'R + Q'X}{V_1} - \mathrm{j}\frac{P'X - Q'R}{V_1} = V_2\underline{/-\theta} \tag{3-33}$$

$$V_2 = \sqrt{(V_1 - \Delta V_1)^2 + (\delta V_1)^2} \tag{3-34}$$

$$\theta = \arctan\frac{\delta V_1}{V_1 - \Delta V_1} \tag{3-35}$$

根据 3.1.2 节对功率损耗的分析可知,线路上的功率损耗和线路末端的输出功率为

$$S' = S_1 - \mathrm{j}\Delta Q_{\mathrm{B1}} \tag{3-36}$$

$$\Delta S_{\mathrm{L}} = \frac{P'^2 + Q'^2}{V_1^2}(R + \mathrm{j}X) \tag{3-37}$$

$$S'' = S' - \Delta S_{\mathrm{L}} \tag{3-38}$$

$$S_2 = S'' - \mathrm{j}\Delta Q_{\mathrm{B1}} \tag{3-39}$$

最后,根据式(3-14)和式(3-23)可以计算首末端的电压偏移和线路的输电效率。

3.1.4　已知首端电压和末端功率的开式网潮流计算

由以上的分析可知,要计算线路上的电压降落和功率损耗,必须已知线路同侧(首端或者末端)的电压和线路功率。而在实际的电力系统中,通常是已知首端电压和末端功率。在小型地方性电网中,发电机组经输电线直接带若干负荷,或者是系统中的电压中枢点经辐射状网络直接带负荷,由于发电机组端电压可控,中枢点电压可调,而负荷都是已知的,因此都属于这种情况。在如图 3-6(a)所示的电力系统中,供电点 A 经输电线向负荷节点 B、C 和 D 供电,供电点 A 的电压和各负荷节点的功率均已知。其等值电路见图 3-6(b)、(c)。

求解已知首端电压和末端功率潮流计算问题的思路是,将该问题转化成已知同侧电压和功率的潮流计算问题。从 1.1.2 节可知,当电力系统处于正常稳定运行状态时,各节点电压允许的变化范围一般为额定电压的±5%以内。因此可以先假设所有未知的节点电压均为额定电压,首先从线路末端开始,按照已知末端电压和末端功率潮流计算的方法,逆着功率传输的方向逐段向前计算功率损耗和功率分布,直至线路首端。然后利用已知的首端电压和计算得到的首端功率,从线路首端开始,按照已知首端电压和首端功率的潮流计算方

法,顺着功率传输的方向逐段向后计算,得到各节点的电压。为了提高精度,可以反复进行几次计算,直到达到满意的精度为止。这就是所谓开式配电网潮流计算的"前推回代法"。

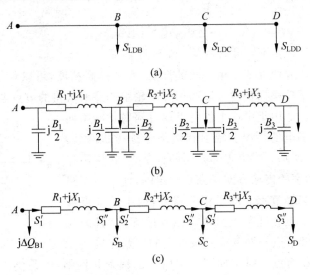

图 3-6 开式电力系统及其等值电路

在进行电压和功率计算以前,先要对网络的等值电路(见图 3-6(b))做些简化处理,具体的做法是,将输电线等值电路中的电纳支路都分别用额定电压 V_N 下的充电功率代替,这样,在每段线路的首端和末端节点上都分别加上该段线路充电功率的一半。即

$$\Delta B_{Bi} = -\frac{1}{2} B_i V_N^2 \quad (i = 1, 2, 3)$$

为简化起见,再将这些充电功率分别与相应节点的负荷功率合并,得

$$S_B = S_{LDB} + j\Delta Q_{B1} + j\Delta Q_{B2} = P_{LDB} + j\left[Q_{LDB} - \frac{1}{2}(B_1 + B_2)V_N^2\right] = P_B + jQ_B$$

$$S_C = S_{LDC} + j\Delta Q_{B2} + j\Delta Q_{B3} = P_{LDC} + j\left[Q_{LDC} - \frac{1}{2}(B_2 + B_3)V_N^2\right] = P_C + jQ_C$$

$$S_D = S_{LDD} + j\Delta Q_{B3} = P_{LDD} + j\left(Q_{LDD} - \frac{1}{2}B_3 V_N^2\right) = P_D + jQ_D$$

称 S_B、S_C 和 S_D 为电力网的运算负荷。这样,我们就把原网络简化成由 3 个阻抗元件串联,而在 4 个节点(包括供电点)接有集中负荷的等值网络(见图 3-6(c))。针对这样的等值网络,按以下两个步骤进行电压和潮流的计算。

第一步,假设各节点电压均为线路额定电压,从离电源点最远的节点 D 开始,逆着功率传输的方向依次算出各段线路阻抗中的功率损耗和功率分布。对于第三段线路

$$S_3'' = S_D, \quad \Delta S_{L3} = \frac{P_3''^2 + Q_3''^2}{V_N^2}(R_3 + jX_3), \quad S_3' = S_3'' + \Delta S_{L3}$$

对于第二段线路

$$S_2'' = S_C + S_3', \quad \Delta S_{L2} = \frac{P_2''^2 + Q_2''^2}{V_N^2}(R_2 + jX_2), \quad S_2' = S_2'' + \Delta S_{L2}$$

同样可以算出第一段线路的功率 S_1'。

第二步,利用第一步求得的功率 S_1' 和给定的首端电压 V_A,从电源点开始,顺着功率传

输的方向,依次计算各段的电压降落,求得各节点电压。先计算 V_B

$$\Delta V_{AB} = \frac{P_1' R_1 + Q_1' X_1}{V_A}, \quad \delta V_{AB} = \frac{P_1' X_1 - Q_1' R_1}{V_A}$$

$$V_B = \sqrt{(V_A - \Delta V_{AB})^2 + (\delta V_{AB})^2}$$

接着用 V_B 和 S_2' 计算 V_C,最后用 V_C 和 S_3' 计算 V_D。

通过以上两个步骤便完成了第一轮的计算,为了提高精度,可以重复以上的步骤,在重复计算中应注意计算功率损耗时可以利用上一轮第二步所求得的节点电压。

上述计算方法也适用于由一个供电点通过辐射状网络向任意多个负荷节点供电的情况。辐射状网络也称树状网络,或简称树,如图 3-7 所示。供电点即是树的根节点,树中不存在任何闭合回路,功率的传输方向是完全确定的,任一条支路都有确定的始节点和终节点。除了根节点外,树中的节点可分为叶节点和非叶节点。叶节点只与一条支路连接,且为该支路的终节点。非叶节点与两条或两条以上的支路连接,它既是一条支路的终节点,又是另一条或多条支路的始节点。对于如图 3-7 所示的辐射状网络,A 是供电点,节点 B、C 和 F 为非叶节点,节点 D、H、G 和 E 为叶节点。

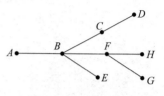

图 3-7　辐射状网络

对前述的计算步骤总结如下:第一步,从叶节点连接的支路开始,该支路的末端功率即为叶节点功率,利用这个功率和对应的节点电压计算支路的功率损耗,求得支路的首端功率。当以某节点为始节点的各支路都计算完毕后,便想象将这些支路都拆去,使该节点成为新的叶节点。其节点功率等于原有的该节点负荷功率与以该节点为始节点的各支路首端功率之和。继续这样的计算,直到全部支路计算完毕,得到供电点功率。第二步,利用第一步得到的首端功率和已知的首端电压,从供电点开始逐条支路进行计算,求得各支路终节点的电压。对于规模不大的网络,可手工计算,精度要求不高时,作一轮计算即可。若已给定容许误差为 ε,则以

$$\max\{\,|\,V_i^{(k+1)} - V_i^{(k)}\,|\,\} \leqslant \varepsilon$$

作为计算收敛的判据。

对于规模较大的网络,最好应用计算机进行计算。在迭代计算开始之前,先要处理好支路的计算顺序问题。以下介绍两种确定支路计算顺序的方法。

第一种方法是,按与叶节点连接的支路排序,并将已排序的支路拆除,在此过程中将不断出现新的叶节点,而与其连接的支路又被加入排序队列。这样就可以全部排列好从叶节点向供电点计算功率损耗的支路顺序。其逆序就是进行电压计算的支路顺序。

第二种方法是逐条追加支路。首先从根节点(供电点)开始接出第一条支路,引出一个新节点,以后每次追加的支路都必须从已出现的节点接出,遵循这个原则逐条追加支路,直到全部支路追加完毕为止。所得到的支路顺序即是进行电压计算的支路顺序,其逆序便是功率损耗计算的支路顺序。显而易见,可行的排序方案不止一种。无论采取哪一种支路排序方法,其程序实现都不困难。按上述方法进行开式电力系统的潮流计算,不需要形成节点导纳矩阵,不必求解高阶方程组,计算公式简单,收敛迅速,十分实用。

【例 3-1】　在图 3-8(a)中,额定电压为 110kV 的双回输电线,长度为 80km,采用 LGJ-150 导线,其参数为 $r_0 = 0.21\,\Omega/\text{km}$、$x_0 = 0.416\,\Omega/\text{km}$、$b_0 = 2.74 \times 10^{-6}\,\text{S/km}$。变电所中装

有两台三相 110/11kV 的变压器,每台容量为 15MVA,其参数为:$\Delta P_0 = 40.5\text{kW}$,$\Delta P_\text{S} = 128\text{kW}$,$V_\text{S}\% = 10.5$,$I_0\% = 3.5$。母线 A 的实际运行电压为 117kV,负荷功率为 $S_\text{LDB} = 30 + \text{j}12\text{MVA}$、$S_\text{LDC} = 20 + \text{j}15\text{MVA}$。当变压器取主抽头时,求母线 C 的电压。

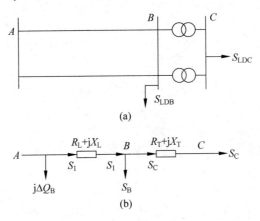

图 3-8　例 3-1 的电力系统和等值电路

解:

(1) 计算参数,作等值电路。

输电线路的等值电阻、电抗和电纳分别为

$$R_\text{L} = \frac{1}{2} \times 80 \times 0.21 = 8.4(\Omega)$$

$$X_\text{L} = \frac{1}{2} \times 80 \times 0.416 = 16.6(\Omega)$$

$$B_\text{C} = 2 \times 80 \times 2.74 \times 10^{-6} = 4.38 \times 10^{-4}(\text{S})$$

由于线路电压未知,可用线路额定电压计算线路产生的充电功率,并将其等分成两部分,得

$$\Delta Q_\text{B} = -\frac{1}{2} \times 4.38 \times 10^{-4} \times 110^2 = -2.65(\text{Mvar})$$

将 ΔQ_B 分别接于节点 A 和 B,作为节点负荷的一部分。

两台变压器并联运行,它们的组合电阻、电抗及励磁功率分别为

$$R_\text{T} = \frac{1}{2} \times \frac{\Delta P_\text{S} V_\text{N}^2}{S_\text{N}^2} \times 10^3 = \frac{1}{2} \times \frac{128 \times 110^2}{15\ 000^2} \times 10^3 = 3.4(\Omega)$$

$$X_\text{T} = \frac{1}{2} \times \frac{V_\text{S}\% V_\text{N}^2}{S_\text{N}} \times 10 = \frac{1}{2} \times \frac{10.5 \times 110^2}{15\ 000} \times 10 = 42.4(\Omega)$$

$$\Delta P_0 + \text{j}\Delta Q_0 = 2\left(0.040\ 5 + \text{j}\frac{3.5 \times 15}{100}\right) = 0.08 + \text{j}1.05(\text{MVA})$$

变压器的励磁功率也作为接于节点 B 的一种负荷,于是节点 B 的总负荷为

$$S_\text{B} = 30 + \text{j}12 + 0.08 + \text{j}1.05 - \text{j}2.65 = 30.08 + \text{j}10.4(\text{MVA})$$

节点 C 的功率即是负荷功率 $S_\text{C} = (20 + \text{j}15)\text{MVA}$。得到如图 3-8(b)所示的等值电路。

(2) 先按电力网额定电压,逆着功率传输的方向计算功率损耗和首端功率。

变压器的功率损耗为

$$\Delta S_\text{T} = \frac{20^2 + 15^2}{110^2} \times (3.4 + \text{j}42.4) = 0.18 + \text{j}2.19(\text{MVA})$$

由等值电路可知

$$S'_C = S_C + \Delta S_T = 20 + j15 + 0.18 + j2.19 = 20.18 + j17.19(\text{MVA})$$

$$S''_1 = S'_C + S_B = 20.18 + j17.19 + 30.08 + j10.4 = 50.26 + j27.59(\text{MVA})$$

线路中的功率损耗为

$$\Delta S_L = \frac{50.26^2 + 27.59^2}{110^2} \times (8.4 + j16.6) = 2.28 + j4.51(\text{MVA})$$

于是可得

$$S'_1 = S''_1 + \Delta S_L = 50.26 + j27.59 + 2.28 + j4.51 = 52.54 + j32.1(\text{MVA})$$

母线 A 输出的功率为

$$S_A = S'_1 + j\Delta Q_B = 52.54 + j32.1 - j2.65 = 52.54 + j29.45(\text{MVA})$$

（3）利用计算得到的首端功率和已知的首端电压，顺着功率传输的方向，计算各节点电压。

线路中电压降落的纵、横分量分别为

$$\Delta V_L = \frac{P'_1 R_L + Q'_1 X_L}{V_A} = \frac{52.54 \times 8.4 + 32.1 \times 16.6}{117} = 8.3(\text{kV})$$

$$\delta V_L = \frac{P'_1 X_L - Q'_1 R_L}{V_A} = \frac{52.54 \times 16.6 - 32.1 \times 8.4}{117} = 5.2(\text{kV})$$

可得 B 点的电压为

$$V_B = \sqrt{(V_A - \Delta V_L)^2 + (\delta V_L)^2} = \sqrt{(117 - 8.3)^2 + 5.2^2} = 108.8(\text{kV})$$

变压器中电压降落的纵、横分量分别为

$$\Delta V_T = \frac{P'_C R_T + Q'_C X_T}{V_B} = \frac{20.18 \times 3.4 + 17.19 \times 42.4}{108.8} = 7.3(\text{kV})$$

$$\delta V_T = \frac{P'_C X_T - Q'_C R_T}{V_B} = \frac{20.18 \times 42.4 - 17.19 \times 3.4}{108.8} = 7.3(\text{kV})$$

归算到高压侧的 C 点电压为

$$V'_C = \sqrt{(V_B - \Delta V_T)^2 + (\delta V_T)^2} = \sqrt{(108.8 - 7.3)^2 + 7.3^2} = 101.7(\text{kV})$$

变压器低压侧母线 C 的实际电压为

$$V_C = V'_C \times \frac{11}{110} = 101.7 \times \frac{11}{110} = 10.17(\text{kV})$$

如果在上述计算中忽略电压降落的横分量，所得的结果为

$$V_B = 108.7\text{kV}, \quad V'_C = 101.7\text{kV}, \quad V_C = 10.17\text{kV}$$

同计及电压降落横分量的计算结果相比较，误差不到 0.3%。可见，在精度要求不高的场合，可以忽略电压降落的横分量。

3.2　简单闭式电力网的潮流计算

简单闭式网络通常是指两端供电网络和简单环形网络。本节将分别介绍这两种网络中功率分布和电压降落的计算原理和方法。

3.2.1　两端供电网络的潮流计算

在如图 3-9 所示的两端供电网络中，设 $V_A \neq V_B$，根据基尔霍夫电压定律和电流定律，

可写出以下方程

$$\begin{cases} \dot{V}_A - \dot{V}_B = Z_{A1}\,\dot{I}_{A1} + Z_{12}\,\dot{I}_{12} - Z_{B2}\,\dot{I}_{B2} \\ \dot{I}_{A1} - \dot{I}_{12} = \dot{I}_1 \\ \dot{I}_{12} + \dot{I}_{B2} = \dot{I}_2 \end{cases} \qquad (3\text{-}40)$$

当已知电源点电压 V_A 和 V_B 以及负荷点电流 I_1 和 I_2，可解得

$$\begin{cases} \dot{I}_{A1} = \dfrac{(Z_{12} + Z_{B2})\dot{I}_1 + Z_{B2}\,\dot{I}_2}{Z_{A1} + Z_{12} + Z_{B2}} + \dfrac{\dot{V}_A - \dot{V}_B}{Z_{A1} + Z_{12} + Z_{B2}} \\[4mm] \dot{I}_{B2} = \dfrac{Z_{A1}\,\dot{I}_1 + (Z_{A1} + Z_{12})\dot{I}_2}{Z_{A1} + Z_{12} + Z_{B2}} - \dfrac{\dot{V}_A - \dot{V}_B}{Z_{A1} + Z_{12} + Z_{B2}} \end{cases} \qquad (3\text{-}41)$$

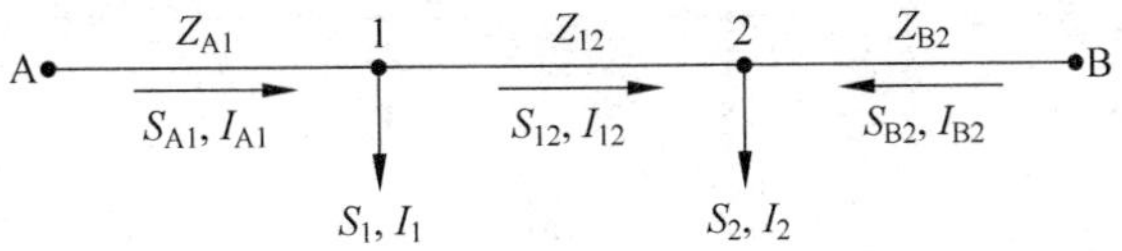

图 3-9　两端供电网络

上式确定的电流分布是精确的。但是在电力网中，由于沿线有电压降落，即使线路中通过同一电流，沿线各点的功率也不一样。在电力网的实际计算中，一般已知负荷点的功率，而不是电流。为了求取网络中的功率分布，可以采用近似的算法，先忽略网络中的功率损耗，都用相同的电压 $\dot{V}$ 计算功率，令 $\dot{V} = V_N \underline{/0^\circ}$，并认为 $S \approx V_N I^*$。对式(3-41)两边取共轭，然后全式乘以 $\dot{V}_N$，便得

$$\begin{cases} \dot{S}_{A1} = \dfrac{(Z_{12}^* + Z_{B2}^*)\,\dot{S}_1 + Z_{B2}^*\,\dot{S}_2}{Z_{A1}^* + Z_{12}^* + Z_{B2}^*} + \dfrac{(V_A^* - V_B^*)V_N}{Z_{A1}^* + Z_{12}^* + Z_{B2}^*} \\[4mm] \dot{S}_{B2} = \dfrac{Z_{A1}^*\,\dot{S}_1 + (Z_{A1}^* + Z_{12}^*)\,\dot{S}_2}{Z_{A1}^* + Z_{12}^* + Z_{B2}^*} - \dfrac{(V_A^* - V_B^*)V_N}{Z_{A1}^* + Z_{12}^* + Z_{B2}^*} \end{cases} \qquad (3\text{-}42)$$

由式(3-42)可见，每个电源点送出的功率都包含两部分，第一部分是由负荷功率和网络参数确定的，每一个负荷的功率都按该负荷点到两个电源点间的阻抗共轭值成反比的关系分配到每个电源点，而且可以逐个计算。通常称这部分功率为自然功率。第二部分与负荷无关，它是由两个供电点的电压差和网络参数确定的，通常称这部分功率为循环功率。当两个电源点电压相等时，循环功率为零。从结构上分析式(3-42)的第一项可知，在力学中也有类似的公式，一根承担多个集中负荷的横梁，其两个支点的反作用力就相当于此时电源点输出的功率。所以，有时也可以形象地称式(3-42)为两端供电网络潮流计算的"杠杆原理"。

式(3-42)对于单相和三相系统都适用。若 V 为相电压，则 S 为单相功率；若 V 为线电压，则 S 为三相功率。求出各供电点输出的功率 S_{A1} 和 S_{B2} 之后，即可在线路上各节点按流入流出节点功率相平衡的原理，求出整个电力网中的功率分布。例如，根据节点 1 的功率平衡可得

$$S_{12} = S_{A1} - S_1$$

在电力网中，功率由两个方向流入的节点称为功率分点，并用符号"▼"标出，例如图 3-10 中的节点 2。有功功率分点和无功功率分点还可能出现在电力网的不同节点上，通常就用

"▼"和"▽"分别表示有功分点和无功分点。

　　在不计功率损耗求出电力网的功率分布之后,我们就可以在功率分点(如节点 2)将网络一分为二,使之成为两个开式电力网,如图 3-10(b)所示。然后按照 3.1.4 节介绍的已知首端电压和末端功率的开式电力网的计算方法,计算这两个开式电力网的功率损耗和电压降落,进而得到所有节点的电压。在计算功率损耗时,网络中各点的未知电压可先用线路的额定电压代替。当有功分点和无功分点为同一节点时,该节点电压是网络中的最低电压点,它与供电点电压的标量差就是最大电压损耗。而当有功分点和无功分点不一致时,常选电压较低的分点将网络解开,并且必须计算出所有分点的电压,才能确定网络中的最低电压点和最大电压损耗。

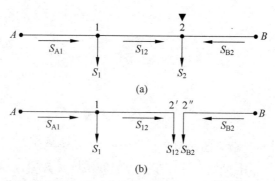

图 3-10　两端供电网络的功率分布和功率分点

3.2.2　简单环形网络的潮流计算

　　简单环形网络是指每一节点都只同两条支路相接的环形网络。单电源供电的简单环形网络(见图 3-11(a))可以当作供电点电压相等的特殊两端供电网络(见图 3-11(b)),此时电源点输出的功率中只有自然功率而没有循环功率部分。接下来按照 3.2.1 节介绍的两端供电网络潮流计算的方法,先不计功率损耗,计算网络中的功率分布,确定功率分点,然后在功率分点处将网络解开(见图 3-11(c)),按照开式电力网潮流计算的方法,计算功率损耗和电压降落,得到所有节点的电压。当简单环网中存在多个电源点时,给定功率的电源点可以当作负荷节点处理,而把给定电压的电源点都一分为二,这样便得到若干个已知供电点电压的两端供电网络。

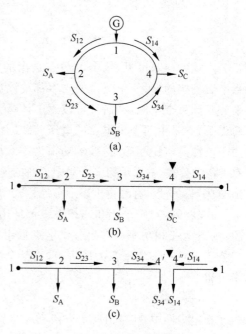

图 3-11　简单环形网络的潮流计算

　　【例 3-2】　如图 3-12 所示为 110kV 闭式电力网,A 为某发电厂的高压母线,$V_A=117$kV。网络各元件的参数如下。

　　线路 I:$Z_I=(16.2+j25.38)\Omega$, $B_I=1.61\times10^{-4}$S;

线路Ⅱ：$Z_{Ⅱ}=(13.5+j21.15)\Omega$，$B_Ⅰ=1.35\times10^{-4}\mathrm{S}$；

线路Ⅲ：$Z_{Ⅲ}=(18+j17.6)\Omega$，$B_Ⅰ=1.03\times10^{-4}\mathrm{S}$；

各变电所每台变压器的额定容量、励磁功率和归算到 110kV 电压等级的阻抗如下。

(1)变电所 B：$S_N=20\mathrm{MVA}$，$\Delta S_0=(0.05+j0.6)\mathrm{MVA}$，$Z_{TB}=(4.84+j63.5)\Omega$；

(2)变电所 C：$S_N=10\mathrm{MVA}$，$\Delta S_0=(0.03+j0.35)\mathrm{MVA}$，$Z_{TC}=(11.4+j127)\Omega$；

(3)负荷功率为：$S_{LDB}=(24+j18)\mathrm{MVA}$，$S_{LDC}=(12+j9)\mathrm{MVA}$；

试求电力网的功率分布及最大电压损耗。

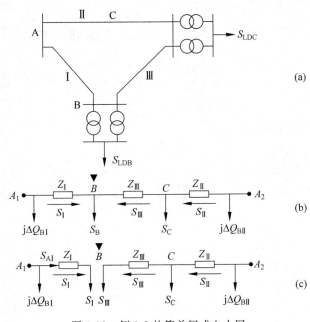

图 3-12　例 3-2 的简单闭式电力网

解：

(1) 计算网络参数并制订等值电路。

线路Ⅰ、Ⅱ和Ⅲ的阻抗和电纳已知，它们的充电功率分别为

$$\Delta Q_{BⅠ}=-\frac{1}{2}\times1.61\times10^{-4}\times110^2=-0.975(\mathrm{Mvar})$$

$$\Delta Q_{BⅡ}=-\frac{1}{2}\times1.35\times10^{-4}\times110^2=-0.815(\mathrm{Mvar})$$

$$\Delta Q_{BⅢ}=-\frac{1}{2}\times1.03\times10^{-4}\times110^2=-0.625(\mathrm{Mvar})$$

每个变电所内均有两台变压器并联运行，所以：

对于变电所 B

$$Z_{TB}=\frac{1}{2}(4.84+j63.5)=2.42+j31.75(\Omega)$$

$$\Delta S_{0B}=2(0.05+j0.6)=0.1+j1.2(\mathrm{MVA})$$

对于变电所 C

$$Z_{TC}=\frac{1}{2}(11.4+j127)=5.7+j63.5(\Omega)$$

$$\Delta S_{0C} = 2(0.03 + j0.35) = 0.06 + j0.7 (MVA)$$

等值电路如图 3-12(b)所示。

(2) 计算节点 B 和 C 的运算负荷。

$$\Delta S_{TB} = \frac{24^2 + 18^2}{110^2}(2.42 + j31.75) = 0.18 + j2.36 (MVA)$$

$$S_B = S_{LDB} + \Delta S_{TB} + \Delta S_{0B} + j\Delta Q_{BI} + j\Delta Q_{BⅢ}$$

$$= 24 + j18 + 0.18 + j2.36 + 0.1 + j1.2 - j0.975 - j0.625$$

$$= 24.28 + j19.96 (MVA)$$

$$\Delta S_{TC} = \frac{12^2 + 9^2}{110^2}(5.7 + j63.5) = 0.106 + j1.18 (MVA)$$

$$S_C = S_{LDC} + \Delta S_{TC} + \Delta S_{0C} + j\Delta Q_{BⅡ} + j\Delta Q_{BⅢ}$$

$$= 12 + j9 + 0.106 + j1.18 + 0.06 + j0.7 - j0.625 - j0.815$$

$$= 12.17 + j9.44 (MVA)$$

(3) 计算闭式网络中的功率分布。

$$S_I = \frac{S_B(Z_Ⅱ^* + Z_Ⅲ^*) + S_C Z_Ⅱ^*}{Z_I^* + Z_Ⅱ^* + Z_Ⅲ^*}$$

$$= \frac{(24.28 + j19.96)(31.5 - j38.75) + (12.17 + j9.44)(13.5 - j21.15)}{47.7 - j64.13}$$

$$= 18.64 + j15.79 (MVA)$$

$$S_Ⅱ = \frac{S_B Z_I^* + S_C(Z_I^* + Z_Ⅲ^*)}{Z_I^* + Z_Ⅱ^* + Z_Ⅲ^*}$$

$$= \frac{(24.28 + j19.96)(16.2 - j25.38) + (12.17 + j9.44)(34.2 - j42.98)}{47.7 - j64.13}$$

$$= 17.8 + j13.6 (MVA)$$

由节点 B 的功率平衡可得

$$S_Ⅲ = S_B - S_I = 24.28 + j19.96 - 18.64 - j15.79 = 5.64 + j4.17 (MVA)$$

可见节点 B 既是有功分点,也是无功分点,因此该节点也是网络中的最低电压点。在节点 B 处将网络一分为二,变成两个开式电力网,如图 3-12(c)所示。

(4) 计算电压损耗。

为了计算 B 点电压,先要计算 A 点的首端功率 S_{AI}。

线路 I 的功率损耗为

$$\Delta S_I = \frac{P_I^2 + Q_I^2}{V_N^2}(R_I + jX_I) = \frac{18.64^2 + 15.79^2}{110^2}(16.2 + j25.38)$$

$$= 0.8 + j1.253 (MVA)$$

线路 I 的首端功率为

$$S_{AI} = S_I + \Delta S_I = 18.64 + j15.79 + 0.8 + j1.25 = 19.44 + j17.04 (MVA)$$

线路 I 的电压降落为(忽略横分量)

$$\Delta V_I = \frac{P_{AI} R_I + Q_{AI} X_I}{V_A} = \frac{19.44 \times 16.2 + 17.04 \times 25.38}{117} = 6.39 (kV)$$

节点 B 的实际电压为

$$V_B = V_A - \Delta V_I = 117 - 6.39 = 110.61(\text{kV})$$

3.3 复杂电力系统潮流分布的计算机算法

实际的大规模电力系统可能包含成百上千的节点、发电机组和负荷,网络结构也是错综复杂的,不可能都简化成开式电力网或简单闭式电力网的形式,必须建立复杂电力系统的统一潮流数学模型,借助计算机进行求解。而统一潮流数学模型的基础是电力网的节点电压方程。因此,本节首先介绍一般电力网络的节点电压方程和节点导纳矩阵的概念,推导复杂电力系统的统一潮流数学模型,然后介绍牛顿-拉夫逊法潮流计算,最后介绍 PQ 分解法潮流计算,讨论潮流计算在实际工程中的应用。

3.3.1 节点电压方程和节点导纳矩阵

1. 节点电压方程

电力网络的运行状态可用节点方程或回路方程来描述。节点方程以母线电压为待求量,母线电压能唯一确定网络的运行状态。已知母线电压,很容易算出母线功率、支路功率和电流。无论是潮流计算还是短路计算,节点方程的求解结果都极便于应用。本课程中,我们也只介绍节点方程及其应用。

让我们先来看一个例子。在如图 3-13(a)所示的简单电力系统中,若略去变压器的励磁功率和线路电容,负荷用阻抗表示,便得到一个由 5 个节点(包含零电位点)和 7 条支路的等值网络,如图 3-13(b)所示。将接于节点 1 和节点 4 的电势源和阻抗的串联组合变换成等值的电流源和导纳的并联组合,便得到如图 3-13(c)所示的等值网络,其中 $\dot{I}_1 = y_{10}\dot{E}_1$ 和 $\dot{I}_4 = y_{40}\dot{E}_4$ 分别是节点 1 和节点 4 的注入电流源。

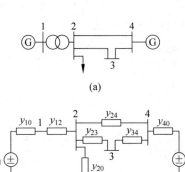

(a)

(b)

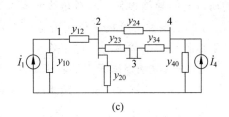

(c)

图 3-13 简单电力系统及其等值电路

以零电位作为计算节点电压的参考点,根据基尔霍夫电流定律,可以写出 4 个独立节点的电流平衡方程如下

$$\begin{cases} y_{10}\dot{V}_1 + y_{12}(\dot{V}_1 - \dot{V}_2) = \dot{I}_1 \\ y_{12}(\dot{V}_2 - \dot{V}_1) + y_{20}\dot{V}_2 + y_{23}(\dot{V}_2 - \dot{V}_3) + y_{24}(\dot{V}_2 - \dot{V}_4) = 0 \\ y_{23}(\dot{V}_3 - \dot{V}_2) + y_{34}(\dot{V}_3 - \dot{V}_4) = 0 \\ y_{24}(\dot{V}_4 - \dot{V}_2) + y_{34}(\dot{V}_4 - \dot{V}_3) + y_{40}\dot{V}_4 = \dot{I}_4 \end{cases}$$

上述方程式经整理可写成

$$\begin{cases} Y_{11}\,\dot{V}_1 + Y_{12}\,\dot{V}_2 = \dot{I}_1 \\ Y_{21}\,\dot{V}_1 + Y_{22}\,\dot{V}_2 + Y_{23}\,\dot{V}_3 + Y_{24}\,\dot{V}_4 = 0 \\ Y_{32}\,\dot{V}_2 + Y_{33}\,\dot{V}_3 + Y_{34}\,\dot{V}_4 = 0 \\ Y_{42}\,\dot{V}_2 + Y_{43}\,\dot{V}_3 + Y_{44}\,\dot{V}_4 = \dot{I}_4 \end{cases}$$

式中,$Y_{11} = y_{10} + y_{12}$;$Y_{22} = y_{20} + y_{12} + y_{23} + y_{24}$;$Y_{33} = y_{23} + y_{34}$;$Y_{44} = y_{40} + y_{24} + y_{34}$;$Y_{12} = Y_{21} = -y_{12}$;$Y_{23} = Y_{32} = -y_{23}$;$Y_{24} = Y_{42} = -y_{24}$;$Y_{34} = Y_{43} = -y_{34}$。

一般地,对于有 n 个独立节点的网络,可以列写 n 个节点方程

$$\begin{cases} Y_{11}\,\dot{V}_1 + Y_{12}\,\dot{V}_2 + \cdots + Y_{1n}\,\dot{V}_n = \dot{I}_1 \\ Y_{21}\,\dot{V}_1 + Y_{22}\,\dot{V}_2 + \cdots + Y_{2n}\,\dot{V}_n = \dot{I}_2 \\ \vdots \qquad \vdots \qquad \vdots \qquad \vdots \\ Y_{n1}\,\dot{V}_1 + Y_{n2}\,\dot{V}_2 + \cdots + Y_{nn}\,\dot{V}_n = \dot{I}_n \end{cases} \tag{3-43}$$

也可以写成矩阵形式

$$\begin{bmatrix} Y_{11} & Y_{12} & \cdots & Y_{1n} \\ Y_{21} & Y_{22} & \cdots & Y_{2n} \\ \vdots & \vdots & \vdots & \vdots \\ Y_{n1} & Y_{n2} & \cdots & Y_{nn} \end{bmatrix} \begin{bmatrix} \dot{V}_1 \\ \dot{V}_2 \\ \vdots \\ \dot{V}_n \end{bmatrix} = \begin{bmatrix} \dot{I}_1 \\ \dot{I}_2 \\ \vdots \\ \dot{I}_n \end{bmatrix} \tag{3-44}$$

或缩写为

$$\boldsymbol{YV} = \boldsymbol{I} \tag{3-45}$$

矩阵 $\boldsymbol{Y}$ 称为节点导纳矩阵。它的对角线元素 Y_{ii} 称为节点 i 的自导纳,其值等于接于节点 i 的所有支路导纳之和。非对角线元素 Y_{ij} 称为节点 i、j 之间的互导纳,它等于直接连接于节点 i、j 间的支路导纳的负值。若节点 i、j 间不存在直接支路,则有 $Y_{ij} = 0$。由此可知,节点导纳矩阵是一个稀疏的对称矩阵。

2. 节点导纳矩阵元素的物理意义

现在进一步讨论节点导纳矩阵因素的物理意义。

在式(3-43)中,令 $\dot{V}_k \neq 0$,$\dot{V}_j = 0 (j = 1,2,\cdots n, j \neq k)$,可得

$$Y_{ik}\,\dot{V}_k = \dot{I}_i \quad (i = 1,2,\cdots,n)$$

或

$$Y_{ik} = \left. \frac{\dot{I}_i}{\dot{V}_k} \right|_{\dot{V}_j = 0, j \neq k} \tag{3-46}$$

由式(3-46)可知,当 $k = i$ 时,当网络中除节点 i 以外所有节点都接地时,从节点 i 注入网络的电流同施加于节点 i 的电压之比,即等于节点 i 的自导纳 Y_{ii}。换句话说,自导纳 Y_{ii} 是节点 i 以外的所有节点都接地时节点 i 对地的总导纳。显然,Y_{ii} 应等于与节点 i 相接的各支路导纳之和,即

$$Y_{ii} = y_{i0} + \sum_j y_{ij} \tag{3-47}$$

式中，y_{i0} 为节点 i 与零电位节点之间的支路导纳；y_{ij} 为节点 i 与节点 j 之间的支路导纳。

当 $k \neq i$ 时，当网络中除节点 k 以外的所有节点都接地时，从节点 i 流入网络的电流同施加于节点 k 的电压之比，即等于节点 k、i 之间的互导纳 Y_{ik}。在这种情况下，节点 i 的电流实际上是自网络流出并进入地中的电流，所以 Y_{ik} 应等于节点 k、i 之间的支路导纳的负值，即

$$Y_{ik} = -y_{ik} \tag{3-48}$$

不难理解，$Y_{ik} = Y_{ki}$。若节点 i 和 k 之间没有支路直接相连时，便有 $Y_{ik} = 0$。

从以上分析，我们可以看出节点导纳矩阵具有以下特点：

（1）直观性：节点导纳矩阵的元素可以很容易根据网络接线图和支路参数直观地求出，形成节点导纳矩阵的程序比较简单。而节点导纳矩阵的维数就等于网络中独立节点的个数。

（2）稀疏性：节点导纳矩阵的对角线元素一般不为零，但在非对角线元素中存在着很多零元素。在电力系统的接线图中，一般每个节点同平均不超过 3～4 个其他节点有直接的支路连接，因此在节点导纳矩阵的非对角元素中每行平均仅有 3～4 个非零元素。据统计，在实际的大型电力系统中，其节点导纳矩阵中 95％ 的元素均为零，余下的非零元素不足 5％。如果在程序设计中设法排除零元素的储存和运算，就可以大大地节省存储单元和提高计算速度。

（3）对称性：根据互导纳的定义不难看出，$Y_{ik} = Y_{ki}$。因此，节点导纳矩阵还是一个对称矩阵。

正是因为节点导纳矩阵具有这些显著的特点，所以不论是潮流计算还是短路计算，我们都采用节点导纳矩阵和节点方程来描述电力网的模型。

3. 节点导纳矩阵的修正

实际的电力系统可能包含成百上千的节点，其节点导纳矩阵也是十分庞大，在实际的计算机程序中，我们常采用追加支路法来形成节点导纳矩阵。具体做法是，首先对给定电力网络中的所有节点和支路进行编号，在程序中先生成一个"空"的节点导纳矩阵，即所有的元素都清零。然后针对第一条支路，先修正该支路的始节点和终节点所对应的节点导纳矩阵中的对角线元素（即自导纳），后修正它们所对应的节点导纳矩阵中的非对角线元素（即互导纳）。然后针对第二条支路做同样的修正，直到所有支路处理完成为止。这样，不论给定的电力网如何复杂，只要给定了电力网的网络结构和所有支路的参数，就可以利用计算机自动形成该电力网的节点导纳矩阵。

在电力系统的运行分析中，往往要计算不同接线方式下的运行状态。当网络接线改变时，节点导纳矩阵也要做相应的修改。例如新增一个节点或者新增一条支路等，此时我们没有必要从零开始重新形成节点导纳矩阵，只需要对原有节点导纳矩阵的个别元素进行修正即可。下面我们介绍几种典型的接线变化，说明节点导纳矩阵元素的修正方法。

（1）从网络的原有节点 i 引出一条导纳为 y_{ik} 的新支路，同时新增一个节点 k（见图 3-14(a)）。

此时节点数增加了一个，所以节点导纳矩阵要增加一行一列。根据自导纳和互导纳的概念，新增的对角线元素为 $Y_{kk} = y_{ik}$。新增的非对角线元素中，只有 $Y_{ik} = Y_{ki} = -y_{ik}$，其余元素都为零。矩阵的原有部分中，只有节点 i 的自导纳增加 $\Delta Y_{ii} = y_{ik}$。

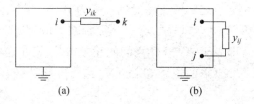

图 3-14　网络接线的改变与节点导纳矩阵的修正

（2）在网络的原有节点 i 和 j 之间新增一条导纳为 y_{ij} 的支路（见图 3-14(b)）。

此时只增加支路不增加节点，节点导纳矩阵的维数不变。节点 i 和 j 的自导纳应增加 $\Delta Y_{ii} = \Delta Y_{jj} = y_{ij}$，它们的互导纳应增加 $\Delta Y_{ij} = \Delta Y_{ji} = -y_{ij}$。其余元素均保持不变。

（3）在网络的原有节点 i 和 j 之间切除一条导纳为 y_{ij} 的已有支路。

这种情况可以当作是在节点 i 和 j 之间增加了一条导纳为 $-y_{ij}$ 的支路来处理。因此，节点 i 和 j 的自导纳和互导纳的增量分别为 $\Delta Y_{ii} = \Delta Y_{jj} = -y_{ij}$，$\Delta Y_{ij} = \Delta Y_{ji} = y_{ij}$。

3.3.2　统一潮流方程

1. 统一潮流数学模型

节点方程式(3-45)是潮流计算的基础。如果能够给出电压源或电流源，直接求解网络方程就可以求得网络内的电流和电压的分布。但是在潮流计算中，通常给定的是发电机的输出功率或机端电压、负荷的功率等，在网络运行状态求出之前，无论是电源的电势，还是节点的注入电流，都无法确定。

根据节点上的复功率的定义 $S = VI^*$，对所有的节点 i，都有

$$\dot{I}_i = \frac{S_i^*}{V_i^*} = \frac{P_i - jQ_i}{V_i^*} \tag{3-49}$$

其中，V_i 和 I_i 分别是节点 i 的电压和注入电流相量，P_i 和 Q_i 分别是节点 i 的注入有功功率和注入无功功率。如果该节点上同时接有发电机和负荷，P_i 和 Q_i 即为发电机的注入功率和负荷的流出功率的差值。将上式代入式(3-45)，可得

$$\frac{P_i - jQ_i}{V_i^*} = \sum_{j=1}^{n} Y_{ij} V_j \quad (i = 1, 2, \cdots, n) \tag{3-50}$$

或

$$P_i + jQ_i = V_i \sum_{j=1}^{n} Y_{ij}^* V_j^* \quad (i = 1, 2, \cdots, n) \tag{3-51}$$

式(3-51)称为电力网的统一潮流方程(Unified Power Flow Model)。它与电力网的网络结构和规模无关，适用于任一电力系统的潮流计算的求解，因此又称为一般电力网的统一潮流数学模型。它是一个复数方程，将它的实部和虚部分开，对每一个节点都可以得到两个实数方程。但对于每一个节点有 4 个待求量，分别是：节点注入有功功率 P、节点注入无功功率 Q、节点电压幅值 V 和节点电压相位 δ。我们必须给定其中的两个，而留下两个作为待求量，方程组才可以求解。

2. 节点分类

根据电力系统的实际运行条件，按给定变量的不同，一般将节点分成以下 3 种类型。

1）PQ 节点

这类节点的有功功率 P 和无功功率 Q 是给定的，节点电压 (V, δ) 是待求量。通常变电所都属于这一类节点。由于没有发电设备，故其发电功率为零。有些情况下，系统中的某些发电厂送出的功率在一定时间内为固定时，该发电厂母线也可作为 PQ 节点。网络中还有一类节点，既不接发电机，也不接负荷，通常称这类节点为浮游节点，它们也可作为 PQ 节点，因为它们的节点注入功率 P 和 Q 都为零。

2）PV 节点

这类节点的有功功率 P 和电压幅值 V 是给定的，节点的无功功率 Q 和节点电压相位 δ 是待求量。这类节点必须有足够的可调无功容量，用以维持给定的电压幅值，因此又称之为电压控制节点。一般选择有一定无功储备的发电厂和具有可调无功电源设备的变电所作为 PV 节点。在电力系统中，这一类节点的数量很少。

3）平衡节点

在潮流计算得出结果以前，网络中的功率损失是未知的，因此，网络中至少有一个节点的有功功率 P 不能给定，这个节点承担了系统的有功功率平衡，故称之为平衡节点。另外必须选定一个节点，指定其电压相位为零，作为计算各节点电压相位的参考，这个节点称为基准节点，基准节点的电压幅值也是给定的。为了计算上的方便，常将平衡节点和基准节点选为同一节点，习惯上称之为平衡节点。平衡节点只有一个，它的电压幅值和相位已给定，而其有功功率和无功功率是待求量，一般选择主调频发电厂为平衡节点。如果为了提高潮流计算的收敛性，选择出线最多的发电厂作为平衡节点。

从以上分析可见，当确定了所有节点的类型之后，式（3-51）的统一潮流方程组的求解问题就变成了一个由 $2n$ 个方程组求解 $2n$ 个变量的非线性代数组求过零解的数学问题。由于平衡节点的电压已经给定，所以平衡节点的方程不必参与求解。

3. 潮流计算的约束条件

通过求解统一潮流方程能得到一组数学上的解答，但是这组解答所反映的系统运行状态在工程上是否具有实际意义呢？这还需要进行检验。为保证电力系统的正常运行潮流问题中某些变量应满足一定的约束条件。常用的约束条件有：

（1）所有节点电压必须满足

$$V_{i\min} \leqslant V_i \leqslant V_{i\max} \quad (i = 1, 2, \cdots, n) \tag{3-52}$$

从保证电能质量和供电安全的要求来看，电力系统的所有电气设备都必须运行在额定电压附近。

（2）所有电源节点的有功功率和无功功率必须满足

$$\begin{cases} P_{Gi\min} \leqslant P_{Gi} \leqslant P_{Gi\max} \\ Q_{Gi\min} \leqslant Q_{Gi} \leqslant Q_{Gi\max} \end{cases} \tag{3-53}$$

所有 PQ 节点的有功功率和无功功率以及 PV 节点的有功功率，在给定时都必须满足式（3-53）。平衡节点的 P 和 Q 以及 PV 节点的 Q 应按上述条件进行校验。

（3）某些节点之间电压的相位差应满足

$$|\delta_i - \delta_j| \leqslant |\delta_i - \delta_j|_{\max} \tag{3-54}$$

为了保证系统运行的稳定性，要求某些输电线路两端的电压相位差不超过一定的数值。

总而言之,复杂电力系统的潮流计算问题在数学上可以转化成一个带约束条件的多变量非线性代数方程组求过零解的问题,在实际工程上一般借助计算机进行求解,最后还必须对计算结果进行校验。如果某些变量超出了约束的范围,就必须调整给定的运行条件,重新求解潮流问题。

3.3.3 牛顿-拉夫逊法潮流计算

1. 牛顿-拉夫逊法的原理

牛顿-拉夫逊法是目前求解非线性方程最好的一种方法。这种方法的要点就是要把对非线性方程的求解过程变为反复对相应的线性方程求解的过程,通常称为逐次线性化过程,这是牛顿-拉夫逊法的核心。为加深理解牛顿-拉夫逊法的解算方法,这里从一维非线性方程式的解来阐明它的意义和推导过程,而后推广到 n 维变量的一般情况。

1) 牛顿-拉夫逊法的意义和推导过程

设一维非线性方程为

$$f(x) = 0 \tag{3-55}$$

对于它的解 x,假设其初始值为 $x^{(0)}$,这和真解之间的误差为 $\Delta x^{(0)}$,如果能找到这样的 $\Delta x^{(0)}$,将其加到初始值 $x^{(0)}$ 上,使它对于真解,即有

$$x = x^{(0)} - \Delta x^{(0)} \tag{3-56}$$

式中,x 为真解;$x^{(0)}$ 为解的初始值;$\Delta x^{(0)}$ 为解的修正量。

若将式(3-56)代入式(3-55),有

$$f(x) = f[x^{(0)} - \Delta x^{(0)}] = 0$$

把 $f(x)$ 按泰勒级数在 $x^{(0)}$ 点展开

$$f(x) = f[x^{(0)}] - f'[x^{(0)}]\Delta x^{(0)} + \frac{f'[x^{(0)}]}{2!}[\Delta x^{(0)}]^2 - \cdots + (-1)^n \frac{f^n[x^{(0)}]}{n!}[\Delta x^{(0)}]^n = 0$$

如果选择的初始值 $x^{(0)}$ 很接近于真解,即误差值 $\Delta x^{(0)}$ 很小时,上式中所包含 $\Delta x^{(0)}$ 二次项和更高次项都可以略去不计。因此上式可简化为

$$f[x^{(0)}] - f'[x^{(0)}]\Delta x^{(0)} = 0 \tag{3-57}$$

这是对于修正量 $\Delta x^{(0)}$ 的线性方程式,又称为修正方程。由于修正方程是略去了高次项后的简化方程式,因而按修正方程所解出的 $\Delta x^{(0)}$ 是近似值。从式(3-57)即得

$$\Delta x^{(0)} = \frac{f[x^{(0)}]}{f'[x^{(0)}]}$$

于是,非线性方程的解为

$$x^{(1)} = x^{(0)} - \Delta x^{(0)}$$

这是一次迭代后的值,显然是近似解,但它已向真解逼近了一步。

再以 $x^{(1)}$ 作为初始值,代入式(3-57)有

$$\Delta x^{(1)} = \frac{f[x^{(1)}]}{f'[x^{(1)}]}$$

进而又可得到第二次迭代后的值 $x^{(2)}$ 为

$$x^{(2)} = x^{(1)} - \Delta x^{(1)}$$

它更近于真解。这样继续迭代下去,直至满足 $|\Delta x^{(k)}| \leqslant \varepsilon$(精度)时,所得出的 $\Delta x^{(k+1)}$ 为所求的真解,这就是牛顿-拉夫逊法解算的过程。

2) 牛顿-拉夫逊法的特点

(1) 牛顿-拉夫逊法是迭代法,是逐渐逼近的方法。

(2) 修正方程是线性化方程,它的线性化过程体现在把非线性方程在 $x^{(0)}$ 按泰勒级数展开,并略去高阶小量。

(3) 用牛顿-拉夫逊法解题时,其初始值要求严格(较接近真解),否则迭代不收敛。

3) 多变量非线性方程的解

设有 n 维非线性方程式组如下

$$\begin{cases} f_1(x_1,x_2,\cdots,x_n) = 0 \\ f_2(x_1,x_2,\cdots,x_n) = 0 \\ \quad\vdots \\ f_n(x_1,x_2,\cdots,x_n) = 0 \end{cases} \tag{3-58}$$

假设各变量的初始值 $x_1^{(0)},x_2^{(0)},\cdots,x_n^{(0)}$,并令 $\Delta x_1^{(0)},\Delta x_2^{(0)},\cdots,\Delta x_n^{(0)}$ 分别为各变量的修正量,对以上 n 个方程式在初始值 $[x_1^{(0)},x_2^{(0)},\cdots,x_n^{(0)}]$ 点按泰勒级数展开,并略去包含 $\Delta x_1^{(0)},\Delta x_2^{(0)},\cdots,\Delta x_n^{(0)}$ 所组成的二次项和更高次项后,将得到下式

$$\begin{cases} f_1(x_1^{(0)},x_2^{(0)},\cdots x_n^{(0)}) - \left[\dfrac{\partial f_1}{\partial x_1}\bigg|_0 \Delta x_1^{(0)} + \dfrac{\partial f_1}{\partial x_2}\bigg|_0 \Delta x_2^{(0)} + \cdots + \dfrac{\partial f_1}{\partial x_n}\bigg|_0 \Delta x_n^{(0)} \right] = 0 \\ f_2(x_1^{(0)},x_2^{(0)},\cdots x_n^{(0)}) - \left[\dfrac{\partial f_2}{\partial x_1}\bigg|_0 \Delta x_1^{(0)} + \dfrac{\partial f_2}{\partial x_2}\bigg|_0 \Delta x_2^{(0)} + \cdots + \dfrac{\partial f_2}{\partial x_n}\bigg|_0 \Delta x_n^{(0)} \right] = 0 \\ \quad\vdots \\ f_n(x_1^{(0)},x_2^{(0)},\cdots x_n^{(0)}) - \left[\dfrac{\partial f_n}{\partial x_1}\bigg|_0 \Delta x_1^{(0)} + \dfrac{\partial f_n}{\partial x_2}\bigg|_0 \Delta x_2^{(0)} + \cdots + \dfrac{\partial f_n}{\partial x_n}\bigg|_0 \Delta x_n^{(0)} \right] = 0 \end{cases} \tag{3-59}$$

写成矩阵的形式

$$\begin{bmatrix} f_1(x_1^{(0)},x_2^{(0)},\cdots x_n^{(0)}) \\ f_2(x_1^{(0)},x_2^{(0)},\cdots x_n^{(0)}) \\ \vdots \\ f_n(x_1^{(0)},x_2^{(0)},\cdots x_n^{(0)}) \end{bmatrix} = \begin{bmatrix} \dfrac{\partial f_1}{\partial x_1}\bigg|_0 & \dfrac{\partial f_1}{\partial x_2}\bigg|_0 & \cdots & \dfrac{\partial f_1}{\partial x_n}\bigg|_0 \\ \dfrac{\partial f_2}{\partial x_1}\bigg|_0 & \dfrac{\partial f_2}{\partial x_2}\bigg|_0 & \cdots & \dfrac{\partial f_2}{\partial x_n}\bigg|_0 \\ \vdots & \vdots & & \vdots \\ \dfrac{\partial f_n}{\partial x_1}\bigg|_0 & \dfrac{\partial f_n}{\partial x_2}\bigg|_0 & \cdots & \dfrac{\partial f_n}{\partial x_n}\bigg|_0 \end{bmatrix} \begin{bmatrix} \Delta x_1^{(0)} \\ \Delta x_2^{(0)} \\ \vdots \\ \Delta x_n^{(0)} \end{bmatrix} \tag{3-60}$$

这是修正量 $\Delta x_1^{(0)},\Delta x_2^{(0)},\cdots,\Delta x_n^{(0)}$ 的线性方程组,因此叫作牛顿-拉夫逊法的修正方程。通过修正方程可求出各修正量,进而求非线性方程组的解

$$\begin{cases} x_1^{(1)} = x_1^{(0)} - \Delta x_1^{(0)} \\ x_2^{(1)} = x_2^{(0)} - \Delta x_2^{(0)} \\ \quad\vdots \\ x_n^{(1)} = x_n^{(0)} - \Delta x_n^{(0)} \end{cases} \tag{3-61}$$

再将式(3-61)所得出的第 1 次迭代结果 $x_1^{(1)},x_2^{(1)},\cdots,x_n^{(1)}$ 作为初始值,代入式(3-60)进行第 2 次迭代,反复利用式(3-60)、式(3-61)。为了一般化,假设进行到第 k 次迭代,这时修正方程为

$$\begin{pmatrix} f_1(x_1^{(k)}, x_2^{(k)}, \cdots x_n^{(k)}) \\ f_2(x_1^{(k)}, x_2^{(k)}, \cdots x_n^{(k)}) \\ \vdots \\ f_n(x_1^{(k)}, x_2^{(k)}, \cdots x_n^{(k)}) \end{pmatrix} = \begin{pmatrix} \left.\dfrac{\partial f_1}{\partial x_1}\right|_k & \left.\dfrac{\partial f_1}{\partial x_2}\right|_k & \cdots & \left.\dfrac{\partial f_1}{\partial x_n}\right|_k \\ \left.\dfrac{\partial f_2}{\partial x_1}\right|_k & \left.\dfrac{\partial f_2}{\partial x_2}\right|_k & \cdots & \left.\dfrac{\partial f_2}{\partial x_n}\right|_k \\ \vdots & \vdots & & \vdots \\ \left.\dfrac{\partial f_n}{\partial x_1}\right|_k & \left.\dfrac{\partial f_n}{\partial x_2}\right|_k & \cdots & \left.\dfrac{\partial f_n}{\partial x_n}\right|_k \end{pmatrix} \begin{pmatrix} \Delta x_1^{(k)} \\ \Delta x_2^{(k)} \\ \vdots \\ \Delta x_n^{(k)} \end{pmatrix} \tag{3-62}$$

缩写为

$$F[X^{(k)}] = J^{(k)} \Delta X^{(k)} \tag{3-63}$$

式中，J 称为雅可比矩阵。

同样，式(3-61)对应第 k 次迭代后也可缩写为

$$X^{(k+1)} = X^{(k)} - \Delta X^{(k)} \tag{3-64}$$

这样反复求解式(3-63)、式(3-64)，就可以使 $X^{(k+1)}$ 逐步逼近于真解，直至满足 $|\Delta X^{(k)}| \leqslant \varepsilon$（精度），即对应的 $X^{(k+1)}$ 为所求的真解。

2. 牛顿-拉夫逊法潮流计算的修正方程

我们在 3.3.2 节已经推导了一般电力系统的统一潮流数学模型，如式(3-51)所示。运用牛顿-拉夫逊法计算潮流分布时，就是要求解这个非线性方程组。该方程的左边为给定的节点注入功率，右边为由节点电压求得的节点注入功率，二者之差就是节点功率的不平衡量。潮流计算问题就是各节点功率的不平衡量都趋近于零时，各节点电压应具有何值。

由此可见，如将式(3-51)作为牛顿-拉夫逊法中的非线性函数方程 $F[X]=0$，其中节点电压就相当于变量 X。建立了这种对应关系，就可仿照式(3-63)列出修正方程式，并迭代求解。但由于节点电压可以有两种表示方式——以直角坐标或以极坐标表示，因而列出的修正方程相应也有两种，下面分别讨论。

1) 直角坐标表示的修正方程

节点电压以直角坐标表示时，令 $\dot{U}_i = e_i + jf_i$，$\dot{U}_j = e_j + jf_j$，且将导纳矩阵中元素表示为 $Y_{ij} = G_{ij} + jB_{ij}$，则式(3-51)改变为

$$P_i + jQ_i - (e_i + jf_i) \sum_{j=1}^{n} (G_{ij} - jB_{ij})(e_j + jf_j) = 0 \tag{3-65}$$

再将实部和虚部分开，可得

$$\begin{cases} P_i - \sum_{j=1}^{n} [e_i(G_{ij}e_j - B_{ij}f_j) + f_i(G_{ij}f_j + B_{ij}e_j)] = 0 \\ Q_i - \sum_{j=1}^{n} [f_i(G_{ij}e_j - B_{ij}f_j) - e_i(G_{ij}f_j + B_{ij}e_j)] = 0 \end{cases} \tag{3-66}$$

这就是直角坐标下的潮流方程。可见，一个节点列出了有功和无功两个方程。而对于 n 个节点的系统，怎样列出修正方程呢？

对于 PQ 节点($i = 1, 2, \cdots, m-1$)，给定量为节点注入功率，记为 P_i'、Q_i'，则由式(3-66)可得功率的不平衡量

$$\begin{cases} \Delta P_i = P_i' - \sum_{j=1}^{n} \left[e_i (G_{ij}e_j - B_{ij}f_j) + f_i (G_{ij}f_j + B_{ij}e_j) \right] \\ \Delta Q_i = Q_i' - \sum_{j=1}^{n} \left[f_i (G_{ij}e_j - B_{ij}f_j) - e_i (G_{ij}f_j + B_{ij}e_j) \right] \end{cases} \quad (3\text{-}67)$$

式中，ΔP_i、ΔQ_i 分别表示第 i 节点的有功功率的不平衡量和无功功率的不平衡量。

对于 PV 节点$(i=m+1,m+2,\cdots,n)$，给定量为节点注入有功功率及电压数值，记为 P_i'、U_i'，因此，可以用有功功率的不平衡量和无功功率的不平衡量表示出非线性方程，即有

$$\begin{cases} \Delta P_i = P_i' - \sum_{j=1}^{n} \left[e_i (G_{ij}e_j - B_{ij}f_j) + f_i (G_{ij}f_j + B_{ij}e_j) \right] \\ \Delta U_i^2 = U_i'^2 - (e_i^2 + f_i^2) \end{cases} \quad (3\text{-}68)$$

式中，ΔU_i 为电压的不平衡量。

对于平衡节点$(i=m)$，因为电压幅值及相位角给定，所以 $\dot{U}_s = e_s + j f_s$ 也确定，不需要参加迭代求节点电压。

因此，对于 n 节点的系统只能列出 $2(n-1)$ 个方程，其中有功功率方程数量为$(n-1)$，无功功率方程数量为$(m-1)$，电压方程数量为$(n-m)$。将非线性方程式(3-67)、式(3-68)联立，成为 n 节点系统的非线性方程组，且按泰勒级数在 $f_i^{(0)}$、$e_i^{(0)}$ $(i=1,2,\cdots,n,i\neq m)$ 展开，并略去高次项后，得出以矩阵形式表示的修正方程如下

$$\begin{pmatrix} \Delta P_1 \\ \Delta Q_1 \\ \Delta P_2 \\ \Delta Q_2 \\ \cdots \\ \Delta P_p \\ \Delta U_p^2 \\ \cdots \\ \Delta P_n \\ \Delta U_n^2 \end{pmatrix} = \begin{pmatrix} H_{11} & N_{11} & H_{12} & N_{12} & \vdots & H_{1p} & N_{1p} & H_{1n} & N_{1n} \\ J_{11} & L_{11} & J_{12} & L_{12} & \vdots & J_{1p} & L_{1p} & J_{1n} & L_{1n} \\ H_{21} & N_{21} & H_{22} & N_{22} & \vdots & H_{2p} & N_{2p} & H_{2n} & N_{2n} \\ J_{21} & L_{21} & J_{22} & L_{22} & \vdots & J_{2p} & L_{2p} & J_{2n} & L_{2n} \\ \cdots & & & & & & & & \\ H_{p1} & N_{p1} & H_{p2} & N_{p2} & \vdots & H_{pp} & N_{pp} & H_{pn} & N_{pn} \\ R_{p1} & S_{p1} & R_{p2} & S_{p2} & \vdots & R_{pp} & S_{pp} & R_{pn} & S_{pn} \\ \cdots & & & & & & & & \\ H_{n1} & N_{n1} & H_{n2} & N_{n2} & \vdots & H_{np} & N_{np} & H_{nn} & N_{nn} \\ R_{n1} & S_{n1} & R_{n2} & S_{n2} & \vdots & R_{np} & S_{np} & R_{nn} & S_{nn} \end{pmatrix} \begin{pmatrix} \Delta f_1 \\ \Delta e_1 \\ \Delta f_2 \\ \Delta e_2 \\ \cdots \\ \Delta f_p \\ \Delta e_p \\ \cdots \\ \Delta f_n \\ \Delta e_n \end{pmatrix} \quad (3\text{-}69)$$

式中，雅可比矩阵的各个元素分别为

$$H_{ij} = \frac{\partial \Delta P_i}{\partial f_j} \quad N_{ij} = \frac{\partial \Delta P_i}{\partial e_j}$$

$$J_{ij} = \frac{\partial \Delta Q_i}{\partial f_j} \quad L_{ij} = \frac{\partial \Delta Q_i}{\partial e_j}$$

$$R_{ij} = \frac{\partial \Delta U_i^2}{\partial f_j} \quad S_{ij} = \frac{\partial \Delta U_i^2}{\partial e_j}$$

将式(3-69)写成缩写形式

$$\begin{pmatrix} \Delta P \\ \Delta Q \\ \Delta U^2 \end{pmatrix} = \begin{pmatrix} H & N \\ J & L \\ R & S \end{pmatrix} \begin{pmatrix} \Delta f \\ \Delta e \end{pmatrix} = J \begin{pmatrix} \Delta f \\ \Delta e \end{pmatrix} \quad (3\text{-}70)$$

对雅可比矩阵的元素可做如下讨论

当 $i \neq j$ 时,由于对特定的 j,只有该特定节点的 f_i 和 e_i 是变量,于是雅可比矩阵中各非对角元素的表示式为

$$H_{ij} = \frac{\partial \Delta P_i}{\partial f_j} = B_{ij}e_i - G_{ij}f_i \quad N_{ij} = \frac{\partial \Delta P_i}{\partial e_j} = -G_{ij}e_i - B_{ij}f_i$$

$$J_{ij} = \frac{\partial \Delta Q_i}{\partial f_j} = B_{ij}f_i + G_{ij}e_i \quad L_{ij} = \frac{\partial \Delta Q_i}{\partial e_j} = -G_{ij}f_i + B_{ij}e_i$$

$$R_{ij} = \frac{\partial \Delta U_i^2}{\partial f_j} = 0 \quad\quad\quad S_{ij} = \frac{\partial \Delta U_i^2}{\partial e_j} = 0$$

当 $j = i$ 时,雅可比矩阵中各对角元素的表示式为

$$H_{ii} = \frac{\partial \Delta P_i}{\partial f_i} = -\sum_{j=1}^{n}(G_{ij}f_j + B_{ij}e_j) - G_{ii}f_i + B_{ii}e_i$$

$$N_{ii} = \frac{\partial \Delta P_i}{\partial e_i} = -\sum_{j=1}^{n}(G_{ij}e_j - B_{ij}f_j) - G_{ii}e_i - B_{ii}f_i$$

$$J_{ii} = \frac{\partial \Delta Q_i}{\partial f_i} = -\sum_{j=1}^{n}(G_{ij}e_j - B_{ij}f_j) + G_{ii}e_i + B_{ii}f_i$$

$$L_{ii} = \frac{\partial \Delta Q_i}{\partial e_i} = \sum_{j=1}^{n}(G_{ij}f_j + B_{ij}e_j) - G_{ii}f_i + B_{ii}e_i$$

$$R_{ii} = \frac{\partial \Delta U_i^2}{\partial f_i} = -2f_i$$

$$S_{ii} = \frac{\partial \Delta U_i^2}{\partial e_i} = -2e_i$$

由上述表达式可知,直角坐标的雅可比矩阵有以下特点:

(1) 雅可比矩阵是 $2(n-1)$ 阶方阵,由于 $H_{ij} \neq H_{ji}$,$N_{ij} \neq N_{ji}$,所以它是一个不对称的方阵。

(2) 雅可比矩阵中诸元素是节点电压的函数,在迭代过程中随电压的变化而不断改变。

(3) 雅可比矩阵的非对角元素与节点导纳矩阵 Y_B 中相应的非对角元素有关,当 Y_B 中 Y_{ij} 为零时,雅可比矩阵中相应的 H_{ij}、N_{ij}、J_{ij}、L_{ij} 也都为零,因此,雅可比矩阵也是一个稀疏矩阵。

2) 极坐标表示的修正方程

在牛顿-拉夫逊法计算中,把式(3-51)中电压相量表示为极坐标形式

$$\dot{U}_i = U_i e^{j\delta_i} = U_i(\cos\delta_i + j\sin\delta_i)$$

$$\dot{U}_j = U_j e^{j\delta_j} = U_j(\cos\delta_j + j\sin\delta_j)$$

则潮流方程变为

$$P_i + jQ_i - U_i(\cos\delta_i + j\sin\delta_i)\sum_{j=1}^{n}(G_{ij} - jB_{ij})U_j(\cos\delta_j - j\sin\delta_j) = 0$$

将上式分解为实部和虚部

$$P_i - U_i\sum_{j=1}^{n}U_j(G_{ij}\cos\delta_{ij} + B_{ij}\sin\delta_{ij}) = 0$$

$$Q_i - U_i\sum_{j=1}^{n}U_j(G_{ij}\sin\delta_{ij} - B_{ij}\cos\delta_{ij}) = 0$$

这就是潮流方程的极坐标形式。

对于 PQ 节点,给定了 P'_i、Q'_i,于是非线性方程为

$$
\left.
\begin{aligned}
\Delta P_i &= P'_i - U_i \sum_{j=1}^{n} U_j (G_{ij} \cos\delta_{ij} + B_{ij} \sin\delta_{ij}) \\
\Delta Q_i &= Q'_i - U_i \sum_{j=1}^{n} U_j (G_{ij} \sin\delta_{ij} - B_{ij} \cos\delta_{ij})
\end{aligned}
\right\}
\quad (i = 1, 2 \cdots, m-1)
\quad (3\text{-}71)
$$

对于 PV 节点,给定了 P'_i、U'_i,而 Q'_i 未知,故式(3-71)中 ΔQ_i 将失去作用,于是 PV 节点仅保留 ΔP_i 方程,以求得电压的相位角

$$
\Delta P_i = P'_i - U_i \sum_{j=1}^{n} U_j (G_{ij} \cos\delta_{ij} + B_{ij} \sin\delta_{ij}) \quad (i = m+1, m+2, \cdots, n) \quad (3\text{-}72)
$$

对于平衡节点,同样因为 U_s、δ_s 已知,不参加迭代计算。

将式(3-71)、式(3-72)联立,且按泰勒级数展开,并略去高次项后,得出矩阵形式的修正方程

$$
\begin{bmatrix}
\Delta P_1 \\
\Delta Q_1 \\
\Delta P_2 \\
\Delta Q_2 \\
\cdots \\
\Delta P_p \\
\cdots \\
\Delta P_n
\end{bmatrix}
=
\left[
\begin{array}{cccccc}
H_{11} & N_{11} & H_{12} & N_{12} & H_{1p} & N_{1n} \\
J_{11} & L_{11} & J_{12} & L_{12} & J_{1p} & L_{1n} \\
H_{21} & N_{21} & H_{22} & N_{22} & H_{2p} & N_{2n} \\
J_{21} & L_{21} & J_{22} & L_{22} & J_{2p} & L_{2n} \\
\hdashline
H_{p1} & N_{p1} & H_{p2} & N_{p2} & H_{pp} & N_{pn} \\
\\
H_{n1} & N_{n1} & H_{n2} & N_{n2} & H_{np} & N_{nn}
\end{array}
\right]
\begin{bmatrix}
\Delta\delta_1 \\
\Delta U_1/U_1 \\
\Delta\delta_2 \\
\Delta U_2/U_2 \\
\cdots \\
\Delta\delta_p \\
\cdots \\
\Delta\delta_n
\end{bmatrix}
\quad (3\text{-}73)
$$

雅可比矩阵中,对 PV 节点仍写出两个方程的形式,但其中的元素以零元素代替,从而也显示了雅可比矩阵的高度稀疏性。

雅可比矩阵的各元素如下

$$
H_{ij} = \frac{\partial \Delta P_i}{\partial \delta_j} = -U_i U_j (G_{ij} \sin\delta_{ij} - B_{ij} \cos\delta_{ij})
$$

$$
H_{ii} = \frac{\partial \Delta P_i}{\partial \delta_i} = U_i \sum_{\substack{j=1 \\ j \neq i}}^{n} U_j (G_{ij} \sin\delta_{ij} - B_{ij} \cos\delta_{ij})
$$

$$
N_{ij} = \frac{\partial \Delta P_i}{\partial U_j} U_j = -U_i U_j (G_{ij} \cos\delta_{ij} + B_{ij} \sin\delta_{ij})
$$

$$
N_{ij} = \frac{\partial \Delta P_i}{\partial U_i} U_i = -U_i \sum_{\substack{j=1 \\ j \neq i}}^{n} U_j (G_{ij} \cos\delta_{ij} + B_{ij} \sin\delta_{ij}) - 2 U_i^2 G_{ii}
$$

$$
J_{ij} = \frac{\partial \Delta Q_i}{\partial \delta_j} = U_i U_j (G_{ij} \cos\delta_{ij} + B_{ij} \sin\delta_{ij})
$$

$$
J_{ij} = \frac{\partial \Delta Q_i}{\partial \delta_i} = -U_i \sum_{\substack{j=1 \\ j \neq i}}^{n} U_j (G_{ij} \cos\delta_{ij} + B_{ij} \sin\delta_{ij})
$$

$$
L_{ij} = \frac{\partial \Delta Q_i}{\partial U_j} U_j = -U_i U_j (G_{ij} \sin\delta_{ij} - B_{ij} \cos\delta_{ij})
$$

$$L_{ii} = \frac{\partial \Delta Q_i}{\partial U_i} U_i = -U_i \sum_{\substack{j=1 \\ j \neq i}}^{n} U_j (G_{ij} \sin \delta_{ij} - B_{ij} \cos \delta_{ij}) + 2 U_i^2 B_{ii}$$

将式(3-73)写成缩写形式

$$\begin{pmatrix} \Delta P \\ \Delta Q \end{pmatrix} = \begin{pmatrix} H & N \\ J & L \end{pmatrix} \begin{pmatrix} \Delta \delta \\ \Delta U/U \end{pmatrix} \tag{3-74}$$

以上得到两种坐标系下的修正方程,这是牛顿-拉夫逊潮流计算中需要反复迭代求解的基本方程式,两种坐标的修正方程式给牛顿-拉夫逊潮流计算带来的差异是:当采用极坐标时,程序中对 PV 节点处理比较方便,而且计算经验表明,它的收敛性略高一些。当采用直角坐标时,在迭代过程中避免了三角函数的运算,因而每次迭代速度略快一些。一般说来,这些差异并不十分显著,整个计算过程的计算速度、计算结果的精度并无多大差异。

因此,在牛顿-拉夫逊潮流计算程序中,两种坐标形式的修正方程均可应用。

3. 牛顿-拉夫逊法潮流计算的求解过程

牛顿-拉夫逊法求解过程如下。

对于一个 n 节点的电力系统,用牛顿-拉夫逊法计算潮流时有如下步骤:

(1) 输入原始数据和信息:①输入支路导纳;②输入所有节点注入的有功功率 $P_i'(i=1,2,\cdots,m-1,m+1,\cdots,n,i\neq m)$,$n-1$ 个;③输入 PQ 节点注入的无功功率 $Q_i'(i=1,2,\cdots,m-1)$,$m-1$ 个;④输入 PV 节点的电压幅值 $U_i'(i=m+1,m+2,\cdots,n)$,$n-m$ 个;⑤输入节点功率范围 $P_{\max}$、$P_{\min}$、$Q_{\max}$、$Q_{\min}$;⑥输入平衡节点的电压 $\dot{U}_s(U_s \angle \delta_s)$。

(2) 形成节点导纳矩阵 Y_B。

(3) 设电压初始值 $f_i^{(0)}$、$e_i^{(0)}(i=1,2,\cdots,n,i\neq m)$。

(4) 求不平衡量 $\Delta P_i^{(0)}$、$\Delta Q_i^{(0)}$、$\Delta U_i^{(0)}$,即

$$\begin{cases} \Delta P_i = P_i' - \sum_{j=1}^{n} \left[e_i^{(0)}(G_{ij} e_j^{(0)} - B_{ij} f_j^{(0)}) + f_i^{(0)}(G_{ij} f_j^{(0)} + B_{ij} e_j^{(0)}) \right] \\ \Delta Q_i = Q_i' - \sum_{j=1}^{n} \left[f_i^{(0)}(G_{ij} e_j^{(0)} - B_{ij} f_j^{(0)}) - e_i^{(0)}(G_{ij} f_j^{(0)} + B_{ij} e_j^{(0)}) \right] \\ \Delta U_i^2 = U_i'^2 - (e_i^{(0)2} + f_i^{(0)2}) \end{cases}$$

(5) 计算雅克比矩阵的各元素 H_{ij}、L_{ij}、N_{ij}、J_{ij}、R_{ij}、S_{ij}。

(6) 解修正方程,求 $\Delta f_i^{(0)}$、$\Delta e_i^{(0)}(i=1,2,\cdots,n,i\neq m)$,即

$$\begin{pmatrix} \Delta f \\ \Delta e \end{pmatrix} = \begin{pmatrix} H & N \\ J & L \\ R & S \end{pmatrix}^{-1} \begin{pmatrix} \Delta P \\ \Delta Q \\ \Delta U^2 \end{pmatrix}$$

(7) 求节点电压新值

$$e_i^{(1)} = e_i^{(0)} - \Delta e_i^{(0)} \qquad f_i^{(1)} = f_i^{(0)} - \Delta f_i^{(0)}$$

(8) 判断是否收敛

$$\max | \Delta f_i^{(k)} | \leqslant \varepsilon \qquad \max | \Delta e_i^{(k)} | \leqslant \varepsilon$$

(9) 重复迭代第(4)~(7)步,直至满足第(8)步的条件。

(10) 最后,求平衡节点的功率和 PV 节点的无功功率及各支路的功率

$$\dot{S}_1 = \dot{U}_1 \sum_{j=1}^{n} \overset{*}{Y}_{1j} \overset{*}{U}_j = P_1 + jQ_1$$

$$Q_i = \sum_{j=1}^{n} \left[f_i(G_{ij}e_j - B_{ij}f_j) - e_i(G_{ij}f_j + B_{ij}e_j) \right]$$

$$\dot{S}_{ij} = \dot{U}_i(\overset{*}{U}_i - \overset{*}{U}_j)\overset{*}{y}_{ij} + U_i^2\overset{*}{y}_{i0}$$

$$\dot{S}_{ji} = \dot{U}_j(\overset{*}{U}_j - \overset{*}{U}_i)\overset{*}{y}_{ji} + U_j^2\overset{*}{y}_{j0}$$

3.3.4　*PQ* 分解法潮流计算

PQ 分解法潮流计算派生于极坐标表示时的牛顿-拉夫逊法。两者的区别在于修正方程和计算步骤。以下仅着重讨论这两方面。

1. *PQ* 分解法潮流计算的修正方程

PQ 分解法潮流计算时的修正方程是计及电力系统的特点后对牛顿-拉夫逊法修正方程的简化。为说明这个简化,先将(3-73)重新排列如下

$$\begin{pmatrix} \Delta P_1 \\ \Delta P_2 \\ \vdots \\ \Delta P_p \\ \Delta P_n \\ \Delta Q_1 \\ \Delta Q_2 \\ \vdots \end{pmatrix} = \begin{pmatrix} H_{11} & H_{12} & \cdots & H_{1p} & H_{1n} & N_{11} & N_{12} & \cdots \\ H_{21} & H_{22} & \cdots & H_{2p} & H_{2n} & N_{21} & N_{22} & \cdots \\ \vdots & \vdots & & \vdots & \vdots & \vdots & \vdots & \cdots \\ H_{p1} & H_{p2} & \cdots & H_{pp} & H_{pn} & N_{p1} & N_{p2} & \cdots \\ H_{n1} & H_{n2} & \cdots & H_{np} & H_{nn} & N_{n1} & N_{n2} & \cdots \\ J_{11} & J_{12} & \cdots & J_{1p} & J_{1n} & L_{11} & L_{12} & \cdots \\ J_{21} & J_{22} & \cdots & J_{2p} & J_{2n} & L_{21} & L_{22} & \cdots \\ \vdots & \vdots & & \vdots & \vdots & \vdots & \vdots & \cdots \end{pmatrix} \begin{pmatrix} \Delta\delta_1 \\ \Delta\delta_2 \\ \vdots \\ \Delta\delta_p \\ \Delta\delta_n \\ \Delta U_1/U_1 \\ \Delta U_2/U_2 \\ \vdots \end{pmatrix} \qquad (3\text{-}75)$$

或简写为

$$\begin{pmatrix} \Delta P \\ \Delta Q \end{pmatrix} = \begin{pmatrix} H & N \\ J & L \end{pmatrix} \begin{pmatrix} \Delta\delta \\ \Delta U/U \end{pmatrix} \qquad (3\text{-}76)$$

重新排列时不再留空行、空列。显然,这种重新排列并不影响修正方程的内容。

对修正方程的第一个简化是,计及电力网络中各元件的电抗一般远大于电阻,以致各节点电压相位角的改变主要影响各元件中的有功功率潮流,从而影响各节点的注入有功功率,各节点电压大小的改变主要影响各元件中的无功功率潮流,从而影响各节点的注入无功功率,可将式(3-76)中的子阵 N、J 略去,而将修正方程简化为

$$\begin{pmatrix} \Delta P \\ \Delta Q \end{pmatrix} = \begin{pmatrix} H & 0 \\ 0 & L \end{pmatrix} \begin{pmatrix} \Delta\delta \\ \Delta U/U \end{pmatrix} \qquad (3\text{-}77)$$

对修正方程的第二个简化是,基于对状态变量 δ_i 的约束条件 $|\delta_i - \delta_j| < |\delta_i - \delta_j|_{\max}$,即 $|\delta_i - \delta_j| = |\delta_{ij}|$ 不宜过大,计及这一条件,再计及 $G_{ij} \ll B_{ij}$,可以认为

$$\cos\delta_{ij} \approx 1, \quad G_{ij}\sin\delta_{ij} \ll B_{ij}$$

于是,雅可比矩阵的各个元素可简化为

$$H_{ij} = -U_i U_j B_{ij}$$

$$H_{ii} = U_i \sum_{\substack{j=1 \\ j \neq i}}^{n} U_j B_{ij} = U_i \sum_{j=1}^{n} U_j B_{ij} - U_i^2 B_{ii} = -Q_i - U_i^2 B_{ii}$$

$$L_{ij} = -U_i U_j B_{ij}$$

$$L_{ii} = -U_i \sum_{\substack{j=1 \\ j \neq i}}^{n} U_j B_{ij} - 2U_i^2 B_{ii} = -U_i \sum_{j=1}^{n} U_j B_{ij} - U_i^2 B_{ii} = Q_i - U_i^2 B_{ii}$$

再按自导纳的定义,上两式中的 $U_i^2 B_{ii}$ 项应为各元件电抗远大于电阻的前提下,除节点 i 外的其他节点都接地时,由节点 i 注入的无功功率。这个功率必然远大于正常运行时节点 i 的注入无功功率,即 $U_i^2 B_{ii} \gg Q_i$,上两式又可简化为

$$H_{ii} = -U_i^2 B_{ii}$$
$$L_{ii} = -U_i^2 B_{ii}$$

这样,雅克比矩阵中两个子阵 H、L 的元素将具有相同的表达式,但是它们的阶数不同,前者为 $(n-1)$ 阶,后者为 $(m-1)$ 阶。

这两个子阵都可展开如下式所示

$$\begin{aligned}
&\begin{bmatrix}
U_1 B_{11} U_1 & U_1 B_{12} U_2 & U_1 B_{13} U_3 & \cdots \\
U_2 B_{12} U_1 & U_2 B_{22} U_2 & U_2 B_{23} U_3 & \cdots \\
U_3 B_{13} U_1 & U_3 B_{23} U_2 & U_3 B_{33} U_3 & \cdots \\
\vdots & \vdots & \vdots &
\end{bmatrix} \\
&= \begin{bmatrix}
U_1 & & & \\
& U_2 & & \\
& & U_3 & \\
& & & \ddots
\end{bmatrix}
\begin{bmatrix}
B_{11} & B_{12} & B_{13} & \cdots \\
B_{21} & B_{22} & B_{23} & \cdots \\
B_{31} & B_{32} & B_{33} & \cdots \\
\vdots & \vdots & \vdots &
\end{bmatrix}
\begin{bmatrix}
U_1 & & & \\
& U_2 & & \\
& & U_3 & \\
& & & \ddots
\end{bmatrix}
\end{aligned} \tag{3-78}$$

将式(3-78)代入式(3-77),展开,可得

$$\begin{bmatrix}
\Delta P_1 \\
\Delta P_2 \\
\Delta P_3 \\
\vdots \\
\Delta P_n
\end{bmatrix} = -
\begin{bmatrix}
U_1 & & & & \\
& U_2 & & & \\
& & U_3 & & \\
& & & \ddots & \\
& & & & U_n
\end{bmatrix}
\begin{bmatrix}
B_{11} & B_{12} & B_{13} & & B_{1n} \\
B_{21} & B_{22} & B_{23} & & B_{2n} \\
B_{31} & B_{32} & B_{33} & & B_{3n} \\
& & & & \\
B_{n1} & B_{n2} & B_{n3} & & B_{nn}
\end{bmatrix}
\begin{bmatrix}
U_1 \Delta \delta_1 \\
U_2 \Delta \delta_2 \\
U_3 \Delta \delta_3 \\
\vdots \\
U_n \Delta \delta_n
\end{bmatrix} \tag{3-79a}$$

$$\begin{bmatrix}
\Delta Q_1 \\
\Delta Q_2 \\
\Delta Q_3 \\
\vdots \\
\Delta Q_m
\end{bmatrix} = -
\begin{bmatrix}
U_1 & & & & \\
& U_2 & & & \\
& & U_3 & & \\
& & & \ddots & \\
& & & & U_m
\end{bmatrix}
\begin{bmatrix}
B_{11} & B_{12} & B_{13} & & B_{1m} \\
B_{21} & B_{22} & B_{23} & & B_{2m} \\
B_{31} & B_{32} & B_{33} & & B_{3m} \\
& & & & \\
B_{m1} & B_{m2} & B_{m3} & & B_{mm}
\end{bmatrix}
\begin{bmatrix}
\Delta U_1 \\
\Delta U_2 \\
\Delta U_3 \\
\vdots \\
\Delta U_n
\end{bmatrix} \tag{3-79b}$$

将式(3-79a)、式(3-79b)等号左右都前乘以

$$\begin{bmatrix}
U_1 & & & \\
& U_2 & & \\
& & U_3 & \\
& & & \ddots
\end{bmatrix}^{-1} =
\begin{bmatrix}
\dfrac{1}{U_1} & & & \\
& \dfrac{1}{U_2} & & \\
& & \dfrac{1}{U_3} & \\
& & & \ddots
\end{bmatrix}$$

可得

$$
\begin{pmatrix}
\dfrac{\Delta P_1}{U_1}\\[2mm]
\dfrac{\Delta P_2}{U_2}\\[2mm]
\dfrac{\Delta P_3}{U_3}\\[2mm]
\vdots\\[2mm]
\dfrac{\Delta P_n}{U_n}
\end{pmatrix}
=-
\begin{pmatrix}
B_{11} & B_{12} & B_{13} & \cdots & B_{1n}\\
B_{21} & B_{22} & B_{23} & \cdots & B_{2n}\\
B_{31} & B_{32} & B_{33} & \cdots & B_{3n}\\
\vdots & \vdots & \vdots & & \vdots\\
B_{n1} & B_{n2} & B_{n3} & \cdots & B_{nn}
\end{pmatrix}
\begin{pmatrix}
U_1\Delta\delta_1\\
U_2\Delta\delta_2\\
U_3\Delta\delta_3\\
\vdots\\
U_n\Delta\delta_n
\end{pmatrix}
\tag{3-80a}
$$

$$
\begin{pmatrix}
\dfrac{\Delta Q_1}{U_1}\\[2mm]
\dfrac{\Delta Q_2}{U_2}\\[2mm]
\dfrac{\Delta Q_3}{U_3}\\[2mm]
\vdots\\[2mm]
\dfrac{\Delta Q_m}{U_m}
\end{pmatrix}
=-
\begin{pmatrix}
B_{11} & B_{12} & B_{13} & \cdots & B_{1m}\\
B_{21} & B_{22} & B_{23} & \cdots & B_{2m}\\
B_{31} & B_{32} & B_{33} & \cdots & B_{3m}\\
\vdots & \vdots & \vdots & & \vdots\\
B_{m1} & B_{m2} & B_{m3} & \cdots & B_{mn}
\end{pmatrix}
\begin{pmatrix}
\Delta U_1\\
\Delta U_2\\
\Delta U_3\\
\vdots\\
\Delta U_m
\end{pmatrix}
\tag{3-80b}
$$

它们可简写为

$$\Delta P/U =- B'U\Delta\delta \tag{3-81a}$$
$$\Delta Q/U =- B''\Delta U \tag{3-81b}$$

这就是 PQ 分解法的修正方程。与牛顿-拉夫逊法相比,PQ 分解法的修正方程有如下特点:

(1) 以一个 $(n-1)$ 阶和一个 $(m-1)$ 阶系数矩阵 $\boldsymbol{B}'$、$\boldsymbol{B}''$ 替代原有的 $(n+m-2)$ 阶系数矩阵 $\boldsymbol{J}$,提高计算速度,对存储容量的要求。

(2) 以迭代过程中保持不变的系数矩阵 $\boldsymbol{B}'$、$\boldsymbol{B}''$ 替代起变化的系数矩阵 $\boldsymbol{J}$,显著地提高了计算速度。

(3) 以对称的系数矩阵 $\boldsymbol{B}'$、$\boldsymbol{B}''$ 替代不对称的系数矩阵 $\boldsymbol{J}$,使求逆等运算量和所需的存储容量大为减少。

但应强调指出,导出这修正方程时所做的种种简化毫不影响用这种方法计算的准确度。因采用这种方法时,迭代收敛的判据仍是 $\Delta P_i\leqslant\varepsilon$、$\Delta Q_i\leqslant\varepsilon$,而其中的 ΔP_i、ΔQ_i 已如上述,仍按式(3-71)计算。

一般情况下,采用 PQ 分解法计算时要求的迭代次数较采用牛顿-拉夫逊法时多,但每次迭代所需时间则较采用牛顿-拉夫逊法时少,以致总的计算速度仍是 PQ 分解法快。

2. PQ 分解法潮流计算的步骤

运用 PQ 分解法计算潮流分布时的基本步骤如下:

(1) 形成系数矩阵 B'、B'',并求其逆阵。

(2) 设各节点电压的初值 $\delta_i^{(0)}(i=1,2,\cdots,n,i\neq s)$ 和 $U_i^{(0)}(i=1,2,\cdots,m,i\neq s)$。

(3) 按式(3-71)计算有功功率的不平衡量 $\Delta P_i^{(0)}$,从而求出 $\Delta P_i^{(0)}/U_i^{(0)}(i=1,2,\cdots,n,i\neq s)$。

（4）解修正方程式(3-80a)，求各节点电压相位角的变量 $\Delta\delta_i^{(0)}(i=1,2,\cdots,n,i\neq s)$。

（5）求各节点电压相位角的新值 $\delta_i^{(1)}=\delta_i^{(0)}+\Delta\delta_i^{(0)}(i=1,2,\cdots,n,i\neq s)$。

（6）按式(3-71)计算无功功率的不平衡量 $\Delta Q_i^{(0)}$，从而求出 $\Delta Q_i^{(0)}/U_i^{(0)}(i=1,2,\cdots,m,i\neq s)$。

（7）解修正方程式(3-80b)，求节点电压大小的变量 $\Delta U_i^{(0)}(i=1,2,\cdots,m,i\neq s)$。

（8）求各节点电压大小的新值 $U_i^{(1)}=U_i^{(0)}+\Delta U_i^{(0)}(i=1,2,\cdots,m,i\neq s)$。

（9）运用各节点电压的新值，自步骤(3)开始进入下一次迭代。

（10）计算平衡节点功率和线路功率。

3.3.5　潮流计算在实际电力系统中的应用

复杂电力系统的潮流计算问题实质上是一个带约束条件的多变量非线性代数方程组求过零解的问题，这类问题求解的理论基础是牛顿-拉夫逊法。牛顿-拉夫逊方法的核心是将一个非线性代数方程（组）的求解问题转化成线性代数方程（组）的迭代求解问题。它先给出解的一个近似值，它与真值的误差为修正量，将原非线性方程（组）在近似值处线性化，得到线性化的修正方程。修正方程的系数矩阵称为雅克比矩阵。反复求解修正方程，用所得到的修正量去不断修正近似解，直到迭代收敛为止。

当用直角坐标 $\dot V_i=e_i+\mathrm{j}f_i$ 来表示所有节点的电压，代入统一潮流方程，再利用牛顿-拉夫逊法，就得到直角坐标系下潮流计算的迭代公式。类似地，当用极坐标 $\dot V_i=V_i\angle\delta_i=V_i(\cos\delta_i+\mathrm{j}\sin\delta_i)$ 代入统一潮流方程，就得到极坐标系下潮流计算的迭代公式。另外，为了简化计算，利用高压输电线路中电抗远比电阻大，母线有功功率主要受电压相位影响，而无功功率主要受电压幅值影响的特点，节点有功功率不平衡量只用于修正电压相位，节点无功功率不平衡量只用于修正电压幅值，这就是所谓的有功-无功功率分解法，简称 PQ 分解法。

在实际电力系统的运行和调度中，需要确定电力系统在未来某一个时间段内的运行方式，这就需要对大量的系统状态进行快速的初步筛选，从中选出最优或次最优的运行方式。此时可适当降低对精度的要求，重要的是速度和计算时间。我们利用高压输电网中电抗远大于电阻的特点，先忽略电阻，当相角 δ_{ij} 很小时，$\cos\delta_{ij}\approx1.0$，$\sin\delta_{ij}\approx\delta_{ij}$，并假设所有节点电压幅值 $|V_i|\approx1.0$。对统一潮流方程进行进一步的简化后，可以得到 $P=B\delta$。式中，P 是节点注入有功功率相量，B 是节点导纳矩阵的虚部，δ 是节点相位的相量。这就是所谓的直流潮流计算。相对应地，以上讨论的各种迭代式的潮流计算都可以统称为交流潮流计算。直流潮流计算虽然精度不高，但是不需要迭代，计算速度快，只要给定注入有功功率相量 P，就可以非常简单地计算出各节点的相位，进而计算功率分布和网损，对大量的系统状态进行快速的初步筛选，淘汰绝大部分方案，只对最后剩下的少数可行方案进行精确的交流潮流计算，以确定最优的运行方案。

在确定实际电力系统的运行方式时，还必须考虑经济性。例如，在满足同样的负荷需求的前提下，如何分配各发电机组的功率，使整个电力网的网损最小；在不同的季节，根据水电厂来水情况的不同，如何实现水火电的联合经济运行，在满足同样的负荷需求的前提下，使整个电力系统的发电成本最小，等等。这些问题都属于最优潮流计算(Optimal Power

Flow,OPF)问题的范畴。它们都有目标函数、控制变量和约束条件这 3 个要素。求解这类问题的方法有很多,如拉格朗日乘子法、动态规划法、内点法、人工神经元法和遗传算法等。不论采用哪种方法,它们都是一个寻优的过程,都需要反复调用潮流计算程序。

在电力市场的改革不断深入,提倡"厂网分开,竞价上网"的今天,传统的潮流计算又遇到了一些新的挑战。例如,在传统潮流计算中,在每一步潮流迭代中所有节点的有功不平衡和无功不平衡都是由平衡节点的功率来平衡的,在潮流计算收敛之前,平衡节点的功率是无法确定的,相当于被选为平衡节点的发电厂为全网的功率平衡和潮流收敛做出了"牺牲"。这种做法在提倡"公开、公平、公正"的电力市场中受到质疑。为体现市场公平的原则,在潮流计算的每一步中,让所有有调节能力的发电厂按照其装机容量的大小来共同承担系统总的不平衡功率,这样不但能使各发电厂公平竞争,还能加快潮流计算的收敛速度。这就是所谓的动态潮流计算(Dynamic Power Flow)。另外,还有考虑负荷不确定性的区间潮流计算、考虑节点注入功率和负荷随机特征的概率潮流计算、考虑负序零序非线性分布和三相不对称的三相潮流计算等。

本章小结

本章首先介绍了潮流计算的主要内容,及其他在电力系统分析中的作用和重要地位。在介绍了网络元件的电压降落和功率损耗的基础上,详细讲解了已知末端电压和末端功率时、已知首端电压和首端功率时以及已知首端电压和末端功率时开式电力网潮流计算的步骤和基本计算方法,并通过例题讲解了含变压器的多电压等级开式电力网的潮流计算。这部分内容是本章的核心和基础。

接着,以两端供电网络和简单环形供电网络为例,讲解了简单闭式电力网的潮流计算。重点讲解了求解两端供电网络功率分布的"杠杆原理"、有功功率分点和无功功率分点的概念,如何将两端供电网络转化成两个开式电力网的过程。对简单环形供电网络,首先介绍了先将它转化成两端供电网络,然后再进一步转化成开式电力网进行潮流计算的过程。

最后,介绍了电力网的节点电压方程和节点导纳矩阵的基本概念,以及用追加支路法修正节点导纳矩阵的方法,给出了求解复杂电力系统潮流状态的统一潮流方程,介绍了复杂电力系统潮流计算的计算机算法,以及潮流计算在实际电力系统运行和电力市场中的一些应用。

习题

3-1　什么是电力系统的潮流计算?

3-2　电压降落、电压损耗、电压偏移、功率损耗和输电效率分别是如何定义的?

3-3　电压降落的纵分量和横分量是如何定义的?结合它们的计算公式,说明在纯电抗的输电线路上,传送有功功率和无功功率的条件。

3-4　已知首端电压和末端功率的简单开式电力系统潮流计算的主要步骤是什么?

3-5　简单闭式电力系统主要有哪两类?其潮流计算的主要步骤是什么?

3-6　什么是自然功率分布?什么是循环功率?

3-7　什么是确定两端供电网络中功率分布的"杠杆原理"?

3-8　有功功率分点和无功功率分点是如何定义的? 为什么在闭式电力网的潮流计算中要找功率分点?

3-9　电力网络的节点导纳矩阵有哪些特点? 自导纳和互导纳是如何定义的? 它们的物理意义是什么?

3-10　在原有的电力网络中,若某一条输电线退出运行,节点导纳矩阵应如何修正?

3-11　什么是 PQ 节点、PV 节点和平衡节点? 在电力系统中哪些节点可作为 PQ 节点、PV 节点和平衡节点?

3-12　复杂电力系统潮流计算的约束条件有哪些?

3-13　某 110kV 输电线路,长度为 80km,$r=0.21\Omega/\mathrm{km}$,$x=0.409\Omega/\mathrm{km}$,$b=2.74\times10^{-6}\mathrm{S/km}$,线路末端功率为 10MW,$\cos\varphi=0.95$ 滞后。已知末端电压为 110kV,试计算首端电压的大小和相位、首端功率,并画出相量图。

3-14　某 110kV 输电线路,长度为 80km,$r=0.21\Omega/\mathrm{km}$,$x=0.409\Omega/\mathrm{km}$,$b=2.74\times10^{-6}\mathrm{S/km}$,线路末端功率为 10MW,$\cos\varphi=0.95$ 超前。已知首端电压为 112kV,试计算末端电压的大小和相位、首端功率,并画出相量图。

3-15　一双绕组变压器,型号 SFL1-10000,电压为 $35\pm5\%11\mathrm{kV}$,$\Delta P_\mathrm{S}=58.29\mathrm{kW}$,$\Delta P_0=11.75\mathrm{kW}$,$V_\mathrm{S}\%=7.5$,$I_0\%=1.5$,低压侧负荷为 10MW,$\cos\varphi=0.85$ 滞后,低压侧电压为 10kV,变压器抽头电压$+5\%$,试求:

(1) 功率分布;

(2) 高压侧电压。

3-16　某电力系统如图 3-15 所示。已知每台变压器 $S_\mathrm{N}=100\mathrm{MVA}$,$\Delta P_0=450\mathrm{kW}$,$\Delta Q_0=3500\mathrm{kvar}$,$\Delta P_\mathrm{S}=1000\mathrm{kW}$,$V_\mathrm{S}\%=12.5$,变压器工作在$-5\%$分接头;每回线路长 250km,$r=0.08\Omega/\mathrm{km}$,$x=0.4\Omega/\mathrm{km}$,$b=2.8\times10^{-6}\mathrm{S/km}$,负荷 $P_\mathrm{LD}=150\mathrm{MW}$,$\cos\varphi=0.85$ 滞后。线路首端电压 $V_\mathrm{A}=245\mathrm{kV}$,试分别计算:

(1) 输电线路、变压器以及输电系统的电压降落和电压损耗;

(2) 输电线路首端功率和输电效率;

(3) 线路首端 A,末端 B 以及变压器低压侧 C 的电压偏移。

3-17　110kV 的简单环网如图 3-16 所示,导线型号 LGJ-95,已知线路 AB 段为 40km,AC 段 30km,BC 段 30km;负荷 $S_\mathrm{B}=(20+\mathrm{j}15)\mathrm{MVA}$,$S_\mathrm{C}=(10+\mathrm{j}10)\mathrm{MVA}$。

(1) 不计功率损耗,试求网络的功率分布,并计算正常闭环运行和切除一条线路运行时的最大电压损耗(只计电压降落的纵分量);

(2) 若 $V_\mathrm{A}=115\mathrm{kV}$,计及功率损耗,重做(1)的计算内容;

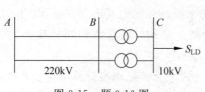

图 3-15　题 3-16 图

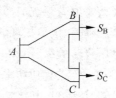

图 3-16　题 3-17 图

（3）若将 BC 段导线换成 LGJ-70，重做（1）的计算内容，并比较其结果。

导线参数如下：①LGJ-95：$r=0.33\Omega/\mathrm{km}$，$x=0.429\Omega/\mathrm{km}$，$b=2.65\times10^{-6}\mathrm{S/km}$；②LGJ-70：$r=0.45\Omega/\mathrm{km}$，$x=0.44\Omega/\mathrm{km}$，$b=2.58\times10^{-6}\mathrm{S/km}$。

3-18　某电力系统的等值电路如图 3-17 所示，各元件电抗标幺值和节点编号标于图中。试求：

（1）节点导纳矩阵；

（2）若直接连接节点 3 和节点 5 的线路退出运行后，新的节点导纳矩阵。

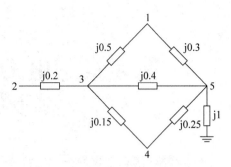

图 3-17　题 3-18 图

第4章　电力系统有功功率平衡和频率调整

内容提要：首先介绍频率调整的必要性,有功功率平衡及其对系统频率的影响,电力系统负荷的变化规律及相应的频率调整手段。其次介绍电力系统中负荷、同步发电机的有功功率频率静态特性,分析电力系统中负荷变化时,发电机的调速原理和发电机输出功率的调整过程,即频率的一次调整和二次调整过程。

基本概念：频率调整,有功功率平衡,有功功率-频率静态特性,频率的一次调整,频率的二次调整。

重点：

(1) 有功功率平衡及其对系统频率的影响;

(2) 电力系统负荷的变化规律以及相应的频率调整手段;

(3) 负荷、同步发电机的有功功率-频率静态特性;

(4) 频率的一次调整和二次调整过程。

难点：

(1) 有功功率平衡对系统频率的影响;

(2) 频率的一次调整和二次调整过程。

衡量电能质量的指标有频率偏差、电压偏差、电压波动和闪变、三相不平衡度、谐波等,其中最重要指标是频率偏差和电压偏差。

4.1　频率调整的必要性

许多用电设备、发电机组以及电力系统的运行状况都与频率有密切的关系。

1. 频率变化对用电设备的影响

工业中大量应用异步电动机,其转速和输出功率均与频率有关。频率变化时,电动机的转速和输出功率随之变化,因而严重地影响到所拖动机械设备的正常工作和产品的质量。

现代工业、国防和科学研究部门广泛应用各种电子设备,当频率变化时,电子设备的精确性受到影响。

2. 频率变化对发电机组和电力系统的影响

频率变化对发电机组和电力系统的正常运行也是十分有害的。

汽轮发电机组在额定频率下运行时效率最佳,频率偏高或偏低对叶片都有不良的影响。频率过高,旋转设备的离心力过大,影响其机械强度;频率过低,容易引起汽轮机叶片振动,造成其寿命缩短或叶片断裂。

电厂用的许多机械(如给水泵、循环水泵、风机等)在频率降低时都要减小出力、降低效率,因而影响发电设备的正常运行,使整个发电厂的有功功率减小,从而导致系统频率的进一步下降。若频率下降过多,还会导致机组解列停运。

频率降低时,异步电动机和变压器的励磁电流增大,无功功率损耗增加,这些都会使电力系统无功平衡和电压调整增加困难。

为此,各国都规定了额定频率和频率的允许偏差。我国规定电力系统的额定频率 $f_N=50Hz$;正常频率允许偏差范围为 $\pm0.2Hz$,用百分数表示为 $\pm0.4\%$;当系统容量较小或事故情况下,频率允许偏差范围可放宽到 $\pm0.5Hz$,用百分数表示为 $\pm1\%$。

4.2　电力系统的有功功率平衡

4.2.1　有功功率平衡及其与频率的关系

频率的变化与电力系统的有功功率平衡之间有着密切的关系。因为频率与发电机组的转速之间为线性关系,转速的变化取决于作用于发电机转子上的驱动转矩与制动转矩的平衡,而转矩的平衡受发电机输入机械功率与输出电磁功率的平衡关系的影响。发电机输入的功率减去励磁损耗和各种机械损耗后,如果能与发电机输出的电磁功率严格地保持平衡,则发电机的转速就恒定不变,系统的频率就保持恒定不变。

由于电能不能存储,发电机输出的电磁功率是由系统的运行状态决定的,全系统发电机输出的有功功率总和,在任何时刻都是与系统的有功功率负荷(包括各种用电设备所需的有功功率和网络的有功功率损耗)相等。负荷功率的任何变化都会立即引起发电机输出功率的相应变化,这种变化是瞬时出现的。由于原动机调节系统的惯性,发电机的输入机械功率无法适应发电机输出电磁功率的瞬时变化。因此,发电机转轴上转矩的绝对平衡是不存在的,严格地维持发电机转速不变或频率不变也是不可能的,但是需要动态地调整发电机输入机械功率,保持有功功率的动态平衡,从而使频率不超出允许偏差范围。

4.2.2　有功负荷的变化规律和频率调整的方法

电力系统的负荷时刻都在做不规则的变化,对系统实际负荷变化曲线进行分析时,系统负荷可以看作由 3 种具有不同变化规律的变动负荷所组成,如图 4-1 所示。图中,曲线 4 为实际的负荷变化;曲线 1 为第 1 种负荷分量,是变化幅度很小、变化周期较短(一般为 10s 以内)的负荷分量;曲线 2 为第 2 种负荷分量,是变化幅度较大、变化周期较长(一般为 10s～3min)的负荷分量,属于这类负荷的主要有电炉、延压机械、电气机车等;曲线 3 为第 3 种负荷分量,是变化缓慢的持续变动负荷,引起负荷变化的原因主要是工厂的作息制度、人们的生活规律、气象条件的变化等。

负荷的变化将引起频率的相应变化。相应的频率调整分为 3 种:一次调整、二次调整、三次调整。第一种负荷变化引起的频率偏移将由发电机组的调速器进行调整,这种调整通常称为频率的一次调整。第二种负荷变化引起的频率变动仅

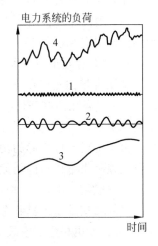

图 4-1　有功负荷的变化规律

靠调速器的作用往往不能将频率偏移限制在容许的范围之内,这时必须有调频器参与频率调整,这种调整通常称为频率的二次调整。电力系统调度部门预先编制的日负荷曲线基本反映了第三种负荷变化的规律。这一部分负荷将在有功功率平衡的基础上,按照最优化的原则在各发电厂间进行分配。

4.2.3　有功功率平衡和备用容量

1. 有功功率平衡

电力系统运行中,在任何时刻,所有发电厂发出的有功功率的总和 P_G 都与系统的总负荷 P_D 相平衡。P_D 包括用户的有功负荷 $P_{LD\Sigma}$、厂用电有功负荷 $P_{S\Sigma}$ 以及网络的有功损耗 $\Delta P_{L\Sigma}$,即

$$P_G = P_D = P_{LD\Sigma} + P_{S\Sigma} + \Delta P_{L\Sigma} \tag{4-1}$$

为保证供电可靠性和电能质量,电力系统的有功功率平衡必须在额定运行参数下确立,而且还应具有一定的备用容量(备用容量是指系统电源总额定容量大于系统最大负荷的部分)。

2. 备用容量

1) 按其作用分类

备用容量按其作用可分为负荷备用、事故备用、检修备用和国民经济备用。

(1) 负荷备用。为满足一日中计划外的负荷增加和适应系统中的短时负荷波动而留有的备用称为负荷备用。负荷备用容量的大小应根据系统总负荷大小,运行经验以及系统中各类用户的比重来确定,一般为系统最大负荷的备用。

(2) 事故备用。当系统的发电机组由于偶然性事故退出运行时,为保证连续供电所需要的备用称为事故备用。事故备用容量的大小可根据系统中机组的台数、机组容量的大小、机组的故障率以及系统的可靠性指标等来确定,一般为系统最大负荷的 5%～10%,但不应小于运转中最大一台机组的容量。

(3) 检修备用。当系统中发电设备计划检修时,为保证对用户供电而留有的备用称为检修备用。任何发电设备运转一段时间后都必须进行检修。检修分为大修和小修。大修一般安排在一年中最小负荷季节;小修一般在节假日进行,以尽量减少检修备用容量。

(4) 国民经济备用。为满足工农业生产的超计划增长对电力的需求而设置的备用则称为国民经济备用。一般为系统最大负荷的 3%～5%。

2) 按其存在形式分类

备用容量按其存在形式又可分为热备用(旋转备用)和冷备用。

(1) 热备用。在任何时刻,运转中的所有发电机组的最大可能出力之和都应大于该时刻的总负荷,这两者的差值通常称为热备用(旋转备用)容量。热备用容量的作用在于及时抵偿由于随机事件引起的功率缺额。这些随机事件包括短时间的负荷波动、日负荷曲线的预测误差和发电机组因偶然性事故而退出运行等。因此,热备用中包含了负荷备用和事故备用。一般情况下,这两种备用容量可以通用,不必按两者之和来确定热备用容量,而将一部分事故备用处于停机状态。全部的热备用容量都承担频率调整的任务。如果在高峰负荷期间,某台发电机组因事故退出运行,同时负荷又突然增加,为保证系统的安全运行,还可采取按频率自动减负荷或水轮发电机组低频自动启动等措施,以防止系统频率过分降低。

（2）冷备用。系统中处于停机状态，但可随时待命启动的发电设备可能发出的最大功率称为冷备用容量。它作为检修备用、国民经济备用及一部分事故备用。

电力系统拥有足够的备用容量才能在任何时刻保证有功功率平衡，保证频率偏差在允许范围之内，从而保证系统安全、优质和经济地运行。

4.2.4　负荷在各类发电厂间的合理分配

电力系统中的发电厂主要有火力发电厂、水力发电厂、核电厂和风电厂四类。各类发电厂由于设备容量、机组规格和使用的动力资源的不同有着不同的技术特性和经济特性。必须结合它们的特点，合理地组织这些发电厂的运行方式，恰当安排它们在电力系统日负荷曲线和年负荷曲线中的位置，以提高系统运行的经济性。

1. 发电厂的分类和特点

1）火力发电厂的主要特点

（1）火电厂在运行中需要支付燃料费用，但它的运行不受自然条件的影响。

（2）火力发电设备的效率同蒸汽参数有关，高温高压设备的效率较高，中温中压设备效率较低，低温低压设备的效率最低。

（3）受锅炉和汽轮机的最小技术负荷的限制。火电厂有功出力的调整范围比较小，其中，高温高压设备可以灵活调节的范围最窄，中温中压设备的略宽。出力的增减速度也慢，机组投入和退出运行经历的时间长、消耗能量多，且易损坏设备。

（4）带有热负荷的火电厂称为热电厂，它采用抽汽供热，其总效率要高于一般的凝汽式火电厂。但是与热负荷相适应的那部分发电功率是不可调节的强迫功率。

2）水力发电厂的主要特点

（1）不要支付燃料费用，而且水能是可以再生的资源。但水电厂的运行因水库调节性能的不同在不同程度上受自然条件（如水文条件）的影响。有调节水库的水电厂按水库的调节周期可分为：日调节、季调节、年调节和多年调节等几种。水库的调节周期越长，水电厂的运行受自然条件影响越小。有调节水库水电厂主要是按调度部门给定的耗水量安排出力。无调节水库的径流式水电厂只能按实际来水流量发电。

（2）水轮发电机组的出力调整范围较宽，负荷增减速度非常快，机组投入和退出运行经历的时间很短，操作简便安全，无须额外的耗费。

（3）水力枢纽往往兼有防洪、发电、航运、灌溉、养殖、供水和旅游等多方面的功能，在释放这部分水量的同时发出的电功率属于强迫功率。因此，水库的发电用水量通常按水库的综合效益来考虑安排，不一定能同电力负荷的需要相一致。因此，只有在火电厂的适当配合下，才能充分发挥水力发电的经济效益。

抽水蓄能发电厂是一种特殊的水力发电厂，它有上、下两级水库，在日负荷曲线的低谷期间，它以电动机-水泵方式运行，将下级水库的水抽到上级水库，作为负荷向系统吸取有功功率；在高峰负荷期间，它以水轮机-电机方式运行，由上级水库向下级水库放水，作为电源向系统发出有功功率。抽水蓄能发电厂的主要作用是调节电力系统有功负荷的峰谷差，对于改善电力系统的运行条件具有很重要的意义。

3）核电厂的主要特点

（1）与火力发电厂相比，一次性投资大，运行费用少。

（2）反应堆和汽轮机组退出运行和再度投入都很费时，且要增加能量消耗。因此，在运行中也不宜带急剧变动的负荷。

（3）反应堆的负荷基本没有限制。因此，最小技术负荷的限制主要取决于汽轮机，约为额定负荷的 $10\%\sim15\%$。

4）风电场的主要特点

（1）无须支付燃料费用，而且风能是可再生的资源，有利于改善能源结构、保护环境。

（2）风力发电比较直接，而且风电场建设周期较短，发电成本相对较低，是较为经济的发电形式。

（3）风电机组并网过程有较大冲击电流。风力发电采用异步发电机，没有独立的励磁装置，并网前发电机没有电压，因此并网过程中产生的冲击电流是额定电流的 $5\sim6$ 倍，需要经过数百毫秒才能进入稳态。

（4）风电的运行受自然条件制约，风力发电的原动力不可控，其发电功率取决于风速，而风速具有不稳定性、间歇性和不可预测性等特点。因此，风电基本上无法调度。

（5）风力发电影响电能质量。风力发电具有不稳定性，会引起电压偏差、谐波、电压波动和闪变、电压脉动等。

（6）风力发电并网运行不利于系统稳定性。由于风力发电采用异步发电机，在发出有功功率的同时，需要从系统中吸收无功功率。因此不利于系统稳定，需要设置一定容量的无功补偿装置。

2. 负荷在各类发电厂间的合理分配

为了充分、合理地利用国家的动力资源、降低发电成本，必须根据各类电厂的技术、经济特点，恰当地分配它们承担的负荷，安排好它们在日负荷曲线中的位置。

通常，在安排负荷在各类发电厂间的分配时，应考虑以下因素：

（1）径流式水电厂的发电功率，利用防洪、灌溉、航运、供水等其他社会需要的功率，必须用于承担基本负荷。

（2）热电厂应承担与热负荷相适应的电负荷，必须用于承担基本负荷。

（3）核电厂应带稳定负荷，必须用于承担基本负荷。

（4）凝汽式火电厂按其效率的高低依次由下往上安排。

（5）目前接入电网的风电机组占电网总装机容量的比例很小，未参与电网调度。

在夏季丰水期和冬季枯水期，各类电厂在日负荷曲线中的分配如图 4-2 所示。

在丰水期，水量充足，为了充分利用水力资源，水电厂应带基本负荷，其输出电功率基本上属于不可调功率。凝汽式发电厂应带尖峰负荷，如图 4-2(a)所示。

在枯水期，来水较少，水电厂的不可调功率明显减少，仍带基本负荷，水电厂的可调功率应安排在日负荷曲线的尖峰部分，其余各类电厂的安排顺序不变，如图 4-2(b)所示。

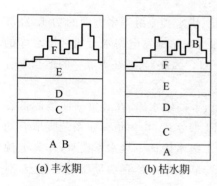

图 4-2 各类电厂在日负荷曲线中的负荷分配

4.2.5 火电机组的最优负荷分配

1. 等微增率分配负荷的基本概念

在很久以前,曾误认为最经济的分配负荷是:当系统负荷增加时,使效率最好的机组先增加负荷,直至其效率达到最高效率;然后再让效率次之的机组也增加负荷,直到其效率达到最高效率为止,以此类推。这种方法已被证明并不经济,最经济的分配是按等微增率分配负荷。这种方法至今还广泛应用。

微增率是指输入能量微增量与输出功率微增量的比值。对发电机组来说,为燃料消耗量(或消耗费用)的微增量与发电机输出功率微增量的比值。所谓等微增率法则,就是运行的发电机组按微增率相等的原则来分配负荷,这样就可使系统总的燃料消耗(或费用)为最小,因而是最经济的。

对于一台发电机组,包括了锅炉、汽轮机和发电机 3 个单元。它们在单位时间内所消耗的能量与输出功率之间的关系,称为耗量特性。典型的耗量特性如图 4-3(a)、(b)、(c)所示,相应的微增率特性如图 4-3(d)、(e)、(f)所示。

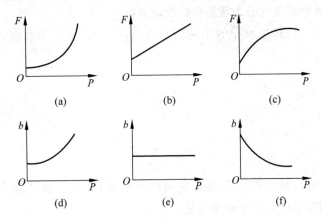

图 4-3 3 种典型的耗量特性及其微增率特性

对应于某一输出功率时的微增率就是耗量特性曲线上对应于该功率点切线的斜率,即

$$b = \frac{\Delta F}{\Delta P} \qquad (4-2)$$

式中:b 为耗量微增率(简称微增率);ΔF 为输入耗量微增量;ΔP 为输出功率微增量。

锅炉的耗量特性如图 4-3(a)所示,它的微增率特性如图 4-3(d)所示。对于节流式汽轮机的耗量特性如图 4-3(c)所示,它的微增率特性如图 4-3(f)所示,其微增率随着负荷增大而减小。至于锅炉-汽轮机-发电机组成的单元机组的耗量特性,由于汽轮机的微增率变化不大,发电机的效率接近于 1,所以整个机组的耗量特性和微增率特性可以认为如图 4-3(a)和图 4-3(d)所示的形状。这种特性随着输出增加,其耗量增量大于输出功率的增量,因此耗量微增率随输出功率的增加而增大。

为了说明等微增率法则,我们以最简单的两台机组并联运行为例。如图 4-4 所示,对于

两台发电机组,机组 1 所带的负荷为 P_1,微增率为 b_1;机组 2 所带的负荷为 P_2,微增率为

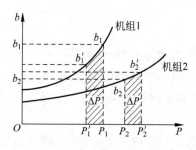

图 4-4　机组负荷改变时耗量的
变化示意图

b_2,而且 $b_1 > b_2$。如果使机组 1 的功率减小 ΔP,即功率变为 P_1',相应的微增率减小到 b_1'。而机组 2 增加相同的 ΔP,其功率变为 P_2',微增率增至 b_2',此时总的负荷不变。由图可知,机组 1 减小的燃料消耗(图中 P_1、b_1、b_1'、P_1' 所围的面积)大于机组 2 增加的燃料消耗(图中 P_2、b_2、b_2'、P_2' 所围的面积)。这两个面积的差即为减少(或增加)的燃料消耗量。如果上述过程是使总的燃料消耗减小,则这样的转移负荷过程就继续下去,总的燃料消耗将继续减小,直至两台机组的微增率相等时,即为 b_1 等于 b_2 时,总的燃料消耗为最小。

但是,由如图 4-3(f)所示的微增率曲线可知,由于微增率随负荷增加而减小,用上述同样方法可以证明,把机组负荷加到最大时,最经济。

当然,等微增率准则的严格证明应由数学推导来获得。

2. 不考虑网损时发电机组之间负荷的经济分配

设有 n 台机组,每台机组承担的负荷为 $P_1,P_2,\cdots,P_n$,对应的燃料消耗为 $F_1,F_2,\cdots,F_n$,则总的燃料消耗为

$$F = \sum_{i=1}^{n} F_i \tag{4-3}$$

总负荷功率 P_L 为

$$P_L = \sum_{i=1}^{n} P_i \tag{4-4}$$

现在要使发电机组总的输出在满足负荷的条件下,总的燃料消耗为最小,即,使 $F = F_{\min}$。这时,可应用拉格朗日乘子法来求解

取拉格朗日方程为

$$L = F - \lambda \Psi \tag{4-5}$$

式中:F 为总燃料消耗;λ 为拉格朗日乘子;Ψ 为约束函数。

即

$$L = \sum_{i=1}^{n} F_i - \lambda \left(\sum_{i=1}^{n} P_i - P_L \right) \tag{4-6}$$

因此,使总燃料消耗最小的条件是式(4-6)对功率的偏导数为零,即

$$\frac{\partial L}{\partial P_i} = \frac{\partial F}{\partial P_i} - \lambda \frac{\partial \Psi}{\partial P_i} = 0 \quad (i = 1, 2, \cdots, n) \tag{4-7}$$

由于 P_L 是常数,同时各机组的输出功率又是相互无关的,所以

$$\frac{\partial L}{\partial P_i} = \frac{\partial F}{\partial P_i} - \lambda \frac{\partial}{\partial P_i} \left(\sum_{i=1}^{n} P_i - P_L \right) = 0$$

$$\frac{\partial F_i}{\partial P_i} - \lambda = 0$$

或
$$\frac{\partial F_i}{\partial P_i} = \lambda \tag{4-8}$$

设每台机组都是独立的,那么每台机组燃料消耗只与本身的输出功率有关。因此,式(4-8)可写成

$$\frac{\partial F_i}{\partial P_i} = \lambda \tag{4-9}$$

由此可得

$$\frac{\partial F_1}{\partial P_1} = \frac{\partial F_2}{\partial P_2} = \cdots = \frac{\partial F_n}{\partial P_n} = \lambda$$

即

$$b_1 = b_2 = \cdots = b_n = \lambda \tag{4-10}$$

因此,发电厂内并联运行机组的经济调度准则为:各机组运行时微增率 b_1,b_2,$\cdots$,b_n 相等,并等于全厂的微增率 λ。图 4-5 为发电厂内 n 台机组按等微增率运行分配负荷的示意图。

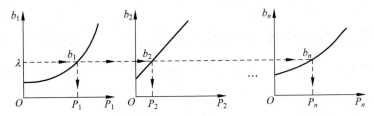

图 4-5　多台机组间按照等微增率分配负荷示意图

3. 考虑网损时发电厂之间负荷的经济分配

由于发电厂之间通过输电线路相连,所以考虑发电厂之间的负荷经济分配时,要计及线路功率损耗因素。

设有 n 个发电厂,每个电厂承担的负荷分别为 P_1,P_2,$\cdots$,P_n,相应的燃料消耗为 F_1,F_2,$\cdots$,F_n,则全系统总的燃料消耗为

$$F_1 + F_2 + \cdots + F_n = \sum_{i=1}^{n} F_i \tag{4-11}$$

总的发电功率与总负荷 P_L 及线损 P_L 相平衡,即

$$\Psi = \sum_{i=1}^{n} P_i - P_L - p_e = 0 \tag{4-12}$$

同样地,应用拉格朗日乘子法求解,取式(4-5)对功率 P_i 的偏导数为零,得

$$\frac{\partial L}{\partial P_i} = \frac{\partial F_i}{\partial P_i} - \lambda\left(1 - \frac{\partial p_e}{\partial P_i}\right) = 0 \quad (i = 1, 2, \cdots, n) \tag{4-13}$$

或

$$\lambda = \frac{\partial F_i}{\partial P_i} \Big/ \left(1 - \frac{\partial p_e}{\partial P_i}\right) = \frac{\partial F_i}{\partial P_i} L_i \tag{4-14}$$

式中:L_i 为线损修正系数,$L_i = \dfrac{1}{1 - \dfrac{\partial p_e}{\partial P_i}}$;$\lambda$ 为系统微增率;$\dfrac{\partial F_i}{\partial P_i} = b_i$ 为电厂微增率。

所以在考虑线损的条件下，负荷经济分配的准则是每个电厂的微增率与相应的线损修正系数的乘积相等。

为了求得各电厂的微增率 b_i，必须计算出线损 p_e（一般事先根据运行工况而选定的线损系数求得），然后算出各电厂的线损微增率 σ_l，即

$$\sigma_l = \frac{\partial p_e}{\partial P_i}$$

在 λ 和 σ_l 已知后，就可求出 b_i，即

$$b_i = (1 - \sigma_i)\lambda \tag{4-15}$$

由式（4-15）得

$$\frac{b_1}{1-\sigma_1} = \frac{b_2}{1-\sigma_2} = \cdots = \frac{b_n}{1-\sigma_n} = \lambda \tag{4-16}$$

调频电厂按式（4-16）运行是最经济的负荷分配方案。

4.3　电力系统的频率调整

4.3.1　负荷的有功功率-频率静态特性

当频率变化时，系统中的有功功率负荷也将发生变化。当系统处于运行稳态时，系统中有功负荷随频率的变化特性称为负荷的有功功率-频率静态特性。

根据所需的有功功率与频率的关系可将负荷分成以下几类：

（1）与频率变化无关的负荷，如照明、电弧炉、电阻炉和整流负荷等。

（2）与频率的一次方成正比的负荷，阻力矩等于常数的负荷属于此类，如球磨机、切削机床、往复式水泵、压缩机和卷扬机等。

（3）与频率的二次方成正比的负荷，如变压器中的涡流损耗。

（4）与频率的三次方成正比的负荷，如通风机、静水头阻力不大的循环水泵等。

（5）与频率的更高次方成正比的负荷，如静水头阻力很大的给水泵。

因此，电力系统综合负荷的有功功率与频率的关系可表示为

$$P_D = a_0 P_{DN} + a_1 P_{DN}\left(\frac{f}{f_N}\right) + a_2 P_{DN}\left(\frac{f}{f_N}\right)^2 + a_3 P_{DN}\left(\frac{f}{f_N}\right)^3 + \cdots \tag{4-17}$$

式中：P_D 为频率为 f 时系统的综合负荷；P_{DN} 为频率为 f_N（50 Hz）时系统的综合负荷；a_i 为各类负荷的权重，且

$$a_0 + a_1 + a_2 + a_3 + \cdots = 1 \tag{4-18}$$

若取功率和频率的基准值分别为 P_{DN} 和 f_N，则可得到用标幺值表示的有功功率-频率静态特性

$$P_{D*} = a_0 + a_1 f_* + a_2 f_*^2 + a_3 f_*^3 + \cdots \tag{4-19}$$

因为与频率的更高次方成正比的负荷所占的比重很小，可以忽略，通常式（4-19）只取到频率的三次方为止。为了进一步简化，当频率偏离额定值不大时，负荷的有功功率-频率静态特性常用一条直线近似表示，如图 4-6 所示。

可见,当系统频率下降时,负荷吸收的有功功率成比例地自动减少;当系统频率上升时,负荷吸收的有功功率成比例地自动增大。

图 4-6 中直线的斜率 K_D 称为负荷的频率调节效应系数,或简称为负荷的频率调节效应,有

$$K_D = \tan\beta = \frac{\Delta P_D}{\Delta f} \qquad (4-20)$$

其标幺值形式为

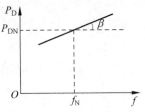

图 4-6　负荷的有功功率-频率静态特性

$$K_{D*} = \frac{\Delta P_D / P_{DN}}{\Delta f / f_N} = K_D \frac{f_N}{P_{DN}} \qquad (4-21)$$

K_{D*} 的值取决于系统中各类负荷的比重,不同系统或同一系统不同时刻的 K_{D*} 值都可能不同。

在实际系统中,$K_{D*}=1\sim3$,它表示频率变化 1%时,负荷吸收的有功功率相应地变化 1%~3%。K_{D*} 是调度部门必须掌握的一个数据,因为它是考虑按频率减负荷方案和低频率事故时用一次切除负荷来恢复频率的计算依据,其具体数值通常由试验或计算求得。

【例 4-1】 已知 $a_0=0.3$,$a_1=0.4$,$a_2=0.1$,$a_3=0.2$,求频率 f 从 50Hz 分别下降到 48Hz 和 45Hz 时,相应的负荷变化量。

解:

(1) $f_*=48/50=0.96$

$P_{D*}=a_0+a_1 f_*+a_2 f_*^2+a_3 f_*^3=0.953$

负荷变化量为 $\Delta P_{D*}=1-P_{D*}=0.047$(或 4.7%);

(2) $f_*=45/50=0.9$

$P_{D*}=a_0+a_1 f_*+a_2 f_*^2+a_3 f_*^3=0.887$

负荷变化量为 $\Delta P_{D*}=1-P_{D*}=0.113$(或 11.3%)。

4.3.2　发电机组的有功功率-频率静态特性

1. 调速系统的工作原理

当系统的有功功率平衡遭到破坏,引起频率变化时,原动机的调速系统将自动改变原动机的进汽(水)量,相应增加或减少发电机组的出力。当调整器的调节过程结束,建立新的稳态时,发电机组的有功功率同频率之间的关系称为发电机组调速器的有功功率-频率静态特性(简称为功频静态特性)。

目前,国内外原动机调速系统有多种,根据测量环节的工作原理不同,可以分为机械液压调速系统和电气液压调速系统两大类。这里仅介绍离心式的机械液压调速系统。

离心飞摆式机械液压调速系统由 4 个部分组成,如图 4-7 所示,其原理如下。

转速测量元件由离心飞摆(1)、弹簧(2)和套筒(3)组成,它与原动机转轴相连接,能直接反映原动机转速的变化。当原动机转速恒定时,作用在飞摆上的离心力、重力及弹簧力在飞摆处于某一位置时达到平衡,套筒位于 B 点,杠杆 ACB 和 DEF 处在某种平衡位置,错油门(4)的活塞将两个油孔堵塞,使高压油不能进入油动机(5),油动机活塞上、下两侧的油压相等,所以活塞不移动,从而使进汽(水)阀门(6)的开度也固定不变。

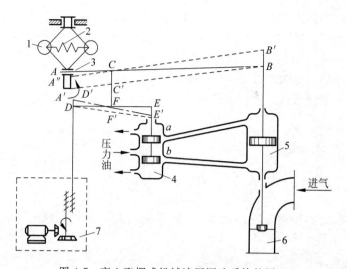

图 4-7　离心飞摆式机械液压调速系统的原理

1—离心飞摆；2—弹簧；3—套筒；4—错油门；5—油动机；6—进汽(水)阀门；7—同频器

1) 频率的一次调整

当负荷增加时,发电机组的有功功率输出也随之增加,原动机的转速(频率)降低,因而使飞摆的离心力减小。在弹簧力和重力的作用下,飞摆靠拢到新的位置才能重新达到受力平衡。于是套筒从 A 点下移到 A' 点。此时,油动机还未动作,故杠杆 ACB 的 B 点仍在原处不动,整个杠杆便以 B 点为支点转动,使 C 点下降到 C' 点。杠杆 DFE 的 D 点是固定的,于是 E 点下降,错油门的活塞随之向下移动,打开了通向油动机的油孔,压力油便进入油动机活塞的下部,将活塞上推,增大调速汽门(或导水翼)的开度,增加进汽(水)量,使原动机的输入功率增加,机组的转速(频率)便开始回升。随着转速的上升,套筒开始从 A' 点回升,与此同时油动机活塞上移,使杠杆 ACB 的 B 点也跟着上升,于是整个杠杆 ACB 便向上移动,并带动杠杆 DFE 以 D 点为支点逆时针方向转动。当 C 点及杠杆 DFE 恢复到原来位置时,错油门活塞重新堵住两个油孔,油动机活塞的上、下两侧油压又互相平衡,它就在一个新的位置稳定下来,调整过程结束。这时,由于汽门已开大,杠杆 ACB 的 B 点略有上升,到达 B' 点,而 C 点仍保持原来位置,相应地,A 点将略有下降,到达 A'' 点位置,与这个位置相对应的转速将略低于原来的转速。这就是频率的一次调整。

可见,若负荷增大,调整器使发电机组的输出功率增加,频率低于初始值;若负荷减小,调整器使发电机组的输出功率减小,频率高于初始值。

当负荷增加引起转速下降较大时,由机组调速器自动进行的一次调整并不能使转速完全恢复。为了使转速(频率)恢复到允许偏差范围,需要进行频率的二次调整。

2) 频率的二次调整

二次调频由发电机组的转速控制机构——同频器(7)来实现。同步器由伺服电动机、蜗轮、蜗杆等装置组成。在人工手动操作或自动装置控制下,伺服电动机既可正转也可反转,因而使杠杆 DFE 的 D 点上升或下降。若 D 点上移,由于 F 点不动,杠杆 DEF 便以 F 点为支点转动,使 E 点下移,错油门的活塞随之向下移动,打开了通向油动机的油孔,压力油便进入油动机活塞的下部,将活塞上推,增大调整汽门(或导水翼)的开度,增加进汽(水)量,使原动机的输入功率增加,机组的转速(频率)上升。适当控制 D 点的移动,可使转速恢复到初始值。这时套筒位置较 D 点移动以前升高了一些,整个调速系统处于新的平衡状态。这就是频率的二次调整。

2. 发电机组的有功功率-频率静态特性

反映调整过程结束后发电机组输出有功功率与频率之间关系的曲线称为发电机组的有功功率-频率静态特性。

根据上述分析,进行频率的一次调整时,发电机组的有功功率-频率静态特性可以近似地表示为一条直线,如图 4-8 所示。进入频率的二次调整时,发电机组的有功功率-频率静态特性将根据有功功率的变化而平行移动。

发电机组有功功率-频率静态特性曲线的斜率 K_G 称为发电机组的单位调节功率(又称为发电机组的功频静特性系数),且

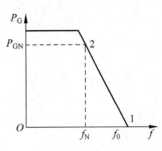

图 4-8　发电机组的有功功率-频率静态特性

$$K_G = -\frac{\Delta P_G}{\Delta f} \qquad (4\text{-}22)$$

其标幺值形式为

$$K_{G*} = -\frac{\Delta P_G/P_{GN}}{\Delta f/f_N} = K_G \frac{f_N}{P_{GN}} \qquad (4\text{-}23)$$

K_{G*} 表示频率变化 1% 时,发电机组输出有功功率的变化量。式中的负号表示频率的变化量与发电机组输出有功功率的变化量的符号相反,即系统频率下降时,发电机组输出有功功率增加。

定义发电机组的静态调差系数为

$$\delta = -\frac{\Delta f}{\Delta P_G} \qquad (4\text{-}24)$$

其标幺值形式为

$$\delta_* = -\frac{\Delta f/f_N}{\Delta P_G/P_{GN}} = \delta \frac{P_{GN}}{f_N} \qquad (4\text{-}25)$$

还可以认为发电机组的调差系数是机组空载运行频率 f_0 与额定频率 f_N 之差的百分值,即

$$\delta = -\frac{f_N - f_0}{P_{GN}} \quad \text{或} \quad \delta = -\frac{f_N - f_0}{f_N} \qquad (4\text{-}26)$$

调差系数可定量表明一台机组负荷改变时相应的转速(频率)变化。其倒数就是单位调节功率。

与负荷的频率调节效应 K_{D*} 不同,发电机组的调差系数或相应的单位调节功率 K_{G*} 是可以整定的。调差系数的大小对频率偏移的影响很大,调差系数越小,频率偏移也越小。但是因受机组调速机构的限制,调差系数的调整范围是有限的。通常取下列数值:

(1) 汽轮发电机组: $\delta_* = 0.04 \sim 0.06$, $K_{G*} = 16.7 \sim 25$;

(2) 水轮发电机组: $\delta_* = 0.02 \sim 0.04$, $K_{G*} = 25 \sim 50$。

4.3.3　电力系统的有功功率-频率静态特性及频率的调整

要确定电力系统的负荷变化引起的频率波动,需要同时考虑负荷及发电机组两者的调节效应。为简单起见,先只考虑一台机组的一个负荷的情况。一次调整过程如图 4-9 所示。

1. 频率的一次调整

在原始运行状态下，负荷的有功功率-频率静态特性为 $P_D(f)$，发电机组的有功功率-频率静态特性为 $P_G(f)$，它们的交点为原始稳定运行点 A，对应的系统频率为 f_1。此时，发

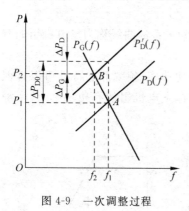

图 4-9　一次调整过程

电机组输出有功功率与系统负荷的有功功率需求之间达到平衡，即 $P_D=P_G=P_1$。

假定系统的负荷增加了 ΔP_{D0}，其特性曲线平移为 $P'_D(f)$。而发电机组调速器来不及随之进行调整，发电机组工频特性曲线维持不变。于是，由于发电机组输出有功功率小于负荷有功功率需求，引起系统频率下降。按照负荷的有功功率-频率静态特性和发电机组的有功功率-频率静态特性，负荷吸收的有功功率减少，发电机组输出的有功功率增加。因此，新的稳态运行点为负荷的有功功率-频率静态特性 $P'_D(f)$ 与发电机组的有功功率-频率静态特性 $P_G(f)$ 的交点 B，对应的系统频率为 f_2。此时，发电机组输出有功功率与系统负荷的有功功率需求之间达到平衡，即 $P_D=P_G=P_2$。频率的变化量为

$$\Delta f = f_2 - f_1 < 0$$

发电机组的功率输出的增量为

$$\Delta P_G = -K_G \Delta f$$

由于负荷的频率调节效应所产生的负荷功率变化为

$$\Delta P_D = K_D \Delta f$$

故

$$\begin{cases}\Delta P_{D0} + \Delta P_D = \Delta P_G \\ \Delta P_{D0} = \Delta P_G - \Delta P_D = -(K_G + K_D)\Delta f = -K\Delta f\end{cases} \tag{4-27}$$

可见，系统负荷增加时，在发电机组功频特性和负荷本身的调节效应共同作用下又达到了新的功率平衡。即一方面，负荷增加，频率下降，发电机按有差调节特性增加输出；另一方面，负荷实际取用的功率也因频率的下降而有所减小。

在式(4-27)中，K 称为系统的功率-频率静特性系数，或系统的单位调节功率，且

$$K = K_G + K_D = -\Delta P_{D0}/\Delta f \tag{4-28}$$

它表示在计及发电机组和负荷的调节效应时，引起频率单位变化的负荷变化量。根据 K 值的大小，可以确定在允许的频率偏移范围内，系统所能承受的负荷变化量。显然，K 的数值越大，负荷增减引起的频率变化就越小，频率也就越稳定。

若以 P_{DN}、f_N 为基准值，其标幺制形式为

$$K_* = K_r K_{G*} + K_{D*} = -\frac{\Delta P_{D0*}}{\Delta f_*} \tag{4-29}$$

式中，$K_r = P_{GN}/P_{DN}$ 为备用系统，表示发电机组额定容量与系统有额定频率时的总有功负荷之比。

如果一个发电机组已经满载运行，发电机组运行在有功-频率静态特性中与横轴平行的那一段，见图 4-8。此时，该机组 $K_G=0$，即已没有可调节的容量，不能再增加输出。

如果系统中全部发电机组均满载运行,若负荷增加,则系统只能靠频率下降后负荷本身的调节效应的作用来取得新有功功率平衡。此时,$K_* = K_{D*}$,其数值很小,负荷增加将引起频率严重下降。

可见,系统中有功功率电源的出力不仅应满足在额定频率下系统对有功功率的需求,而且应该留有一定的备用容量。

【例 4-2】　某系统一半机组容量已完全利用,其余 25% 的容量为火电厂,有 10% 的容量备用,单位调节功率为 16.6;25% 的容量为水电厂,有 20% 的容量备用,单位调节功率为 25。系统有功负荷的频率调节响应系数 $K_{D*} = 1.5$。求:(1)系统的单位调节功率 K_*;(2)负荷增加 5% 时的稳态频率;(3)如果系统频率允许降低 0.2Hz,系统所能承担的负荷增量(频率的一次调整)。

解:

(1)设系统发电机组总的额定容量为 1。

全部机组的等值单位调节功率为

$$K_{G*} = 0.5 \times 0 + 0.25 \times 16.6 + 0.25 \times 25 = 10.4$$

系统负荷功率为

$$P_{DN*} = 0.5 + 0.25 \times (1 - 0.1) + 0.25 \times (1 - 0.2) = 0.925$$

系统的备用系数为

$$K_r = 1/0.925 = 1.081 \text{(总备用为 8.1\%)}$$

则系统的单位调节功率为

$$K_* = K_r K_{G*} + K_{D*} = 1.081 \times 10.4 + 1.5 = 12.742$$

(2)系统负荷增加 5% 时的频率偏移为

$$\Delta f_* = -\frac{\Delta P_*}{K_*} = -\frac{0.05}{12.742} = -3.924 \times 10^{-3}$$

一次调整后的稳态频率为

$$f = 50 - 50 \times \Delta f_* = 49.804 \text{Hz}$$

(3)若系统频率允许降低 0.2Hz,$\Delta f_* = -0.004$,系统所能承担的负荷增量为

$$\Delta P_* = -K_* \Delta f_* = -12.742 \times (-0.004) = 5.097\%$$

【例 4-3】　若将例 4-2 中剩余的火电容量全部利用,水电备用由 20% 降至 10%。试重新计算一遍。

解:

(1)全部机组的等值单位调节功率为

$$K_{G*} = 0.5 \times 0 + 0.25 \times 0 + 0.25 \times 25 = 6.25$$

系统负荷功率为

$$P_{DN*} = 0.5 + 0.25 + 0.25 \times (1 - 0.1) = 0.975$$

系统的备用系数为

$$K_r = 1/0.975 = 1.026 \text{(总备用仅为 2.6\%)}$$

则系统的单位调节功率为

$$K_* = K_r K_{G*} + K_{D*} = 1.026 \times 6.25 + 1.5 = 7.912$$

(2)如系统负荷增加 5%,此时系统发电机组的备用仅剩 2.6%,因此负荷增加 2.6% 以

内的部分，是由发电机组和负荷共同参与调整；而超出 2.6％的部分(0.05％－0.026％＝0.024％)，则只能由负荷的频率调节效应单独补偿。

频率偏差为

$$\Delta f_* = -\frac{0.026}{7.912} - \frac{0.024}{1.5} = -0.0033 - 0.016 = 0.0193$$

一次调整后的稳态频率为

$$f = 50 - 50 \times \Delta f_* = 49.035\mathrm{Hz}$$

（3）以由上计算可见，在系统备用容量 2.6％的范围内，由发电机组与负荷共同参与调频，频率仅下降 0.165Hz(0.0033 标幺值)。而超出这个范围的 0.035Hz(0.0007 标幺值)部分只能由负荷单独承担调频任务。

故若系统频率允许降低 0.2Hz，则系统所能承担的负荷增量为：

$$\Delta P_* = -7.912 \times (-0.0033) - 1.5 \times (-0.0007)$$
$$= 0.026 + 0.00105$$
$$= 2.705\%$$

分析如下：

（1）对比例 4-2 和例 4-3 可知，随着系统负荷的增加，发电机组的备用容量减少，系统的备用系数降低，则整个系统的调频能力变差，当发生相同的负荷增量时，系统频率下降更快。

（2）从例 4-3 还可看出，随着系统负荷的增加，当发电机组的备用容量全部投入运行时，系统的调频能力迅速变差，系统频率也会急剧下降。在负荷增加 5％的过程中，前 2.6％由发电机组和负荷共同调频，频率仅下降 0.0033(相当于 0.165Hz)，而后 2.4％仅由负荷调频，系统频率下降 0.016(相当于 0.8Hz)，超过了系统允许的频率波动范围。所以，当电力系统正常运行时，为维持系统的调频能力和频率稳定，系统必须保持一定的备用容量，备用系数一般应保持在 10％～15％以上。

频率一次调整的作用是有限的，它只能适应变化幅度小、变化周期较短的变化负荷。对于变化幅度较大、变化周期较长的变化负荷，仅靠一次调整不一定能保证频率偏移在允许范围内。在这种情况下，需要由发电机组的同步器来进行频率的二次调整。

2. 频率的二次调整过程

对于只有一台发电机组一个负荷的系统，二次调整过程如图 4-10 所示。

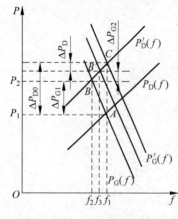

图 4-10　二次调整过程

原始运行点为负荷的有功功率-频率静态特性 $P_\mathrm{D}(f)$ 与发电机组的有功功率-频率静态特性 $P_\mathrm{G}(f)$ 的交点 A，系统的频率为 f_1。假定系统的负荷增加了 ΔP_D0，仅经过频率的一次调整，运行点将移到 B 点，系统的频率为 f_2。由于 f_2 不满足对系统频率的要求，需要进行频率的二次调整。

在同步器的作用下，发电机组输出的有功功率增加 ΔP_G2，发电机组有功功率-频率静态特性上移为 $P'_\mathrm{G}(f)$，运行点也随之转移到负荷的有功功率-频率静态特性 $P'_\mathrm{D}(f)$ 与发电机组的有功功率-频率静态特性 $P'_\mathrm{G}(f)$ 的交点 B'。此时，系统的频率为 f_3，发电机组输出有功功率与系统负荷的有功功率需求之间达到平衡,即 $P_D = P_G = P_3$。

可见,系统负荷的初始增量 ΔP_{D0} 由 3 部分承担:由二次调整而得到的发电机组的功率增量 ΔP_{G2};由一次调整而得到的发电机组的功率增量 $-K_G \Delta f$;由负荷本身的调节效应所得到的功率增量 $-K_D \Delta f$。即

$$\Delta P_{D0} = \Delta P_{G2} - K_G \Delta f - K_D \Delta f \tag{4-30}$$

而经过二次调整后,频率 f 偏移值为

$$\Delta f = f_3 - f_1$$

它小于仅靠一次调整时的频率偏移。

由上述分析可见,虽然进行频率的二次调整并不能改变系统的单位调节功率 K 的数值(根据式(4-28)),但是由于二次调整增加了发电机的出力,在同样的频率偏移下,系统能承受的负荷变化量增加了(或者,在相同的负荷变化量下,系统频率的偏移减小了)。

在进行频率的二次调整时,如果二次调整所得到的发电机组功率增量 ΔP_G 能完全抵偿负荷的初始增量 ΔP_{D0},即 $\Delta P_{D0} = \Delta P_{G2}$,则频率将维持不变,即 $\Delta f = 0$,这样就实现了频率的无差调节。而当二次调整所得到的发电机组功率增量 ΔP_{G2} 不能满足负荷变化 ΔP_{D0} 的需要时,不足的部分($\Delta P_{D0} - \Delta P_{G2}$)需由发电机组一次调整所产生的功率增量 $-K_G \Delta f$ 和系统负荷调节效应所产生的功率增量 $-K_D \Delta f$ 来抵偿,因此系统的频率就不能恢复到原来的数值,即只能实现频率的有差调节。

4.3.4　调频厂的选择

在大型电力系统中,频率调整的过程很复杂。为了避免在频率调整过程中出现过调、欠调或频率长时间不能稳定的现象,频率调整工作必须统一进行,由调度部门确定各发电厂的分工,并实行分级调整。

在有许多台机组并联运行的电力系统中,当负荷变化时,对于所有配置了调速器的发电机组,只要还有可调的容量,都将按其有功功率-频率静态特性参加频率的一次调整。而频率的二次调整一般只是由一台或少数几台发电机组(一个或几个发电厂)承担,这些机组(厂)称为调频机组(厂)。

按照是否承担二次调整,可将整个电力系统中所有发电厂分为主调频机组(厂)、辅助调频机组(厂)和非调频机组(厂)3 类。其中,主调频机组(厂)负责全系统的频率调整,一般只有 1 个或 2 个;辅助调频机组(厂)只在系统频率超过某一规定的偏移范围时才参与频率调整,一般也只有少数几个;非调频机组(厂)在系统正常运行情况下则按预先给定的负荷曲线发电,不参与频率的调整。

选择主调频机组(厂)时,要求:

(1) 拥有足够的调整容量及调整范围;

(2) 调频机组具有与负荷变化速度相适应的调整速度;

(3) 调整出力时符合安全及经济的原则。

此外,还应考虑由于调频所引起的联络线上交换功率的波动,以及网络中某些中枢点的电压波动是否超出允许范围。

本章小结

频率变化对发电机组和电力系统的正常运行十分有害。我国规定：电力系统的额定频率 $f_N = 50\text{Hz}$，正常频率允许偏差范围为 $\pm0.2\text{Hz}$，当系统容量较小或事故情况下，频率允许偏差范围可放宽到 $\pm0.5\text{Hz}$。

频率的变化与电力系统的有功功率平衡之间有着密切的关系。当发电机组的输入有功功率大于负荷的有功功率需求时，频率将升高；反之，则频率下降。因此，需要动态地调整发电机输入机械功率，保持有功功率的动态平衡，从而使频率不超出允许偏差范围。

根据负荷的有功功率-频率静态特性，当系统频率下降时，负荷吸收的有功功率成比例自动减小；当系统频率上升时，负荷吸收的有功功率成比例自动增大。

频率调整分为 3 种。第一种变化负荷引起的频率偏移将由发电机组的调速器进行调整，称为频率的一次调整。第二种变化负荷引起的频率变动靠调频器调整，称为频率的二次调整。第三种负荷将在有功功率平衡的基础上，按照最优化的原则在各发电厂间进行分配。

各类发电厂由于设备容量、机组规格和使用的动力资源的不同有着不同的技术、经济特性。必须结合它们的特点，合理地组织这些发电厂的运行方式。

按照是否承担二次调整，将电力系统中所有发电厂分为主调频机组(厂)、辅助调频机组(厂)和非调频机组(厂)。主调频机组(厂)负责全系统的频率调整；辅助调频机组(厂)只在系统频率超过某一规定的偏移范围时才参与频率调整；非调频机组(厂)在系统正常运行情况下则按预先给定的负荷曲线发电，不参与频率的调整。

习题

4-1　电力系统频率偏离额定值有哪些危害？

4-2　有功功率的平衡与频率的关系是什么？

4-3　有功负荷的变化规律有哪些？相应的频率调整方法是什么？

4-4　有功功率平衡方程是什么？

4-5　电力系统的备用容量如何分类？

4-6　在丰水期、枯水期，如何合理分配各类发电厂间的负荷？

4-7　何谓负荷的有功功率-频率静态特性？何谓有功负荷的频率调节效应？

4-8　何谓发电机组的有功功率-频率静态特性？何谓发电机组的单位调节功率？何谓调差系数？

4-9　电力系统频率一次调整的原理是什么？

4-10　电力系统频率二次调整的原理是什么？

4-11　某电力系统中，与频率无关的负荷占 35%，与频率一次方成正比的负荷占 40%，与频率二次方成正比的负荷占 5%，与频率三次方成正比的负荷占 20%。求系统频率由 50Hz 下降到 47Hz 时，负荷功率变化的百分数及其相应的 K_D 值。

4-12　两个系统由联络线连接为一互联系统，如图 4-11 所示。正常运行时，联络线上没有交换功率流通。两个系统的容量分别为 1500MW 和 1200MW；各自系统的单位调节功率如图所示(分别以两系统容量为基准的标幺值)。设系统 A 增加负荷 150MW,试计算下列情况下的频率变量与联络线上的交换功率。

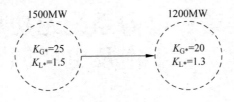

图 4-11　题 4-12 图

(1) A、B 系统都参加一次调频;

(2) A、B 系统都不参加一次调频;

(3) B 系统不参加一次调频;

(4) A 系统不参加一次调频。

4-13　在上题中,计算下列情况下频率偏移量与联络线上流过和功率:

(1) A、B 系统都参加一、二次调频,都增加 75MW;

(2) A、B 系统都参加一次调频,A 系统有机组参加二次调频,增加 80MW;

(3) A、B 系统都参加一次调频,B 系统有机组参加二次调频,增加 80MW。

第5章 电力系统无功功率平衡及电压调整

内容提要：主要介绍电力系统无功功率负荷、无功功率损耗和无功功率电源的基本特性，电力系统无功功率平衡的基本概念，电力系统中枢点电压的调整方式及为此所采取的调压措施。

基本概念：电力系统无功功率平衡，电压中枢点，调压方式，调压措施。

重点：电力系统的无功功率平衡，中枢点电压的调整方式及调整措施。

难点：电压调整的分析计算。

5.1 概述

电压是衡量电能质量的一个重要指标，质量合格的电压应该在供电电压偏移、电压波动和闪变、三相电压不对称度和谐波含量等方面都满足有关国家标准的规定。本章的主要内容是介绍电压偏移对用电设备及电力系统的影响，电力系统主要元件的无功功率电压特性，电力系统无功功率平衡的基本概念；无功功率平衡和电压水平的关系；电压调整的基本概念；电压调整的措施及调压措施的应用。

5.1.1 电压偏移对用电设备及电力系统的影响

一切用电设备都是按照在它的额定电压条件下运行而设计、制造的，当其端电压偏离额定电压时，用电设备的性能就要受到影响。例如，照明灯的发光效率、光通量和使用寿命均与电压有关。如图 5-1 所示的白炽灯的电压特性曲线所示，当端电压低于额定电压 5% 时，光通量减少约 15%，发光效率降低约 10%；而当端电压高于额定电压 5% 时，发光效率增加约 10%，而使用寿命则减少一半，这将增加照明灯损坏的机会。

电力系统中占比重最大的异步电动机，其转矩与端电压的平方成正比。若以额定电压下的最大转矩为 100%，则当端电压下降为额定电压的 90% 时，异步电动机的最大转矩将下降为额定电压下最大转矩的 81%。因此，当电压降低过多时，带额定负载的电动机可能停止运转，带有重载的电动机可能无法启动。另外，当电动机拖动机械负载时，从如图 5-2 所示的异步电动机电压特性曲线可以看到，外加电压过低将导致电动机绕组电流显著增大，使绕组温度升高，加速绝缘层老化，严重时甚至烧毁电动机。若电动机端电压过高，会导致电动机励磁电流增大，使铁芯过热，对电动机的绝缘也是不利的。

电压偏移过大，除了影响用电设备的正常工作外，对电力系统本身也有不利影响。电压降低，会使电力网络中的功率损耗和能量损耗加大，电压过低还可能危及电力系统运行的稳定性，最终导致电力系统崩溃，造成大面积停电。而电压过高，各种电力设备的绝缘可能受到损害，在超高压网络中还将增加电晕损耗等。

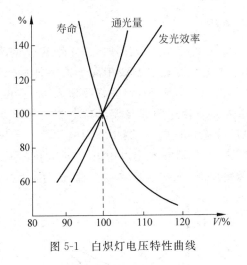

图 5-1　白炽灯电压特性曲线

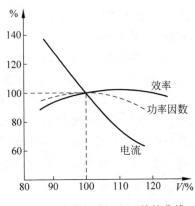

图 5-2　异步电动机电压特性曲线

5.1.2　允许的电压偏移

在电力系统的正常运行中,随着用电负荷的变化和系统运行方式的改变,网络中的电压损耗也将发生变化。所以,要严格保证所有用户在任何时刻都获得额定电压是不可能的。因此,系统运行中各节点出现电压偏移是不可避免的。实际上,大多数用电设备在稍许偏离额定值的电压下运行,仍有良好的技术性能。从技术上和经济上综合考虑,合理地规定供电电压的允许偏移是完全必要的。

目前,我国规定的在正常运行情况下供电电压的允许偏移如下:35kV 及以上供电电压正、负偏移的绝对值之和不超过额定电压的 10%;10kV 及以下三相供电电压允许偏移为额定电压的 ±7%;220V 单相供电电压允许的正、负偏移为额定电压的 +7% 和 -10%。

5.2　电力系统的无功功率平衡

保证用户处的电压接近额定值是电力系统运行调整的基本任务之一。电力系统的运行电压水平取决于系统的无功功率平衡,即系统中各种无功电源的无功功率输出应能满足系统负荷和网络损耗在额定电压下对无功功率的需求,否则电压就会偏离额定值。下面就对无功负荷、网络无功损耗和各种无功电源的特性进行介绍。

5.2.1　负荷的电压静态特性

当系统频率一定时,负荷的功率随电压而变化的关系,称为负荷的电压静态特性,如式(5-1)所示

$$V = f(P,Q) \tag{5-1}$$

有功功率的电压静态特性取决于负荷性质及各类负荷所占的比重,总的来说,异步电动机在电力系统负荷中占很大比重,系统负荷的电压静态特性主要由异步电动机决定,而异步电动机的有功功率基本与电压无关,所以异步电动机的无功功率与端电压关系曲线基本上决定了电力系统负荷的电压静态特性。异步电动机的简化等值电路如图 5-3 所示,它所消耗的无功功率 Q_M 为

$$Q_M = Q_m + Q_\sigma = \frac{V^2}{x_m} + I^2 x \tag{5-2}$$

式中，Q_m 为励磁功率，同电压的平方成正比，实际上，当电压较高时，由于饱和影响，励磁电抗 x_m 的数值还有所下降，因此，励磁功率 Q_m 随电压变化的曲线稍高于二次曲线；Q_σ 为绕组漏抗 x_σ 中的无功损耗，如果负载功率不变，当电压降低时，转差将要增大，定子电流随之增大，相应地，漏抗中的无功损耗 Q_σ 也要增大。综合这两部分无功功率的变化特点，可得如图 5-4 所示的异步电动机的无功功率-电压静态特性曲线，其中 β 为电动机的受载系数，是电动机的实际负荷同它的额定负荷之比。由图可见，在额定电压附近，电动机的无功功率随电压的升降而增减。当电压明显地低于额定值时，无功功率主要由漏抗中的无功损耗决定，因此，随电压下降反而具有上升的趋势。

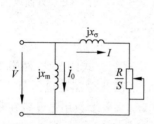

图 5-3   异步电动机的简化等值电路

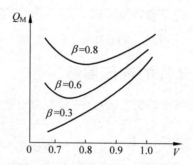

图 5-4   异步电动机的无功功率-电压静态特性曲线

5.2.2   电力网络的无功损耗

1. 变压器的无功损耗

变压器的无功损耗 Q_T 包括励磁损耗 ΔQ_0（不变损耗）和绕组损耗 ΔQ_T（可变损耗）。

$$Q_T = \Delta Q_0 + \Delta Q_T = V^2 B_T + \left(\frac{S}{V}\right)^2 X_T \approx \frac{I_0 \%}{100} S_N + \frac{V_S \% S^2}{100 S_N}\left(\frac{V_N}{V}\right)^2 \tag{5-3}$$

励磁功率大致与电压平方成正比。当通过变压器的视在功率 S 不变时，绕组损耗与电压的平方成反比。因此，变压器的无功损耗电压静态特性与异步电动机相似。

变压器中的无功损耗在电力系统的无功损耗中占有相当的比重。假定一台变压器的空载电流 $I_0 \% = 2.5$，短路电压 $V_S \% = 10.5$，由式(5-3)可知，在变压器额定满载的情况下，其无功损耗将达到额定容量的 13%。如果从电源到用户需要多级变压，则变压器中的无功损耗将十分巨大。因此，应当尽量减少变电次数，以降低网络的无功损耗。

2. 输电线路的无功损耗

输电线的无功损耗 Q_L 包括线路电抗上的无功损耗 ΔQ_L 和线路电容上产生的充电功率 ΔQ_B。所以，依据输电线路的等值电路（见图 3-1），输电线路的电抗 X 上的无功损耗为

$$\Delta Q_L = I^2 X = \frac{P_1^2 + Q_1^2}{V_1^2} X = \frac{P_2^2 + Q_2^2}{V_2^2} X$$

输电线路的电容上产生的充电功率为

$$\Delta Q_B = -\frac{B}{2}(V_1^2 + V_2^2)$$

线路上总的无功损耗为

$$Q_L = \Delta Q_L + \Delta Q_B = \frac{P_1^2 + Q_1^2}{V_1^2}X - \frac{V_1^2 + V_2^2}{2}B \tag{5-4}$$

35kV 及以下的架空线路的充电功率很小,一般这种线路都是消耗无功功率的。110kV
及以上的架空线路在传输功率较大时,电抗中消耗的无功功率将大于电纳中产生的无功功
率,线路也是要消耗无功功率的。但是,当传输的功率较小时,电纳中产生的无功功率,除了
抵偿电抗中的损耗外,还有多余,这时线路就成为无功电源。

此外,为吸收超高压输电线路充电功率而装设的并联电抗器也要消耗无功功率。

5.2.3 无功功率电源

电力系统的无功功率电源,除了同步发电机外,还有同步调相机、静电电容器、静止无功
补偿器,这 3 种装置又称无功补偿装置。

1. 同步发电机

发电机既是电力系统中唯一的有功功率电源,又是最基本的无功功率电源。发电机在
额定状态下运行时,可发出的感性无功功率为

$$Q_{GN} = S_{GN}\sin\varphi_N = P_{GN}\tan\varphi_N \tag{5-5}$$

式中,S_{GN}、P_{GN}、φ_N 分别为发电机的额定视在功率、额定有功功率和额定功率因数角。

下面讨论发电机发出的感性无功功率。一台隐极发电机接在 V_N 为常数的系统母线
上,见图 5-5(a);图 5-5(b)为其等值电路;图 5-5(c)为其额定运行时的相量图,图中,电压
降相量 AC 的长度代表 $\dot{I}_N x_d$,正比于额定视在功率 S_{GN},它在 P—Q 坐标纵轴上的投影与
P_{GN} 成正比,在横轴上的投影与 Q_{GN} 成正比,相量 OC 的长度代表空载电势 $\dot{E}_N$,它与发电机
的额定励磁电流成正比。

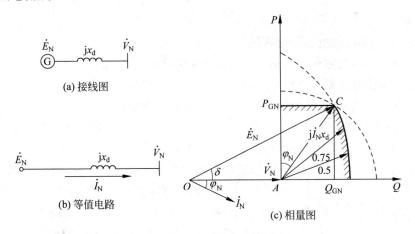

图 5-5 发电机的运行极限图

当改变功率因数时,发电机可能发出的功率 P 和 Q 受以下限制:

(1) 受额定视在功率(定子额定电流)的限制。如图 5-5(c)中,以 A 为圆心,以 AC 为半
径的圆弧表示。

(2) 受转于额定电流的限制。如图 5-5(c)中,以 O 为圆心,以 OC 为半径的圆弧表示。

(3) 受原动机出力(额定有功功率)的限制,即以图 5-5(c)中水平线 $P_{GN}C$ 表示。

所以,发电机的 $P—Q$ 极限如图 5-5(c)中的阴影线所示。从图中可以看到,发电机只有在额定的电压、电流和功率因数下运行时(即运行点 C),视在功率才能达到额定值,其容量得到充分利用。

当系统中无功电源不足,而有功备用容量又较充裕时,可利用靠近负荷中心的发电机降低功率因数运行,产生更多的无功功率,从而提高系统的电压水平。但是发电机的运行点不应越出 $P—Q$ 极限曲线的范围。

2. 同步调相机

同步调相机相当于空载运行的同步发电机。在过励磁运行时,它可向系统供给感性无功功率而起到无功电源的作用,能提高系统电压。在欠励磁运行时,它能从系统吸取感性无功功率而起无功负荷的作用,从而降低系统电压。欠励磁运行时的容量约为过励磁运行时容量的 $50\%～60\%$,所以改变同步调相机的励磁电流,可以平滑地改变它的无功功率大小及方向,因而可以平滑地调节所在地区的电压。如果同步调相机装有自动调节励磁装置,就能在系统电压降低时自动地增加输出的无功功率以维持系统的电压,特别是装有强行励磁装置时,在系统故障情况下也能调整系统的电压,有利于提高系统的电压稳定性。可见,同步调相机具有较好的无功功率输出调节性能。

但是,调相机是旋转机械,运行维护比较复杂,并且有一定的有功损耗,其有功损耗值约为额定容量的 $1.5\%～5\%$,且容量越小,百分值越大。所以,同步调相机宜于大容量地集中安装在系统中一些枢纽变电所中。近年来,同步调相机有逐渐被静止无功补偿器取代的趋势。

3. 静电电容器

静电电容器采用三角形接法或星形接法并联在变电所母线上,它只能向系统提供感性无功功率,所提供的无功功率与其端电压的平方成正比,即

$$Q_C = \frac{V^2}{X_C} \tag{5-6}$$

式中,$X_C = 1/\omega C$,是静电电容器的容抗。

从式(5-6)可见,当电压下降时,静电电容器供给系统的无功功率将减少。因此,当系统发生故障或由于其他原因电压下降时,电容器无功功率输出将急剧减少,从而导致系统电压进一步下降。可见,静电电容器的无功功率输出调节性能比较差。

但是,静电电容器的装设容量可大可小,而且既可以集中使用又可分散装设,能做到就地供应无功功率,从而减少网络的电能损耗。同时,每单位容量投资费用较小且与总容量的大小无关,运行时有功功率损耗较小,满载时仅达额定容量的 $0.3\%～0.5\%$。且由于电容器没有旋转元件,安装维护比较方便。为了在运行中调节电容器的输出无功功率,可将电容器连接成若干组,根据负荷的变化,分组投入或切除。

4. 静止无功补偿器

静止无功补偿是由可控硅控制的可调电抗器与电容器并联组成的新型无功补偿装置,如图 5-6 所示。电容器可发出感性无功功率,电抗器可吸收感性无功功率,两者结合起来,再经可控硅控制调节,就能快速跟踪负荷的变动,连续平滑地改变无功功率的大小及无功功率的方向(即发出或吸收感性无功功率),

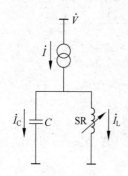

图 5-6　静止无功补偿器
原理图

具有极好的无功功率输出调节性能。此外,静止无功补偿器运行时的有功损耗比调相机小,满载时不超过额定容量的 1%,而且没有旋转元件,所以运行可靠性高,维护工作量小,不增加短路电流。

这种补偿装置的主要缺点是可控硅控制电抗器时,将向电网提供高次谐波,影响电网的电能质量,所以静止无功补偿器需要装设滤波器。近几年来,我国在一些重要的枢纽变电站装设静止无功补偿器,逐步取代同步调相机而成为系统的一种主要的无功电源形式。

5.2.4　无功功率平衡

电力系统无功功率平衡的基本要求是:在保证系统正常的电压水平前提下,系统中无功电源可能发出的无功功率应该大于或至少等于负荷所需的无功功率和网络中的无功损耗。为了保证运行的可靠性和适应无功负荷的增长,系统还必须配置一定的无功备用容量。

网络的总无功损耗 Q_{LT} 包括系统中所有变压器的无功损耗 $Q_{T\Sigma}$、所有线路电抗的无功损耗 $\Delta Q_{L\Sigma}$ 和所有线路电纳的充电功率 $\Delta Q_{B\Sigma}$(一般只计算 110kV 及以上电压线路的充电功率),即

$$Q_{LT} = Q_{T\Sigma} + \Delta Q_{L\Sigma} + \Delta Q_{B\Sigma} \tag{5-7}$$

网络的总无功功率电源 Q_{GC} 包括系统中所有发电机的无功功率 $Q_{G\Sigma}$ 和所有无功补偿装置的无功功率 $Q_{C\Sigma}$,即

$$Q_{GC} = Q_{G\Sigma} + Q_{C\Sigma} \tag{5-8}$$

则网络的无功功率平衡关系式为

$$Q_{res} = Q_{GC} - Q_{LT} - Q_{LD} \tag{5-9}$$

式中,Q_{LD} 为系统中总的无功功率负荷,Q_{res} 为系统的备用无功功率。

当 $Q_{res} > 0$ 时,表示系统中的无功功率可以平衡且有适量的备用;当 $Q_{res} < 0$ 时,表示系统中的无功功率不足,应考虑加设无功补偿装置。

从改善电压质量和降低网络功率损耗的角度考虑,应避免通过电网元件大量传输无功功率。为此,我国电力工业有关技术导则规定:以 35kV 及以上电压等级直接供电的工业负荷,功率因数要达到 0.90 以上;对其他负荷,功率因数不低于 0.85。因此,仅从全系统的角度进行无功功率平衡是不够的,更重要的是应分地区、分电压等级地进行无功功率平衡,根据无功平衡的需求,增添必要的无功补偿容量,并按无功功率就地平衡的原则进行补偿容量的分配,小容量、分散的无功补偿可采用静止电容器;大容量的补偿可在系统电压中枢点采用同步调相机或静止无功补偿器。

电力系统在不同的运行方式下,可能分别出现无功功率不足和无功功率过剩的情况,从而导致系统的电压水平超出容许范围(过低或过高)。所以,在采取补偿措施时应该统筹兼顾,选用既能发出无功功率又能吸收无功功率的补偿装置。

5.3　电力系统的电压管理

5.3.1　中枢点的电压管理

电力系统进行电压调整的目的,就是要采用各种措施,使用户处的电压偏移保持在规定

的范围内。但是,由于电力系统结构复杂,负荷众多,如对每个用电设备电压都进行监视和调整,不仅不经济而且也没必要。因此,电力系统电压的监视和调整可通过监视、调整电压中枢点的电压来实现。

1. 电压中枢点的选择

电压中枢点是指电力系统中能够控制其他节点电压的少数几个比较重要的节点。选择电压中枢点必须满足两个条件:①本身的电压容易调整;②控制的范围比较大。因此常常被选为电压中枢点的节点有:

(1) 区域性水、火电厂的高压母线;

(2) 枢纽变电所的二次母线;

(3) 有大量地方负荷的发电机电压母线;

(4) 城市直降变电所二次母线。

2. 中枢点电压的调压方式

电力系统运行部门的一项电压管理工作,就是要编制中枢点的电压曲线,即如果将由某个中枢点供电的所有用电设备对电压的要求,计及网络中的电压损耗后,推算到这个中枢点,找出能同时满足这些用电设备对电压要求的一个允许的电压变化范围,只要保证这个中枢点的电压在这个变化范围内,则由它供电的所有用电设备的电压偏移就不会超出允许范围了。但如果各电力线路电压损耗的大小和变化规律相差很悬殊,完全有可能出现在某段时间段内,中枢点的电压不论取什么值,都不能同时满足这些负荷对电压质量要求的情况。另外,在进行系统规划设计时,各负荷点对电压质量的要求,以及对由中枢点供电的低电压等级电力网络结构等情况不明确,无法计算电压损耗,因此,难以根据上述方法确定中枢点电压控制的范围。这时只能对中枢点的电压提出原则性的要求,根据电力网络的性质大致确定一个允许的变动范围。为此规定了逆调压、顺调压、常调压这 3 种中枢点电压的调整方式,中枢点可根据具体情况选择一种作为调压依据。

1) 逆调压

如中枢点供电至各负荷的电力线路较长,各负荷的变化规律大致相同,且各负荷的变动较大,则在最大负荷时要提高中枢点的电压以抵偿电力线路上因最大负荷而增大的电压损失。在最小负荷时,则要将中枢点电压降低一些以防止负荷点的电压过高。这种最大负荷时升高电压,最小负荷时降低电压的中枢点电压调整方式称为"逆调压"。逆调压时,要求最大负荷时将中枢点电压升高至 $105\%V_N$,最小负荷时将其下降为 V_N(V_N 为电力线路的额定电压)。

2) 顺调压

如用户处允许较大的电压偏移或供电线路不长、负荷变动不大的中枢点,可采用"顺调压"方式,即最大负荷时允许中枢点电压低一些,但不得低于电力线路额定电压的 102.5%;最小负荷时允许中枢点电压高一些,但不得高于电力线路额定电压的 107.5%。

3) 常调压

介于上述两种情况之间的中枢点,可以采用"常调压",即在任何负荷下都保持中枢点电压为一基本不变的数值,一般比电力线路额定电压高 $(2\sim5)\%V_N$。

以上所述的都是电力系统正常运行时的调压要求。当系统发生事故时,因电压损耗比正常时大,对电压质量的要求允许降低一点,通常事故时的电压偏移允许较正常时再增大 5%。

5.3.2　电压调整的基本原理

保证电力系统正常电压水平的必要条件是系统有充足的无功功率电源,使系统在任何运行方式下都能维持无功功率平衡。但要保证系统中各处的负荷有良好的电压质量,还必须采取必要的调压措施。

现以如图 5-7 所示的简单电力系统为例,说明调压的基本原理。

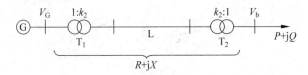

图 5-7　简单电力系统

发电机 G 通过升压变压器 T_1、输电线 L 和降压变压器 T_2 向负荷供电,要求调整负荷节点 b 的电压。为了简化讨论,略去线路的电容、变压器的励磁支路,变压器 T_1 和 T_2 的漏阻抗参数均已归算到高压侧,负荷节点 b 的电压为

$$V_b = (V_G k_1 - \Delta V)/k_2 \approx \left(V_G k_1 - \frac{PR+QX}{V}\right)\Big/k_2 \qquad (5\text{-}10)$$

式中,V_G 为发电机的端电压;k_1、k_2 分别为变压器 T_1 和 T_2 的变比;R、X 分别是网络的总电阻和总电抗。

由式(5-10)可知,为了调整负荷端电压 V_b 可以采用以下措施:

(1) 调节发电机的励磁电流以改变发电机的端电压 V_G;

(2) 通过适当选择变压器的变比 k 进行调压;

(3) 通过改变电力网络的无功功率 Q 分布进行调压;

(4) 通过改变输电线路参数 X 进行调压。

从式(5-10)可以看出,通过改变电力网络传输的有功功率 P,也可以调节负荷电压 V_b,但实际上一般不采用改变 P 来调压,一方面是因为系统中 $X \gg R$,$\Delta V = \frac{PR+QX}{V} \approx \frac{QX}{V}$,改变 P 对 ΔV 的影响不大;另一方面是因为有功功率电源只有发电机,而不能随意设置。电力线路传输的主要是有功功率,若为提高电压而减少传输的有功功率 P,显然是不适当的。

5.4　电力系统的电压措施

5.4.1　改变发电机端电压调压

改变发电机的励磁电流可以调节发电机的端电压,现代同步发电机在端电压偏离额定值不超过±5%时,仍能够以额定功率运行。由于这种调压措施不需要另外增加设备,所以应首先考虑采用。

对不同类型的电网,发电机调压所起的作用是不同的。

对由发电机不经升压直接供电的小型电力系统中,供电线路不长,线路电压损耗不大时,用发电机进行调压一般可满足调压要求。图 5-8 为单电源供电系统的发电机进行逆调压时的电压分布。

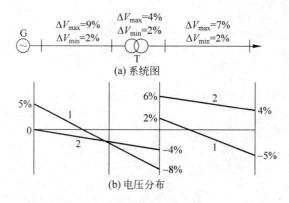

(a) 系统图

(b) 电压分布

图 5-8　发电机逆调压时的电压分布

当发电机电压恒定时,在最大负荷时,发电机母线至末端负荷点的总电压损耗为 20%;最小负荷时为 6%,末端负荷点电压变动范围为 14%,电压质量不能满足要求。现在用发电机进行逆调压,最大负荷时发电机端电压较额定电压升高 5%,考虑到变压器二次侧空载电压较额定电压高 10%,则末端负荷点电压较额定电压低 5%。在最小负荷时,发电机端电压为 V_N,则末端负荷点电压较额定电压高 4%,电压偏移在 ±5% 范围之内,电压质量得到满足。

对由发电机经多级变压向负荷供电的大中型电力系统,线路较长,供电范围较大,从发电厂到最远处的负荷之间的电压损耗和变化幅度都很大,这时,单靠发电机调压是不能解决问题的。所以,发电机采用逆调压方式调压主要是为了满足近处地方负荷的电压质量要求。对于远处负荷的电压变动,只能靠其他调压措施来解决。

对有若干发电厂并列运行的大型电力系统,利用发电机调压,会出现一些新问题。首先,当要提高发电机的电压时,该发电机输出的无功功率增大,这就要求进行电压调整的电厂有相当充裕的无功容量储备。另外,电力系统内并联运行的发电厂中,调整个别发电厂的母线电压,会引起系统中无功功率的重新分配,这可能同无功功率的经济分配发生矛盾。所以,在大型电力系统中发电机调压一般只作为一种辅助的调压措施。

5.4.2　选择变压器变比调压

选择变压器变比调压实际上就是根据调压要求,适当选择变压器的分接头,从而升高或降低变压器次级绕组的电压。

为了实现调压,在双绕组变压器的高压绕组上设有若干个分接头以供选择。对于三绕组变压器,一般在高压绕组和中压绕组设置分接头,变压器的低压绕组不设置分接头。普通变压器只能在停电的情况下改变分接头,而有载调压变压器可以在负载情况下进行分接头的切换。以下将分别讨论双绕组降压变压器和双绕组升压变压器的分接头选择方法。

1. 降压变压器分接头的选择

如图 5-9 所示为一台降压变压器的接线图和用理想变压器表示的等值电路图。

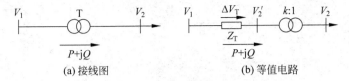

(a) 接线图　　　　　　　　　　(b) 等值电路

图 5-9　降压变压器及等值电路

设变压器高压侧实际电压为 V_1,归算到高压侧的变压器漏阻抗为 $Z_T = R_T + jX_T$,归算到高压侧的变压器绕组电压损耗为 ΔV_T,通过变压器的功率为 $P + jQ$,则有

$$\Delta V_T = \frac{PR_T + QX_T}{V_1} \tag{5-11}$$

如果变压器高压侧分接头电压与低压侧电压分别 V_{1t}、V_{2t},则变压器的变比 k 为

$$k = \frac{V_{1t}}{V_{2t}} \tag{5-12}$$

若变压器运行时低压侧在分接头选择后希望得到的电压为 V_2,按变比 k 归算到高压侧的电压为 V_2',则有

$$k = \frac{V_2'}{V_2} = \frac{V_1 - \Delta V_T}{V_2} \tag{5-13}$$

由于变压器低压侧只有一个额定抽头,所以 $V_{2t} = V_{2N}$,由式(5-12)和式(5-13)得

$$V_{1t} = \frac{V_1 - \Delta V_T}{V_2} V_{2N} \tag{5-14}$$

注意:V_{2N} 是变压器低压侧的额定电压,而不是电力网的额定电压。

当变压器通过不同的功率(P、Q)时,高压侧电压 V_1、电压损耗 ΔV_T、低压侧的希望电压 V_2 都要发生变化,通过计算可以求出在不同的负荷条件下,为满足低压侧的调压要求所应选择的高压分接头电压 V_{1t}。

由于普通的双绕组变压器的分接头只能在停电的情况下改变,所以,在正常的运行中无论负荷怎样变化,只能使用一个分接头。这时可以算出在最大负荷和最小负荷下所要求的分接头电压,然后取其平均值作为变压器分接头电压的计算值,即

$$V_{1t\,max} = \frac{V_{1max} - \Delta V_{T\,max}}{V_{2max}} V_{2N} \tag{5-15}$$

$$V_{1t\,min} = \frac{V_{1min} - \Delta V_{T\,min}}{V_{2min}} V_{2N} \tag{5-16}$$

$$V_{1t\cdot av} = (V_{1t\,max} + V_{1t\,min})/2 \tag{5-17}$$

根据 $V_{1t\cdot av}$ 值可以选择一个与它最接近的实际分接头。然后根据所选择的实际分接头的电压值校验:在最大负荷和最小负荷时变压器低压母线上的实际电压是否满足调压的要求。

【例 5-1】　某降压变压器接线图及其等值电路如图 5-10 所示。归算至高压侧的阻抗为 $R_T + jX_T = (2.44 + j40)\Omega$。已知在最大和最小负荷时通过变压器的功率分别为 $S_{max} = (28 + j14)MVA$ 和 $S_{min} = (10 + j6)MVA$,高压侧的电压分别为 $V_{1max} = 110kV$ 和 $V_{1min} = 113kV$。要求低压母线的电压变化不超过(6.0~6.6)kV 的范围,试选择变压器分接头。

解:先计算最大负荷及最小负荷时变压器的电压损耗

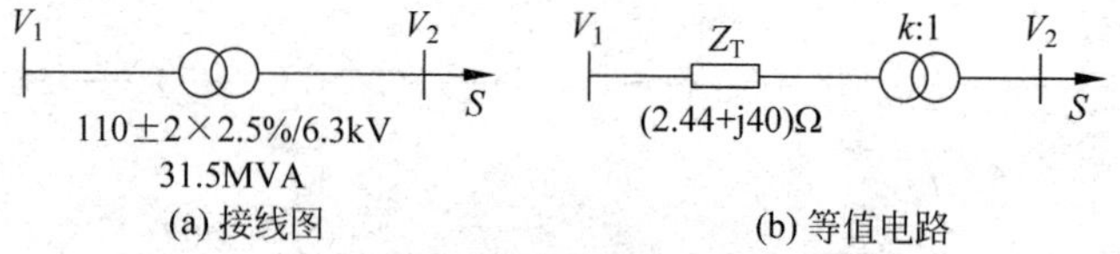

(a) 接线图　　　　　　　　　　(b) 等值电路

图 5-10　例 5-1 的降压变压器接线图及等值电路

$$\Delta V_{T\,max} = \frac{28 \times 2.44 + 14 \times 40}{110} = 5.7(kV)$$

$$\Delta V_{T\,min} = \frac{10 \times 2.44 + 6 \times 40}{113} = 2.34(kV)$$

由于普通降压变压器采用相对较容易实现的顺调压方式进行调压,所以,在最大负荷时变压器低压侧的电压取为 $V_{2max}=6.0kV$,在最小负荷时取为 $V_{2min}=6.6kV$,可得

$$V_{1t\,max} = \frac{(110 - 5.7) \times 6.3}{6.0} = 109.4(kV)$$

$$V_{1t\,min} = \frac{(113 - 2.34) \times 6.3}{6.6} = 105.6(kV)$$

取算术平均值

$$V_{1t\cdot av} = \frac{1}{2}(109.4 + 105.6) = 107.5(kV)$$

选择最接近于计算值的实际分接头为 $V_{1t}=107.25kV$。按所选的实际分接头校验变压器的低压母线的实际电压是否满足调压要求。即

$$V_{2max} = \frac{(110 - 5.7) \times 6.3}{107.25} = 6.13(kV) > 6kV$$

$$V_{2min} = \frac{(113 - 2.34) \times 6.3}{107.25} = 6.5(kV) < 6.6kV$$

可见,所选的分接头(-2.5%)能满足调压要求。

2. 升压变压器分接头的选择

升压变压器高压侧分接头的选择方法与降压变压器分接头选择方法类同,不同的是升压变压器功率传送的方向是从低压侧送往高压侧。如图 5-11 为一台升压变压器接线图和其等值电路图。

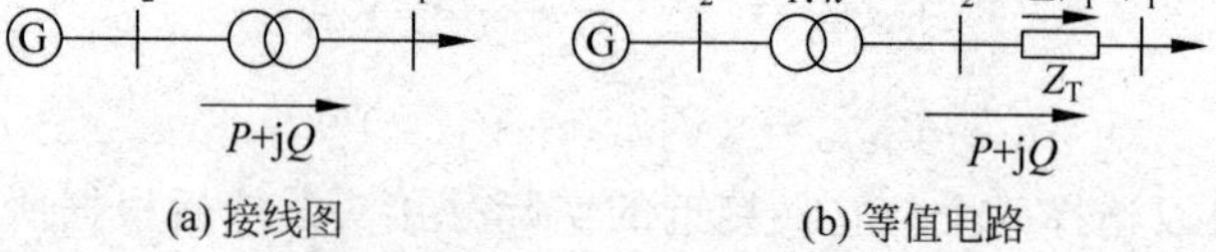

(a) 接线图　　　　　　　　　　(b) 等值电路

图 5-11　升压变压器接线图及等值电路

因为变压器低压绕组只有一个额定抽头,即 $V_{2t}=V_{2N}$,根据如图 5-11(b)所示的等值电路可得

$$k = \frac{V_{1t}}{V_{2t}} = \frac{V_2'}{V_2} = \frac{V_1 + \Delta V_T}{V_2} \tag{5-18}$$

所以

$$V_{1t} = \frac{V_1 + \Delta V_T}{V_2} V_{2N} \qquad (5\text{-}19)$$

式中，V_2 为变压器低压侧的实际电压给定电压；V_1 为高压侧所要求的电压。

这里要注意的是升压变压器的额定电压与降压变压器的额定电压略有差异。另外，选择发电厂中升压变压器的分接头时，在最大负荷和最小负荷情况下，要求发电机的端电压不能超出规定的允许范围。如果在发电机电压母线上有地方负荷，则应当满足地方负荷对发电机母线的调压要求，一般可采用逆调压方式调压。

【例 5-2】 某升压变压器的额定容量 31.5MVA，变比为 $121\pm2\times2.5\%/6.3$kV，归算到高压侧的阻抗为 $(3+j48)\Omega$，在最大负荷和最小负荷时，通过变压器的功率分别为 $S_{max}=(25+j18)$MVA 和 $S_{min}=(14+j10)$MVA，高压侧的要求电压分别为 $V_{1max}=120$kV 和 $V_{1min}=144$kV。发电机电压的可能调整范围是 $(6.0\sim6.6)$kV，试选择变压器分接头。

解：先计算最大负荷及最小负荷时变压器的电压损耗

$$\Delta V_{T\,max} = \frac{25\times3+18\times48}{120} = 7.825(\text{kV})$$

$$\Delta V_{T\,min} = \frac{14\times3+10\times48}{144} = 4.579(\text{kV})$$

根据所给发电机电压的可能调整范围，以及升压变压器采用逆调压的特点，可得

$$V_{1t\,max} = \frac{(120+7.825)\times6.3}{6.6} = 122.015(\text{kV})$$

$$V_{1t\,min} = \frac{(144+4.579)\times6.3}{6.0} = 124.508(\text{kV})$$

取算术平均值

$$V_{1t\cdot av} = \frac{1}{2}(122.015+124.508) = 123.262(\text{kV})$$

选择最接近于计算值的实际分接头为 $V_{1t}=124.025$kV$(+2.5\%)$。校验发电机端电压是否满足实际要求。即

$$V_{2max} = \frac{(120+7.825)\times6.3}{124.025} = 6.493(\text{kV}) < 6.6\text{kV}$$

$$V_{2min} = \frac{(144+4.579)\times6.3}{124.025} = 6.023(\text{kV}) > 6.0\text{kV}$$

计算结果表明：所选分接头能满足调压要求。

三绕组变压器分接头的计算公式类同于双绕组变压器。由于三绕组变压器在高压侧和中压侧都有分接头，需要分别选出高压侧和中压侧绕组分接头。所以可以用与双绕组变压器相同的方法，作两次计算，分别求出高压侧分接头电压 V_{1t} 和中压侧分接头电压 V_{2t}。至于先选择哪一侧的分接头，要根据变压器的功率流向来确定。对于三绕组降压变压器（功率从高压侧流向中、低压侧），应首先按低压母线的调压要求选出高压侧的分接头（此时高、低压绕组相当于一个双绕组变压器）。当高压绕组的分接头选定后，再按中压母线的调压要求选取中压绕组的分接头（此时高、中压绕组相当于一个双绕组变压器）。

采用上述普通变压器有时会出现这种情况，即不论选取哪一个分接头电压，都不能同时使最大负荷和最小负荷下低压母线的实际电压符合调压要求。这时，只能采用有载调压变压器。有载调压变压器可以在有载的情况下更改分接头，不同的负荷水平有不同的变比，而

且调节范围更大,调节挡位更精细,如 $V_N\pm3\times2.5\%$、$V_N\pm4\times2.0\%$、$V_N\pm8\times1.25\%$ 分别有 7 个、9 个、17 个分接头可供选择,等等。

5.4.3 改变网络中无功功率分布调压

无功功率的产生基本上不消耗能源,但是无功功率沿电力网传送却要引起有功功率损耗和电压损耗,在负荷点适当地装设无功补偿容量,既可以对系统中所缺的无功进行补偿,又可以改变电力网的无功潮流分布,从而减少网络中传送无功而产生的有功功率损耗和电压损耗,从而改善用户处的电压质量,下面只从调压的角度来讨论无功补偿问题。

如图 5-12 所示为一简单电力网,供电点电压 V_1 和变电所低压侧的负荷功率 $P+jQ$ 已给定,线路对地电容和变压器的励磁支路忽略不计。在变电所低压侧未加补偿装置前,若不计电压降落的横分量,供电点的电压可表示为

$$V_1 = V_2' + \frac{PR + QX}{V_2'} \tag{5-20}$$

式中,V_2' 为补偿前归算到高压侧的变电所低压母线电压。

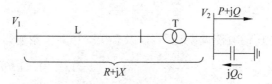

图 5-12   简单电力网的无功功率补偿

在变电所低压侧设置容量为 Q_C 的无功补偿设备后,网络传送到负荷点的无功功率将变为($Q-Q_C$),这时供电点的电压表示为

$$V_1 = V_{2C}' + \frac{PR + (Q - Q_C)X}{V_{2C}'} \tag{5-21}$$

式中,V_{2C}' 为补偿后归算到高压侧的变电所低压母线电压。

如果补偿前后供电点电压 V_1 保持不变,则有

$$V_2' + \frac{PR + QX}{V_2'} = V_{2C}' + \frac{PR + (Q - Q_C)X}{V_{2C}'} \tag{5-22}$$

由此可解得使变电所低压母线的归算电压从 V_2' 改变到 V_{2C}' 时所需要的无功补偿容量为

$$Q_C = \frac{V_{2C}'}{X}\left[(V_{2C}' - V_2') + \left(\frac{PR + QX}{V_{2C}'} - \frac{PR + QX}{V_2'}\right)\right] \tag{5-23}$$

其中,方括号中的第 2 项的数值一般很小,可以忽略,于是式(5-23)可简化为

$$Q_C = \frac{V_{2C}'}{X}(V_{2C}' - V_2') \tag{5-24}$$

若变电所中变压器的变比选为 k,经过补偿后变电所低压侧要求保持的实际电压为 V_{2C},则 $V_{2C}' = kV_{2C}$,将其代入式(5-24),可得

$$Q_C = \frac{kV_{2C}}{X}(kV_{2C} - V_2') = \frac{k^2 V_{2C}}{X}\left(V_{2C} - \frac{V_2'}{k}\right) \tag{5-25}$$

由此可见,补偿容量的大小,不仅取决于调压要求,还与降压变压器的变比选择有关。因此,在确定补偿容量 Q_C 之前,先要选择适当的变压器分接头,以确定变压器的变比。变

比选择的原则是:在满足调压的要求下,使无功补偿容量为最小。

由于无功补偿设备的性质不同,选择变比的条件也不相同,现分别介绍如下。

1. 补偿设备为静电电容器

通常在大负荷时降压变电所的电压偏低,在小负荷时电压偏高。电容器只能发出感性无功功率以提高电压,但电压过高时却不能吸收感性无功功率来使电压降低。为了充分利用补偿容量,在最大负荷时电容器应全部投入,在最小负荷时全部退出。计算步骤如下。

首先,根据调压要求,按最小负荷时没有补偿的情况确定变压器的分接头。按如图 5-12 所示的等值电路,类同于式(5-16),有

$$V_{t} = \frac{V_1 - \Delta V_{T\min}}{V_{2\min}} V_{2N} = \left(V_1 - \frac{P_{\min}R + Q_{\min}X}{V_1} \right) \frac{V_{2N}}{V_{2\min}} \tag{5-26}$$

式中,$V_{2\min}$ 为最小负荷时变电所低压母线要求保持的实际电压。

根据变压器高压侧分接头电压的计算值 V_t 来选择最接近的分接头,从而确定变压器的变比 k。

其次,按最大负荷的调压要求计算补偿容量,即

$$Q_{C} = \frac{V_{2C\max}}{X} \left(V_{2C\max} - \frac{V'_{2\max}}{k} \right) k^2 \tag{5-27}$$

式中,$V'_{2\max}$ 为补偿前最大负荷时变电所低压母线归算到高压侧的电压;$V_{2C\max}$ 为补偿后最大负荷时变电所低压母线要求保持的实际电压。

按式(5-27)算得的补偿容量 Q_C,从产品目录中选择合适的设备。

最后,根据确定的变比和选定的静电电容器容量,校验低压母线电压是否满足调压要求。

2. 补偿设备为同步调相机

同步调相机既能过励磁运行,发出感性无功功率使电压升高,也能欠励磁运行,吸收感性无功功率使电压下降,但吸收的无功功率只是发出的感性无功功率的 $50\% \sim 65\%$。计算步骤如下。

首先,根据上述条件确定变压器变比 k。最大负荷时,同步调相机容量为

$$Q_{C} = \frac{V_{2C\max}}{X} \left(V_{2C\max} - \frac{V'_{2\max}}{k} \right) k^2 \tag{5-28}$$

用 α 代表数值范围($0.5 \sim 0.65$),则最小负荷时,同步调相机容量为

$$-\alpha Q_{C} = \frac{V_{2C\min}}{X} \left(V_{2C\min} - \frac{V'_{2\min}}{k} \right) k^2 \tag{5-29}$$

两式相除,得

$$-\alpha = \frac{V_{2C\min}(kV_{2C\min} - V'_{2\min})}{V_{2C\max}(kV_{2C\max} - V'_{2\max})} \tag{5-30}$$

由式(5-30)可解出

$$k = \frac{\alpha V_{2C\max}V'_{2\max} + V_{2C\min}V'_{2\min}}{\alpha V^2_{2C\max} + V^2_{2C\min}} \tag{5-31}$$

其次,根据式(5-31)计算得到的 k 值,求得变压器高压侧分接头电压的计算值 $V_t = kV_{2N}$。按照 V_t 选择变压器高压侧最接近的分接头电压 V'_t,并确定变压器的实际变比 $k' = V'_t/V_{2N}$。将已确定的变压器变比 k' 代入式(5-28)可求出应安装的调相机容量 Q_C。根据产

品目录选出与此容量相近的调相机。

最后,根据确定的变比和选定的调相机容量,校验低压母线电压是否满足调压要求。

【例 5-3】　如图 5-13 所示的简单电力网络中降压变压器变比为 $110\pm2\times2.5\%/11\text{kV}$,略去变压器励磁支路和线路对地电容后的等值电路如图 5-13(b)所示,图中阻抗归算到高压侧,T 代表理想变压器。网络首端电压 $V_1=118\text{kV}$,且维持不变,变电所低压母线电压要求保持 10.5kV,试确定在选择两种不同的无功补偿装置时,该低压母线上应设置的无功补偿容量:(1)静电电容器;(2)同步调相机。

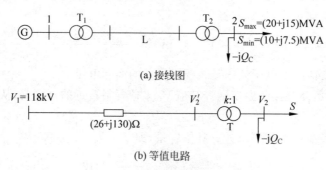

(a) 接线图

(b) 等值电路

图 5-13　例 5-3 的简单电力网络

解:首先计算未补偿时归算到高压侧的低压母线电压。由于已知始端电压,则先求出始端功率以便计算电压损耗。

$$\Delta S_{\text{max}} = \frac{20^2+15^2}{110^2}\times(26+j130) = 1.34+j6.72(\text{MVA})$$

$$\Delta S_{\text{min}} = \frac{10^2+7.5^2}{110^2}\times(26+j130) = 0.34+j1.68(\text{MVA})$$

始端功率为

$$S_{1\text{max}} = S_{\text{max}}+\Delta S_{\text{max}} = (20+j15+1.34+j6.72) = 21.34+j21.72(\text{MVA})$$

$$S_{1\text{min}} = S_{\text{min}}+\Delta S_{\text{min}} = (10+j7.5+0.34+j1.68) = 10.34+j9.18(\text{MVA})$$

用始端功率及电压计算电压损耗,得

$$V'_{2\text{max}} = V_1-\frac{P_{1\text{max}}R+Q_{1\text{max}}X}{V_1} = \left(118-\frac{21.34\times26+21.72\times130}{118}\right) = 89.37(\text{kV})$$

$$V'_{2\text{min}} = V_1-\frac{P_{1\text{min}}R+Q_{1\text{min}}X}{V_1} = \left(118-\frac{10.34\times26+9.18\times130}{118}\right) = 105.61(\text{kV})$$

(1) 选择电容器的容量:按最小负荷电容器全部退出的运行方式,计算变压器分接头电压,即

$$V_t = \frac{V'_{2\text{min}}}{V_{2\text{min}}}V_{2N} = \frac{105.61}{10.5}\times11 = 110.69(\text{kV})$$

最接近的抽头电压为 110kV,由此得降压变压器的变比为 $k=\dfrac{110}{11}=10$。

按最大负荷运行方式求补偿容量为

$$Q_C = \frac{V_{2C\text{max}}}{X}\left(V_{2C\text{max}}-\frac{V'_{2\text{max}}}{k}\right)k^2 = \frac{10.5}{130}\left(10.5-\frac{89.37}{10}\right)\times10^2 = 12.62(\text{Mvar})$$

取补偿容量为 12MVar,校验最大负荷时低压母线的实际电压

$$\Delta S_{\text{Cmax}} = \frac{20^2 + (15-12)^2}{110^2} \times (26 + \text{j}130) = 0.88 + \text{j}4.4(\text{MVA})$$

$$S_{\text{1Cmax}} = (20 + \text{j}(15-12) + 0.88 + \text{j}4.4) = 20.88 + \text{j}7.4(\text{MVA})$$

$$V'_{\text{2Cmax}} = V_1 - \frac{P_{\text{1Cmax}}R + Q_{\text{1Cmax}}X}{V_1} = 118 - \frac{20.88 \times 26 + 7.4 \times 130}{118} = 105.25(\text{kV})$$

故

$$V_{\text{2Cmax}} = \frac{V'_{\text{2Cmax}}}{k} = \frac{105.25}{10} = 10.526(\text{kV})$$

$$V_{\text{2min}} = \frac{V'_{\text{2min}}}{k} = \frac{105.61}{10} = 10.561(\text{kV})$$

对低压母线要求电压的偏移:

最大负荷时
$$\frac{10.526 - 10.5}{10.5} \times 100\% = 0.25\%$$

最小负荷时
$$\frac{10.561 - 10.5}{10.5} \times 100\% = 0.58\%$$

可见,设置 12Mvar 的电容器可满足调压要求。

(2) 选择调相机的容量:由式(5-31)求变压器变比为

$$k = \frac{\alpha V_{\text{2Cmax}} V'_{\text{2max}} + V_{\text{2Cmin}} V'_{\text{2min}}}{\alpha V^2_{\text{2Cmax}} + V^2_{\text{2Cmin}}} = \frac{(0.5 \sim 0.65) \times 10.5 \times 89.37 + 10.5 \times 105.61}{(0.5 \sim 0.65) \times 10.5^2 + 10.5^2}$$

$$= 9.54 \sim 9.47$$

取平均值 $k_{\text{av}} = \frac{1}{2}(9.54 + 9.47) = 9.51$,取分接头 $k = 110(1 - 2 \times 2.5\%)/11 = 9.5$,按

式(5-28)计算调相机容量

$$Q_{\text{C}} = \frac{V_{\text{2Cmax}}}{X}\left(V_{\text{2Cmax}} - \frac{V'_{\text{2max}}}{k}\right)k^2 = \frac{10.5}{130}\left(10.5 - \frac{89.37}{9.5}\right) \times 9.5^2 = 7.96(\text{Mvar})$$

选取最接近标准容量的同步调相机,其额定容量为 7.5MVA。

校验变电所低压母线电压。

最大负荷时调相机按额定容量过励磁运行,因而有

$$\Delta S_{\text{Cmax}} = \frac{20^2 + (15-7.5)^2}{110^2} \times (26 + \text{j}130) = 0.98 + \text{j}4.9(\text{MVA})$$

$$S_{\text{1Cmax}} = (20 + \text{j}(15-7.5) + 0.98 + \text{j}4.9) = 20.98 + \text{j}12.4(\text{MVA})$$

$$V'_{\text{2Cmax}} = 118 - \frac{20.98 \times 26 + 12.4 \times 130}{118} = 99.72(\text{kV})$$

$$V_{\text{2Cmax}} = 99.72/9.5 = 10.497(\text{kV})$$

电压偏移为

$$\frac{10.497 - 10.5}{10.5} \times 100\% = -0.03\%$$

最小负荷时调相机按 50% 额定容量欠励磁运行,因而有

$$\Delta S_{\text{Cmin}} = \frac{10^2 + (7.5 + 3.75)^2}{110^2} \times (26 + \text{j}130) = 0.49 + \text{j}2.43(\text{MVA})$$

$$S_{\text{1Cmin}} = 10 + \text{j}(7.5 + 3.75) + 0.49 + \text{j}2.43 = 10.49 + \text{j}13.68(\text{MVA})$$

$$V'_{\text{2Cmin}} = 118 - \frac{10.49 \times 26 + 13.68 \times 130}{118} = 100.62(\text{kV})$$

$$V_{2Cmin} = 100.62/9.5 = 10.59(\text{kV})$$

电压偏移为

$$\frac{10.59-10.5}{10.5} \times 100\% = 0.86\%$$

若按 60％欠励磁运行，$V_{2Cmin}=10.48\text{kV}$，调相机容量选择恰当。

5.4.4　改变输电线路参数进行调压

在线路上串联接入静电电容器，利用电容器的容抗补偿线路的感抗，使电压损耗 QX/V 分量减小，从而可提高线路末端电压。对如图 5-14 所示的架空输电线路，未加串联电容补偿前有

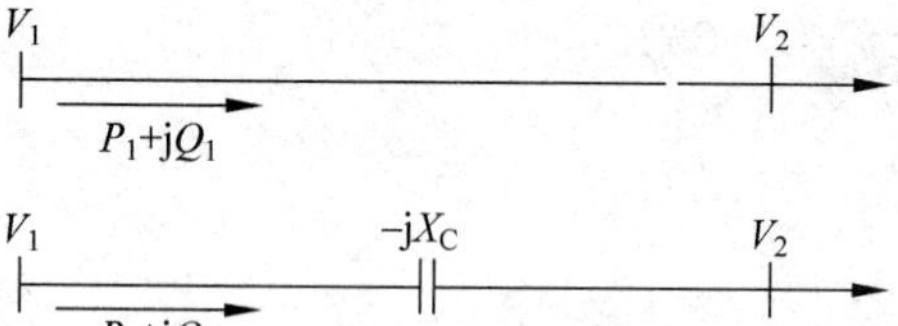

$$\Delta V = \frac{P_1 R + Q_1 X}{V_1} \tag{5-32}$$

线路上串联容抗为 X_C 的电容器，其电压损耗为

$$\Delta V_C = \frac{P_1 R + Q_1 (X - X_C)}{V_1} \tag{5-33}$$

图 5-14　串联电容补偿

静电电容器在补偿前的线路末端电压为 V_2，而补偿后线路的末端电压为 V_{2C}，末端电压提高的数值为

$$V_{2C} - V_2 = (V_1 - V_2) - (V_1 - V_{2C}) = \Delta V - \Delta V_C = \frac{Q_1 X_C}{V_1} \tag{5-34}$$

则

$$X_C = \frac{(V_{2C} - V_2) V_1}{Q_1} \tag{5-35}$$

式(5-35)说明：根据线路电压需要提高的数值$(V_{2C} - V_2)$，就可以求得补偿电容器的容抗值 X_C，从而可以计算出电容器的总容量 Q_C 为

$$Q_C = 3 I_{Cmax}^2 X_C \tag{5-36}$$

式中，I_{Cmax}是通过电容器的最大工作电流。

实际上，串联的电容器是由若干单个电容器串、并联组成，如图 5-15 所示。如果每台电容器的额定电压为 V_{NC}，额定电流为 I_{NC}，额定容量为 $Q_{NC}=V_{NC}I_{NC}$，则可根据通过的最大工作电流 I_{Cmax} 和所需的容抗值 X_C 分别计算电容器串、并联的台数 n、m 以及三相电容器的总容量 Q_C

$$m I_{NC} \geqslant I_{Cmax} \tag{5-37}$$

$$n V_{NC} \geqslant I_{Cmax} X_C \tag{5-38}$$

$$Q_C = 3 mn Q_{NC} = 3 mm V_{NC} I_{NC} \tag{5-39}$$

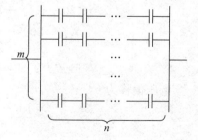

图 5-15　串联电容器组

补偿所需的容抗值 X_C 与被补偿线路原来感抗值 X_L 之比 k_C 称为补偿度，即

$$k_C = \frac{X_C}{X_L} \tag{5-40}$$

在配电网络中以调压为目的的串联电容补偿，其补偿度一般为 1～4，至于超高压输电

线路中的串联电容补偿,其作用在于提高输送容量和提高系统运行的稳定性,这将在后面章节中讨论。

【例 5-4】　一条 35kV 的线路,全线路阻抗为 $(10+j10)\Omega$,输送功率为 $(7+j6)\mathrm{MVA}$,线路首端电压为 35kV,欲使线路末端电压不低于 33kV,试确定串联补偿容量。

解:补偿前线路的电压损耗及线路末端电压

$$\Delta V = \frac{7 \times 10 + 6 \times 10}{35} = 3.71(\mathrm{kV})$$

$$V_2 = 35 - 3.71 = 31.29(\mathrm{kV})$$

补偿后所需的容抗为

$$X_\mathrm{C} = \frac{(V_{2\mathrm{C}} - V_2)V_1}{Q_1} = \frac{(33 - 31.29) \times 35}{6} = 9.98(\Omega)$$

线路通过的最大电流为

$$I_\mathrm{max} = \frac{\sqrt{7^2 + 6^2}}{\sqrt{3} \times 35} \times 1000 = 152.1(\mathrm{A})$$

选用额定电压为 $V_\mathrm{NC} = 0.6\mathrm{kV}$、容量为 $Q_\mathrm{NC} = 20\mathrm{kvar}$ 的单相油浸纸质串联电容器,每个电容器的额定电流为

$$I_\mathrm{NC} = \frac{Q_\mathrm{NC}}{V_\mathrm{NC}} = \frac{20}{0.6} = 33.33(\mathrm{A})$$

每个电容器的容抗为

$$X_\mathrm{NC} = \frac{V_\mathrm{NC}}{I_\mathrm{NC}} = \frac{600}{33.33} = 18(\Omega)$$

需要并联的个数

$$m \geqslant \frac{I_\mathrm{max}}{I_\mathrm{NC}} = \frac{152.1}{33.33} = 4.56$$

需要串联的个数

$$n \geqslant \frac{I_\mathrm{max} X_\mathrm{C}}{V_\mathrm{NC}} = \frac{152.1 \times 9.98}{600} = 2.53$$

因此,选 $m=5, n=3$。

总补偿容量为

$$Q_\mathrm{C} = 3mnQ_\mathrm{NC} = 3 \times 5 \times 3 \times 20 = 900(\mathrm{kvar})$$

实际的补偿容抗为

$$X_\mathrm{C} = \frac{3X_\mathrm{NC}}{5} = \frac{3 \times 18}{5} = 10.8(\Omega)$$

补偿度为

$$k_\mathrm{C} = \frac{X_{m\mathrm{C}}}{X_\mathrm{L}} = \frac{10.8}{10} = 1.08$$

补偿后的线路末端电压为

$$V_{2\mathrm{C}} = 35 - \frac{7 \times 10 + 6 \times (10 - 10.8)}{35} = 33.14(\mathrm{kV})$$

5.5 各种调压措施的合理应用

从全局来讲,电压质量问题是电力系统的电压水平问题。为了确保运行中的系统具有正常的电压水平,系统拥有的无功功率电源必须满足在正常电压水平下的无功需求。

利用发电机调压不需要增加费用,是发电机直接供电的小系统的主要调压手段。在多机系统中,调节发电机的励磁电流要引起发电机间无功功率的重新分配,应该根据发电机与系统的连接方式和承担有功负荷的情况,合理地规定各发电机调压装置的额定值。利用发电机调压时,发电机的无功功率输出不应超出允许的限值。

当系统的无功功率供应比较充裕时,各变电所的调压问题可以通过选择变压器的分接头来解决。当最大负荷和最小负荷两种情况下的电压变化幅度不很大又不要求逆调压时,适当调整普通变压器的分接头一般就可满足调压要求。当电压变化幅度比较大或要求逆调压,普通变压器不能满足调压要求时,可采用有载调压变压器灵活地满足调压要求。有载调压变压器可以装设在枢纽变电所,也可以装设在大容量的用户处。

但是,在系统无功功率不足的条件下,不宜采用调整变压器分接头的办法来提高电压。因为当某一地区的电压由于变压器分接头的改变而升高后,该地区所需的无功功率也增大了,这就可能进一步扩大系统的无功缺额,从而导致整个系统的电压水平更加下降。所以从全局来看,当系统无功不足时,不宜采用改变变压器变比进行调压。

改变网络中无功功率分布调压主要通过并联电容补偿来实现,改变输电线路参数进行调压主要通过串联电容补偿来实现,从调压的角度看,并联电容补偿的作用和串联电容补偿的作用都在于减少电压损耗中的 QX/V 分量,并联电容补偿负荷的无功功率能减少 Q,串联电容补偿的线路参数能减少 X。只有在电压损耗中 QX/V 分量占有较大比重时,这两种调压措施的调压效果才明显。

相比之下,就调压效果而言,一般串联补偿优于并联补偿。若要提高相同大小的电压值,所需串联电容容量是并联电容器容量的 20% 左右。这是因为串联补偿在线路上产生负的电压降直接抵消线路的电压降以提高末端电压,并且提高电压的数值 QX_C/V 随无功负荷大小而变,负荷大时增大,负荷小时减小,恰好与调压要求一致,对电压起正向调节作用。并联补偿是通过改变流动的无功功率来减小电压降落,即 $(Q-Q_C)X/V$,其效果不如串联补偿显著,对电压的调节为负效应,即负荷大时,减小的电压降落小,负荷小时,减小的电压降落大,若随负荷变动由操作来投入或切除电容器又需要时间。因此,在负荷变化大且频繁、功率因数较低的网络,宜采用串联电容补偿。

然而,并联电容补偿通过减小电力线路流通的无功功率可直接减少线路的有功损耗,串联电容补偿则主要借提高电力线路的电压水平来减少线路的有功损耗。所以,如设置的电容器容量相等,并联电容补偿在减小电力线路的有功损耗方面的作用比串联电容补偿大。

上述各种调压措施的具体应用,只是一种粗略的概括。对于实际电力系统的调压问题,需要根据具体的情况对可能采用的措施进行技术、经济上的比较后,才能找出合理的解决方案。

最后还要指出,在处理电压调整问题时,保证系统在正常运行方式下有合乎标准的电压质量是最基本的要求。此外还要使系统在某些特殊运行方式下(例如检修或故障后)的电压偏移不超过允许的范围。如果正常状态下的调压措施不能满足这一要求,还应考虑采取特殊运行方式下的补充调压手段。

本章小结

　　电力系统的运行电压水平同无功功率平衡密切相关。为了确保系统的运行电压具有正常水平,系统拥有的无功功率电源必须满足正常电压水平下的无功需求,并留有必要的备用容量。现代电力系统在不同的运行方式下可能出现的无功不足或无功过剩,都应有相应的解决措施。

　　从改善电压质量和减少网损的角度考虑,必须尽量做到无功功率的就地平衡,尽量减少无功功率长距离和跨电压级的传送,这是实现有效的电压调整的基本条件。

　　本章介绍了无功功率电源、无功功率负荷、无功功率损耗以及无功功率平衡与电压的基本关系。电力系统的电压管理,是通过对电力系统中电压中枢点的管理来实现的,对中枢点电压管理一般是根据由中枢点供电的线路和负荷的实际运行情况,采用适当的电压调整方式(即逆调压、顺调压、常调压)来实现的。为实现某种调压方式所采取的具体调压措施有:改变发电机的端电压;改变变压器的变比调压;改变电力网络的无功功率分布调压;改变输电线路参数调压。每种调压措施都有其自身的特点和应用场合,但从电力系统全局的电压水平来讲,为了确保运行中的系统具有正常的电压水平,系统拥有的无功功率电源必须满足在正常电压水平下的无功需求。

习题

　　5-1　电压变动时,对用户有什么影响?

　　5-2　电力系统中无功负荷和无功损耗主要指的是什么?

　　5-3　如何进行电力系统无功功率平衡? 在何种状态下才有意义?

　　5-4　电力系统中无功功率电源有哪些? 发电机的运行极限是如何确定的?

　　5-5　何为电力系统的电压中枢点? 系统的电压中枢点有哪三种调压方式? 其要求如何?

　　5-6　简要说明电力系统的电压调整可以采取哪些措施?

　　5-7　当电力系统无功功率不足时,是否可以通过改变变压器变比来进行调压? 为什么?

　　5-8　有载调压变压器和普通变压器有何区别? 在什么情况下宜于采用有载调压变压器?

　　5-9　在按调压要求选择无功补偿设备容量时,选用并联电容器和调相机是如何考虑的?

　　5-10　比较并联电容器补偿和串联电容器补偿的特点及其在电力系统中的使用情况。

　　5-11　35kV 电力网如图 5-16 所示,已知:线路长度为 25km,$r_1 = 0.33\Omega/\text{km}$,$x_1 = 0.38\Omega/\text{km}$,变压器归算到高压侧的阻抗为 $Z_\text{T} = (1.63 + \text{j}12.2)\Omega$,变电所低压母线额定电压为 10kV,最大负荷 $S_\text{LDmax} = (4.8 + \text{j}3.6)\text{MVA}$,最小负荷 $S_\text{LDmin} = (2.4 + \text{j}1.8)\text{MVA}$。调压要求:最大负荷时不低于 10.25kV,最小负荷时不高于 10.75kV。若线路首端电压维持

36kV 不变,试选择变压器分接头。

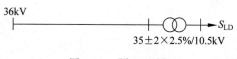

图 5-16　题 5-11 图

　　5-12　如图 5-17 所示为一升压变压器,其额定容量为 31.5MVA,变比为 $10.5/121\pm2\times$ 2.5%,归算到高压侧的阻抗 $Z_T=(3+j48)\Omega$,通过变压器的功率 $S_{max}=(24+j16)$MVA, $S_{min}=(13+j10)$MVA。高压侧调压要求 $V_{max}=120$kV,$V_{min}=110$kV,发电机电压的可能调整范围为 $10\sim11$kV,试选择变压器分接头。

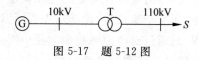

图 5-17　题 5-12 图

　　5-13　在如图 5-18 所示的网络中,线路和变压器归算到高压侧的阻抗分别为 $Z_L=(17+j40)\Omega$ 和 $Z_T=(2.32+j40)\Omega$,10kV 侧负荷为 $S_{LDmax}=(30+j18)$MVA,$S_{LDmin}=(12+j9)$MVA。若供电点电压 $V_S=117$kV 保持恒定,变电所低压母线电压要求保持为 10.4kV 不变,试配合变压器分接头 $110\pm2\times2.5\%/11$kV 的选择,确定并联补偿无功设备容量: (1)采用静电电容;(2)采用同步调相机。

图 5-18　题 5-13 图

　　5-14　35kV 电力网如图 5-19 所示,线路和变压器归算到 35kV 侧的阻抗分别为 $Z_L=(9.9+j12)\Omega$ 和 $Z_T=(1.3+j10)\Omega$,负荷功率 $S_{LD}=(8+j6)$MVA。线路首端电压保持为 37kV,降压变电所低压母线的调压要求为 10.25kV,若变压器工作在主抽头不调:

　　(1)试计算采用串联电容器补偿调压所需的最小容量;

　　(2)若使用 YY6.3-12-1 型电容器(每个 $V_N=6.3$kV,12kVar),确定采用串联电容器补偿所需电容器的个数和容量。

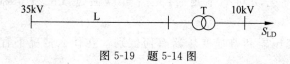

图 5-19　题 5-14 图

第6章 电力系统短路的基本概念及三相短路的实用计算方法

内容提要：主要介绍短路的基本概念,电力网络化简的基本方法,无限大容量电源供电系统三相短路的暂态过程分析,以及电力系统三相短路的实用计算方法。

基本概念：短路,无限大容量电源,短路冲击电流,短路电流最大有效值,短路功率,起始次暂态电流,转移电抗,计算电抗,计算曲线。

重点：短路的概念及电力系统三相短路的实用计算方法。

难点：网络的等值变换及化简。

6.1 短路的一般概念

6.1.1 短路的原因、类型及后果

电力系统中一切不正常的相与相之间或相与地之间发生通路的情况称作短路,短路是电力系统的严重故障。

短路发生的原因是多种多样的,其中主要的原因是:

(1) 电气设备及载流导体因绝缘老化、遭受机械损伤,或因雷击、过电压引起绝缘损坏;

(2) 架空线路因大风或导线覆冰引起杆塔倒塌,或因鸟兽跨接裸露导体管线;

(3) 电气设备因设计、安装及维护不良导致的设备缺陷引发的短路;

(4) 运行人员违反安全操作规程而误操作,如运行人员带负荷拉隔离开关,线路或设备检修后未拆除接地线就合闸送电等。

在电力系统中,可能发生的短路有三相短路、两相短路、两相短路接地和单相接地短路。其中三相短路也称为对称短路,系统各相与正常运行时一样仍处于对称状态。其他类型的短路都是不对称短路。电力系统运行经验表明,三相短路是最严重的短路,但发生概率很小,最常见的短路是单相接地短路,占短路总次数的80%以上。各类短路的示意图和代表符号列于表 6-1。

表 6-1　各类短路的示意图和代表符号

短路类型	示意图	短路代表符号
三相短路	$\begin{matrix} a \\ b \\ c \end{matrix}$	$f^{(3)}$
两相短路	$\begin{matrix} a \\ b \\ c \end{matrix}$	$f^{(2)}$

短 路 类 型	示 意 图	短路代表符号
两相短路接地	a b c	$f^{(1,1)}$
单相接地短路	a b c	$f^{(1)}$

　　短路发生的地点、短路持续的时间、短路的类型直接决定了短路的危害程度,这种危害可能是局部的,也可能是全局性的。一般而言,短路的危害表现在以下几个方面:

　　(1) 短路电流可能达到正常工作电流的十几倍到几十倍,从而使电气设备的载流部分产生巨大的机械应力,可能破坏设备的机械结构。

　　(2) 短路发生后,如果持续时间较长,短路电流产生的巨大热量可能烧毁电气设备。

　　(3) 短路发生时,系统的电压将大幅度下降。这对用户处的电动机影响很大。因为电动机的电磁转矩与端电压的平方成正比,电压下降时,电动机的电磁转矩显著减小,转速随之下降。当电压大幅度下降时,电动机甚至可以停转,造成产品报废、设备损坏等严重后果。

　　(4) 当短路发生地点离电源不远而持续时间又较长时,并列运行的发电厂可能失去同步,破坏系统稳定,造成大面积停电。这是短路故障的最严重后果。

　　(5) 当发生不对称短路时,三相不平衡电流在输电线路上产生很大的磁场,这将在附近的线路上感应出很大的电动势。对于架设在高压电力线路附近的通信线路或铁道信号系统有很大的影响。

6.1.2　短路计算的目的

　　短路计算是电力系统中的基本计算之一,它的任务主要如下:

　　(1) 在选择电气设备时,要保证电气设备有足够的动稳定性和热稳定性,这都要以短路计算为依据。这里主要包括冲击电流和短路电流最大有效值的计算以校验电气设备的动稳定性;稳态短路电流的计算以校验电气设备的热稳定性。为了校验高压断路器的断流能力,还必须计算指定时刻的短路电流有效值。

　　(2) 为了合理地配置各种继电保护和自动装置,并正确整定其参数,必须进行短路电流的计算。在计算中,不仅要计算短路电流在电网中的分布情况,还要计算电网中节点电压的数值。

　　(3) 在设计发电厂或变电所的主接线时,需要对各种可能的设计方案进行详细的技术经济比较,以便确定最优设计方案,这也要以短路计算为依据。

　　(4) 进行电力系统暂态稳定计算时,也包括一些短路电流计算的内容。

　　此外,确定输电线路对通信的干扰,对已发生故障进行分析等,也包含一部分短路计算。

　　在实际工作中,根据一定的任务进行短路计算时,必须首先确定计算条件。所谓计算条件,一般包括短路发生时系统的运行方式、短路的类型和发生地点,以及短路发生后所采取的措施等。从短路计算的角度来看,系统运行方式就是系统中投入运行的发电、变电、输电、用电设备的多少及它们之间相互连接的情况。计算不对称短路时,还应包括中性点的运行状态。对于不同的计算目的,所采用的计算条件是不同的。

6.1.3　短路计算的简化假设条件

在短路的实际计算中,为了能够在工程实用要求的准确度范围内方便、迅速地计算短路电流,还需采用以下的简化假设:

(1) 不考虑发电机间摇摆现象和磁路饱和。

(2) 假设发电机转子是对称的,所以可以用次暂态电抗 x_d 和次暂态电势 E''_q 来代表。一般情况下认为负荷电流比短路电流要小很多,可忽略不计,从而可认为发电机短路前是空载条件,这时 E''_q 的标幺值就等于 1。

(3) 在网络方面,忽略线路对地电容,忽略变压器的励磁支路,在高压电网中可忽略电阻。

有了以上假设可使计算工作大为简化,尤其是手工计算时更为必要。

6.2　网络的变换与化简

进行短路电流计算时,首先要根据系统电气接线图的拓扑结构及系统中各电气元件的参数,做出系统的等值电路。然后,还要对等值电路进行适当的网络变换及化简。下面介绍几种常见的网络变换及化简方法。

6.2.1　网络的等值变换

网络的等值变换是简化网络的一个最基本的方法。等值变换的原则是网络未被变换部分的状态(指电压和电流分布)应保持不变。除了常用的阻抗支路的串联和并联外,短路计算用得最多的还有 Y—△变换、星网变换和电源合并等。

1. Y—△变换

根据电工基础的有关知识,Y 形接线(见图 6-1(a))与△形接线(见图 6-1(b))的等值变换关系如下

$$\begin{cases} Z_{12} = Z_1 + Z_2 + \dfrac{Z_1 Z_2}{Z_3} \\[2mm] Z_{23} = Z_2 + Z_3 + \dfrac{Z_2 Z_3}{Z_1} \\[2mm] Z_{31} = Z_3 + Z_1 + \dfrac{Z_3 Z_1}{Z_2} \end{cases} \tag{6-1}$$

$$\begin{cases} Z_1 = \dfrac{Z_{12} Z_{31}}{Z_{12} + Z_{23} + Z_{31}} \\[2mm] Z_2 = \dfrac{Z_{12} Z_{23}}{Z_{12} + Z_{23} + Z_{31}} \\[2mm] Z_3 = \dfrac{Z_{23} Z_{31}}{Z_{12} + Z_{23} + Z_{31}} \end{cases} \tag{6-2}$$

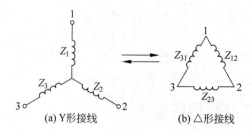

(a) Y形接线　　　　　　　　(b) △形接线

图 6-1　Y—△变换

2. 星网变换

设网络的某一部分可以表示成由节点 n 和另外 m 个节点组成的星形电路,其中节点 n 与 m 个节点中的每一个节点都有一条支路相连接(见图 6-2(a))。通过星网变换可以消去节点 n,把星形网络等值变换成以节点 $1,2,\cdots,m$ 为顶点的完全网形网络。其中任一对节点之间都有一条支路相连接(见图 6-2(b))。

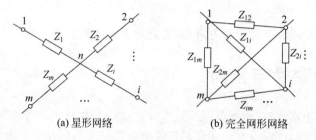

(a) 星形网络　　　　　　　　(b) 完全网形网络

图 6-2　星网变换

星网等值变换的原则是:应保持变换前后节点 $1,2,\cdots,m$ 的电压不变,从网络外部流向这些节点的电流保持不变。根据该原则,最终可导出用阻抗形式表示的星网变换公式(推导过程略)

$$Z_{ij} = Z_i Z_j \sum_{k=1}^{m} \frac{1}{Z_k} \quad i,j = 1,2,\cdots,m \tag{6-3}$$

式中,$Z_1,Z_2,\cdots,Z_i,\cdots,Z_j,\cdots,Z_m$ 分别为变换前星形网络中各支路阻抗,Z_{ij} 为变换后的完全网形网络中任意 i,j 两节点之间的阻抗。

当 $m=3$ 时,式(6-3)就是前面的式(6-1)Y—△变换公式。

3. 电源合并

多电源并列接在同一母线上时(见图 6-3(a)),可以等值合并为如图 6-3(b)所示的形式。电源等值合并的原则是母线电压 V 保持不变,流入母线的电流保持不变。所以

$$\frac{\dot{E}_1 - \dot{V}}{Z_1} + \frac{\dot{E}_2 - \dot{V}}{Z_2} + \cdots + \frac{\dot{E}_n - \dot{V}}{Z_n} = \frac{\dot{E}_\Sigma - \dot{V}}{Z_\Sigma}$$

$$\frac{\dot{E}_1}{Z_1} + \frac{\dot{E}_2}{Z_2} + \cdots + \frac{\dot{E}_n}{Z_n} - \dot{V}\left(\frac{1}{Z_1} + \frac{1}{Z_2} + \cdots + \frac{1}{Z_n}\right) = \frac{\dot{E}_\Sigma - \dot{V}}{Z_\Sigma}$$

$$\frac{\dfrac{1}{\dfrac{1}{Z_1} + \dfrac{1}{Z_2} + \cdots + \dfrac{1}{Z_n}}\left(\dfrac{\dot{E}}{Z_1} + \dfrac{\dot{E}_2}{Z_2} + \cdots + \dfrac{\dot{E}_n}{Z_n}\right)}{\dfrac{1}{Z_1} + \dfrac{1}{Z_2} + \cdots + \dfrac{1}{Z_n}} = \frac{\dot{E}_\Sigma - \dot{V}}{Z_\Sigma}$$

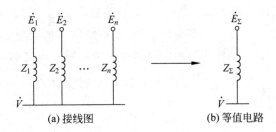

图 6-3　并联电源的等值合并

则合并后等值电源的等值电势和等值阻抗的计算式为

$$\dot{E}_\Sigma = Z_\Sigma\left(\frac{\dot{E}_1}{Z_1} + \frac{\dot{E}_2}{Z_2} + \cdots + \frac{\dot{E}_n}{Z_n}\right) \tag{6-4}$$

$$Z_\Sigma = \frac{1}{\dfrac{1}{Z_1} + \dfrac{1}{Z_2} + \cdots + \dfrac{1}{Z_n}} \tag{6-5}$$

6.2.2　利用网络的对称性化简

在实际电力系统中,可能遇到对称网络,特别是发电厂的主接线和变电所的主接线更是如此。利用网络的对称性化简可使网络迅速得到化简。

在如图 6-4(a)所示的系统电气接线中,如果所有发电机 G 的电势都为 E,电抗都为 X_G;所有变压器 T 的高压侧、中压侧、低压侧的电抗分别为 X_{T1}、X_{T2}、X_{T3};电抗器 L 的电抗都为 X_L,这样的网络对于某些短路点而言是对称的。图 6-4(b)是该系统的等值电路,对于短路点 f_1 和 f_2 而言,网络是对称的。当短路点在 f_1 点时,节点 a、b、c 的电位相等,节点 i、j、k 的电位也相等。因此,可以将节点 a、b、c 三点直接相连接,将节点 i、j、k 三点直接相连接,这样就可简化为图 6-4(c)。由此可见,利用网络的对称性来化简网络是非常迅速的。

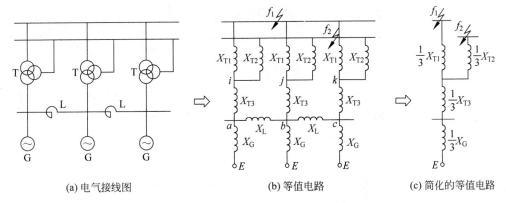

(a)电气接线图　　　　　(b)等值电路　　　　(c)简化的等值电路

图 6-4　利用网络的对称性进行化简

6.2.3　转移电抗

在复杂网络的化简中,如果我们消去除短路点和所有电源点之外的其他节点,将会得到如图 6-5 所示的等值电路。其中 $Z_{1f},Z_{2f},\cdots,Z_{nf}$ 称为各电源点到短路点 f 的转移电抗。

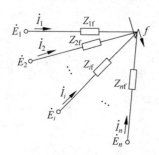

图 6-5　转移电抗

根据叠加原理,在短路点 f 的短路总电流等于 n 个电源分别作用时向短路点提供的短路电流之和,即

$$\dot{I}_f = \dot{I}_1 + \dot{I}_2 + \cdots + \dot{I}_i + \cdots + \dot{I}_n$$
$$= \frac{\dot{E}_1}{Z_{1f}} + \frac{\dot{E}_2}{Z_{2f}} + \cdots + \frac{\dot{E}_i}{Z_{if}} + \cdots + \frac{\dot{E}_n}{Z_{nf}} \qquad (6\text{-}6)$$

式中,$\dot{I}_i = \dfrac{\dot{E}_i}{Z_{if}}$ 是电源 i 单独作用而其他电源被短接时,短路点 f 的短路电流。从而我们可以得到转移电抗的定义:电源 i 与短路点 f 之间的转移电抗 Z_{if} 等于电势 $\dot{E}_i$ 与由 $\dot{E}_i$ 单独作用时在 f 点产生的短路电流 $\dot{I}_i$ 之比,即

$$Z_{if} = \frac{\dot{E}_i}{\dot{I}_i} \qquad (6\text{-}7)$$

【例 6-1】　在如图 6-6 所示的网络中,a、b 和 c 为电源点,f 为短路点。试通过网络变换求出各电源点对短路点的转移电抗。

解:通过星网变换,将电源点和短路点以外的一切节点统统消去,在最后所得的网络中,各电源点同短路点之间的支路阻抗即为电源点对短路点的转移电抗,变换过程见图 6-7。

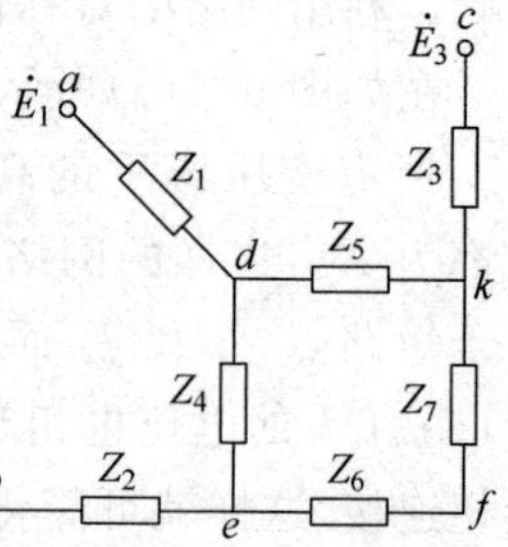

第 1 步,将图 6-6 中由 Z_2、Z_4、Z_6 和由 Z_3、Z_5、Z_7 组成的星形电路分别变换成由 Z_8、Z_9、Z_{10} 和 Z_{11}、Z_{12}、Z_{13} 组成的三角形电路(见图 6-7(a)),从而消除节点 e 和 k。有

$$Z_8 = Z_4 + Z_6 + Z_4 Z_6 / Z_2 \quad Z_9 = Z_2 + Z_4 + Z_2 Z_4 / Z_6$$
$$Z_{10} = Z_2 + Z_6 + Z_2 Z_6 / Z_4 \quad Z_{11} = Z_5 + Z_7 + Z_5 Z_7 / Z_3$$
$$Z_{12} = Z_3 + Z_7 + Z_3 Z_7 / Z_5 \quad Z_{13} = Z_3 + Z_5 + Z_3 Z_5 / Z_7$$

图 6-6　例 6-1 的接线网络

第 2 步,将 Z_8 和 Z_{11} 合并为

$$Z_{14} = \frac{Z_8 Z_{11}}{Z_8 + Z_{11}}$$

然后,将 Z_1、Z_9、Z_{13} 和 Z_{14} 组成的 4 支路星形电路变换成以 a、b、c 和 f 为顶点的完全网形电路,从而消去节点 d(见图 6-7(b)),网形电路的 6 条支路分别为

$$Z_{15} = Z_9 Z_{14} Y_\Sigma, \quad Z_{16} = Z_{13} Z_{14} Y_\Sigma, \quad Z_{17} = Z_1 Z_{13} Y_\Sigma$$
$$Z_{18} = Z_1 Z_9 Y_\Sigma, \quad Z_{19} = Z_1 Z_{14} Y_\Sigma, \quad Z_{20} = Z_9 Z_{13} Y_\Sigma$$
$$Y_\Sigma = \frac{1}{Z_1} + \frac{1}{Z_9} + \frac{1}{Z_{13}} + \frac{1}{Z_{14}}$$

第 3 步,计算各电源点对短路点 f 的转移阻抗(见图 6-7(c)、(d))

$$Z_{af} = Z_{19}, \quad Z_{bf} = \frac{Z_{10} Z_{15}}{Z_{10} + Z_{15}}, \quad Z_{cf} = \frac{Z_{12} Z_{16}}{Z_{12} + Z_{16}}$$

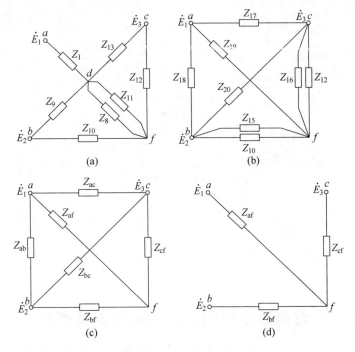

图 6-7　网络变换过程

6.3　无限大容量电源的三相短路

6.3.1　无限大容量电源的概念

　　何谓无限大容量电源？实际的电力系统的容量总是有限的，如图 6-8(a)所示为由几个电源供电的电路，根据等值发电机原理可转化为如图 6-8(b)所示的等值电路，等值电源内阻抗 $Z_{G\Sigma}$ 等于各电源内阻抗(Z_{G1}、Z_{G2}、Z_{G3})相并联。显然，电源越多，则等值电源的内阻抗就越小，这时如果外电路元件(变压器、电抗器、线路等)的等值阻抗 Z_f 比电源内阻抗 $Z_{G\Sigma}$ 大得多，则外电路中的电流变动时(如 f 点发生短路)，供电系统的母线电压 $\dot{V}$ 变动甚微，在实际计算时可近似认为 $\dot{V}$ 等于常数，这种短路回路所接的电源便认为是"无限大"容量电源，即电源容量 $S=\infty$；电源的内阻抗 $Z=0$，短路过程中电源的端电压恒定，电源的频率恒定，如图 6-8(c)所示。

　　当然，无限大容量电源是一个虚拟概念，真正的无限大容量电源是不存在的，但是如果系统电源阻抗不超过短路回路总阻抗的 5%～10%，就可以不考虑电源内阻抗，将系统电源近似地认为是无限大容量电源。这样做会产生一定的误差，但仍在工程计算精度的要求范围之内，而且将大大减少计算量。总之，电源的端电压及频率在短路后的暂态过程中保持不变，是无限大容量电源供电电路的重要特征。这样，在分析此种电路的短路暂态过程中，就可以不考虑电源内部的暂态过程，从而使问题的分析得到简化。

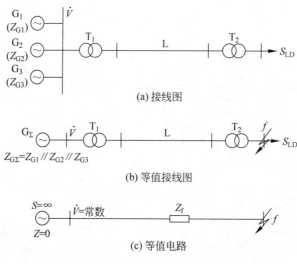

(a) 接线图

(b) 等值接线图

(c) 等值电路

图 6-8　无限大容量电源系统

6.3.2　无限大容量电源供电的三相短路暂态过程分析

如图 6-9 所示为一由无限大容量电源供电的三相短路的电路。短路发生前,电路处于某一稳定状态。每相的电阻和电感分别为 $R+R'$ 和 $L+L'$。由于电路三相对称,可以用单相交流电路来代替三相交流电路,只写出一相(a 相)的电势和电流如下

$$e = E_{\mathrm{m}}\sin(\omega t + \alpha) \tag{6-8}$$

$$i = I_{\mathrm{m}}\sin(\omega t + \alpha - \varphi') \tag{6-9}$$

式中,ω 为交流电源角频率;α 为电源电势的初相角,即 $t=0$ 时的相位角,又称合闸角;$I_{\mathrm{m}} = \dfrac{E_{\mathrm{m}}}{\sqrt{(R+R')^2 + \omega^2(L+L')^2}}$ 为短路前稳态工作电流的幅值;$\varphi' = \arctan\dfrac{\omega(L+L')}{R+R'}$,为短路前回路的阻抗角。

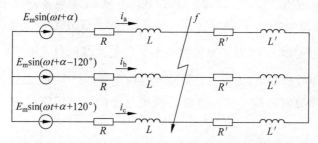

图 6-9　无限大容量电源供电的三相短路电路

当在三相电路中的 f 点发生三相短路时,这个电路被分成两个独立回路,左侧回路仍与电源连接,而右侧则变为没有电源的短接回路。在短接的右侧回路中,电流将从短路发生瞬间的初始值按指数规律衰减到零。在这一衰减过程中,该回路磁场中所储藏的能量将全部转化为热能。在与电源相连接的左侧回路中,每相阻抗为 $R+\mathrm{j}\omega L$。其中的电流将由正常工作电流 i 逐渐变为由阻抗 $R+\mathrm{j}\omega L$ 所决定的稳态短路电流。下面将分析左侧回路短路的

暂态过程。

假定短路是在 $t=0$ 时发生,左侧电路仍对称,因此可以只研究一相,其 a 相的微分方程为

$$Ri + L\frac{\mathrm{d}i}{\mathrm{d}t} = E_\mathrm{m}\sin(\omega t + \alpha) \tag{6-10}$$

式(6-10)是一个一阶常系数线性非奇次微分方程式,其解为

$$i = I_\mathrm{pm}\sin(\omega t + \alpha - \varphi) + Ce^{-\frac{t}{T_\mathrm{a}}} = i_\mathrm{p} + i_\mathrm{ap} \tag{6-11}$$

式中,$I_\mathrm{pm} = \dfrac{E_\mathrm{m}}{\sqrt{R^2 + (\omega L)^2}}$,为稳态短路电流的幅值;$\varphi = \arctan\dfrac{\omega L}{R}$,为短路回路的阻抗角;

$T_\mathrm{a} = \dfrac{L}{R}$,为由短路回路阻抗确定的时间常数。

由式(6-11)可见,与无限大容量电源相连电路的短路电流在暂态过程中包含有两个分量:短路电流的周期分量 i_p(即稳态短路电流)和短路电流的非周期分量 i_ap。前者取决于电源电压和短路回路的阻抗,其幅值 I_pm 在暂态过程中不变;后者是为了使电感回路中的磁链和电流不突变而出现的,在短路瞬间它的值达到最大值,而在暂态过程中以时间常数 T_a 按指数规律衰减,并最后衰减为零。非周期分量 i_ap 衰减为零时,标志着短路暂态过渡过程结束,进入短路的稳态过程。

根据电路的开闭定律,电感中的电流不能突变,所以短路前瞬间的电流 $i_{[0]}$ 应等于短路发生后瞬间的电流 i_0,即 $i_{[0]} = i_0$。将 $t=0$ 分别代入短路前和短路后的电流算式,即式(6-9)和式(6-11),得

$$I_\mathrm{m}\sin(\alpha - \varphi') = I_\mathrm{pm}\sin(\alpha - \varphi) + C$$

因此,积分常数 C 可确定为

$$C = I_\mathrm{m}\sin(\alpha - \varphi') - I_\mathrm{pm}\sin(\alpha - \varphi) \tag{6-12}$$

将式(6-12)代入式(6-11),得到 a 相短路电流计算式

$$i = I_\mathrm{pm}\sin(\omega t + \alpha - \varphi) + [I_\mathrm{m}\sin(\alpha - \varphi') - I_\mathrm{pm}\sin(\alpha - \varphi)]e^{-\frac{t}{T_\mathrm{a}}} \tag{6-13}$$

如果用 $\alpha - 120°$ 或 $\alpha + 120°$ 去代替式(6-13)中的 α,就可得到 b 相或 c 相短路电流的算式。

短路电流各分量之间的关系也可以用相量图(见图 6-10)表示。图中所示的是 $t=0$ 时刻旋转相量 $\dot{E}_\mathrm{m}$、$\dot{I}_\mathrm{m}$ 和 $\dot{I}_\mathrm{pm}$ 分别在静止的时间轴 t 上投影为电源电势、短路前电流和短路后周期电流的瞬时值。

此时,短路前电流相量 $\dot{I}_\mathrm{m}$ 在时间轴上的投影为 $I_\mathrm{m}\sin(\alpha - \varphi') = i_{[0]}$,而短路后的电流周期相量 $\dot{I}_\mathrm{pm}$ 在时间轴上的投影为 $I_\mathrm{pm}\sin(\alpha - \varphi) = i_\mathrm{p0}$。一般情况下,$i_\mathrm{p0} \neq i_{[0]}$。为了保持电感中的电流在短路前后瞬间不发生突变,电路中必须产生一个非周期电流,它的初值应为 $i_{[0]}$ 和 i_p0 之差。在相量图中,短路发生瞬间相量差 $\dot{I}_\mathrm{m} - \dot{I}_\mathrm{pm}$ 在时间轴上的投影就等于短路电流非周期分量的初值

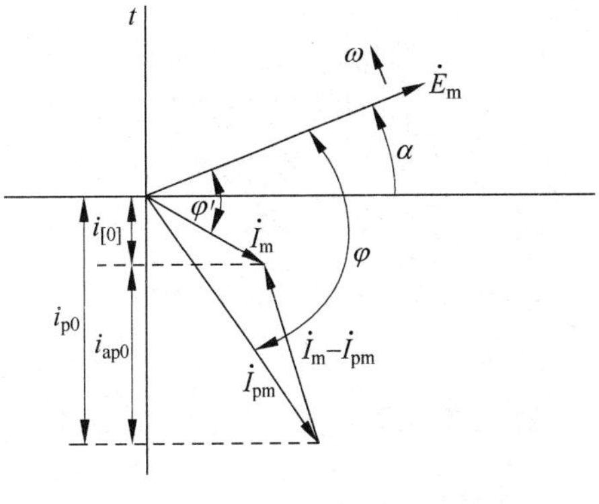

图 6-10　三相电路短路时的相量图

i_{ap0}。由此可见,短路电流非周期分量初值的大小同短路发生的时刻有关,也就是与短路发生时电源电势的初相角(或合闸角)α 有关。当相量差($\dot{I}_m - \dot{I}_{pm}$)与时间轴平行时,i_{ap0} 的值最大;而当它与时间轴垂直时,$i_{ap0} = 0$。后一情况下,短路电流非周期分量不存在,即在短路发生瞬间,短路前电流的瞬时值刚好等于短路后电流周期分量的瞬时值,电路从一种稳态直接进入另一种稳态,而不经历暂态过渡过程。

以上所说是一相的情况,对于另外两相也可做类似分析,当然 b 相和 c 相的电流相量应该分别落后于 a 相电流相量 120°和 240°。三相短路时,只有短路电流的周期分量是对称的,而各相短路电流的非周期分量并不相等。可见,短路电流非周期分量的最大初值或零值的情况只可能在一相出现。

6.3.3　短路冲击电流、短路电流的最大有效值和短路功率

1. 短路冲击电流

短路电流非周期分量最大时的短路电流波形如图 6-11 所示,从图中可以看到,由于短路电流中有了非周期分量,电流波形将不再对称于时间轴,而是偏移至时间轴一侧,以致出现短路电流最大瞬时值。短路电流在电气设备中产生的最大机械应力与这个短路电流最大瞬时值的平方成正比。为了校验所选择电气设备的机械强度(电动力稳定度),必须计算出可能出现的最大的短路电流瞬时值。

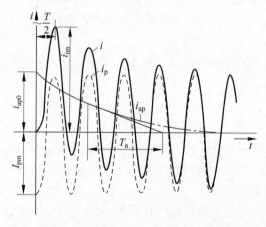

图 6-11　短路电流非周期分量最大时的短路电流波形

我们将短路电流最大可能的瞬时值称为短路冲击电流,用 i_{im} 表示。下面分析在什么情况下,什么时刻将出现短路电流最大可能的瞬时值。

短路电流最大可能的瞬时值对应着可能出现的短路电流非周期分量最大初始值的情况。由相量图 6-10 可知,出现短路中电流非周期分量最大初始值的条件是:

(1) 相量差($\dot{I}_m - \dot{I}_{pm}$)有最大可能值;

(2) 相量差($\dot{I}_m - \dot{I}_{pm}$)在 $t = 0$ 时与时间轴平行。

也就是说,非周期电流的初始值既同短路前和短路后的电路情况有关,又同短路发生的时刻有关。

在感性电路中,符合上述条件的情况是:电路原来处于空载状态。如果短路回路的感

抗比电阻大得多,即 $\omega L \gg R$,就可以近似地认为 $\varphi = 90°$,则上述情况相当于短路发生在电源电势刚好过零值,即 $\alpha = 0$ 的时刻。

将 $I_m = 0$,$\varphi = 90°$ 和 $\alpha = 0$ 代入式(6-13),便得

$$i = -I_{pm}\cos\omega t + I_{pm}e^{-\frac{t}{T_a}} \tag{6-14}$$

由图 6-11 可知,短路电流的最大瞬时值在短路发生后约半个周期出现。如 $f = 50\,\mathrm{Hz}$,这个时间约为短路发生后 0.01 秒。由此可得短路冲击电流的算式为

$$
\begin{aligned}
i_{im} &= I_{pm} + I_{pm}e^{-\frac{0.01}{T_a}} = (1 + e^{-\frac{0.01}{T_a}})I_{pm} \\
&= k_{im}I_{pm}
\end{aligned} \tag{6-15}
$$

式中,$k_{im} = 1 + e^{-\frac{0.01}{T_a}}$ 称为冲击系数,它表示冲击电流为短路电流周期分量幅值的多少倍。

当时间常数 T_a 的数值由零变到无限大时,冲击系数的变化范围是 $1 \leqslant k_{im} \leqslant 2$。在实用计算中,当短路发生在发电机电压母线时,取 $k_{im} = 1.9$;短路发生在发电厂高压侧母线时,取 $k_{im} = 1.85$;短路发生在其他地点时,$k_{im} = 1.8$。

短路冲击电流主要用来校验电气设备和载流导体的电动力稳定度。

2. 短路电流的最大有效值

在校验电气设备的断流能力和耐力强度时,还要计算短路电流的最大有效值 I_{im}。

在暂态过程中,任一时刻的短路电流的有效值 I_t 是指以时刻 t 为中心的一个周期内瞬时电流的均方根值,即

$$I_t = \sqrt{\frac{1}{T}\int_{t-\frac{T}{2}}^{t+\frac{T}{2}} i_t^2 \, \mathrm{d}t} = \sqrt{\frac{1}{T}\int_{t-\frac{T}{2}}^{t+\frac{T}{2}} (i_{pt} + i_{apt})^2 \, \mathrm{d}t} \tag{6-16}$$

式中,i_t、i_{pt}、i_{apt} 分别为 t 时刻的短路电流、短路电流的周期分量与短路电流的非周期分量的瞬时值。

在电力系统中,短路电流非周期分量的幅值在一般情况下是衰减的。为了简化计算,通常假设:短路电流非周期分量在以时间 t 为中心一个周期内恒定不变,因而它在时间 t 的有效值就等于它的瞬时值,即 $I_{apt} = i_{apt}$。对于短路电流的周期分量也认为它在所计算的周期内幅值恒定。因此,t 时刻的周期电流的有效值应为 $I_{pt} = I_p = I_{pm}/\sqrt{2}$。于是,式(6-16)可简化为

$$I_t = \sqrt{I_{pt}^2 + I_{apt}^2} \tag{6-17}$$

短路电流的最大有效值出现在短路后的第一个周期。在最不利的情况下发生短路时 $i_{ap0} = I_{pm}$,而第一个周期的中心为 $t = 0.01$ 秒,这时非周期分量的有效值为

$$I_{ap} = I_{pm}e^{-\frac{0.01}{T_a}} = (k_{im} - 1)I_{pm} \tag{6-18}$$

将这些关系代入式(6-17),便得到短路电流最大有效值 I_{im} 的计算式

$$I_{im} = \sqrt{I_p^2 + [(k_{im} - 1)\sqrt{2}\,I_p]^2} = I_p\sqrt{1 + 2(k_{im} - 1)^2} \tag{6-19}$$

当冲击系数 $k_{im} = 1.9$ 时,$I_{im} = 1.62I_p$;当 $k_{im} = 1.8$ 时,$I_{im} = 1.52I_p$。

3. 短路功率(或称短路容量)

在选择电气设备时,有时要用到短路功率的概念。短路功率 S_t 等于短路电流有效值同短路处的正常工作电压(一般用平均额定电压)的乘积,即

$$S_t = \sqrt{3}V_{av}I_t \tag{6-20}$$

用标幺值表示时

$$S_{t*} = \frac{\sqrt{3}V_{av}I_t}{\sqrt{3}V_BI_B} = \frac{I_t}{I_B} = I_{t*} \tag{6-21}$$

这就是说,短路功率的标幺值和短路电流的标幺值相等。利用这一关系短路功率很容易求得

$$S_t = I_{t*}S_B \tag{6-22}$$

短路功率主要用来校验断路器的切断能力。把短路功率定义为短路电流和工作电压的乘积,这是因为一方面断路器能切断这样大的短路电流,另一方面在断路器断流时其触头应能经受工作电压的作用。在短路实用计算中,常用短路电流周期分量的初始有效值来计算短路功率。

从上述分析可见,为了确定短路冲击电流、短路电流的非周期分量、短路电流的最大有效值及短路功率等,都必须要计算短路电流的周期分量。实际上,在大多数情况下短路计算的任务也只是计算短路电流的周期分量。在给定电源电势时,短路电流周期分量的计算只是一个求解稳态正弦交流电路的问题。

【例 6-2】　在如图 6-12(a)所示的系统中,当降压变电所 10.5kV 母线上发生三相短路时,可将供电系统视为无限大容量电源,试求此时短路点的冲击电流、短路电流最大有效值和短路功率。

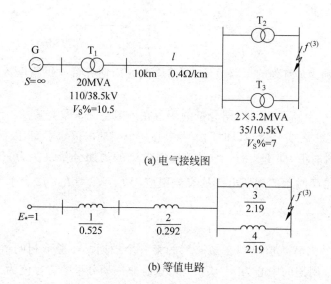

(a) 电气接线图

(b) 等值电路

图 6-12　例 6-2 的三相短路计算系统图

解: 取 $S_B = 100\text{MVA}$、$V_B = V_{av}$,首先计算各元件参数的标幺值电抗为

$$x_{1*} = \frac{V_S\%S_B}{100S_N} = \frac{10.5}{100} \times \frac{100}{20} = 0.525$$

$$x_{2*} = x_l l \frac{S_B}{V_B^2} = 0.4 \times 10 \times \frac{100}{37^2} = 0.292$$

$$x_{3*} = x_{4*} = \frac{V_S\%S_B}{100S_N} = \frac{7}{100} \times \frac{100}{3.2} = 2.19$$

取 $E_*=1$,画出等值电路如图 6-12(b)所示。

短路回路的等值电抗为

$$x_{\Sigma *} = 0.525 + 0.292 + \frac{1}{2} \times 2.19 = 1.912$$

短路电流周期分量的有效值为

$$I_{\mathrm{p}*} = \frac{E_*}{x_{\Sigma *}} = \frac{1}{1.912} = 0.523$$

其有名值为

$$I_{\mathrm{p}} = I_{\mathrm{p}*} I_{\mathrm{B}} = 0.523 \times \frac{100}{\sqrt{3} \times 10.5} = 2.88(\mathrm{kA})$$

若冲击系数 $k_{\mathrm{im}}=1.8$,则短路冲击电流为

$$i_{\mathrm{im}} = k_{\mathrm{im}} I_{\mathrm{pm}} = 1.8 \times \sqrt{2} \times 2.88 = 7.34(\mathrm{kA})$$

短路电流的最大有效值为

$$I_{\mathrm{im}} = 1.52 I_{\mathrm{p}} = 1.52 \times 2.88 = 4.38(\mathrm{kA})$$

短路功率为

$$S_{\mathrm{t}} = I_{\mathrm{p}*} S_{\mathrm{B}} = 0.523 \times 100 = 52.3(\mathrm{MVA})$$

6.4　电力系统三相短路实用计算

电力系统三相短路实用计算,主要是计算有限容量电源(同步发电机)供电时,电力系统三相短路电流周期分量的有效值,该有效值是衰减的。其计算分为两部分:一部分是计算短路瞬间($t=0$ 时)短路电流周期分量的有效值,该电流一般称为起始次暂态电流,以 I'' 表示(其中包括无限大容量电源供电的三相短路电流周期分量有效值的计算,如6.3 节所述);另一部分是考虑周期分量衰减时,在三相短路的暂态过程中不同时刻短路电流周期分量有效值的计算(通常采用计算曲线法,见附录 B)。前者计算用于电气设备的动稳定校验、断路器的开断容量校验及继电保护整定计算等,后者计算用于电气设备的热稳定校验。

6.4.1　起始次暂态电流 I'' 的计算

起始次暂态电流 I'' 的含义是在电力系统三相短路后第一个周期内认为短路电流周期分量是不衰减的,而求得的短路电流周期分量的有效值即为起始次暂态电流,也称为 0 秒时短路电流周期分量有效值。

计算起始次暂态电流时,只要把系统所有元件都用其次暂态参数代表,次暂态电流的计算就同稳态电流的计算一样。系统中所有静止元件的次暂态参数都与其稳态参数相同,而旋转电机的次暂态参数则不同于其稳态参数。

1. 起始次暂态电流的计算条件

(1) 计算电路中的各同步发电机(包括调相机)均用次暂态电抗 x''_{d} 作为其等值电抗,认为 $x''_{\mathrm{d}}=x''_{\mathrm{q}}$。这个假设对于隐极式发电机和有阻尼绕组凸极发电机是接近实际的。对于无阻尼绕组凸极发电机较为近似,所引起的误差在允许范围内。

　　(2) 计算电路中的各同步发电机(包括调相机)均用次暂态电势 E_0'' 作为其等值电势,这是因为突然短路瞬间,认为同步电机的次暂态电势保持着短路发生前瞬间的数值。根据简化相量图(见图 6-13),具有如下关系

$$E_0'' \approx V_{[0]} + x_d'' I_{[0]} \sin\varphi_{[0]} \tag{6-23}$$

式中,$V_{[0]}$、$I_{[0]}$、$\varphi_{[0]}$ 分别为发电机在短路前瞬间的端电压、定子绕组电流和功率因数角。

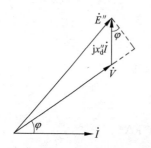

图 6-13　同步发电机简化相量图

　　假定发电机在短路前额定满载运行,$V_{[0]} = 1$,$I_{[0]} = 1$,$\cos\varphi_{[0]} = 0.8$,$x_d'' = 0.13$,则有

$$E_0'' \approx 1 + 0.13 \times 1 \times \sqrt{1^2 - 0.8^2} = 1.08$$

　　如果不能确定同步发电机短路前的运行参数,则近似地取 $E_0'' = 1.05 \sim 1.1$。在电力系统的近似估算中,可直接取 $E_0'' = 1$。

　　(3) 电力系统的负荷中包含有大量的异步电动机,在正常运行情况下,异步电动机转差率很小($s = 2\% \sim 5\%$),可以近似地把异步电动机当作同步运行。根据短路瞬间转子绕组磁链守恒的原则,异步电动机也可以用与转子的总磁链成正比的次暂态电势 E_0'' 和相应的次暂态电抗 x_M'' 来代表。异步电动机的次暂态电抗的额定标幺值可由下式确定

$$x_M'' = \frac{1}{I_{st}} \tag{6-24}$$

式中,I_{st} 是异步电动机起动电流的标幺值(以额定电流为基准)。

　　一般情况下 $I_{st} = 4 \sim 7$,因此可近似取 $x_M'' = 0.2$。由于异步电动机不可能直接接在电网上,而是通过配电变压器和馈线连接,配电变压器和馈线的电抗标幺值可取经验数据(归算到异步电动机为 0.15)。因此,异步电动机到电网的电抗应为 $x'' = 0.2 + 0.15 = 0.35$。

　　由如图 6-14 所示的异步电动机简化相量图,可得次暂态电势的近似计算式

$$E_0'' \approx V_{[0]} - x_M'' I_{[0]} \sin\varphi_{[0]} \tag{6-25}$$

式中,$V_{[0]}$、$I_{[0]}$、$\varphi_{[0]}$ 分别为短路前异步电动机的端电压、电流及电压和电流间的相角差。

　　假定异步电动机在短路前正常满载运行,$V_{[0]} = 1$,$I_{[0]} = 1$,$\cos\varphi_{[0]} = 0.8$,$x_M'' = 0.2$,则有

$$E_0'' \approx 1 - 0.2 \times 1 \times \sqrt{1^2 - 0.8^2} = 0.9$$

　　异步电动机的次暂态电势 E_0'' 要低于正常情况下的端电压。在系统发生短路后,如果电动机的机端残压大于 E_0'',则此时电动机的工作性质仍是负载,如果电动机的机端残压小于 E_0'',此时电动机的工作性质是临时电源,它向短路点提供短路电流。

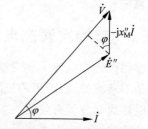

图 6-14　异步电动机简化相量图

　　由于配电网络中电动机的数目很多,要查明它们在短路前的运行状态是困难的,又因为电动机向短路点提供的短路电流数值不大。所以,在实用计算中,只对短路点附近能显著地供给短路电流的大型电动机,才按式(6-24)和式(6-25)算出次暂态电抗和次暂态电势(或取 $E_0'' = 0.9$,$x_M'' = 0.2$)。其他电动机则可看做系统中负荷节点的综合负荷的一部分。在短路

瞬间,这个综合负荷可以近似地用一个含次暂态电势和次暂态电抗的等值支路表示。以额定参数为基准,综合负荷的电势和电抗的标幺值约为 $E''=0.8$ 和 $x''=0.35$。

(4) 由于变压器、电抗器和线路均属于静止元件,所以变压器、电抗器和线路的次暂态电抗即等于其稳态电抗。

(5) 在网络方面,忽略线路对地电容和变压器的励磁支路,因为一般短路时网络中电压较低,这些对地回路的电流较大。在计算 110kV 及以上高压电网时可忽略线路电阻的影响,只计电抗。而对于电缆线路或低压网络,可以用阻抗的模计算或用阻抗计算。

2. 计算起始次暂态电流的基本步骤

1) 确定系统各元件的次暂态参数,作出系统的等值电路

在电力系统三相短路的实用计算中,通常采用标幺值计算。等值电路中的参数标幺值计算一般采用近似计算方法,即选定全系统的基准值为 S_B(如取 $S_B=100MVA$)和 $V_B=V_{av}$。电力系统三相短路故障是一种对称故障,因此只要计算一相即可。作出的等值电路是一相等值电路。由于三相短路故障时,故障点电压为零,因此等值电路中的故障点相当于接地。

2) 网络变换和化简

由于电力系统的接线较为复杂,在短路的实际计算中,通常是将原始等值电路进行适当的网络变换及化简,以求得电源到短路点的转移电抗(变换和化简方法见 6.2 节)。

3) 计算短路点的起始次暂态电流

将电力系统三相短路故障后的等值电路,经网络变换化简后,即可得到只含有电机电源节点和短路点的放射形网络,即各电源点与短路点之间用转移电抗表示。则各电源点对短路点的起始次暂态电流为

$$I'' = \frac{E''_i}{x_{if}} \tag{6-26}$$

式中,E''_i 为电源节点 i 的次暂态电势;x_{if} 为次暂态参数表示的电源节点 i 到短路点 f 的转移电抗。

总的起始次暂态电流为

$$I'' = I''_1 + I''_2 + \cdots + I''_n = \frac{E''_1}{x_{1f}} + \frac{E''_2}{x_{2f}} + \cdots + \frac{E''_n}{x_{nf}} \tag{6-27}$$

由于以上计算采用标幺值(以上各计算表达式省去了 * 号),因此,求得的起始次暂态电流还要乘以其相对应的基准值,从而计算出实际的起始次暂态电流有名值。

3. 短路点冲击电流的计算

在实用计算中,短路点的短路冲击电流 i_{im} 为

$$i_{im} = k_{im}\sqrt{2}I'' + k_{imLD}\sqrt{2}I''_{LD} \tag{6-28}$$

式(6-28)右侧的第 1 部分为发电机向短路点提供的短路冲击电流,当短路点分别在发电机的机端、发电厂高压母线和其他位置时,k_{im} 应分别取 1.90、1.85 和 1.80,I'' 为发电机提供的起始次暂态电流。

第 2 部分为负荷向短路点提供的短路冲击电流,I''_{LD} 为负荷提供的起始次暂态电流,通过适当选取冲击系数 k_{imLD} 可以把周期电流的衰减估计进去。对于小容量的电动机和综合

负荷,取 $k_{\text{imLD}}=1$；容量为 $200\sim500\text{kW}$ 的异步电动机,取 $k_{\text{imLD}}=1.3\sim1.5$；容量为 $500\sim1000\text{kW}$ 的异步电动机,取 $k_{\text{imLD}}=1.5\sim1.7$；容量在 1000kW 以上的异步电动机,取 $k_{\text{imLD}}=1.7\sim1.8$。

同步电动机和调相机的冲击系数和相同容量的同步发电机大致相等。

【例 6-3】 如图 6-15 所示的系统中,G 为发电机,C 为调相机,M 为大型异步电动机,LD_1 和 LD_2 为由各种电动机组合而成的综合负荷,它们的次暂态电势分别为 1.08、1.2、0.9、0.8,大型异步电动机和综合负荷的次暂态电抗分别为 0.2、0.35,试计算系统中 f 点发生三相短路时的冲击电流。系统各元件的参数如下。

发电机 G：60MVA；$x_d''=0.12$　　调相机 C：5MVA；$x_d''=0.20$

变压器 T_1：31.5MVA；$V_s\%=10.5$

变压器 T_2：20MVA；$V_s\%=10.5$　　变压器 T_3：7.5MVA；$V_s\%=10.5$

线路 L_1：60km；线路 L_2：20km；线路 L_3：10km

各条线路电抗均为 $0.4\Omega/\text{km}$。

异步电动机 M：6MVA　　综合负荷 LD_1：30MVA　　综合负荷 LD_2：18MVA

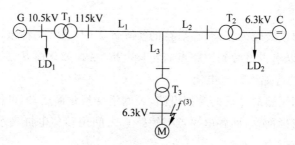

图 6-15　例 6-3 的电力系统接线图

解：

(1) 取 $S_B=100\text{MVA}$，$V_B=V_{\text{av}}$，计算各元件电抗的标幺值。

发电机 G：$x_1=x_d''\dfrac{S_B}{S_N}=0.12\times\dfrac{100}{60}=0.2$；调相机 C：$x_2=0.2\times\dfrac{100}{5}=4$；

异步电动机 M：$x_3=0.2\times\dfrac{100}{6}=3.333$；综合负荷 LD_1：$x_4=0.35\times\dfrac{100}{30}=1.167$；

综合负荷 LD_2：$x_5=0.35\times\dfrac{100}{18}=1.944$；

变压器 T_1：$x_6=\dfrac{V_s\%}{100}\dfrac{S_B}{S_N}=\dfrac{10.5}{100}\times\dfrac{100}{31.5}=0.333$；

变压器 T_2：$x_7=\dfrac{10.5}{100}\times\dfrac{100}{20}=0.525$；变压器 T_3：$x_8=\dfrac{10.5}{100}\times\dfrac{100}{7.5}=1.4$；

线路 L_1：$x_9=x_l l_1\dfrac{S_B}{V_B^2}=0.4\times60\times\dfrac{100}{115^2}=0.182$；

线路 L_2：$x_{10}=0.4\times20\times\dfrac{100}{115^2}=0.061$；线路 L_3：$x_{11}=0.4\times10\times\dfrac{100}{115^2}=0.03$。

画出等值电路如图 6-16 所示,并将元件电抗编号标注在等值电路中。

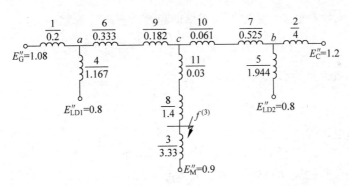

图 6-16　例 6-3 的电力系统等值电路

（2）网络化简。对于两个电势的并联电路，可合并成一个等值电势电路，即

$$E''_1 = E''_G /\!/ E''_{LD1} = \frac{E''_G x_4 + E''_{LD1} x_1}{x_1 + x_4} = \frac{1.08 \times 1.167 + 0.8 \times 0.2}{0.2 + 1.167} = 1.039$$

$$x_{12} = x_1 /\!/ x_4 = \frac{1.167 \times 0.2}{1.167 + 0.2} = 0.171$$

$$E''_2 = E''_C /\!/ E''_{LD2} = \frac{E''_C x_5 + E''_{LD2} x_2}{x_2 + x_5} = \frac{1.2 \times 1.944 + 0.8 \times 4}{4 + 1.944} = 0.931$$

$$x_{13} = x_2 /\!/ x_5 = \frac{4 \times 1.944}{4 + 1.944} = 1.308$$

$$x_{14} = x_6 + x_9 = 0.333 + 0.182 = 0.515$$

$$x_{15} = x_7 + x_{10} = 0.525 + 0.061 = 0.586$$

$$x_{16} = x_8 + x_{11} = 1.4 + 0.03 = 1.43$$

将等值电路简化，如图 6-17(a)所示。

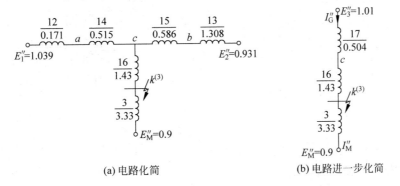

(a) 电路化简　　　　　(b) 电路进一步化简

图 6-17　例 6-3 的等值电路化简

进一步简化可知

$$E''_3 = E''_1 /\!/ E''_2 = \frac{E''_1(x_{13} + x_{15}) + E''_2(x_{12} + x_{14})}{(x_{13} + x_{15}) + (x_{12} + x_{14})}$$

$$\frac{1.039 \times (1.308 + 0.586) + 0.931 \times (0.171 + 0.515)}{(1.308 + 0.586) + (0.171 + 0.515)} = 1.01$$

$$x_{17} = (x_{12} + x_{14}) /\!/ (x_{13} + x_{15}) = \frac{(0.171 + 0.515) \times (1.308 + 0.586)}{(0.171 + 0.515) + (1.308 + 0.586)} = 0.504$$

（3）求起始次暂态电流。由电源侧提供的起始次暂态电流为

$$I''_G = \frac{E''_3}{x_{16} + x_{17}} = \frac{1.01}{1.43 + 0.504} = 0.522$$

由大型异步电动机提供的起始次暂态电流为

$$I''_M = \frac{E''_M}{x_3} = \frac{0.9}{3.333} = 0.27$$

总的起始次暂态电流为

$$I'' = I''_G + I''_M = 0.522 + 0.27 = 0.792$$

其中，大型异步电动机提供的起始次暂态电流占 34%。

由 I''_G 可得故障后 c 点的电压为

$$V_c = I''_G x_{16} = 1.43 \times 0.522 = 0.747$$

流过支路 14、15 的电流分别为

$$I''_{14} = \frac{E''_1 - V_c}{x_{12} + x_{14}} = \frac{1.039 - 0.747}{0.171 + 0.515} = 0.425$$

$$I''_{15} = \frac{E''_2 - V_c}{x_{13} + x_{15}} = \frac{0.931 - 0.747}{1.308 + 0.586} = 0.097$$

故障时 a、b 点的电压为

$$V_a = V_c + I''_{14} x_{14} = 0.747 + 0.425 \times 0.515 = 0.966$$

$$V_b = V_c + I''_{15} x_{15} = 0.747 + 0.097 \times 0.586 = 0.804$$

可见，V_a 和 V_b 都高于 0.8，所以负荷 LD_1 和 LD_2 都不会变成电源而提供短路电流，LD_1 和 LD_2 的影响可以忽略不计。实用计算中，计算起始次暂态电流时，只计入与短路点直接相连的大容量电动机，而可将距短路点较远的电动机一概略去不计。按此在图 6-16 中略去支路 4、5，使等值电路得以简化。这时电源侧对 $f^{(3)}$ 点的等值电势为

$$E''_\Sigma = \frac{E''_G(x_2 + x_7 + x_{10}) + E''_C(x_1 + x_6 + x_9)}{(x_2 + x_7 + x_{10}) + (x_1 + x_6 + x_9)}$$

$$= \frac{1.08 \times (4 + 0.525 + 0.061) + 1.2 \times (0.2 + 0.333 + 0.182)}{(4 + 0.525 + 0.061) + (0.2 + 0.333 + 0.182)} = 1.096$$

电源侧对 $f^{(3)}$ 的等值电抗为

$$x_\Sigma = \frac{(x_2 + x_7 + x_{10})(x_1 + x_6 + x_9)}{(x_2 + x_7 + x_{10}) + (x_1 + x_6 + x_9)} + x_8 + x_{11}$$

$$= \frac{(4 + 0.525 + 0.061)(0.2 + 0.333 + 0.182)}{(4 + 0.525 + 0.061) + (0.2 + 0.333 + 0.182)} + 1.4 + 0.03 = 2.049$$

由电源侧提供的起始次暂态电流为

$$I''_G = \frac{E''_\Sigma}{x_\Sigma} = \frac{1.096}{2.049} = 0.535$$

与前者比较，误差仅为 2.5%。

（4）求冲击电流和短路电流的最大有效值。在不计 LD_1 和 LD_2 影响的情况下，由 T_3 方面来的短路电流都是由发电机 G 和调相机 C 提供的，可取 $k_{im} = 1.8$，电动机的容量为 6MVA，可取 $k_{imLD} = 1.7$。则短路点的冲击电流为

$$i_{im*} = k_{im}\sqrt{2}I''_G + k_{imLD}\sqrt{2}I''_M$$

$$= 1.8 \times \sqrt{2} \times 0.535 + 1.7 \times \sqrt{2} \times 0.27 = 2.011$$

$$i_{im} = I_{im*} I_B = 2.011 \times \frac{100}{\sqrt{3} \times 6.3} = 18.43 (kA)$$

6.4.2　应用计算曲线求任意时刻短路点的短路电流

电力系统三相短路后,准确计算任意时刻的短路电流周期分量是非常复杂的,工程上均使用近似的实用计算法。目前我国使用计算曲线法,即应用事先制作的三相短路电流周期分量的曲线进行计算。下面介绍计算曲线的制作和使用方法。

1. 计算曲线的制作

制作计算曲线首先应考虑不同发电机类型的影响,由于汽轮发电机和水轮发电机的参数差异很大,它们向短路点提供的短路电流的变化规律也有很大差异,因此计算曲线是按汽轮发电机和水轮发电机分别制作的。

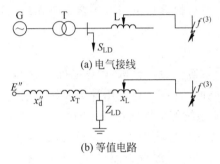

(a) 电气接线

(b) 等值电路

图 6-18　制作计算曲线的典型接线

图 6-18 是制作计算曲线的典型接线。图中 G 是汽轮发电机组或水轮发电机组,短路前处于额定运行状态,考虑到我国的发电厂大部分功率是从高压母线送出,将 50% 的负荷接于发电厂高压母线,其余 50% 的负荷经输电线送到短路点以外。

发生短路后,接于发电厂高压母线的负荷将成为短路回路的并联支路 Z_{LD},分流了发电机供给的部分电流。该负荷在暂态过程中近似用恒定阻抗表示,其值为

$$Z_{LD} = \frac{V^2}{S_{LD}}(\cos\varphi + j\sin\varphi) \tag{6-29}$$

式中,V 为负荷节点电压,取 $V=1$;S_{LD} 为负荷总容量,其值为发电机额定容量的 50%,即 $S_{LD}=0.5$;$\cos\varphi=0.9$。

x_T、x_L 均为以发电机额定容量为基准值的标幺值,改变 x_L 的大小可以表示短路点的远近。

根据如图 6-18(b) 所示的等值电路,可求出发电机外部网络的等值阻抗 $jx_T + jx_L \cdot Z_{LD}/(jx_L + Z_{LD})$。将此外部等值电抗加到发电机的相应参数 jx_d'' 上,然后代入发电机短路电流周期分量的计算公式中进行计算,即可计算出标幺制形式的短路后任意时刻发电机送出的周期分量电流有效值。将此电流再分流到 x_L 支路后即可得 I_{pt*},也就是流到短路点三相短路电流周期分量的有效值。

对于一个特定的时刻 t,改变 x_L 值的大小可得不同的 I_{pt*} 值。绘制曲线时,对于不同的时刻 t,以 $x_{js} = x_d'' + x_T + x_L$ 为横坐标,以该时刻的 I_{pt*} 为纵坐标画出的曲线,即为计算曲线(见图 6-19)。其中,x_{js} 是从发电机电势到短路点之间,以发电机额定容量为基准值的电抗标幺值,我们称之为计算电抗。这一曲线也反映了短路电流周期分量的标幺值是计算电抗和时间的函数,即

$$I_{pt*} = f(x_{js}, t) \tag{6-30}$$

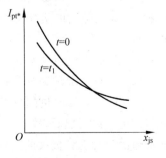

图 6-19　计算曲线示意图

由于我国制造和使用的发电机型号繁多,为使计算曲线具有通用性,选取了容量为 12~200MW 的 18 种不同型号的汽轮发电机作为样机。对于给定的计算电抗值 x_{js} 和时间 t,分别算出每种电机的周期电流值,取其算术平均值作为在该给定 x_{js} 和 t 值下汽轮发电机的短路周期电流值,并用以绘制汽轮发电机的计算曲线。对于水轮发电机则选取容量为 12.5~225MW 的 17 种不同型号的机组作为样机,用同样的方法制作水轮发电机的计算曲线。上述计算曲线见附录 B。

计算曲线只绘制到 $x_{js}=3.45$ 为止。当 $x_{js}\geqslant3.45$ 时,可以近似地认为短路周期电流的幅值已不随时间而改变,直接按下式计算即可

$$I_{p*} = \frac{1}{x_{js}} \tag{6-31}$$

在查计算曲线时,如果实际发电机的参数与参与制作计算曲线的发电机的“标准参数”有较大差别时,还必须对查曲线的时间 t 进行换算,用经过换算后的时间 t' 再去查曲线,具体换算方法此处不再详述。

2. 计算曲线的应用

制作计算曲线所采用的典型接线(见图 6-18)中只含有一台发电机,计算电抗 x_{js} 又与负荷支路无关,而且电力系统的实际接线通常是比较复杂的。所以,在应用计算曲线之前,首先必须略去所有负荷支路,然后将略去负荷支路后的原系统等值网络进行适当的变换,变换成只含短路点和若干个电源点的完全网形电路,并略去所有电源点之间的支路(因为这些支路对短路处的电流没有影响),便得到以短路点为中心、以各电源点为顶点的星形电路。然后对星形电路的每一支路分别应用计算曲线。

实际的电力系统中,发电机的数目是很多的,如果每一台发电机都表示一个电源点,就需要计算出每一台发电机到短路点的计算电抗,然后对每一台发电机查计算曲线求值,而使计算过程非常复杂,计算量非常大。因此,在工程计算中常采用合并电源的方法来简化网络,也就是把短路电流变化规律大体相同的发电机尽可能地合并起来,而对于条件比较特殊的某些发电机单独考虑。这样。根据不同的具体条件,可将网络中的电源分成为数不多的几组,每组都用一个等值发电机代表,这种方法既保证了必要的计算精度,又可大大地减少计算复杂度和计算工作量。

多台发电机可以合并为一台等值发电机的条件是:

(1)发电机的特性(类型、参数、有无自动励磁调节器)是否大致相同;

(2)发电机到短路点的电气距离是否大致相等。

实际上,能够满足上述两个条件的发电机,向短路点提供的短路电流的变化规律大致相同,这就是发电机能够合并的依据。根据这一依据,关于发电机是否合并,有以下几种情况。

(1)汽轮发电机和水轮发电机不可合并。

(2)有自动励磁调节器和无自动励磁调节器的发电机不可合并。

(3)即便是发电机的特性相近,但电气距离相差悬殊的发电机不可合并;如果短路点非常遥远,发电机到短路点之间的电抗数值甚大,不同类型的发电机特性引起的短路电流变化规律的差异受到极大的削弱,在这种情况下,容许将不同类型的发电机合并起来。

(4)直接接于短路点的发电机(或发电厂)应单独考虑。

（5）无限大容量电源应单独计算（不查计算曲线），因为无限大容量电源向短路点提供的短路电流不衰减。

现举例说明上述原则的应用。图 6-20 是某发电厂的主接线图。当在 f_1 点发生短路时，用一个发电机来代替整个发电厂并不会引起什么误差。因为全厂的发电机是处在相同的情况下。当短路点发生在 f_2 点时，这样的代替在实用计算中还是可以的，但有一定的误差，因为发电机 G_2 比另外两台发电机距离短路点要远一些。如果在 f_3 点发生短路，则 G_2 应单独考虑，而另外两台发电机仍然可以合并成一台发电机。如果将整个发电厂的发电机合并成一台发电机，就会出现很大的误差。

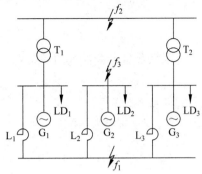

图 6-20　某发电厂主接线图

3. 应用计算曲线计算任意时刻短路电流周期分量的计算步骤

应用计算曲线计算任意时刻短路电流周期分量的计算步骤如下。

（1）绘制等值网络，计算网络参数。

① 参数计算采用标幺值，选取基准容量 S_B 和基准电压 $V_B = V_{av}$；

② 发电机电抗用 x''_d，略去网络各元件的电阻、输电线路的电容和变压器的励磁支路；

③ 无限大容量电源的内电抗为零；

④ 略去负荷。

（2）进行网络变换和化简。

按前面所讲的原则，将网络的电源合并成若干组，例如，有 g 组，每组用一个等值发电机代表。无限大容量电源（如果有的话）另成一组。求出各等值发电机对短路点 f 的转移电抗 $x_{if}(i = 1, 2, \cdots, g)$ 及无限大容量电源 S 对短路点 f 的转移电抗 x_{Sf}。

（3）将各转移电抗转换为计算电抗。

将前面求出的转移电抗 x_{if} 按各相应的等值发电机容量进行归算，便得到各等值发电机对短路点 f 的计算电抗 $x_{js\cdot i}$。

$$x_{js\cdot i} = x_{if} \frac{S_{Ni}}{S_B} \quad (i = 1, 2, \cdots, g) \tag{6-32}$$

式中，S_{Ni} 为第 i 台等值发电机的额定容量，即它所代表的那部分发电机的容量之和。

之所以要将转移电抗转换为计算电抗，是因为查计算曲线时用到的电抗是以等值发电机的额定容量为基准的计算电抗标幺值。

（4）查计算曲线。

根据各等值发电机的计算电抗和指定时刻 t 查计算曲线（见附录 B），分别得出各等值发电机向短路点提供的短路电流周期分量的标幺值 $I_{pt\cdot 1*}, I_{pt\cdot 2*}, \cdots, I_{pt\cdot g*}$。这些电流是以各等值发电机的额定参数为基准的标幺值。

（5）对于无限大容量电源的处理。

网络中的无限大容量电源提供的短路电流周期分量是不衰减的，不必查计算曲线，可直接计算为

$$I_{pS*} = \frac{1}{x_{Sf}} \tag{6-33}$$

(6) 计算短路电流周期分量的有名值。

第 i 台等值发电机提供的短路电流为

$$I_{pt·i} = I_{pt·i*} I_{Ni} = I_{pt·i*} \frac{S_{Ni}}{\sqrt{3} V_{av}} \tag{6-34}$$

无限大容量电源提供的短路电流为

$$I_{pS} = I_{pS*} I_B = I_{pS*} \frac{S_B}{\sqrt{3} V_{av}} \tag{6-35}$$

短路点周期电流的有名值为

$$I_{pt} = \sum_{i=1}^{g} I_{pt·i*} \frac{S_{Ni}}{\sqrt{3} V_{av}} + I_{pS*} \frac{S_B}{\sqrt{3} V_{av}} \tag{6-36}$$

式中, V_{av} 应取短路点处电压级的平均额定电压; I_{Ni} 为归算到短路点处电压级的第 i 台等值发电机的额定电流; I_B 为对应于所选基准容量 S_B 在短路点处电压级的基准电流。

【例 6-4】 在如图 6-21(a)所示的电力系统中,发电厂 A 和 B 都是火电厂,各元件的参数如下。

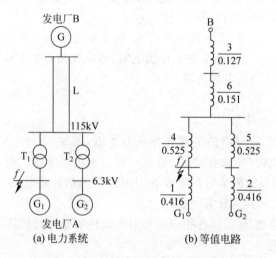

(a) 电力系统   (b) 等值电路

图 6-21　例 6-4 的电力系统及其等值电路

发电机 G_1、G_2:每台功率均为 31.25MVA, $x''_d = 0.13$。发电厂 B:功率为 235.3MVA, $x'' = 0.3$。变压器 T_1 和 T_2:每台功率均为 20MVA, $V_s = 10.5\%$。线路 L:长度为 2×100km,电阻 0.4Ω/km。试计算 f 点发生短路时 0.2s 和 2s 的短路周期电流。分以下两种情况考虑:(1)发电机 G_1、G_2 及发电厂 B 各用一台等值机代表;(2)发电机 G_2 和发电厂 B 合并为一台等值机。

解:

(1) 取 $S_B = 100$MVA, $V_B = V_{av}$,计算各元件电抗的标幺值,形成等值电路。有

发电机 G_1 和 G_2 　　　$x_1 = x_2 = 0.13 \times \dfrac{100}{31.25} = 0.416$

变压器 T_1 和 T_2 　　　$x_4 = x_5 = \dfrac{10.5}{100} \times \dfrac{100}{20} = 0.525$

发电厂 B
$$x_3 = 0.3 \times \frac{100}{235.3} = 0.127$$

线路 L
$$x_6 = \frac{1}{2} \times 0.4 \times 100 \times \frac{100}{115^2} = 0.151$$

作出等值电路如图 6-21(b)所示,将元件电抗编号并标注在等值电路中。

(2) 计算各电源对短路点的转移电抗和计算电抗。

① 发电机 G_1、G_2 及发电厂 B 各用一台等值机代表。

发电机 G_1 对短路点的转移电抗

$$x_{\text{G1f}} = 0.416$$

发电机 G_2 对短路点的转移电抗

$$x_{\text{G2f}} = (x_2 + x_5) + x_4 + \frac{(x_2 + x_5) \times x_4}{x_3 + x_6}$$

$$= (0.416 + 0.525) + 0.525 + \frac{(0.416 + 0.525) \times 0.525}{0.127 + 0.151} = 3.243$$

发电厂 B 对短路点的转移电抗

$$x_{\text{Bf}} = (x_3 + x_6) + x_4 + \frac{(x_3 + x_6) \times x_4}{x_2 + x_5}$$

$$= (0.127 + 0.151) + 0.525 + \frac{(0.127 + 0.151) \times 0.525}{0.416 + 0.525} = 0.958$$

各电源的计算电抗

$$x_{\text{js}\cdot\text{G1}} = x_{\text{G1f}} \times \frac{S_{\text{NG1}}}{S_{\text{B}}} = 0.416 \times \frac{31.25}{100} = 0.13$$

$$x_{\text{js}\cdot\text{G2}} = x_{\text{G2f}} \times \frac{S_{\text{NG2}}}{S_{\text{B}}} = 3.243 \times \frac{31.25}{100} = 1.013$$

$$x_{\text{js}\cdot\text{B}} = x_{\text{Bf}} \times \frac{S_{\text{NB}}}{S_{\text{B}}} = 0.958 \times \frac{235.3}{100} = 2.254$$

② 发电机 G_2 和发电厂 B 合并为一台等值机。

合并后等值机对短路点的转移电抗

$$x_{\text{(G2//B)f}} = (x_2 + x_5)//(x_3 + x_6) + x_4$$

$$= (0.416 + 0.525)//(0.127 + 0.151) + 0.525$$

$$= 0.74$$

其计算电抗为

$$x_{\text{js}\cdot\text{(G2//B)}} = x_{\text{(G2//B)f}} \times \frac{S_{\text{NG2}} + S_{\text{NB}}}{S_{\text{B}}} = 0.74 \times \frac{31.25 + 235.3}{100} = 1.97$$

(3) 查汽轮发电机的运算曲线。

① 发电机 G_1、G_2 及发电厂 B 各用一台等值机代表。

发电机 G_1 对短路点提供的短路电流

$$I_{\text{G1}(0.2)*} = 5.05, \quad I_{\text{G1}(2)*} = 2.80$$

发电机 G_2 对短路点提供的短路电流

$$I_{\text{G2}(0.2)*} = 0.94, \quad I_{\text{G2}(2)*} = 1.11$$

发电厂 B 对短路点提供的短路电流

$$I_{B(0.2)*} = 0.43, \quad I_{B(2)*} = 0.46$$

短路点 f 在 0.2 秒的短路周期电流的有效值

$$I_{(0.2)} = I_{G1(0.2)*} I_{NG1} + I_{G2(0.2)*} I_{NG2} + I_{B(0.2)*} I_{NB}$$

$$= 5.05 \times \frac{31.25}{\sqrt{3} \times 6.3} + 0.94 \times \frac{31.25}{\sqrt{3} \times 6.3} + 0.43 \times \frac{235.3}{\sqrt{3} \times 6.3} = 26.43(\text{kA})$$

短路点 f 在 2 秒的短路周期电流的有效值

$$I_{(2)} = 2.80 \times \frac{31.25}{\sqrt{3} \times 6.3} + 1.11 \times \frac{31.25}{\sqrt{3} \times 6.3} + 0.46 \times \frac{235.3}{\sqrt{3} \times 6.3} = 21.12(\text{kA})$$

② 发电机 G_2 和发电厂 B 合并为一台等值机。

发电机 G_1 对短路点提供的短路电流

$$I_{G1(0.2)*} = 5.05, \quad I_{G1(2)*} = 2.80$$

合并等值机对短路点提供的短路电流

$$I_{(G2//B)(0.2)*} = 0.49, \quad I_{(G2//B)(2)*} = 0.53$$

短路点 f 在 0.2 秒的短路周期电流的有效值

$$I_{(0.2)} = I_{G1(0.2)*} I_{NG1} + I_{(G2//B)(0.2)*} I_{N(G2//B)}$$

$$= 5.05 \times \frac{31.25}{\sqrt{3} \times 6.3} + 0.49 \times \frac{31.25 + 235.3}{\sqrt{3} \times 6.3} = 26.43(\text{kA})$$

短路点 f 在 2 秒的短路周期电流的有效值

$$I_{(2)} = 2.80 \times \frac{31.25}{\sqrt{3} \times 6.3} + 0.53 \times \frac{31.25 + 235.3}{\sqrt{3} \times 6.3} = 20.97(\text{kA})$$

对比两种情况下的计算结果,可以看到,误差不超过 0.7%,将 G_2 和发电厂 B 合并为一台等值机是适宜的。

本章小结

短路是电力系统的严重故障,本章主要介绍了电力系统发生三相短路故障的实用计算方法。

无限大容量电源在实际电力系统中是不存在的(只是一种理想情况的近似)。就三相短路故障计算而言,这样计算的结果显示短路电流偏大。但是,这样的假设可以大大简化分析,因为对内阻抗为零的发电机、定子电流的任意增大都不会在发电机内部引起任何反应,从而在整个暂态过程中,短路电流的周期分量的幅值是不变的。短路冲击电流、短路电流的最大有效值和短路功率是校验电气设备的重要数据。

电力系统三相短路的实用计算有两个内容。一个是起始次暂态电流的计算和冲击电流的计算,另一个是应用计算曲线法来计算短路电流的周期分量在任一时刻的数值。前一部分的计算,关键是确定发电机和负荷(异步电动机等)的次暂态模型。在画出电力系统三相短路的等值电路后,经网络变换及化简,即可求出短路后的起始次暂态电流和冲击电流。后一部分的计算,应根据短路点在系统中的位置,先判断系统中的发电机应如何合并或个别处理,然后经网络变换及化简,求出各等值电源到短路点的转移电抗,再将其归算到各等值电源额定容量基准值的计算电抗。这样,根据各支路的计算电抗就可以查有关的计算曲线,得到所需的短路电流的标幺值。各支路短路电流的标幺值必须分别换算成有名值后才能相加,求得故障点总的短路电流。

习题

6-1　电力系统短路故障的分类、危害及短路计算的目的是什么?

6-2　无限大容量电源的含义是什么? 由这种电源供电的系统三相短路时,短路电流包括几种分量? 它们各有什么特点?

6-3　什么是短路冲击电流? 它出现的条件和时刻如何? 冲击系数的大小与什么有关?

6-4　什么是短路电流的最大有效值? 它与冲击系数有何关系?

6-5　什么是短路功率? 在三相短路计算时,对某一短路点,短路功率的标幺值与短路电流周期分量的标幺值是否相等? 为什么?

6-6　什么是电力系统三相短路的实用计算? 其计算分几个方面的内容?

6-7　网络变换和化简主要有哪些方法? 转移电抗指的是什么? 计算电抗指的是什么?

6-8　什么是短路电流的计算曲线? 它是如何制作的?

6-9　在采用计算曲线法时,如何恰当地处理电力系统中发电机的分组问题?

6-10　无限大容量电源和同步发电机提供的短路电流周期分量有何不同?

6-11　供电系统如图 6-22 所示,各元件参数如下:

线路 L:长 50km,$x=0.4\Omega/km$;变压器 T:$S_N=10MVA$,$V_S=10.5\%$,$k_T=110/11$。

假定供电点 S 电压为 106.5kV,并保持恒定,当空载运行时变压器低压母线发生三相短路。试计算短路电流周期分量、冲击电流、短路电流最大有效值及短路功率等有名值。

图 6-22　题 6-11 图

6-12　在如图 6-23 所示的网络中,已知:$X_1=0.3$,$X_2=0.4$,$X_3=0.6$,$X_4=0.3$,$X_5=0.5$,$X_6=0.2$。试求各电源对短路点 f 的转移电抗。

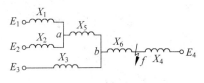

图 6-23　题 6-12 图

6-13　系统接线如图 6-24 所示,已知各元件参数如下:

发电机 G:$S_N=60MVA$,$x_d''=0.14$,$E''=1.08$;变压器 T:$S_N=30MVA$,$V_S=8\%$;

线路 L:$l=20km$,$x=0.38\Omega/km$;

试求 f 点三相短路时的起始次暂态电流、冲击电流、短路电流最大有效值及短路功率等有名值。

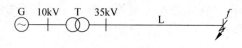

图 6-24　题 6-13 图

6-14　系统接线如图 6-25 所示,已知各元件参数如下:

发电机 G_1:$S_N=60MVA$,$x''_d=0.15$,$E''=1.05$;发电机 G_2:$S_N=150MVA$,$x''_d=0.2$,$E''=1.05$;

变压器 T_1:$S_N=60MVA$,$V_S=12\%$;变压器 T_2:$S_N=90MVA$,$V_S=12\%$;

线路 L:每回路 $l=80km$,$x=0.4\Omega/km$;负荷 LD:$S_{LD}=120MVA$,$x''_{LD}=0.35$,$E''_{LD}=0.8$,$k_{imLD}=1.0$。

试分别计算 f_1 点和 f_2 点发生三相短路时,起始次暂态电流和冲击电流的有名值。

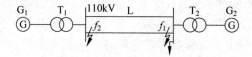

图 6-25　题 6-14 图

6-15　系统接线如图 6-26 所示,已知各元件参数如下:

发电机 G_1、G_2:$S_N=60MVA$,$V_N=10.5kV$,$x''_d=0.15$;

变压器 T_1、T_2:$S_N=60MVA$,$V_S=10.5\%$;

外部系统 S:$S_N=300MVA$,$x''_S=0.5$。

系统中所有发电机均装有自动励磁调节器。f 点发生三相短路,试按下列 3 种情况计算 I_0、$I_{0.2}$、I_∞,并对计算结果进行分析。

(1) 发电机 G_1、G_2 及外部系统 S 各用一台等值机代表;

(2) 发电机 G_1 和外部系统 S 合并为一台等值机;

(3) 发电机 G_1、G_2 及外部系统 S 合并为一台等值机。

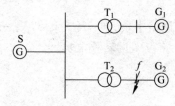

图 6-26　题 6-15 图

6-16　电力系统接线如图 6-27 所示,试分别计算 f_1 点和 f_2 点三相短路时 0.2 秒和 1 秒的短路电流。各元件型号参数如下:

发电机 G_1、G_2:水轮发电机,每台 257MVA,$x''_d=0.2004$。

发电机 G_3:汽轮发电机,412MVA,$x''_d=0.296$。

变压器 T_1、T_2:每台功率均为 260MVA,$V_S=14.35\%$。

变压器 T_3:功率为 420MVA,$V_S=14.6\%$。

变压器 T_4:260MVA,$V_S=8\%$。

线路 L_1：240km，$x = 0.411\Omega/\text{km}$。

线路 L_2：230km，$x = 0.321\Omega/\text{km}$。

线路 L_3：90km，$x = 0.321\Omega/\text{km}$。

系统 S_1 和 S_2：容量无限大。

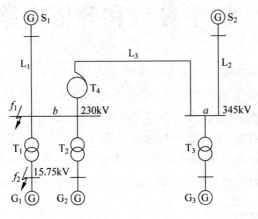

图 6-27　题 6-16 图

第7章 对称分量法及电力系统元件各序参数和等值电路

内容提要：本章首先在掌握对称分量法的基础上，提出序阻抗的概念；其次，讲述对称分量法在不对称短路计算中的应用方法；然后系统地讲解电力系统各元件的各序参数和等值电路；最后给出电力系统正序、负序和零序网络的制定原则。

基本概念：对称分量法、序阻抗的概念及对称分量法在不对称短路计算中的应用；掌握电力系统元件的序阻抗计算和等值电路；电力系统正序、负序和零序网络的制定。

重点：对称分量法的应用；电力系统正序、负序和零序网络的制定。

难点：电力系统正序、负序和零序网络的制定。

三相短路为对称短路，短路电流交流分量三相是对称的。在对称三相系统中，三相系统的参数相同（即三相系统元件的阻抗和导纳相同），三相系统的变量相同（即三相系统的电压、电流及功率的有效值相同），因此对于对称三相系统三相短路的分析和计算，可以只分析和计算其中一相，然后根据三相间的角差即可求得其余两相。

在电力系统中，大量发生的单相接地短路、两相短路、两相接地短路，以及单相断线和两相断线均为不对称故障。当电力系统发生不对称故障时，三相阻抗不同，三相电压和电流的有效值不等，分析这样的三相系统就不能只分析其中一相了，常用的方法是使用对称分量法，将一组不对称三相系统相量分解为正序、负序和零序三组对称的三相系统相量，来分析三相不对称故障问题。在分析中先求出三相系统各元件的正序、负序和零序的参数和等值电路，然后求出三相系统的正序、负序和零序参数和等值电路。由于三相系统的正序、负序和零序系统各自都是三相对称系统，所以在各序系统中可以像三相短路一样只分析和计算其中一相。

本书前面章节所涉及的三相系统参数都是正序参数。因此，在正常运行和三相短路时只有正序分量，没有负序和零序分量。

7.1 对称分量法

7.1.1 对称分量法的概念

在三相电路中，对于任意一组不对称的三相相量，可以分解为正序、负序和零序三组三相对称分量之和，这就是对称分量法。当选择 a 相作为基准相时，不对称的三相相量与其对称分量之间的关系为（以电流相量为例）

$$\begin{cases} \dot{I}_{a} = \dot{I}_{a1} + \dot{I}_{a2} + \dot{I}_{a0} \\ \dot{I}_{b} = \dot{I}_{b1} + \dot{I}_{b2} + \dot{I}_{b0} = \alpha^{2}\dot{I}_{a1} + \alpha\dot{I}_{a2} + \dot{I}_{a0} \\ \dot{I}_{c} = \dot{I}_{c1} + \dot{I}_{c2} + \dot{I}_{c0} = \alpha\dot{I}_{a1} + \alpha^{2}\dot{I}_{a2} + \dot{I}_{a0} \end{cases} \tag{7-1}$$

其中，运算子 $\alpha = e^{j120°}$，于是 $\alpha^{2} = e^{j240°} = \alpha^{*}$，$\alpha^{3} = 1$，$1 + \alpha + \alpha^{2} = 0$；$\dot{I}_{a}$、$\dot{I}_{b}$、$\dot{I}_{c}$ 为不对称的三相电流相量；$\dot{I}_{a1}$、$\dot{I}_{b1}$、$\dot{I}_{c1}$ 为正序系统三相电流相量；$\dot{I}_{a2}$、$\dot{I}_{b2}$、$\dot{I}_{c2}$ 为负序系统三相电流相量；$\dot{I}_{a0}$、$\dot{I}_{b0}$、$\dot{I}_{c0}$ 为零序系统三相电流相量。

对称分量法的相量图如图 7-1 所示。由于正序、负序和零序每一组都是对称的，故有下列关系（顺时针方向）

$$\begin{cases} \dot{I}_{b1} = e^{j240°}\dot{I}_{a1} = \alpha^{2}\dot{I}_{a1} \\ \dot{I}_{c1} = e^{j120°}\dot{I}_{a1} = \alpha\dot{I}_{a1} \\ \dot{I}_{b2} = e^{j120°}\dot{I}_{a2} = \alpha\dot{I}_{a2} \\ \dot{I}_{c2} = e^{j240°}\dot{I}_{a2} = \alpha^{2}\dot{I}_{a2} \\ \dot{I}_{b0} = \dot{I}_{c0} = \dot{I}_{a0} \end{cases} \tag{7-2}$$

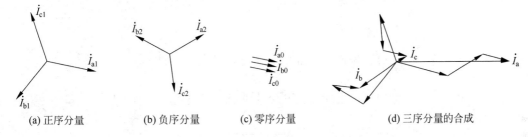

(a) 正序分量　　　(b) 负序分量　　　(c) 零序分量　　　(d) 三序分量的合成

图 7-1　对称分量法的相量图

将式(7-1)写为矩阵形式

$$\begin{bmatrix} \dot{I}_{a} \\ \dot{I}_{b} \\ \dot{I}_{c} \end{bmatrix} = \begin{bmatrix} 1 & 1 & 1 \\ \alpha^{2} & \alpha & 1 \\ \alpha & \alpha^{2} & 1 \end{bmatrix} \begin{bmatrix} \dot{I}_{a1} \\ \dot{I}_{a2} \\ \dot{I}_{a0} \end{bmatrix} \tag{7-3}$$

简记为

$$\boldsymbol{I}_{abc} = \boldsymbol{S}^{-1}\boldsymbol{I}_{120} \tag{7-4}$$

式中，$\boldsymbol{S}^{-1}$ 矩阵称为对称分量反变换矩阵。

求解式(7-1)，可得

$$\begin{cases} \dot{I}_{a1} = \frac{1}{3}(\dot{I}_{a} + \alpha\dot{I}_{b} + \alpha^{2}\dot{I}_{c}) \\ \dot{I}_{a2} = \frac{1}{3}(\dot{I}_{a} + \alpha^{2}\dot{I}_{b} + \alpha\dot{I}_{c}) \\ \dot{I}_{a0} = \frac{1}{3}(\dot{I}_{a} + \dot{I}_{b} + \dot{I}_{c}) \end{cases} \tag{7-5}$$

将式(7-5)写为矩阵形式

$$\begin{bmatrix} \dot{I}_{a1} \\ \dot{I}_{a2} \\ \dot{I}_{a0} \end{bmatrix} = \frac{1}{3} \begin{bmatrix} 1 & \alpha & \alpha^2 \\ 1 & \alpha^2 & \alpha \\ 1 & 1 & 1 \end{bmatrix} \begin{bmatrix} \dot{I}_a \\ \dot{I}_b \\ \dot{I}_c \end{bmatrix} \tag{7-6}$$

简记为

$$\boldsymbol{I}_{120} = \boldsymbol{S}\boldsymbol{I}_{abc} \tag{7-7}$$

式中,$\boldsymbol{S}$ 矩阵称为对称分量变换矩阵。

对称分量法实质上是一种叠加法,所以只有当系统为线性时才能应用。同样地,电压也可以像电流一样进行以上相同的变换。

【例 7-1】 电力系统发生不对称故障,在某一点处三相电压分别为:$\dot{V}_a = 100e^{j90°} = 100\underline{/90°}\text{V}, \dot{V}_b = 116e^{j0°} = 116\underline{/0°}\text{V}, \dot{V}_c = 71e^{j225°} = 71\underline{/225°}\text{V}$,试求其对称分量。

解:以 a 相为基准相,应用式(7-5)可得

$$\dot{V}_{a1} = \frac{1}{3}(\dot{V}_a + \alpha\dot{V}_b + \alpha^2\dot{V}_c)$$

$$= \frac{1}{3}(100\underline{/90°} + 1\underline{/120°} \times 116\underline{/0°} + 1\underline{/240°} \times 71\underline{/225°})$$

$$= 93\underline{/106°}(\text{V})$$

$$\dot{V}_{a2} = \frac{1}{3}(\dot{V}_a + \alpha^2\dot{V}_b + \alpha\dot{V}_c)$$

$$= \frac{1}{3}(100\underline{/90°} + 1\underline{/240°} \times 116\underline{/0°} + 1\underline{/120°} \times 71\underline{/225°})$$

$$= 7\underline{/-60°}(\text{V})$$

$$\dot{V}_{a0} = \frac{1}{3}(\dot{V}_a + \dot{V}_b + \dot{V}_c)$$

$$= \frac{1}{3}(100\underline{/90°} + 116\underline{/0°} + 71\underline{/225°})$$

$$= 28\underline{/37°}(\text{V})$$

应用式(7-2)可得

$$\dot{V}_{b1} = \alpha^2\dot{V}_{a1} = 1\underline{/240°} \times 93\underline{/106°} = 93\underline{/346°}(\text{V})$$

$$\dot{V}_{c1} = \alpha\dot{V}_{a1} = 1\underline{/120°} \times 93\underline{/106°} = 93\underline{/226°}(\text{V})$$

$$\dot{V}_{b2} = \alpha\dot{V}_{a2} = 1\underline{/120°} \times 7\underline{/-60°} = 7\underline{/60°}(\text{V})$$

$$\dot{V}_{c2} = \alpha^2\dot{V}_{a2} = 1\underline{/240°} \times 7\underline{/-60°} = 7\underline{/180°}(\text{V})$$

$$\dot{V}_{b0} = \dot{V}_{c0} = \dot{V}_{a0} = 28\underline{/37°}(\text{V})$$

7.1.2 电力系统序阻抗

本节以一段三相对称线路为例来说明电力系统序阻抗的概念。

设该段线路每相的自阻抗均为 Z_s，相间互阻抗均为 Z_m，当线路中流过不对称电流时，该段线路各相的压降为

$$
\begin{pmatrix} \Delta\dot{V}_a \\ \Delta\dot{V}_b \\ \Delta\dot{V}_c \end{pmatrix} = \begin{pmatrix} Z_s & Z_m & Z_m \\ Z_m & Z_s & Z_m \\ Z_m & Z_m & Z_s \end{pmatrix} \begin{pmatrix} \dot{I}_a \\ \dot{I}_b \\ \dot{I}_c \end{pmatrix}
\tag{7-8}
$$

可简记为

$$
\Delta \boldsymbol{V}_{abc} = \boldsymbol{Z} \boldsymbol{I}_{abc}
\tag{7-9}
$$

应用式(7-7)将三相变换为对称分量，而后再应用式(7-4)，得

$$
\Delta \boldsymbol{V}_{120} = \boldsymbol{S}\Delta \boldsymbol{V}_{abc} = \boldsymbol{S}\boldsymbol{Z}\boldsymbol{I}_{abc} = \boldsymbol{S}\boldsymbol{Z}\boldsymbol{S}^{-1} \boldsymbol{I}_{120} = \boldsymbol{Z}_{sc} \boldsymbol{I}_{120}
\tag{7-10}
$$

其中

$$
\boldsymbol{Z}_{sc} = \boldsymbol{S}\boldsymbol{Z}\boldsymbol{S}^{-1} = \begin{pmatrix} Z_s - Z_m & 0 & 0 \\ 0 & Z_s - Z_m & 0 \\ 0 & 0 & Z_s + 2Z_m \end{pmatrix} = \begin{pmatrix} Z_1 & 0 & 0 \\ 0 & Z_2 & 0 \\ 0 & 0 & Z_0 \end{pmatrix}
\tag{7-11}
$$

上式称为序阻抗矩阵。代入式(7-10)并展开，得

$$
\begin{cases} \Delta\dot{V}_{a1} = Z_1\,\dot{I}_{a1} \\ \Delta\dot{V}_{a2} = Z_2\,\dot{I}_{a2} \\ \Delta\dot{V}_{a0} = Z_0\,\dot{I}_{a0} \end{cases}
\tag{7-12}
$$

上式表明，在三相参数对称的线性电路中，各序对称分量具有独立性。即当电路中流过某序对称分量的电流时，只产生同序对称分量的电压降。反之，当电路施加某序对称分量的电压时，电路中也只产生同序对称分量的电流。这也就意味着可以对正序、负序和零序分量分别按序单独进行计算，再应用式(7-4)求出三相相量。

当三相参数不对称时，由于式(7-8)中各相的自阻抗 Z_s 可能不相等，各相相间互阻抗 Z_m 也可能不相等，所以式(7-11)中非对角元素就不会全部为零，这时就不能按序进行独立计算了。

由以上分析可知，元件的序阻抗是指元件三相参数对称时，元件两端某一序的电压降与通过该元件的同一序的电流的比值，即

$$
\begin{cases} Z_1 = \Delta\dot{V}_{a1}\,/\,\dot{I}_{a1} \\ Z_2 = \Delta\dot{V}_{a2}\,/\,\dot{I}_{a2} \\ Z_0 = \Delta\dot{V}_{a0}\,/\,\dot{I}_{a0} \end{cases}
\tag{7-13}
$$

式中，Z_1、Z_2 和 Z_0 分别称为该元件的正序阻抗、负序阻抗和零序阻抗。

7.1.3　对称分量法在不对称短路计算中的应用

本节以如图 7-2 所示简单电力系统为例，说明如何应用对称分量法计算不对称短路的一般原理。

一台发电机和输电线路相连接，发电机中性点经阻抗 Z_n 接地，线路空载。若线路某处发生单相(如 a 相)接地短路故障 f，假如短路点处 a 相对地阻抗为零(也就是不计接地阻抗

影响),于是短路点处 a 相对地电压为零,而短路点处 b 相和 c 相的对地电压由于没有和地相接而不为零,如图 7-3(a)所示。此时,系统故障点外的其余部分的参数(阻抗)仍是对称的。因此,在分析计算不对称短路时,设法将短路点的不对称转化为对称,这样就可以使整个系统又处于对称状态,也就可以使用单相电路进行计算了。

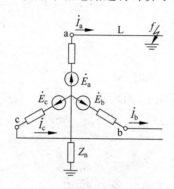

图 7-2　简单电力系统单相短路

　　若在短路点处人为地接入一组不对称电势源,其各相电势与上述的短路点三相电压相等,但方向相反,如图 7-3(b)所示。这种电势源接入后的情况和发生不对称故障时短路点的情况是等效的。也就是说,网络中发生的不对称故障,可以用在故障点接入一组不对称的电势源来代替。

　　利用对称分量法,将这组不对称电势源分解为正序、负序和零序三组对称分量,如图 7-3(c)所示。由于系统本身也有正序、负序和零序等值电路,所以根据叠加原理,图 7-3(c)所示状态,可以当作图 7-3(d)、(e)、(f)所示状态的叠加。

　　如图 7-3(d)所示的电路称为正序网络,其中只有正序电势在作用(包括发电机的电势和故障点的正序分量电势),网络中只有正序电流,各元件呈现的阻抗只有正序阻抗。

　　如图 7-3(e)、(f)所示的电路分别称为负序网络和零序网络。由于发电机只产生正序电势,所以在负序和零序网络中,发电机电势源不存在,只有故障点的负序和零序分量电势分别作用,网络中也只有同一序的电流,各元件也只呈现同一序的阻抗。

　　由图 7-3(d)、(e)和(f),可以分别列出各序网络的电压方程式。因为每一序中都是三相对称的,所以只需列出一相就可以。以 a 相为基准相,在正序网络中有

$$\dot{E}_a - \dot{I}_{a1}(Z_{G1} + Z_{L1}) - (\dot{I}_{a1} + \dot{I}_{b1} + \dot{I}_{c1})Z_n = \dot{V}_{a1}$$

　　因为 $\dot{I}_{a1} + \dot{I}_{b1} + \dot{I}_{c1} = 0$,所以中性点接地阻抗 Z_n 上的压降为零。因此正序网络的电压方程式可写为

$$\dot{E}_a - \dot{I}_{a1}(Z_{G1} + Z_{L1}) = \dot{V}_{a1}$$

　　在负序网络中,也有 $\dot{I}_{a2} + \dot{I}_{b2} + \dot{I}_{c2} = 0$,且发电机的负序电势为零,则负序电压方程为

$$0 - \dot{I}_{a2}(Z_{G2} + Z_{L2}) = \dot{V}_{a2}$$

　　在零序网络中,由于 $\dot{I}_{a0} + \dot{I}_{b0} + \dot{I}_{c0} = 3\dot{I}_{a0}$,在中性点接地阻抗 Z_n 中将流过 3 倍的零序电流,且发电机的零序电势为零,则零序电压方程为

$$0 - \dot{I}_{a0}(Z_{G0} + Z_{L0} + 3Z_n) = \dot{V}_{a0}$$

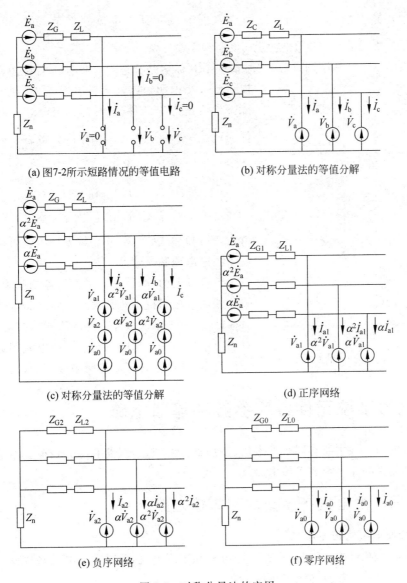

(a) 图7-2所示短路情况的等值电路　　　　　(b) 对称分量法的等值分解

(c) 对称分量法的等值分解　　　　　　　(d) 正序网络

(e) 负序网络　　　　　　　　　(f) 零序网络

图 7-3　对称分量法的应用

　　根据以上所得的各序方程式,可以画出各序的一相等值网络,如图 7-4 所示。需要指出的是,在一相的零序网络中,中性点接地阻抗 Z_n 增大了 3 倍,为 $3Z_n$。这是由于通过中性点阻抗 Z_n 的电流是一相零序电流的 3 倍,从等值的角度看也就相当于一相零序电流流过了 $3Z_n$。

　　实际的电力系统要复杂得多,但是经过网络化简,总可得到相似的各序电压方程式

$$\begin{cases} \dot{E}_{a\Sigma} - \dot{I}_{a1} Z_{1\Sigma} = \dot{V}_{a1} \\ 0 - \dot{I}_{a2} Z_{2\Sigma} = \dot{V}_{a2} \\ 0 - \dot{I}_{a0} Z_{0\Sigma} = \dot{V}_{a0} \end{cases} \tag{7-14}$$

式中,$\dot{E}_{a\Sigma}$ 是正序网络中相对于短路点的戴维南等值电势;$Z_{1\Sigma}$、$Z_{2\Sigma}$、$Z_{0\Sigma}$ 分别为正序、负序和

零序网络中短路点的输入阻抗；$\dot{I}_{a1}$、$\dot{I}_{a2}$、$\dot{I}_{a0}$ 分别为短路点电流的正序、负序和零序分量；$\dot{V}_{a1}$、$\dot{V}_{a2}$、$\dot{V}_{a0}$ 分别为短路点电压的正序、负序和零序分量。

方程式(7-14)又称序网方程,它对各种不对称短路都适合。根据不对称短路的类型可

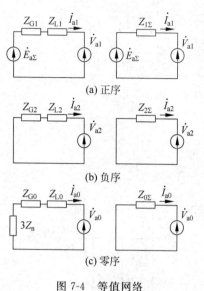

图 7-4　等值网络

以得到 3 个说明短路性质的补充条件,通常也称为故障条件或是边界条件。例如,a 相接地短路的边界条件为 $\dot{V}_a = 0$、$\dot{I}_b = 0$、$\dot{I}_c = 0$,用序网分量表示为

$$\begin{cases} \dot{V}_a = \dot{V}_{a1} + \dot{V}_{a2} + \dot{V}_{a0} = 0 \\ \dot{I}_b = \dot{I}_{b1} + \dot{I}_{b2} + \dot{I}_{b0} = 0 \\ \dot{I}_c = \dot{I}_{c1} + \dot{I}_{c2} + \dot{I}_{c0} = 0 \end{cases} \quad (7\text{-}15)$$

由式(7-14)和式(7-15)联立解方程组就可以解出短路点的各序电压和电流。

综合以上内容,计算不对称故障的基本原则是,把故障处的三相阻抗不对称表示为电压和电流相量的不对称,维持电力系统故障点外的三相阻抗对称,而后用对称分量法将不对称的三相电压和电流用对称的各序分量表示,然后在各序对称网中分别加以分析和计算。

7.2　电力系统元件各序参数和等值电路

电力系统的元件主要有同步发电机、变压器、架空输电线路和综合负荷。本节将分别介绍以上 4 种元件的序参数和等值电路。

7.2.1　同步发电机各序参数和等值电路

1. 同步发电机的正序电抗

同步发电机在对称运行时,只有正序电势和正序电流,此时的发电机参数就是其正序参数。前面章节学过的参数均属于正序参数。

2. 同步发电机不对称短路时的高次谐波

当系统发生不对称短路时,定子电流包括基频交流分量和直流分量。基频交流分量三相不对称,可分解为正、负、零序分量。其正序分量和三相短路时的基频交流分量一样,在气隙中产生以同步速顺转子旋转方向旋转的磁场,它给发电机带来的影响与三相短路时相同。定子绕组中的基频负序电流在气隙中产生的负序旋转磁场与正序基频电流产生的旋转磁场转向相反,同转子之间有两倍同步转速的相对运动,在转子绕组中将感应产生两倍基频的交流电流,进而产生两倍基频脉动磁场。该脉动磁场可分解为两个按不同方向旋转的倍频旋转磁场,与转子旋转方向相反的倍频旋转磁场与定子电流基频负序分量产生的旋转磁场相对静止,起削弱负序气隙磁场的作用;与转子转向相同的倍频旋转磁场相对于定子以三倍同步速旋转,将在定子绕组感应出三倍基频的正序电动势。

如果定子电路允许三倍频电流流过,并由于故障处三相不对称,在三倍基频正序电动势

作用下,网络中产生三倍基频的三相不对称电流,这组电流可分解为三倍基频的正、负、零序分量。其中负序分量又将在转子各绕组感应四倍基频电流,由于转子纵横轴间的不对称,发电机还产生五倍基频的正序电动势。这样定、转子间相互作用,由于基频负序电流的出现便在定子绕组中派生一系列奇次谐波电流,在转子绕组中派生一系列偶次谐波电流。

上述高次谐波的大小随谐波次数的增大而减小。另外,高次谐波电流的大小同转子纵横轴间不对称的程度有关。当转子完全对称时,由定子基频负序电流所感生的转子纵横轴向的脉动磁场被分别分解为两个转向相反的旋转磁场以后,正转磁场恰好互相抵消,只剩下对定子负序磁场相对静止的反转磁场,它将在定子绕组内感应出基频负序电势,这样就不会在定子电路中出现高次谐波电流。隐极式发电机和凸极式发电机有阻尼绕组发电机转子纵横轴在电磁方向比较对称,电流的谐波分量较小,可以忽略不计。

顺便指出,在不对称短路的暂态过程中,同样由于转子纵横轴方向磁路的不对称,定子电流的直流分量将在定子绕组中派生一系列的偶次谐波分量,在转子绕组中派生一系列的奇次谐波分量。这些高次谐波分量与定子直流分量一样衰减,最后衰减为零。

3. 同步发电机的负序电抗

由上述可见,在发生不对称短路时,由于发电机转子间纵横轴间的不对称,定子绕组中包含一系列高次谐波电流。为了避免混淆,通常将同步发电机负序电抗定义为:发电机端点的负序电压基频分量与流入定子绕组的负序电流基频分量的比值。根据数学分析,对于同一台发电机,发生不同类型的不对称短路时,负序电抗是不同的。

电力系统的短路故障一般发生在线路上,所以在短路电流的实用计算中,同步发电机的负序电抗通常近似取

$$x_2 = \frac{1}{2}(x_d'' + x_q'') \tag{7-16}$$

4. 同步发电机的零序电抗

当发电机定子绕组通过零序电流时,由于 3 个电流在时间上同相位,且定子的 3 个绕组在空间相差 120°电角度,因此,3 个电流所产生的合成磁场为零,只剩有每个绕组的漏磁通。发电机的零序电抗就是这种条件下的漏电抗,其数值范围大致是$(0.15\sim0.6)x_d''$。

若无同步发电机的确切参数,也可以近似地按如下典型数值选取同步发电机的负序值和零序值(均为以电机额定值为基准的标幺值)。

(1) 汽轮发电机: $x_2 = 0.16, x_0 = 0.06$;

(2) 有阻尼绕组水轮发电机: $x_2 = 0.25, x_0 = 0.07$;

(3) 无阻尼绕组水轮发电机: $x_2 = 0.45, x_0 = 0.07$;

(4) 同步调相机和大型同步发电机: $x_2 = 0.24, x_0 = 0.08$。

综上所述,同步发电机的各序等值电路如图 7-5 所示。

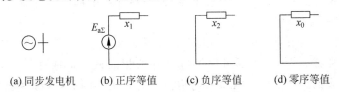

(a) 同步发电机　　　(b) 正序等值　　　(c) 负序等值　　　(d) 零序等值

图 7-5　同步发电机的各序等值电路

7.2.2　变压器各序参数和等值电路

1. 变压器正序、负序参数和等值电路

变压器的等值电路体现出单相一、二次绕组的电磁关系。这种电磁的关系不因变压器通入哪一序的电流而改变,因此,变压器的正序、负序和零序等值电路具有相同的形状,和前面章节所给出的等值电路完全一致。

变压器各绕组的电阻与所通过的电流的序别无关。因此,变压器的正序、负序和零序的等值电阻相等。

变压器的漏抗反映了原、副方绕组间磁耦合的紧密情况。漏磁通的路径与所通电流的序别无关。因此,变压器的正序、负序和零序的等值漏抗也相等。

变压器的励磁电抗取决于主磁通路径的磁导。当变压器通以负序电流时,主磁通的路径与通以正序电流时完全相同。因此,负序励磁电抗与正序的相同。

综上所述:

(1) 变压器的正、负序等值电路及其参数是完全相同的,同前面章节给出的等值电路和参数完全一致;

(2) 变压器的零序等值电路和变压器的正、负序等值电路形状完全相同;在参数方面,变压器的零序励磁电抗有所不同,但是零序等值电阻、漏抗同正、负序的完全相同。

2. 变压器的零序参数和等值电路

1) 普通变压器的零序等值电路和参数

图 7-6 为忽略绕组电阻和铁芯损耗时变压器的零序等值电路。

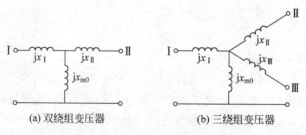

(a) 双绕组变压器　　　　　　　(b) 三绕组变压器

图 7-6　变压器的零序等值电路

变压器的零序励磁电抗与变压器的铁芯结构密切相关。如图 7-7 所示为 3 种常用的变压器铁芯结构及零序励磁磁通的路径。

对于由 3 个单相变压器组成的三相变压器组,每相的零序主磁通与正序主磁通一样,都有独立的铁芯磁路[见图 7-7(a)]。因此,零序励磁电抗与正序励磁电抗相等。对于三相四柱式(或五柱式)变压器[见图 7-7(b)],零序主磁通也能在铁芯中形成回路,磁阻很小,因而零序励磁电抗的数值很大。以上两种变压器,在短路计算中都可被近似认为 $x_{m0} \approx \infty$,即忽略励磁电流,把励磁支路断开。

对于三相三柱式变压器,由于三相零序磁通大小相等、相位相同,因而不能像正序(或负序)主磁通那样,一相主磁通可以经过另外两相的铁芯形成回路。它们被迫经过绝缘介质和外壳形成回路[见图 7-7(c)],遇到很大的磁阻。因此,这种变压器的零序励磁电抗比正序励磁电抗小得多,在短路计算中,应视为有限值,其值一般用实验方法确定,大致是

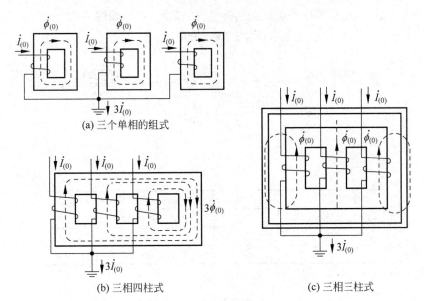

(a) 三个单相的组式

(b) 三相四柱式

(c) 三相三柱式

图 7-7　零序主磁通的磁路

$x_{m0} \approx 0.3 \sim 1.0$。

2) 双绕组变压器零序等值电路与外电路的联结

变压器的零序等值电路与外电路的联结,取决于零序电流的流通路径,因而与变压器三相绕组联结形式及中性点是否接地有关。不对称短路时,零序电压(或电势)是施加在相线和大地之间的。据此我们可从以下 3 个方面来讨论变压器零序等值电路与外电路的联结情况。

(1) 当外电路向变压器某侧三相绕组施加零序电压时,如果能在该侧绕组产生零序电流,则等值电路中该侧绕组端点与外电路接通;如果不能产生零序电流,则从电路等值的观点,可以认为变压器该侧绕组与外电路断开。根据这个原则,只有中性点接地的星形接法(用 YN 或 yn 表示,高压侧用 YN,中压及低压侧用 yn)绕组才能与外电路接通。

(2) 当变压器绕组具有零序电势(由另一侧绕组的零序电流感生的)时,如果它能将零序电势施加到外电路上去,并能提供零序电流的通路,则等值电路中该侧绕组端点与外电路接通;否则与外电路断开。据此,也只有中性点接地的 YN 接法绕组才能与外电路接通。至于能否在外电路产生零序电流,则应根据外电路中的元件是否提供零序电流的通路而定。

(3) 在三角形接法(用 D 或 d 表示,高压侧用 D,中压及低压侧用 d)的绕组中,绕组的零序电势虽然不能作用到外电路去,但能在三相绕组中形成零序环流,如图 7-8 所示。此时,零序电势将被零序环流在绕组漏抗上(不及绕组电阻的影响)的电压降所平衡,绕组两端电压为零。这种情况与变压器绕组短接是等效的。因此,在等值电路中该侧绕组端点接零序等值中性点(等值中性点与地同电位时则接地)。

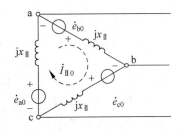

图 7-8　零序环流

　　根据以上三点,变压器零序等值电路与外电路的联结,可用如图 7-9(a)所示的开关电路来表示。上述各点及开关电路也完全适用于三绕组变压器。

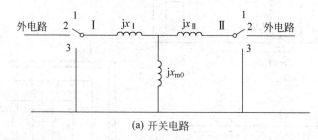

(a) 开关电路

变压器绕组接法	开关位置	绕组端点与外电路的联结
Y	1	与外电路断开
YN	2	与外电路接通
d	3	与外电路断开,但与励磁支路并联

(b) 说明

图 7-9　变压器零序等值电路与外电路的联结

　　顺便指出,由于三角形接法的绕组漏抗与励磁支路并联,不管何种铁芯结构的变压器,一般励磁电抗总比漏抗大得多,因此,在短路计算中,当变压器用三角形接法绕组时,都可以近似取 $x_{m0} \approx \infty$。

　　3) 中性点有接地阻抗时变压器的零序等值电路

　　如图 7-10(a)所示,如果变压器星形侧中性点经阻抗 Z_n 接地,当变压器流过正序或负序电流时,三相电流之和为零,中性线中没有电流通过,因此中性点的阻抗不需要反映在正、负序等值电路中。当变压器流过零序电流时,中性点阻抗上流过的电流等于三倍零序电流,并产生相应的电压降,使中性点与地电位不同。由于等值电路是单相的,所以应以 $3Z_n$ 反映中性点阻抗(见图 7-10(b)),也可以等效地将 $3Z_n$ 同它所接入的该侧绕组的漏抗相串联,如图 7-10(c)所示。

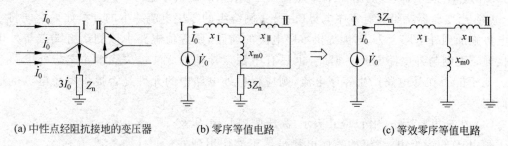

(a)中性点经阻抗接地的变压器　　(b) 零序等值电路　　(c)等效零序等值电路

图 7-10　中性点经阻抗接地的变压器及其零序等值电路

　　应该注意,图 7-10 中的所有阻抗参数都是折算到同一电压级下的折算值。

　　4) 三绕组变压器零序等值电路

　　在三绕组变压器中,为了消除三次谐波磁通的影响,使变压器的电动势接近正弦波,一般总有一个绕组接成三角形,以提供三次谐波电流的通路。通常的接线有 YNdy 连接、YNdyn 连接、YNdd 连接等。忽略励磁电流后,它们的等值电路如图 7-11 所示。

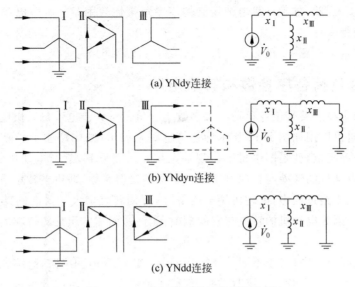

(a) YNdy连接

(b) YNdyn连接

(c) YNdd连接

图 7-11　三绕组变压器零序等值电路

7.2.3　架空输电线路各序参数和等值电路

输电线路是静止元件,其正、负、零序等值电路形状完全相同,和前面章节的等值电路完全一致,其中正、负序的参数也完全相同,仅仅零序参数和正、负序不一致。

当线路流过零序电流时,由于三相电流完全相同,必须借助大地及架空地线来构成零序电流的通路。因此,架空输电线的零序阻抗与电流在地中的分布有关,精确地计算非常困难。

对于以大地为零序回路的三相输电线路,三相导线中流过的零序电流是经由大地返回的。理论的计算方法是:假设大地体积无限大,且具有均匀的电阻率,它的导电作用可以用卡松(Carson)线路来模拟,该虚拟模拟导线位于架空输电线的下方。架空输电线是三相,假设卡松(Carson)线路来模拟的架空地线也是三相,这就形成了三个平行的"单导线-大地"回路,而后利用第 2 章的计算思路去求解。

实际上,由于输电线路所经过地段的大地电阻率一般不是均匀的,因此零序阻抗一般是通过实测来获得。在实用的短路计算中,不同类型架空线路的零序电抗和正序电抗之间的关系是:

(1) 无架空地线的单回路三相输电线路,$x_0/x_1 \approx 3.5$;

(2) 无架空地线的双回路三相输电线路,$x_0/x_1 \approx 5.5$;

(3) 有铁磁导体架空地线单回路三相输电线路,$x_0/x_1 \approx 3.0$;

(4) 有铁磁导体架空地线双回路三相输电线路,$x_0/x_1 \approx 4.7$;

(5) 有良导体架空地线单回路三相输电线路,$x_0/x_1 \approx 2.0$;

(6) 有良导体架空地线双回路三相输电线路,$x_0/x_1 \approx 3.0$。

除架空输电线路以外,常用的输电线路还有电缆。电缆芯间距离较小,其正、负序电抗要比架空线路小得多,通常电缆的正序阻抗由制造厂提供。电缆的铅(铝)包护层在电缆的两端和中间一些点是接地的,电缆线路的零序电流同时经大地和铅(铝)包护层形成回路,零序电流在大地和护层之间的分配与护层本身的阻抗和它的接地阻抗有关,而后者又与电缆的敷设方式有关。因此,准确计算电缆线路的零序阻抗比较困难。一般电缆线路的零序阻抗是通过实测获得。

在电缆线路近似估算中,可取 $r_0=10r_1$、$x_0=(3.5\sim4.6)x_1$。

7.2.4　综合负荷各序参数和等值电路

电力系统的负荷主要是工业负荷。大多数工业负荷是异步电动机。由电机学相关知识可知,异步电动机可以用如图 7-12 所示的等值电路来表示(图中略去了励磁支路的电阻)。异步电动机的正序阻抗,就是图中机端呈现的阻抗。可以看到,它与电动机的转差 s 有关。在正常运行时,电动机的转差与机端电压及电动机的受载系数(即机械转矩与电动机额定转矩之比)有关。在短路过程中,电动机端电压下降,将使转差增大。要准确计算电动机的正序阻抗较为困难,因为电动机的转差与它的端电压有关,而端电压是随待求的短路电流的变化而变化的。

在短路的实际计算中,对于不同的计算任务制作正序等值网络时,对综合负荷有不同的处理方法。在计算起始次暂态电流时,综合负荷或者略去不计,也或者表示为有次暂态电势和次暂态电抗的电势源支路(视负荷节点离短路点电气距离的远近而定)。在应用计算曲线来确定任意指定时刻的短路周期电流时,由于曲线制作条件已计入负荷的影响。因此,等值网络中的负荷都被略去。

在上述两种情况以外的短路计算中,综合负荷的正序参数常用恒定阻抗表示

$$Z_{LD}=\frac{V_{LD}^2}{S_{LD}}(\cos\varphi+j\sin\varphi)$$

式中,S_{LD} 和 V_{LD} 分别为综合负荷的视在功率和负荷节点的电压。假定短路前综合负荷处于额定运行状态且 $\cos\varphi=0.8$,则以额定值为基准的标幺阻抗

$$Z_{LD}=0.8+j0.6$$

为避免复数运算,又可用等值的纯电抗来代表综合负荷,其值为

$$Z_{LD}=j1.2$$

分析计算表明,综合负荷分别用这两种阻抗值代表时,所得的计算结果极为接近。

异步电动机是旋转元件,其负序阻抗不等于正序阻抗。当电动机端施加基频负序电压时,流入定子绕组的负序电流将在气隙中产生一个与转子转向相反的旋转磁场,它对电动机产生制动性的转矩。若转子相对于正序旋转磁场的转差为 s,则转子相对于负序旋转磁场的转差为 $2-s$。将 $2-s$ 代替图 7-12 中的 s,便可得到如图 7-13 所示的确定异步电动机负序阻抗的等值电路。我们看到,异步电动机的负序阻抗也是转差的函数。

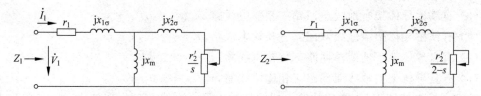

图 7-12　确定异步电动机正序阻抗的等值电路　　图 7-13　确定异步电动机负序阻抗的等值电路

系统发生不对称短路时,作用于电动机端的电压可能包含有正、负、零序分量。此时,正序电压低于正常值,使电动机的驱动转矩减小,而负序电流又产生制动转矩,从而使电动机

转速下降,转差增大。当异步电动机的转差在 $0\sim1$(即同步转速到停转之间)变化时,由等值电路(见图 7-13)可见,转子的等值电阻将在 $r_2'/2\sim r_2'$ 之间变化。但是,从电动机端看进去的等值阻抗变化却不太大。为了简化计算,实际上常略去电阻,并取 $s=1$ 时,即以转子静止(或启动初瞬间)状态的阻抗模值作为电动机的负序电抗,其标幺值由 $x''=1/I_{st}$ 确定,也就是认为异步电动机的负序电抗同次暂态电抗相等。计及降压变压器及馈电线路的电抗,则以异步电动机为主要成分的综合负荷的负序电抗可取为

$$x_2 = 0.35$$

它是以综合负荷的视在功率和负荷接入点的平均额定电压为基准的标幺值。

因为异步电动机及多数负荷常常接成三角形,或者接成不接地的星形,零序电流不能流通,故不需要建立零序等值电路。

7.3　电力系统各序网络的制定

如前所述,应用对称分量法分析计算不对称故障时,首先必须做出电力系统的各序网络。为此,应根据电力系统的接线图、中性点接地情况等原始资料,在故障点分别施加各序电势,从故障点开始,逐步查明各序电流流通的情况。凡是某一序电流能流通的元件,都必须包括在该序网络中,并用相应的序参数和等值电路表示。根据上述原则,我们结合图 7-14 来说明各序网络的制定。

7.3.1　正序网络

正序网络就是通常计算对称短路时所用的等值网络。除中性点接地阻抗、空载线路(不计导纳时)及空载变压器(不计励磁电流时)外,电力系统各元件均应包括在正序网络中,并用正序参数和等值电路表示。如图 7-14(b)所示的正序网络中不包括空载线路 L_3 和 T_3。所有同步发电机和调相机以及用等值电源表示的综合负荷,都是正序网络的电源。此外,还需在短路点引入代替故障条件的正序电势。从故障端口看正序网络,它是一个有源网络,可以简化为戴维南等值电路(见图 7-14(c))。

7.3.2　负序网络

负序电流流通情况和正序电流的流通情况相同,但是所有电源的负序电势为零,电抗应为负序电抗,在短路点引入代替故障条件的负序电势,便可得到负序网络,如图 7-14(d)所示。从故障端口看负序网络,它是一个无源网络,也可以简化为戴维南等值电路(见图 7-14(e))。

7.3.3　零序网络

零序网络中不包含电源电势。在不对称短路点施加代表故障边界条件的零序电势时,由于三相零序电流的大小及相位相同,它们必须经大地或架空地线(电缆包皮等)才能构成通路,因此零序电流的流通与网络的结构(特别是变压器的接线方式及中性点的接地方式)有关。图 7-15(a)画出了如图 7-14(a)所示系统的三线接线图,图中箭头表示零序电流流通的方向;图 7-15(b)是相应的零序网络。比较正(负)序和零序网络可以看到,虽然线路 L_4 和变压器 T_4 及负荷 LD 均包括在正(负)序网络中,但因变压器 L_4 的中性点未接地,不能流

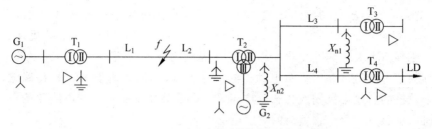

(a) 电力系统接线图

(b) 正序网络

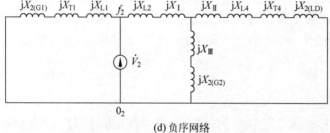

(c) 正序网络的戴维南等值电路

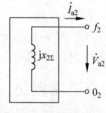

(d) 负序网络

(e) 负序网络的戴维南等值电路

图 7-14　正序、负序网络的制定

通零序电流,所以不包括在零序网络中。相反地,线路 L_3 和变压器 T_3 因为空载不能流通正(负)序电流而不包括在正(负)序网络中,但由于 T_3 中性点经 X_{n1} 接地,L_3 和 T_3 能流通零序电流,所以它们包括在零序网络中。同样,从故障端口看零序网络,它也是一个无源网络,也可以简化为戴维南等值电路(见图 7-15(c))。

【例 7-2】　如图 7-16(a)所示的电力系统,在 f 点发生不对称短路,系统各元件参数如下。

发电机 G:$S_N=120\text{MVA}$,$V_N=10.5\text{kV}$,$E_1=1.67$,$x_1=0.9$,$x_2=0.45$;

变压器 T-1:$S_N=60\text{MVA}$,$V_S\%=10.5$,$k_{T1}=10.5/115$;

变压器 T-2:$S_N=60\text{MVA}$,$V_S\%=10.5$,$k_{T1}=115/6.3$;

线路 L:$L=105\text{km}$,$x_1=0.4\Omega/\text{km}$,$x_0=3x_1$;

负荷 LD-1:$S_N=60\text{MVA}$,$x_1=1.2$,$x_2=0.35$;

负荷 LD-2:$S_N=40\text{MVA}$,$x_1=1.2$,$x_2=0.35$。

选取基准功率为 $S_B=120\text{MVA}$ 和基准电压 $V_B=V_{av}$,试做:

(1) 制定各序等值网络;

(2) 求各元件各序电抗在 S_B、V_B 下的标幺值。

解:

(1) 制定出的电力系统正、负和零序网络如图 7-16(b)、(c)和(d)所示。

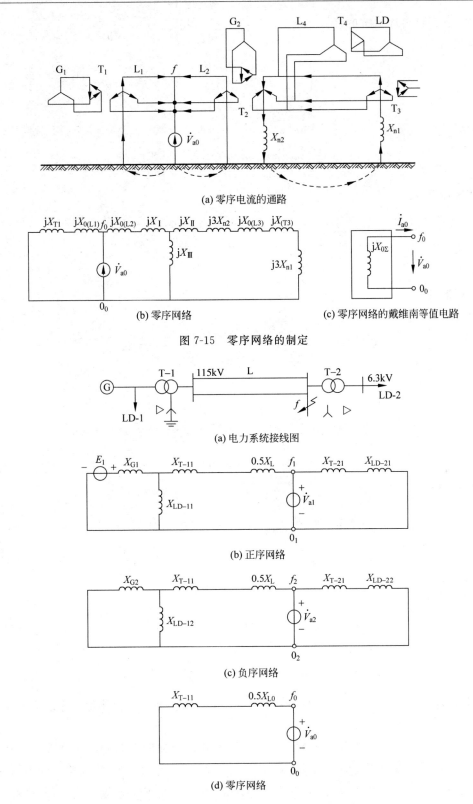

(a) 零序电流的通路

(b) 零序网络

(c) 零序网络的戴维南等值电路

图 7-15　零序网络的制定

(a) 电力系统接线图

(b) 正序网络

(c) 负序网络

(d) 零序网络

图 7-16　电力系统接线图及正、负和零序网络

(2) 各元件各序电抗的计算如下：

发电机 G：

$$E_1 = 1.67\frac{V_{GN}}{V_B} = 1.67 \times \frac{10.5}{10.5} = 1.67$$

$$X_{G1} = X_1\frac{V_{GN}^2/S_{GN}}{V_B^2/S_B} = 0.9 \times \frac{10.5^2/120}{10.5^2/120} = 0.9$$

$$X_{G2} = X_2\frac{V_{GN}^2/S_{GN}}{V_B^2/S_B} = 0.45 \times \frac{10.5^2/120}{10.5^2/120} = 0.45$$

变压器 T-1：

$$X_{T-11} = \frac{V_s\%\frac{V_{T-1N}^2}{S_N}}{\frac{V_B^2}{S_B}} = \frac{0.105 \times \frac{10.5^2}{60}}{\frac{10.5^2}{120}} = 0.21$$

变压器 T-2：

$$X_{T-21} = \frac{V_s\%\frac{V_{T-2N}^2}{S_N}}{\frac{V_B^2}{S_B}} = \frac{0.105 \times \frac{6.3^2}{60}}{\frac{6.3^2}{120}} = 0.21$$

线路 L：

$$X_L = X_1 L\frac{S_B}{V_B^2} = 0.4 \times 105 \times \frac{120}{115^2} = 0.38$$

$$X_{L0} = 3X_L = 3 \times 0.38 = 1.14$$

负荷 LD-1：

$$X_{LD-11} = X_1\frac{S_B}{S_{LDN}} = 1.2 \times \frac{120}{60} = 2.4$$

$$X_{LD-12} = X_2\frac{S_B}{S_{LDN}} = 0.35 \times \frac{120}{60} = 0.7$$

负荷 LD-2：

$$X_{LD-21} = X_1\frac{S_B}{S_{LDN}} = 1.2 \times \frac{120}{40} = 3.6$$

$$X_{LD-22} = X_2\frac{S_B}{S_{LDN}} = 0.35 \times \frac{120}{40} = 1.05$$

【例 7-3】 电力系统如图 7-17(a)所示，f 为不对称短路点。试画出电力系统的正序、零序网络。不计电阻和导纳。

解：图 7-17(a)所示电力系统的正序、零序网络分别如图 7-17(b)、(c)所示。其中，图 7-17(b)中，G_A 表示 X_{GA1}；L_3 表示 X_{L3}，T_3 表示 X_{T3}，其余的发电机、线路和变压器的参数表示方法类似；LD_B 表示 X_{LDB}，LD_E 表示 X_{LDE}。图 7-17(c)中，L_3 表示 X_{L30}，其余的线路电抗类似。T_3 表示 X_{T3}，其余的变压器类似表示。

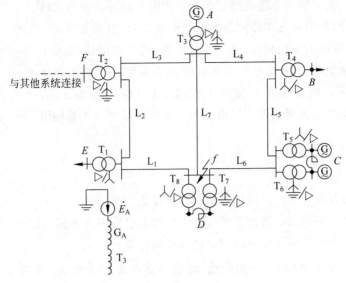

(a) 系统图

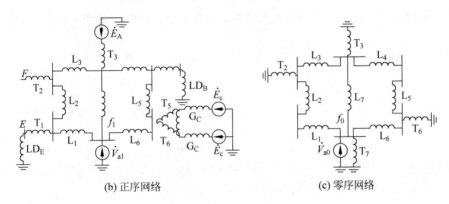

(b) 正序网络　　　　(c) 零序网络

图 7-17　电力系统序网图

本章小结

对称分量法是分析电力系统不对称故障的有效方法。在三相参数对称的线性电路中,各序对称分量各自具有独立性。

电力系统各元件零序和负序电抗的确定是本章的重点。某元件的各序电抗是否相同,关键在于该元件通以不同序的电流时,所产生的磁通将遇到什么样的磁阻,各相之间将产生怎样的互感影响。各相磁路独立的三相静止元件的各序电抗相等,静止元件的正序电抗和负序电抗相等。

由于相间互感的增助作用,架空输电线的零序电抗要大于正序电抗,架空地线的存在又使输电线的零序电抗有所减小。

变压器的各序漏抗相等,变压器的零序励磁电抗则同其铁芯结构有关。

旋转电机(如同步发电机)的各序电抗互不相等。

制定序网时,某序网络等值电路应包含该序电流通过的所有元件。

负序网络的结构形状与正序网络的结构形状相同,但为无源网络。

三相零序电流同大小同相位,必须经过大地(或架空地线、电缆包皮等)形成通路,制定零序网络时,应从故障点开始查找零序电流的流通情况。变压器的零序等值电路只能在 YN 侧与系统的零序网络联结,D 侧和 Y 侧都同系统断开,D 侧还需自行短接。在一相零序网络中,中性点接地阻抗须以其三倍值表示。零序网络也是无源网络。

习题

7-1　什么是对称分量法？试推导出对称分量法变换公式。

7-2　变压器的零序励磁电抗在变压器零序等值电路中是如何考虑的？

7-3　电力系统的各序等值电路制定的原则是什么？

7-4　三相对称输电线路,C 相断线,输电线路中电流分别为：A 相为 $10\underline{/0°}$ A；B 相为 $10\underline{/180°}$ A；C 相为 0A,试以 A 相电流为参考相量,计算线电流的对称分量。

7-5　系统接线如图 7-18 所示,f 点发生不对称短路。已知各系统参数如下。

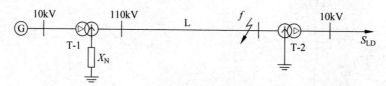

图 7-18　题 7-5 图

发电机 G：$S_N = 30\text{MVA}, V_N = 10.5\text{kV}, E_1 = 1.1, x_1 = 0.2, x_2 = 0.25$；

变压器 T-1：$S_N = 30\text{MVA}, V_s\% = 10.5, k_{T1} = 10.5/115$；

变压器 T-2：$S_N = 30\text{MVA}, V_s\% = 10.5, k_{T1} = 115/10.5$；

线路 L：$L = 60\text{km}, x_1 = 0.4\Omega/\text{km}, x_0 = 3x_1$；

负荷 LD：$S_N = 25\text{MVA}, x_1 = 1.2, x_2 = 0.35$；

中性点接地阻抗：$X_N = \text{j}10\Omega$。

选取基准功率为 $S_B = 30\text{MVA}$ 和基准电压 $V_B = V_{av}$,试做：

(1) 制定各序等值网络；

(2) 求各元件各序电抗在 $S_B、V_B$ 下的标幺值。

7-6　系统接线如图 7-19 所示,当 f 点发生不对称短路时,试画出系统的正序、负序和零序等值网络图。

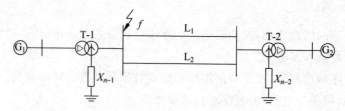

图 7-19　题 7-6 图

7-7　系统接线如图 7-20 所示,当 f_1 和 f_2 点发生不对称短路时,试分别画出系统的正序、负序和零序等值网络图。题图中 1~17 为元件编号。

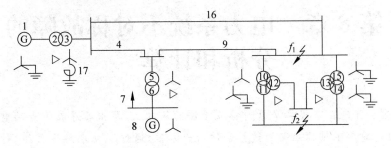

图 7-20　题 7-7 图

7-8　如图 7-21 所示的简单电力系统,在下述 4 种情况下,f 点发生了不对称短路,分别画出复合序网图。

(1) 末端 T_2 接有有限容量发电机;

(2) 末端 T_2 接有无限大容量电力系统;

(3) 末端 T_2 接一个星形中性点接地的负荷;

(4) 末端 T_2 空载。

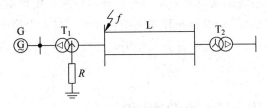

图 7-21　题 7-8 图

第8章 电力系统不对称故障的分析和计算

内容提要：首先在掌握第 7 章对称分量法的基础上，写出各序故障点的电压平衡方程式，而后再应用简单不对称短路的边界条件列出方程，通过联立求解方程组，对简单不对称短路进行分析和计算。同时提出对简单不对称短路的计算还可以使用复合序网法和正序等效定则。最后介绍变压器相位变换问题及非全相断线的分析计算方法。

基本概念：简单不对称短路；复合序网；正序等效定则。

重点：应用对称分量法对简单不对称短路进行分析和计算；复合序网的制定；用复合序网和正序等效定则对简单不对称短路的计算。

难点：复合序网的制定；简单不对称短路的计算。

简单故障是指电力系统的某一处发生一种故障的情况。简单不对称故障包括单相接地短路、两相短路、两相接地短路、单相断开和两相断开等。当发生简单不对称故障时，只有故障点出现系统结构的不对称，而其他部分三相仍旧是对称的。这样，就可以用对称分量法进行分析和计算。

8.1 简单不对称短路的分析和计算

已知电力系统及其不对称故障点的位置点，就可以求出电力系统的各序等值网络，使用网络化简，可以作出各序等值网络的二端口网络，应用对称分量法，写出各序故障点的电压平衡方程（见式(7-14)），即

$$\begin{cases} \dot{E}_{a\Sigma} - \dot{I}_{a1} Z_{1\Sigma} = \dot{V}_{a1} \\ 0 - \dot{I}_{a2} Z_{2\Sigma} = \dot{V}_{a2} \\ 0 - \dot{I}_{a0} Z_{0\Sigma} = \dot{V}_{a0} \end{cases} \tag{8-1}$$

这 3 个方程包含了 6 个未知量。因此还需要根据不对称短路的具体边界条件写出另外 3 个方程，才能求解。

下面就各种简单不对称短路逐个进行分析。

8.1.1 单相（a 相）接地短路

a 相接地短路时（见图 8-1），故障处的边界条件为

$$\dot{V}_a = 0, \quad \dot{I}_b = 0, \quad \dot{I}_c = 0$$

用对称分量法表示为

$$\dot{V}_{a1} + \dot{V}_{a2} + \dot{V}_{a0} = 0$$

$$\alpha^2 \dot{I}_{a1} + \alpha \dot{I}_{a2} + \dot{I}_{a0} = 0$$

$$\alpha \dot{I}_{a1} + \alpha^2 \dot{I}_{a2} + \dot{I}_{a0} = 0$$

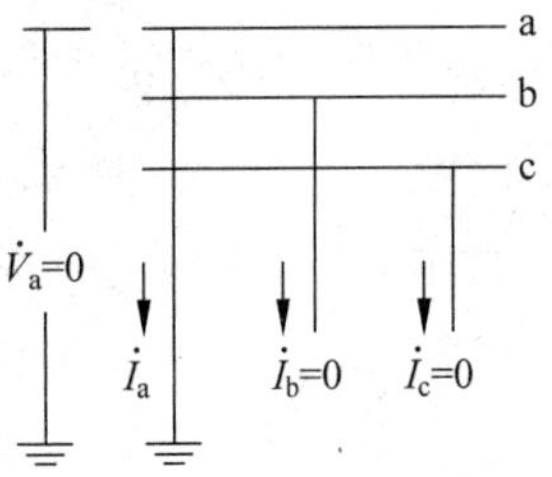

整理可得用序分量表示的边界条件为

$$\begin{cases} \dot{V}_{a1} + \dot{V}_{a2} + \dot{V}_{a0} = 0 \\ \dot{I}_{a1} = \dot{I}_{a2} = \dot{I}_{a0} \end{cases} \quad (8\text{-}2)$$

图 8-1　单相接地短路

联立求解式(8-1)和式(8-2),其中共有 6 个方程和 6 个待求量,解得

$$\dot{I}_{a1} = \dot{I}_{a2} = \dot{I}_{a0} = \frac{\dot{E}_{a\Sigma}}{Z_{1\Sigma} + Z_{2\Sigma} + Z_{0\Sigma}} \quad (8\text{-}3)$$

由式(8-3),根据边界方程式(8-2)和电压方程式(8-1),可求出短路点电压的各序分量

$$\begin{cases} \dot{V}_{a1} = \dot{E}_{a\Sigma} - Z_{1\Sigma} \dot{I}_{a1} = (Z_{2\Sigma} + Z_{0\Sigma}) \dot{I}_{a1} \\ \dot{V}_{a2} = - Z_{2\Sigma} \dot{I}_{a1} \\ \dot{V}_{a0} = - Z_{0\Sigma} \dot{I}_{a1} \end{cases} \quad (8\text{-}4)$$

　　根据序分量的边界条件,可将各序网络在故障端口连接起来构成网络的复合序网,也可由复合序网直接求取各序的电压、电流分量。如 a 相接地短路时,由式(8-2)可作出相适应的复合序网,如图 8-2 所示,据此计算的结果与上述完全一样。

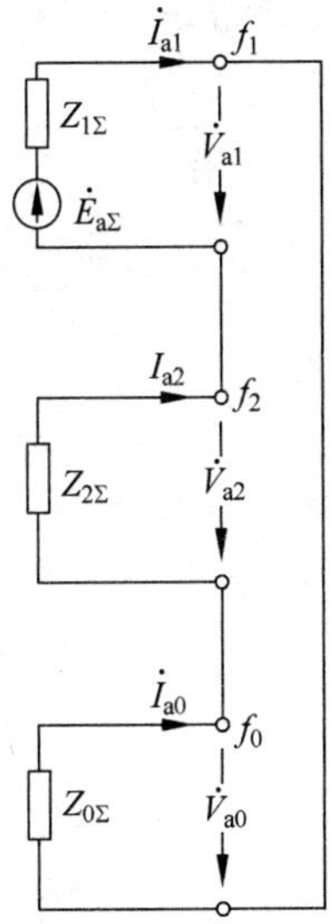

图 8-2　单相短路的
复合序网

　　由式(8-1)及式(8-3)求得短路点故障相电流

$$\dot{I}_f^{(1)} = \dot{I}_a = \dot{I}_{a1} + \dot{I}_{a2} + \dot{I}_{a0} = 3\dot{I}_{a1} = \frac{3\dot{E}_{a\Sigma}}{Z_{1\Sigma} + Z_{2\Sigma} + Z_{0\Sigma}} \quad (8\text{-}5)$$

　　一般 $Z_{1\Sigma} \approx Z_{2\Sigma}$。如果 $Z_{0\Sigma}$ 小于 $Z_{1\Sigma}$,则单相短路电流大于同一地点的三相短路电流$(\dot{E}_{a\Sigma}/Z_{1\Sigma})$;反之,则单相短路电流小于或等于三相短路电流。

　　如果忽略电阻,取 $X_{1\Sigma} = X_{2\Sigma}$,根据式(8-1)、式(8-4)和式(8-3),短路点非故障相的对地电压为

$$\begin{aligned} \dot{V}_b &= \alpha^2 \dot{V}_{a1} + \alpha \dot{V}_{a2} + \dot{V}_{a0} \\ &= \alpha^2(\dot{E}_{a\Sigma} - jX_{1\Sigma}\dot{I}_{a1}) + \alpha(-jX_{2\Sigma}\dot{I}_{a1}) + (-jX_{0\Sigma}\dot{I}_{a1}) \\ &= \dot{E}_{b\Sigma} - \dot{I}_{a1}j(X_{0\Sigma} - X_{1\Sigma}) \\ &= \dot{E}_{b\Sigma} - \frac{\dot{E}_{a\Sigma}}{jX_{1\Sigma} + jX_{2\Sigma} + jX_{0\Sigma}}j(X_{0\Sigma} - X_{1\Sigma}) \\ &= \dot{E}_{b\Sigma} - \dot{E}_{a\Sigma}\frac{K_0 - 1}{2 + K_0} \end{aligned} \quad (8\text{-}6)$$

　　类似地,可以求出

$$\dot{V}_c = \alpha \dot{V}_{a1} + \alpha^2 \dot{V}_{a2} + \dot{V}_{a0} = \dot{E}_{c\Sigma} - \dot{I}_{a1}j(X_{0\Sigma} - X_{1\Sigma}) = \dot{E}_{c\Sigma} - \dot{E}_{a\Sigma}\frac{K_0 - 1}{2 + K_0} \quad (8\text{-}7)$$

式中,$K_0 = X_{0\Sigma}/X_{1\Sigma}$。当 $K_0 < 1$,即 $X_{0\Sigma} < X_{1\Sigma}$ 时,非故障相电压较正常时有些降低;如果

$K_0=0$，则 $\dot{V}_b=\dfrac{\sqrt{3}}{2}\dot{E}_{b\Sigma}e^{j30°}$，$\dot{V}_c=\dfrac{\sqrt{3}}{2}\dot{E}_{c\Sigma}e^{-j30°}$。当 $K_0=1$，即 $X_{0\Sigma}=X_{1\Sigma}$，则故障后非故障相电压不变；当 $K_0>1$，即 $X_{0\Sigma}>X_{1\Sigma}$，故障时非故障相电压较正常时升高。最严重情况为 $X_{0\Sigma}=\infty$，此情况下

$$\dot{V}_b=\dot{E}_{b\Sigma}-\dot{E}_{a\Sigma}=\sqrt{3}\dot{E}_{b\Sigma}e^{-j30°}$$

$$\dot{V}_c=\dot{E}_{c\Sigma}-\dot{E}_{a\Sigma}=\sqrt{3}\dot{E}_{c\Sigma}e^{j30°}$$

即当中性点不接地系统发生单相接地短路时，中性点电位升至相电压，而非故障相电压升至线电压。

忽略电阻，并假设 $X_{0\Sigma}>X_{1\Sigma}$，选取 $\dot{E}_{a\Sigma}$ 为参考相量，画出故障点的电流、电压相量图，见图 8-3(a)、(b)，图 8-3(c) 给出了非故障相电压变化的轨迹。图中用 U 表示电压。

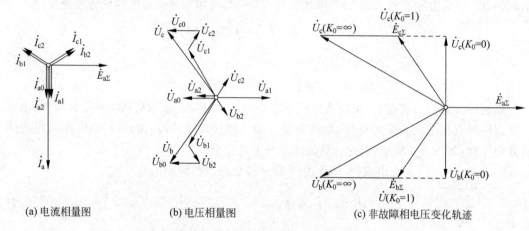

(a) 电流相量图　　　　　(b) 电压相量图　　　　　(c) 非故障相电压变化轨迹

图 8-3　a 相接地故障处相量图

8.1.2　两相(b 相和 c 相)短路

两相短路时(见图 8-4)，故障处的边界条件为

$$\dot{I}_a=0,\quad \dot{I}_b=-\dot{I}_c,\quad \dot{V}_b=\dot{V}_c$$

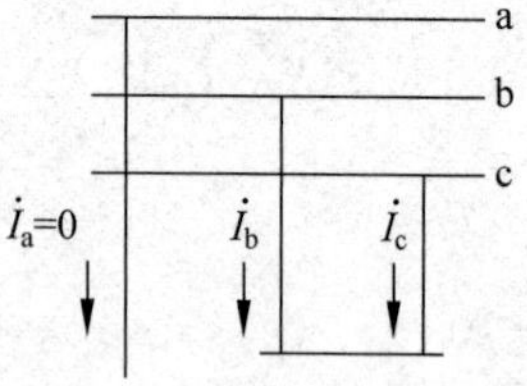

用序分量表示，整理可得

$$\begin{cases}\dot{I}_{a0}=0\\ \dot{I}_{a1}+\dot{I}_{a2}=0\\ \dot{V}_{a1}=\dot{V}_{a2}\end{cases}\qquad(8\text{-}8)$$

图 8-4　两相短路

这里零序电流为零。这是因为两相短路的故障点不能与地相连，零序电流没有通路。根据边界条件式(8-8)，可以作出两相短路时的复合序网如图 8-5 所示，由于零序电流为零，所以复合序网中零序网络断开。

利用复合序网可得

$$\dot{I}_{a1}=-\dot{I}_{a2}=\frac{\dot{E}_{0\Sigma}}{Z_{1\Sigma}+Z_{2\Sigma}}\qquad(8\text{-}9)$$

$$\dot{V}_{a1} = \dot{V}_{a2} = -Z_{2\Sigma}\dot{I}_{a2} = Z_{2\Sigma}\dot{I}_{a1} \qquad (8\text{-}10)$$

短路点故障相电流为

$$\dot{I}_f^{(2)} = \dot{I}_b = -\dot{I}_c = \alpha^2\dot{I}_{a1} + \alpha\dot{I}_{a2} + \dot{I}_{a0} = (\alpha^2 - \alpha)\dot{I}_{a1}$$

$$= -j\sqrt{3}\,\dot{I}_{a1} = -j\sqrt{3}\,\frac{\dot{E}_{a\Sigma}}{Z_{1\Sigma} + Z_{2\Sigma}} \qquad (8\text{-}11)$$

短路点各相对地电压为

$$\begin{cases} \dot{V}_a = \dot{V}_{a1} + \dot{V}_{a2} + \dot{V}_{a0} = 2\dot{V}_{a1} = 2Z_{2\Sigma}\dot{I}_{a1} \\[2mm] \dot{V}_b = \alpha^2\dot{V}_{a1} + \alpha\dot{V}_{a2} + \dot{V}_{a0} = -\dot{V}_{a1} = -\frac{1}{2}\dot{V}_a \\[2mm] \dot{V}_c = \dot{V}_b = -\dot{V}_{a1} = -\frac{1}{2}\dot{V}_a \end{cases} \qquad (8\text{-}12)$$

可见,当 $Z_{1\Sigma} = Z_{2\Sigma}$ 时,非故障相电压等于故障前电压;两相短

路电流是同一点三相短路电流的 $\frac{\sqrt{3}}{2}$ 倍。一般情况下,两相短路电

流小于三相短路电流;而故障相电压只是非故障相电压的一半,而

且方向相反。

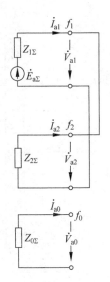

图 8-5　两相短路的
　　　　复合序网

图 8-6 给出了忽略电阻,且 $X_{1\Sigma} = X_{2\Sigma}$ 的情况下,b、c 两相短路时的电流相量图和电压

相量图。图中以 $\dot{E}_{a\Sigma}$ 为参考量。

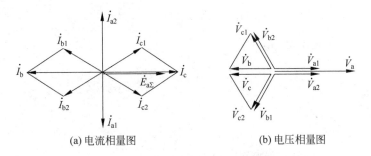

(a) 电流相量图　　　　　　　　(b) 电压相量图

图 8-6　两相短路故障处相量图

8.1.3　两相(b 相和 c 相)短路接地

两相短路接地时(见图 8-7),故障处的边界条件为

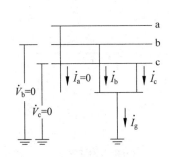

图 8-7　两相短路接地

$$\dot{I}_a = 0, \qquad \dot{V}_b = \dot{V}_c = 0$$

用序分量表示,整理可得

$$\begin{cases} \dot{I}_{a1} + \dot{I}_{a2} + \dot{I}_{a0} = 0 \\[2mm] \dot{V}_{a1} = \dot{V}_{a2} = \dot{V}_{a0} \end{cases} \qquad (8\text{-}13)$$

根据边界条件可作出两相短路接地的复合序网(见图 8-8),

并得

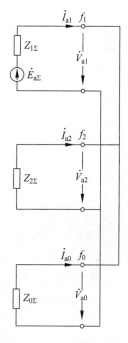

$$\begin{cases} \dot{I}_{a1} = \dfrac{\dot{E}_{a\Sigma}}{Z_{1\Sigma} + Z_{2\Sigma}\ /\!/\ Z_{0\Sigma}} \\[2mm] \dot{I}_{a2} = -\dfrac{Z_{0\Sigma}}{Z_{2\Sigma} + Z_{0\Sigma}}\ \dot{I}_{a1} \\[2mm] \dot{I}_{a0} = -\dfrac{Z_{2\Sigma}}{Z_{2\Sigma} + Z_{0\Sigma}}\ \dot{I}_{a1} \end{cases} \tag{8-14}$$

以及

$$\dot{V}_{a1} = \dot{V}_{a2} = \dot{V}_{a0} = \frac{Z_{2\Sigma}Z_{0\Sigma}}{Z_{2\Sigma}+Z_{0\Sigma}}\dot{I}_{a1} = \dot{E}_{a\Sigma}\frac{Z_{2\Sigma}Z_{0\Sigma}}{Z_{1\Sigma}Z_{2\Sigma}+Z_{1\Sigma}Z_{0\Sigma}+Z_{2\Sigma}Z_{0\Sigma}} \tag{8-15}$$

则故障相的电流为

$$\begin{cases} \dot{I}_{b} = \alpha^2 \dot{I}_{a1} + \alpha \dot{I}_{a2} + \dot{I}_{a0} = \left(\alpha^2 - \dfrac{Z_{2\Sigma}+\alpha Z_{0\Sigma}}{Z_{2\Sigma}+Z_{0\Sigma}}\right)\dot{I}_{a1} \\[3mm] \dot{I}_{c} = \alpha \dot{I}_{a1} + \alpha^2 \dot{I}_{a2} + \dot{I}_{a0} = \left(\alpha - \dfrac{Z_{2\Sigma}+\alpha^2 Z_{0\Sigma}}{Z_{2\Sigma}+Z_{0\Sigma}}\right)\dot{I}_{a1} \end{cases} \tag{8-16}$$

短路处非故障相电压为

图 8-8　两相短路接地的
复合序网

$$\dot{V}_{a} = \dot{V}_{a1} + \dot{V}_{a2} + \dot{V}_{a0} = 3\dot{V}_{a1} \tag{8-17}$$

若忽略电阻,且 $X_{1\Sigma}=X_{2\Sigma}$,则故障相短路电流的有效值为

$$I_{f}^{(1,1)} = I_{b} = I_{c} = \sqrt{3} \times \sqrt{1 - \frac{X_{2\Sigma}X_{0\Sigma}}{(X_{2\Sigma}+X_{0\Sigma})^2}}\,I_{a1} \tag{8-18}$$

两相短路接地时,流入地中的电流为

$$\dot{I}_{g} = \dot{I}_{b} + \dot{I}_{c} = 3\dot{I}_{a0} = -3\dot{I}_{a1}\frac{Z_{2\Sigma}}{Z_{2\Sigma}+Z_{0\Sigma}} \tag{8-19}$$

故障处非故障电压

$$\dot{V}_{a} = 3\dot{E}_{a\Sigma}\frac{K_0}{1+2K_0} \tag{8-20}$$

式中,$K_0=K_{0\Sigma}/X_{2\Sigma}$。可见:$K_0=0$ 时,$\dot{V}_{a}=0$；当 $K_0=1$ 时,$\dot{V}_{a}=\dot{E}_{a\Sigma}$；当 $K_0=\infty$ 时,$\dot{V}_{a}=$ 1.5$\dot{E}_{a\Sigma}$。即对中性点不接地系统,非故障相电压升高最多,为正常电压的 1.5 倍,但仍小于单相接地时电压的升高。图 8-9 给出了发生两相短路接地故障时的电流相量图和电压相量图。

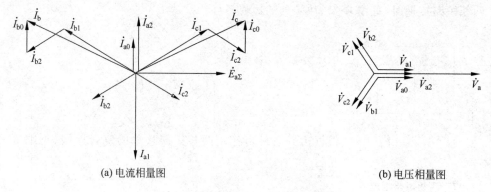

(a) 电流相量图　　　　　　　　　　　　　　　　(b) 电压相量图

图 8-9　两相短路接地故障处相量图

【**例 8-1**】　某电力系统接线如图 8-10 所示，试计算 f 点发生 a 相短路接地时，短路处的电流和电压的标幺值。系统各元件的参数如下：

发电机 G_1：$S_N = 62.5 \text{MVA}, V_N = 10.5 \text{kV}, E_{G1} = 11.025 \text{kV}, x_1 = 0.125, x_2 = 0.16$；

发电机 G_2：$S_N = 31.25 \text{MVA}, V_N = 10.5 \text{kV}, E_{G2} = 10.5 \text{kV}, x_1 = 0.125, x_2 = 0.16$；

变压器 T_1：$S_N = 60 \text{MVA}, V_s\% = 10.5, k_{T1} = 10.5/121$；

变压器 T_2：$S_N = 31.25 \text{MVA}, V_s\% = 10.5, k_{T1} = 115/10.5$；

线路 L：$L = 40 \text{km}, x_1 = x_2 = 0.4 \Omega/\text{km}, x_0 = 2x_1$；

选取基准功率为 $S_B = 100 \text{MVA}$ 和基准电压 $V_B = V_{aV}$。

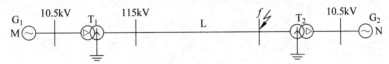

图 8-10　系统接线图

解：

（1）计算网络参数并画出各序等值电路如图 8-11 所示。

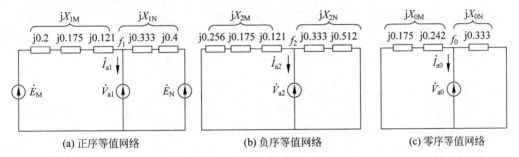

(a) 正序等值网络　　　　　(b) 负序等值网络　　　　　(c) 零序等值网络

图 8-11　各序等值网络图

发电机 G_1：

$$E_M = \frac{E_{G1}}{V_B} = \frac{11.025}{10.5} = 1.05$$

$$X_{G11} = x_1 \frac{S_B}{S_{G1N}} = 0.125 \times \frac{100}{62.5} = 0.2$$

$$X_{G12} = x_2 \frac{S_B}{S_{G1N}} = 0.16 \frac{100}{62.5} = 0.256$$

发电机 G_2：

$$E_N = \frac{E_{G1}}{V_B} = \frac{10.5}{10.5} = 1$$

$$X_{G21} = x_1 \frac{S_B}{S_{G2N}} = 0.125 \frac{100}{31.25} = 0.4$$

$$X_{G22} = x_2 \frac{S_B}{S_{G2N}} = 0.16 \frac{100}{31.25} = 0.512$$

变压器 T_1：

$$X_{T1} = V_s\% \frac{S_B}{S_{T1N}} = 0.105 \frac{100}{60} = 0.175$$

变压器 T_2：

$$X_{T2} = V_s\% \frac{S_B}{S_{T2N}} = 0.105 \frac{100}{31.25} = 0.336$$

线路 L：

$$X_L = x_1 L \frac{S_B}{V_B^2} = 0.4 \times 40 \times \frac{100}{115^2} = 0.121$$

$$X_{L0} = 2X_L = 2 \times 0.121 = 0.242$$

（2）计算两端口网络参数。

$$X_{1\Sigma} = X_{1M} // X_{1N} = 0.496 // 0.733 = 0.296$$

$$X_{2\Sigma} = X_{2M} // X_{2N} = 0.552 // 0.845 = 0.334$$

$$X_{0\Sigma} = X_{0M} // X_{0N} = 0.417 // 0.336 = 0.186$$

$$E_{1\Sigma} = \frac{E_M X_{1N} + E_N X_{1M}}{X_{1M} + X_{1N}} = \frac{1.05 \times 0.733 + 1 \times 0.496}{0.496 + 0.733} = 1.03$$

（3）短路处各序电流和各序电压的计算：由于是单相接地短路，复合序网是三序网串联，设 $\dot{E}_{1\Sigma} = j1.03$，于是

$$\dot{I}_{a1} = \dot{I}_{a2} = \dot{I}_{a0} = \frac{\dot{E}_{1\Sigma}}{X_{1\Sigma} + X_{2\Sigma} + X_{0\Sigma}} = \frac{j1.03}{j(0.296 + 0.334 + 0.186)} = 1.264$$

$$\dot{V}_{a1} = \dot{E}_{1\Sigma} - \dot{I}_{a1} Z_{1\Sigma} = j1.03 - 1.264 \times j0.296 = j0.656$$

$$\dot{V}_{a2} = -\dot{I}_{a1} Z_{2\Sigma} = -1.264 \times j0.334 = -j0.422$$

$$\dot{V}_{a0} = -\dot{I}_{a1} Z_{0\Sigma} = -1.264 \times j0.185 = -j0.234$$

（4）求故障时的短路处电流和电压。

$$\dot{I}_b = \dot{I}_c = 0, \dot{I}_a = 3\dot{I}_{a1} = 3.792$$

$$\dot{V}_a = 0$$

$$\dot{V}_b = \alpha^2 \dot{V}_{a1} + \alpha \dot{V}_{a2} + \dot{V}_{a0} = \alpha^2 \times j0.656 + \alpha \times (-j0.422) + (-j0.234) = 0.997 e^{-j20.6°}$$

$$\dot{V}_c = \alpha \dot{V}_{a1} + \alpha^2 \dot{V}_{a2} + \dot{V}_{a0} = \alpha \times j0.656 + \alpha^2 \times (-j0.422) + (-j0.234) = 0.997 e^{-j220.6°}$$

8.1.4　正序等效定则

以上所得的 3 种简单不对称短路时短路电流正序分量的算式（即式(8-3)、式(8-9)和式(8-14)）可以统一写为

$$\dot{I}_{a1} = \frac{\dot{E}_{a\Sigma}}{Z_{1\Sigma} + Z_\Delta} \tag{8-21}$$

式中，Z_Δ 表示附加阻抗，其值随短路的方式不同而不同。

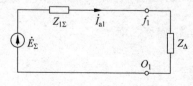

图 8-12　正序增广网络

式(8-21)表明：在简单不对称短路时，短路点电流的正序分量与在短路点每一相中加入附加阻抗 Z_Δ 而发生三相短路时的电流相等，这就是正序等效定则。因此，对于任一种简单不对称短路，其短路电流的正序分量可由图 8-12 求得，图 8-12 称作正序增广网络。

此外,从短路点故障相电流的算式(即(8-5)、式(8-11)和式(8-18))可以看到,短路电流的绝对值与它的正序分量的绝对值成正比,即

$$I_{\mathrm{f}} = M I_{\mathrm{a1}} \tag{8-22}$$

式中,M 是比例系数,其值与短路的类型有关。

各种简单不对称短路时的 Z_Δ 和 M 值列于表 8-1 中。表中的 M 值只适用于纯电抗的情况。当不计及电阻时,表中 Z_Δ 列中 Z 用 X 代替就可以了。

表 8-1 各种不对称短路时的 Z_Δ 和 M 值

短 路 种 类	Z_Δ	M
三相短路	0	1
单相短路	$Z_{2\Sigma} + Z_{0\Sigma}$	3
两相短路	$Z_{2\Sigma}$	$\sqrt{3}$
两相短路接地	$\dfrac{Z_{2\Sigma} Z_{0\Sigma}}{Z_{2\Sigma} + Z_{0\Sigma}}$	$\sqrt{3}\sqrt{1 - \dfrac{X_{2\Sigma} X_{0\Sigma}}{(X_{2\Sigma} + X_{0\Sigma})^2}}$

【例 8-2】 对于例 8-1 的电力系统,试利用正序等效定则计算 f 点发生各种不对称短路时的短路电流。

解:由例 8-1 可知

$$X_{1\Sigma} = 0.296, \quad X_{2\Sigma} = 0.334, \quad X_{0\Sigma} = 0.185$$

$$\dot{E}_{1\Sigma} = \mathrm{j}1.03, \quad I_{\mathrm{B}} = \frac{S_{\mathrm{B}}}{\sqrt{3} V_{\mathrm{B}}}$$

对于单相短路

$$X_\Delta = X_{2\Sigma} + X_{0\Sigma} = 0.334 + 0.185 = 0.519$$

$$\dot{I}_{\mathrm{a1}} = \frac{\dot{E}_{\mathrm{a\Sigma}}}{X_{1\Sigma} + X_\Delta} = \frac{\mathrm{j}1.03}{\mathrm{j}0.296 + \mathrm{j}0.519} = 1.264$$

$$I_{\mathrm{f}} = M I_{\mathrm{a1}} I_{\mathrm{B}} = 3 \times 1.264 \times \frac{S_{\mathrm{B}}}{\sqrt{3} V_{\mathrm{B}}} = 3 \times 1.264 \times \frac{100}{\sqrt{3} \times 115} = 1.904 (\mathrm{kA})$$

对于两相接地

$$X_\Delta = X_{2\Sigma} = 0.334$$

$$\dot{I}_{\mathrm{a1}} = \frac{\dot{E}_{\mathrm{a\Sigma}}}{X_{1\Sigma} + X_\Delta} = \frac{\mathrm{j}1.03}{\mathrm{j}0.296 + \mathrm{j}0.334} = 1.635$$

$$I_{\mathrm{f}} = M I_{\mathrm{a1}} I_{\mathrm{B}} = \sqrt{3} \times 1.635 \times \frac{S_{\mathrm{B}}}{\sqrt{3} V_{\mathrm{B}}} = 1.635 \times \frac{100}{115} = 1.422 (\mathrm{kA})$$

对于两相接地短路

$$X_\Delta = \frac{X_{2\Sigma} X_{0\Sigma}}{X_{2\Sigma} + X_{0\Sigma}} = \frac{0.334 \times 0.185}{0.334 + 0.185} = 0.119$$

$$\dot{I}_{\mathrm{a1}} = \frac{\dot{E}_{\mathrm{a\Sigma}}}{X_{1\Sigma} + X_\Delta} = \frac{\mathrm{j}1.03}{\mathrm{j}0.296 + \mathrm{j}0.119} = 2.482$$

$$I_{\mathrm{f}} = M I_{\mathrm{a1}} I_{\mathrm{B}} = \sqrt{3} \sqrt{1 - \frac{X_{2\Sigma} X_{0\Sigma}}{(X_{2\Sigma} + X_{0\Sigma})^2}} \times 2.482 \times \frac{S_{\mathrm{B}}}{\sqrt{3} V_{\mathrm{B}}}$$

$$= \sqrt{3} \sqrt{1 - \frac{0.334 \times 0.185}{(0.334 + 0.185)^2} \times 2.482 \times \frac{100}{\sqrt{3} \times 115}}$$

$$= 1.895 (\text{kA})$$

8.2　简单不对称短路时非故障处的电压和电流计算

在电力系统的设计和运行计算中,除了要知道故障点的短路电流和电压以外,还要知道网络中某些支路的电流和某些节点的电压。为此,需先求出各序电流和电压在网络中的分布,然后再合成为三相电流和电压。非故障处电流、电压一般是不满足边界条件的。

8.2.1　计算各序网中任意处的各序电流和各序电压

对于正序网络,根据叠加原理可将其分解成正常情况和故障分量两部分,正常情况的网络支路电流是负荷电流;而故障分量部分的电源电势等于零,网络中只有节点电流$\dot{I}_{\text{f1}}$,由它可求得各节点电压和电流的分布。

对于负序和零序网络,因为没有电源,只有故障分量,可以与正序故障分量一样,利用电流分布系数计算电流分布,进而求出电压分布。

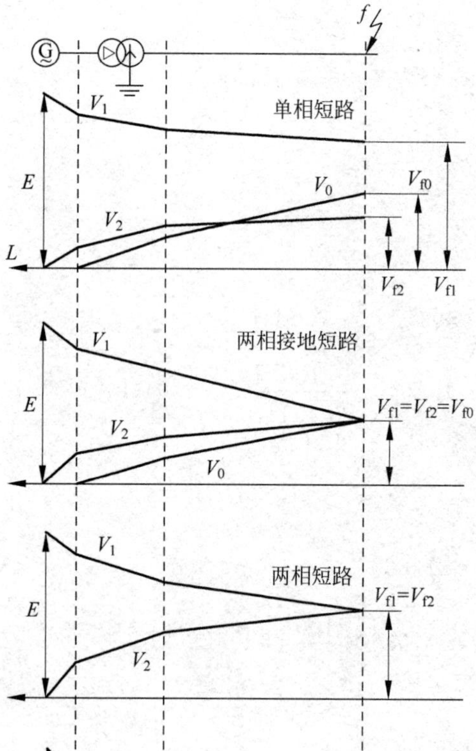

任一节点电压的各序分量为

$$\begin{cases} \dot{V}_{i1} = \dot{V}_{i|0|} - Z_{if1} \dot{I}_{f1} \\ \dot{V}_{i2} = - Z_{if2} \dot{I}_{f2} \\ \dot{V}_{i0} = - Z_{if0} \dot{I}_{f0} \end{cases} \quad (8\text{-}23)$$

式中,$\dot{V}_{i|0|}$为正常运行时该点的电压;Z_{if}为各序网阻抗矩阵中与故障点f相关的一列元素。

任一支路电流的各序分量为

$$\begin{cases} \dot{I}_{ij1} = \dfrac{\dot{V}_{i1} - \dot{V}_{j1}}{Z_{ij1}} \\ \dot{I}_{ij2} = \dfrac{\dot{V}_{i2} - \dot{V}_{j2}}{Z_{ij2}} \\ \dot{I}_{ij0} = \dfrac{\dot{V}_{i0} - \dot{V}_{j0}}{Z_{ij0}} \end{cases} \quad (8\text{-}24)$$

如果各序分量经过变压器,则要按后面介绍的对称分量经变压器变换适当相位后,才能合成得该处的相电流和相电压。

图8-13画出了某一简单网络在发生各种短路时各序电压有效值的分布情况。从中可以看出:

图8-13　各种短路时各序电压有效值的分布

（1）越靠近电源，正序电压越高；越靠近短路点，正序电压越低。三相短路时，短路点电压为零，系统其他各点电压降低最严重；两相短路接地时，正序电压降低的数值仅次于三相短路；单相接地时，正序电压降低最小。

（2）越靠近短路点，负序和零序电压的有效值越高；越远离短路点，负序和零序电压数值就越低，在发电机中性点上负序电压为零。

8.2.2　对称分量经变压器后的相位变换

电压、电流序分量经变压器后，可能要发生相位移动，这取决于变压器绕组的连接组别。现以采用 Yyn 和 Yd11 两种常用的变压器连接方式来说明。

如果待求电流或电压与短路点之间的变压器均为 Yyn 连接，YN(yn)表示中性点接地，则从各序网求得的正、负和零序电流（如果可能流通）或电压，不必移动相位，就是所求的各序电流和电压。直接应用这些分量即可合成实际各相电流和电压。图 8-14 表明了 Yyn 连接的变压器在正序和负序情况下两侧电压均为同相位。同样地，两侧的电流亦为同相位。

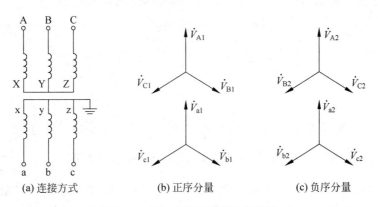

(a) 连接方式　　　　(b) 正序分量　　　　(c) 负序分量

图 8-14　Yyn 变压器两侧电压相量

如果变压器接成 YN(yn)，且存在零序电流的通路时，则变压器两侧的零序电流（或零序电压）亦是同相位。因此，电压、电流的各序分量经过 YN(yn)连接的变压器时，并不发生相位移动。

如果待求处与短路点之间的变压器为 Yd 连接，由序网求得的序分量要移动一定的相位才是实际各序分量。图 8-15 示出了 Yd11 变压器两侧正序、负序电压的相位关系，可表示为

$$\begin{cases} \dot{V}_{a1} = \dot{V}_{A1}\, e^{j30°} = \dot{V}_{A1}\, e^{-j330°} \\ \dot{V}_{a2} = \dot{V}_{A2}\, e^{-j30°} = \dot{V}_{A2}\, e^{j330°} \end{cases} \tag{8-25}$$

即对于正序分量，三角形侧电压相位较星形侧超前 30°（即 11 点钟的方向），对负序分量则落后 30°。

因为两侧功率相等，功率因素角必定相等，因此，电流也有同样的关系

$$\begin{cases} \dot{I}_{a1} = \dot{I}_{A1}\, e^{j30°} = \dot{I}_{A1}\, e^{-j330°} \\ \dot{I}_{a2} = \dot{I}_{A2}\, e^{-j30°} = \dot{I}_{A2}\, e^{j330°} \end{cases} \tag{8-26}$$

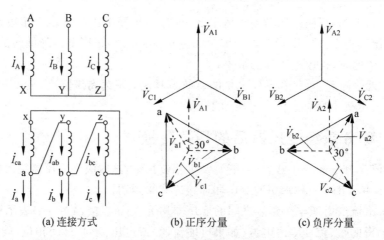

(a) 连接方式　　　　　　　(b) 正序分量　　　　　　(c) 负序分量

图 8-15　Yd11 接法变压器两侧电压的正、负序分量的相位关系

对于 Y—△的其他不同连接方式 Ydk(k 为正序时三角形侧电压相量作为短时针所代表的钟点数,k 为 1,3,5,7,9,11),则式(8-25)及式(8-26)可以推广为

$$
\begin{cases}
\dot{V}_{a1} = \dot{V}_{A1}\,e^{-jk30°}\\[2mm]
\dot{V}_{a2} = \dot{V}_{A2}\,e^{jk30°}
\end{cases}
\tag{8-27}
$$

$$
\begin{cases}
\dot{I}_{a1} = \dot{I}_{A1}\,e^{-jk30°}\\[2mm]
\dot{I}_{a2} = \dot{I}_{A2}\,e^{jk30°}
\end{cases}
\tag{8-28}
$$

零序电流不可能经 Yd 接法的变压器流出,所以不存在移相位的问题。

8.2.3　不对称短路时非故障处的电压和电流计算

求解不对称短路问题,除了求取短路点各序电流、序电压,进而求短路点相电流、相电压外,往往还要求取网络各支路序电流、各相电流和节点序电压及各相电压。

求取支路电流的方法是先将短路点各序电流按各序网络的结构和参数分别计算到各序网络的各支路中去。各序网络中某一节点的各序电压,等于短路点的各序电压加上该点与短路点的一段电路上相应的序电流产生的序电压降。

最后,用对称分量法,将某一支路各序电流合成该支路三相电流;将某一节点各序电压合成该节点三相电压。

以下面的例子来说明不对称短路时非故障处的电压和电流计算。

【例 8-3】　某电力系统接线如图 8-16 所示,试计算 f 点发生 a 相短路接地时,M 点的电压和电流的有名值和 N 点的电压有名值。系统各元件的参数如下。

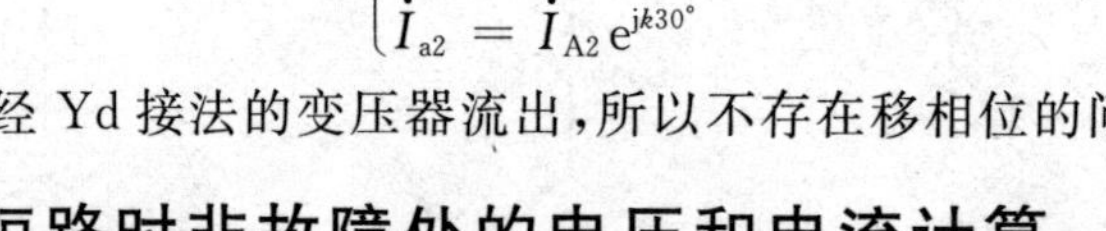

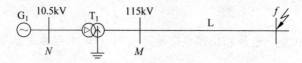

图 8-16　系统接线图

发电机 G_1:$S_N = 62.5\text{MVA}$,$V_N = 10.5\text{kV}$,$E_{G1} = 11.025\text{kV}$,$x_1 = 0.125$,$x_2 = 0.16$;

变压器 T_1:$S_N = 60\text{MVA}$,$V_s\% = 10.5$,$k_{T1} = 10.5/121$,TYd11;

线路 L：$L = 40\text{km}, x_1 = x_2 = 0.4\Omega/\text{km}, x_0 = 2x_1$。

选取基准功率为 $S_B = 100\text{MVA}$ 和基准电压 $V_B = V_{av}$，选取 $\dot{E}_{G1} = jE_{G1}$。

解：

(1) 各序网等值电路和参数计算结果如图 8-17 所示。

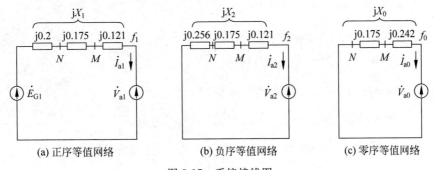

(a) 正序等值网络　　　　　(b) 负序等值网络　　　　　(c) 零序等值网络

图 8-17　系统接线图

发电机 G1：

$$E_{G1} = \frac{E_{G1}}{V_B} = \frac{11.025}{10.5} = 1.05$$

$$X_{G11} = x_1 \frac{S_B}{S_{G1N}} = 0.125 \frac{100}{62.5} = 0.2$$

$$X_{G12} = x_2 \frac{S_B}{S_{G1N}} = 0.16 \frac{100}{62.5} = 0.256$$

变压器 T_1：

$$T_{T1} = V_s\% \frac{S_B}{S_{G1N}} = 0.105 \frac{100}{60} = 0.175$$

线路 L：

$$X_L = x_1 L \frac{S_B}{V_B^2} = 0.4 \times 40 \times \frac{100}{115^2} = 0.121$$

$$X_{L0} = 2X_L = 2 \times 0.121 = 0.242$$

序网电抗合并：

$$X_1 = X_{G11} + X_{T1} + X_L = 0.2 + 0.175 + 0.121 = 0.496$$

$$X_2 = X_{G12} + X_{T1} + X_L = 0.256 + 0.175 + 0.121 = 0.552$$

$$X_0 = X_{T1} + X_{L0} = 0.175 + 0.242 = 0.417$$

(2) 由于是单相接地短路，复合序网是三序网串联，故

$$\dot{I}_{a1} = \dot{I}_{a2} = \dot{I}_{a0} = \frac{\dot{E}_{G1}}{X_1 + X_2 + X_0} = \frac{j1.05}{j(0.496 + 0.552 + 0.417)} = 0.717$$

(3) M 点电压和电流计算如下。

M 点各序电压：

$$\dot{V}_{Ma1} = \dot{E}_{G1} - j(X_{G11} + X_{T1})\dot{I}_{a1} = j1.05 - j(0.2 + 0.175) \times 0.717 = j0.781$$

$$\dot{V}_{Ma2} = -j(X_{G12} + X_{T1})\dot{I}_{a2} = -j(0.256 + 0.175) \times 0.717 = -j0.309$$

$$\dot{V}_{Ma0} = -jX_{T1}\dot{I}_{a0} = -j0.175 \times 0.717 = -j0.125$$

M 点各相电压：

$$\dot{V}_{MA} = (\dot{V}_{Ma1} + \dot{V}_{Ma2} + \dot{V}_{Ma0}) \frac{V_B}{\sqrt{3}} = j(0.781 - 0.209 - 0.125) \times \frac{115}{\sqrt{3}}$$

$$= j23.04 (\text{kV}) = 23.04 e^{j90} (\text{kV})$$

$$\dot{V}_{MB} = (a^2 \dot{V}_{Ma1} + a \dot{V}_{Ma2} + \dot{V}_{Ma0}) \frac{V_B}{\sqrt{3}}$$

$$= j[(-0.5 - j0.866) \times 0.781 + (-0.5 + j0.866)$$

$$\times (-0.309) - 0.125] \times \frac{115}{\sqrt{3}}$$

$$= 62.673 - j23.969 (\text{kV}) = 67.1 e^{-j20.93} (\text{kV})$$

$$\dot{V}_{MC} = (a \dot{V}_{Ma1} + a^2 \dot{V}_{Ma2} + \dot{V}_{Ma0}) \frac{V_B}{\sqrt{3}}$$

$$= j[(-0.5 + j0.866) \times 0.781 + (-0.5 - j0.866)$$

$$\times (-0.309) - 0.125] \times \frac{115}{\sqrt{3}}$$

$$= -62.673 - j23.969 (\text{kV}) = 67.1 e^{j20.93} (\text{kV})$$

M 点各相电流：

$$\dot{I}_{MA} = (\dot{I}_{Ma1} + \dot{I}_{Ma2} + \dot{I}_{Ma0}) = (\dot{I}_{a1} + \dot{I}_{a2} + \dot{I}_{a0}) I_B$$

$$= 3 \dot{I}_{a1} \frac{S_B}{\sqrt{3} V_B} = 3 \times 0.717 \frac{100}{\sqrt{3} \times 115} = 1.08 (\text{kV})$$

$$\dot{I}_{MB} = \dot{I}_{MC} = 0$$

(4) N 点电压的计算。

N 点的各序电压：

$$\dot{V}_{Na1} = (\dot{E}_{G1} - jX_{G11} \dot{I}_{a1}) e^{j30°} = (j1.05 - j0.2 \times 0.717) \times (0.866 + j0.5)$$

$$= -0.453 + j0.785$$

$$\dot{V}_{Na2} = -jX_{G12} \dot{I}_{a2} e^{-j30°} = -j0.256 \times 0.717 \times (0.866 - j0.5)$$

$$= -0.092 - j0.159$$

$$\dot{V}_{Na0} = 0$$

N 点的各相电压：

$$\dot{V}_{NA} = (\dot{V}_{Na1} + \dot{V}_{Na2} + \dot{V}_{Na0}) \frac{V_B}{\sqrt{3}}$$

$$= (-0.453 + j0.785 - 0.092 - j0.159) \times \frac{10.5}{\sqrt{3}}$$

$$= -3.306 + j3.795 (\text{kV}) = 5.033 e^{j131.06} (\text{kV})$$

$$\dot{V}_{NB} = (a^2 \dot{V}_{Na1} + a \dot{V}_{Na2} + \dot{V}_{Na0}) \frac{V_B}{\sqrt{3}}$$

$$= [(-0.5 - j0.866) \times (-0.453 + j0.785) + (-0.5 + j0.866)$$

$$\times (-0.092 - j0.159) + 0] \times \frac{10.5}{\sqrt{3}}$$

$$= 6.608 + j0.0006 = 6.608 (\text{kV})$$

$$\dot{V}_{NC} = (\alpha \dot{V}_{Na1} + \alpha^2 \dot{V}_{Na2} + \dot{V}_{Na0}) \frac{V_B}{\sqrt{3}}$$

$$= [(-0.5 + j0.866) \times (-0.453 + j0.785) + (-0.5 - j0.866)$$

$$\times (-0.092 - j0.159) + 0)] \times \frac{10.5}{\sqrt{3}}$$

$$= -3.306 - j3.795 = 5.033e^{-j131.06} \text{(kV)}$$

8.3　非全相运行的分析和计算

以上所介绍的故障通常称为横向故障,它是指网络的节点 k(也就是短路点 f)处出现了相与相之间或相与地之间的不正常接通情况。不对称故障的另一类型是纵向故障,它是指网络中的两个相邻节点 k 和 k'(非零电位节点)之间出现不正常断开或三相阻抗不相等的情况,也称为非全相运行。造成非全相运行的原因很多,例如某一线路单相接地短路后故障相开关跳闸;导线一相或两相断线;分相检修线路或开关设备及开关合闸过程中三相触头不同时接通等。

发生纵向故障时,由 k 和 k' 两点组成故障端口。图 8-18(a)、(b)示出了两种纵向故障,即一相断线和二相断线的情况。

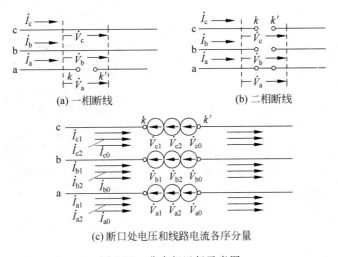

(a) 一相断线　　　　(b) 二相断线

(c) 断口处电压和线路电流各序分量

图 8-18　非全相运行示意图

应用对称分量法分析,和横向故障一样,纵向故障也只是在故障端口出现了某种不对称状态,系统其余部分的参数还是三相对称的,因此,也可以应用对称分量法进行分析。如图 8-18(c)所示,将故障处的线路电流和断口电压分解为正、负、零序三序分量。利用叠加原理,分别作出各序的等值网络如图 8-19 所示,并可列出故障端口的电压方程式

$$\begin{cases} \dot{V}_{kk'|0|} - Z_{1\Sigma} \dot{I}_{a1} = \dot{V}_{A1} \\ - Z_{2\Sigma} \dot{I}_{a2} = \dot{V}_{A2} \\ - Z_{0\Sigma} \dot{I}_{a0} = \dot{V}_{A0} \end{cases} \tag{8-29}$$

式中,$\dot{V}_{kk'|0|}$ 是故障端口 kk' 的开口电压,即当 k、k' 两点间三相断开时,网络在电源作用下 k、k' 两点间的电压;$Z_{1\Sigma}$、$Z_{2\Sigma}$、$Z_{0\Sigma}$ 分别为正、负、零序网络从故障端口 k、k' 看进去的等值阻抗。

对于如图 8-20(a)所示的两个电源并联的简单系统,当发生非全相运行时,其三序网络如图 8-20(b)所示。这时

$$Z_{1\Sigma} = Z_{1M} + Z_{1N}$$

$$Z_{2\Sigma} = Z_{2M} + Z_{2N}$$

$$Z_{0\Sigma} = Z_{0M} + Z_{0N}$$

$$\dot{V}_{kk'|0|} = \dot{E}_M - \dot{E}_N$$

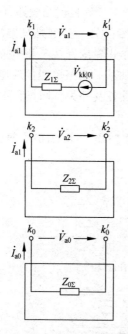

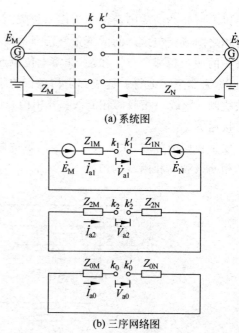

(a) 系统图

(b) 三序网络图

图 8-19　非全相运行时各序的等值网络　　　　图 8-20　两个电源系统非全相运行

1. 一相(a 相)断线

故障边界条件(参考图 8-18(a))为

$$\dot{I}_a = 0, \qquad \dot{V}_b = \dot{V}_c = 0$$

用序分量表示,整理可得

$$\begin{cases} \dot{I}_{a1} + \dot{I}_{a2} + \dot{I}_{a0} = 0 \\ \dot{V}_{a1} = \dot{V}_{a2} = \dot{V}_{a0} \end{cases} \qquad (8\text{-}30)$$

由此可得复合序网如图 8-21(a)所示,其断口各序电流为

$$\begin{cases} \dot{I}_{a1} = \dfrac{\dot{V}_{kk'|0|}}{Z_{1\Sigma} + Z_{2\Sigma} \parallel Z_{0\Sigma}} \\[3mm] \dot{I}_{a2} = \dfrac{Z_{0\Sigma}}{Z_{2\Sigma} + Z_{0\Sigma}} \dot{I}_{a1} \\[3mm] \dot{I}_{a0} = \dfrac{Z_{2\Sigma}}{Z_{2\Sigma} + Z_{0\Sigma}} \dot{I}_{a1} \end{cases} \qquad (8\text{-}31)$$

式(8-31)中，$Z_{2\Sigma} \parallel Z_{0\Sigma}$ 表示 $Z_{2\Sigma}$ 与 $Z_{0\Sigma}$ 的并联阻抗。

断口各序电压可由式(8-29)求取。

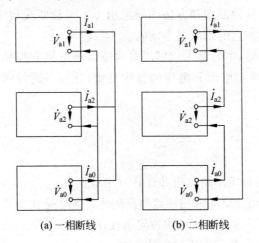

(a) 一相断线　　　　　　(b) 二相断线

图 8-21　断线故障的复合序网

2. 二相(b、c 相)断线

故障边界条件(参考图 8-18(b))为

$$\dot{V}_a = 0, \quad \dot{I}_b = \dot{I}_c = 0$$

用序分量表示整理可得

$$\begin{cases} \dot{I}_{a1} = \dot{I}_{a2} = \dot{I}_{a0} \\ \dot{V}_{a1} + \dot{V}_{a2} + \dot{V}_{a0} = 0 \end{cases} \tag{8-32}$$

由此可得复合序网如图 8-21(b)所示，其断口各序电流为

$$\dot{I}_{a1} = \dot{I}_{a2} = \dot{I}_{a0} \frac{\dot{V}_{kk'|0|}}{Z_{1\Sigma} + Z_{2\Sigma} + Z_{0\Sigma}} \tag{8-33}$$

断口各序电压可由式 (8-29)求取。

与横向故障一样，也可以用正序等效定则计算非全相运行的正序分量，对于一相断线，$Z_\Delta = \dfrac{Z_{2\Sigma} Z_{0\Sigma}}{Z_{2\Sigma} + Z_{0\Sigma}}$；对于二相断线，$Z_\Delta = Z_{2\Sigma} + Z_{0\Sigma}$。

本章小结

对于各种不对称短路，都可以对短路点列写各序网络的电势方程。根据不对称短路的不同类型列写边界条件方程，联立求解这些方程可以求得短路点电压和电流的各序分量。

简单不对称故障的另一种有效解法是：根据故障边界条件组成复合序网。在复合序网中，短路点的许多变量被消去，只剩下一个待求量——正序电流。

根据正序电流的表达式，可以归纳出正序等效定则，即不对称短路时，短路点正序电流与在短路点每相加入附加电抗 Z_Δ 而发生三相短路时的电流相等。

为了计算网络中不同节点的各相电压和不同支路的各相电流，应先确定电流和电压的各序分量在网络中的分布。在将各序量组合成各相量时,特别要注意正序和负序对称分量经过 Yd 接法的变压器时要分别超前或落后不同的相位。

不对称短路分析计算的原理和方法同样适用于不对称断线故障。必须注意,横向故障和纵向故障的故障端口节点的组成是不同的。

无论对于哪一类故障,本章都采用网络对故障口的电势方程和故障口边界条件方程联立求解的方法,求出故障口电流和电压的各序分量之后,再进行网络内电流和电压的分布计算。

习题

8-1 电力系统不对称短路的分析和计算方法是什么?

8-2 单相短路、两相短路和两相接地短路的边界条件是什么? 如何转化为对称分量表示的边界条件? 怎样用对称分量表示的边界条件作出复合序网? 复合序网有何用途?

8-3 两相短路是否有零序电流? 为什么?

8-4 什么是正序等效定则? 各种类型短路的附加电抗是什么?

8-5 运用正序等效定则计算各种短路的步骤是什么?

8-6 变压器的接线为 YNyn12、Yyn12 和 Dd12 时,两侧对称分量有何变化?

8-7 发生不对称短路时,网络中短路电流和电压的计算方法是什么?

8-8 电力系统非全相运行是什么? 它与电力系统不对称短路有何异同点?

8-9 电力系统非全相运行时,各序等值网络是怎样形成的?

8-10 简单电力系统如图 8-22 所示。已知元件参数如下:

(1) 发电机 G:$S_N=60\text{MVA}, V_N=10.5\text{kV}, jE_{G1}=j11.025\text{kV}, x_1=0.16, x_2=0.19$;

(2) 变压器 T:$S_N=60\text{MVA}, V_s\%=10.5$。

当 f 点发生单相接地短路、两相短路、两相接地短路和三相短路时,试计算短路点短路电流的有名值。选取 $S_B=60\text{MVA}, V_B=V_{av}$。

8-11 在题 8-10 中,如果变压器中性点经过 10Ω 的电抗接地,试做上题所列的各种短路计算,并对两题的计算结果进行比较分析。

8-12 简单电力系统如图 8-23 所示。已知元件参数如下:

(1) 发电机 G:$S_N=50\text{MVA}, V_N=10.5\text{kV}, jE_{G1}=j10.5\text{kV}, x_1=0.15, x_2=0.2$;

(2) 变压器 T:$S_N=50\text{MVA}, V_s\%=10.5$,YNd11 接法,中性点经过 10Ω 的电抗接地。

选取 $S_B=50\text{MVA}, V_B=V_{av}$,当 f 点发生两相短路和两相接地短路时,试计算:

(1) 短路点短路电流和短路电压的有名值;

(2) 发电机端的各相电压和电流的有名值;

(3) 变压器中性点电压的有名值。

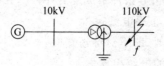

图 8-22 题 8-10 图

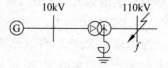

图 8-23 题 8-12 图

第9章 电力系统运行稳定性的基本概念

内容提要：首先叙述了电力系统运行稳定性的定义及分类,包括:功角稳定性、电压稳定性、频率稳定性等;接着给出了同步发电机转子运动方程;然后介绍简单电力系统的功率特性,即隐极式发电机的功率特性、凸极式发电机的功率特性以及复杂电力系统的功率特性;最后介绍复杂电力系统的功率特性。

基本概念：电力系统运行稳定性,功角稳定,电压稳定,频率稳定,简单电力系统稳定性。

重点：电力系统稳定的基本概念。

难点：同步发电机转子运动方程。

在电力系统运行中,保持系统的稳定(即功角稳定、电压稳定和频率稳定)是其重要任务。系统稳定破坏可能导致系统瓦解和大面积停电等灾难性事故,给社会带来巨大的损失。

9.1 电力系统运行稳定性的定义及分类

前面的章节主要分析了电力系统电磁暂态过程,在分析电磁暂态过程时,假设旋转电机的转速保持不变,重点研究暂态过程中电流、电压的变化。从本章开始分析电力系统的另一种暂态过程,即电力系统的机电暂态过程。在分析机电暂态过程中,分析的重点是旋转电机的机械运动,因此,不能再假设旋转电机的转速不变。

电力系统机电暂态过程的主要问题是电力系统的稳定性问题。下面给出的是电力系统主要的稳定性问题。

9.1.1 功角稳定性

电力系统功角稳定性是指电力系统中同步发电机在受到扰动后,发电机组的机械输入和电功率输出之间产生短时不同程度的不平衡,使并列运行的各发电机组转速发生相应的不同变化,电力系统因而出现发电机转子间角度的相互摆动,以及电压、电流、功率等电气量的周期性变化。如果这种摆动逐渐衰减直至消失,则称系统保持了功角稳定性。

电力系统功角稳定性体现了电力系统中互联的同步发电机维持同步的能力。在交流输电系统中,所有连接在系统中的发电机都要保持同步运行。由于交流输电具有电抗,输送的功率有一定极限。交流输电的基本功角特性为

$$P = \frac{V_1 V_2}{X}\sin\delta_{12}$$

式中,V_1、V_2 为送端和受端发电机电动势(或输电两端电压);δ_{12} 为两电动势的相角差;X

为线路、发电机和变压器的电抗。

静态稳定极限为

$$P = \frac{V_1 V_2}{X}$$

当系统受到扰动后,就可能使线路上输送的功率超过它的极限,使送端发电机与系统(或受端发电机)失去同步,造成发电机与系统解列或系统瓦解。这种系统失去同步的不稳定也称作系统角度(功角)不稳定的问题。这种角度不稳定的一种情况是由于缺少同步转矩导致发电机转子角度逐步增大;另一种情况是由于缺少有效阻尼转矩导致转子角增幅振荡。过去习惯上把功角稳定性分为静态稳定及动态稳定,前者主要指系统受到小扰动后保持所有运行参数接近于正常值的能力;后者主要指系统受到大干扰后,系统的运行参数恢复到接近正常值的能力。

关于功角稳定性的定义,美国电气电子工程师学会(Institute of Electrical and Electronics Engineers,IEEE)为了澄清在电力系统稳定性分类上的混乱,由"电力系统动态过程及行为分会"组成一个工作小组,并于 1981 年在该会的冬季会议上提出了关于电力系统稳定性分类及定义如下:

(1) 静态稳定(Steady-State Stability):如果对于某静态运行条件,系统是静态稳定的,那么当受到任何的干扰以后,系统会达到与经受干扰前相同或接近的运行状态。这种稳定性亦称为小干扰稳定性(Small Disturbance Stability)。

(2) 暂态稳定(Transient Stability):如果对于某个静态运行条件及某种干扰,系统是暂态稳定的,那么受到这个干扰后,系统可以达到一个可接受的正常运行的稳态运行状态。这种稳定性也可以称为大干扰稳定性(Large Disturbance Stability)。

所谓干扰,是指电力系统的一个或多个参数,或运行状态量突然地或是连续地改变。小干扰及大干扰分别定义如下:

(1) 小干扰:进行系统分析时,可以将描述电力系统动态过程加以线性化的干扰称为小干扰。

(2) 大干扰:进行系统分析时,不可以将描述电力系统动态过程加以线性化的干扰称为大干扰。

2001 年我国电网运行于控制标准化技术委员会提出《电力系统安全稳定导则》把转子功角稳定性分为 3 类:

(1) 静态稳定:是指电力系统受到小扰动后,能恢复到原来的(或是与原来的很接近)运行状态的能力;

(2) 暂态稳定:是指电力系统受到大的干扰后,各同步发电机保持同步运行并过渡到新的或恢复到原来稳定运行状态的能力;

(3) 动态稳定:是指电力系统受到小的或大的干扰后,在自动调节和控制装置的作用下,保持长过程的运行稳定性的能力。

9.1.2 电压稳定性

电压稳定性是指电力系统在正常情况下或遭受扰动后,在所有节点维持可接受的电压的能力。系统进入电压不稳定的状态是扰动、负荷需求的增加或系统状态的改变引起不断增加和不可控制电压降落的时候。引起电压不稳定的主要因素是电力系统未能满足无功功率的要求。电力系统电压稳定性涉及发电、输电和配电。电压控制、无功补偿和管理、转子角度(同步)稳定性、继电保护以及控制中心的操作都会影响电压稳定性。

电压稳定性虽然研究了很多年,但到目前为止,还没有公认的严格定义。

IEEE 在"电力系统电压稳定性:概念、分析工具和工业经验"的报告中提出:电压稳定性是系统维持电压的能力,它使得负荷导纳增加时,负荷功率也增加,即功率和电压都是可控的。电压崩溃是电压不稳定导致系统相当一部分电压很低的过程。电压安全性是系统不仅能稳定地运行,而且在任何合理可信的事故或有害的系统变化后,能维持稳定(就维持系统电压来说)的能力。一个系统进入电压不稳定状态,是指当扰动、负荷增加或系统变化时引起电压快速下降或向下偏移,而运行人员和自动控制系统都不能阻止这种衰变的过程。

9.1.3　频率稳定性

电力系统频率都有其允许极限,运行频率在极限值以内是频率稳定的。如果电力系统解列后的局部系统出现较大有功功率缺额时,频率会大幅度下降,如不能采取紧急措施,则可能导致频率崩溃。

电力系统解列后的局部系统出现较大有功功率缺额时频率大幅度下降,影响汽轮发电机组出力下降或跳闸,造成频率进一步下降,系统有功功率进一步减少的恶性循环,使电力系统或局部系统大停电。这种现象称为频率崩溃,它是电力系统最严重的故障,因为它使整个系统或解列的局部系统瓦解,失去全部负荷。

9.2　同步发电机转子运动方程

9.2.1　发电机转子运动方程

1. 机械转矩方程式

发电机转子轴上有两个转矩作用(忽略摩擦转矩),一个是原动机作用的机械转矩 M_T,与之对应的功率 P_T 为机械功率;另一个是发电机作用的电磁转矩 M_e,与之对应的功率 P_e 为电磁功率。

发电机轴上的净加速转矩为

$$\Delta M_a = M_T - M_e = J \cdot \alpha \tag{9-1}$$

式中: ΔM_a 为作用在机组转子轴上的不平衡转矩,或称净加速转矩(kg·m); J 为机组转子的转动惯量(kg·m·s²); α 为机组转子的机械角加速度(rad/s²)。

对于同步发电机组,当忽略了转子转动时的风阻和摩擦阻力矩时, ΔM_a 就是原动机的机械转矩 M_T 和发电机的电磁转矩 M_e 之差。

若以 Θ 表示从某一固定参考轴算起的机械角位移(rad), Ω 表示机械角速度(rad/s),则有

$$\Omega = \frac{d\Theta}{dt}, \quad \alpha = \frac{d\Omega}{dt}$$

可得到转子运动机械转矩方程

$$J\alpha = J\frac{\mathrm{d}\Omega}{\mathrm{d}t} = J\frac{\mathrm{d}^2\Theta}{\mathrm{d}t^2} = \Delta M_\mathrm{a} = M_\mathrm{T} - M_\mathrm{e} \qquad (9\text{-}2)$$

2. 同步发电机组的基本方程式

发电机的功角 δ 表示各发电机电势间的相位差,即作为一个电磁参数,它又表示发电机转子间的相对空间位置,即作为一个机械运动参数。通过 δ 可以把电力系统中的机械运动和电磁运动联系起来。为此,必须把转子运动方程改写成以电气量表示的形式。

将机械角度、机械角速度转化为电角度和电角速度。它们之间的关系为

$$\begin{cases} \theta = p\Theta \\ \omega = p\Omega \end{cases} \qquad (9\text{-}3)$$

式中: θ、ω 分别为电角度和电角速度; p 为同步发电机的磁极对数。

同步发电机转子的电角位标可用图 9-1 来表示。

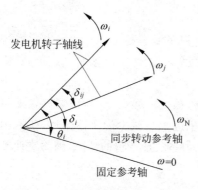

图 9-1　同步发电机转子的电角位移

图中取某一参考轴,以不同形式表示电位移。如选固定参考轴,则同步发电机 i 的转子轴线与该参考轴之间的夹角,就是发电机 i 的转子的绝对电角位移 θ_i。如果参考轴在空间以同步速转动,则同步发电机 i 的转子轴线与这参考轴之间的夹角就是转子的相对电角位移 δ_i,它也就是发电机电势的相位角或功率角 δ_i(因发电机电势落后于其转子轴线 $90°$)。如取系统中某发电机 j 的转子轴线作为参考轴,则同步发电机 i 的转子轴线与参考轴之间的夹角就是 i、j 转子间的相对电角位移 δ_{ij},它也是发电机电势间的相对位移角或相对功率角 δ_{ij}。上述 3 种角位移的表达式为

$$\begin{cases} \theta_i = \omega_i t \\ \delta_i = \omega_i t - \omega_\mathrm{N} t = (\omega_i - \omega_\mathrm{N})t \\ \delta_{ij} = \omega_i t - \omega_j t = (\omega_i - \omega_j)t \end{cases} \qquad (9\text{-}4)$$

式中: ω_N 为同步电角速度; ω_i、ω_j 为发电机 i、j 电角速度。故

$$\frac{\mathrm{d}\delta_i}{\mathrm{d}t} = \frac{\mathrm{d}\theta_i}{\mathrm{d}t} - \frac{\mathrm{d}\theta_\mathrm{N}}{\mathrm{d}t} = \omega_i - \omega_\mathrm{N} \qquad (9\text{-}5)$$

$$\frac{\mathrm{d}^2\delta_i}{\mathrm{d}t^2} = \frac{\mathrm{d}^2\theta_i}{\mathrm{d}t^2} = \frac{\mathrm{d}\omega_i}{\mathrm{d}t} = \alpha_i \qquad (9\text{-}6)$$

可见:

(1) 转子的相对电角加速与绝对电角加速度相等;

(2) 相对电角位移和相对电角速度与参考轴的选择无关。

称 $\delta_{ij} = \delta_i - \delta_j$ 为相对电角位移, $\Delta\omega_{ij} = \omega_i - \omega_j$ 为相对电角速度。

9.2.2　用标幺值表示的转子运动方程

将式(9-5)和式(9-6)代入式(9-4)得

$$\Delta M_\mathrm{a} = J\frac{\mathrm{d}^2\Theta}{\mathrm{d}t^2} = J\frac{\mathrm{d}^2\left(\frac{\theta}{p}\right)}{\mathrm{d}t^2} = \frac{J}{p}\times\frac{\mathrm{d}^2\theta}{\mathrm{d}t^2} = \frac{J}{p}\times\frac{\mathrm{d}^2\delta}{\mathrm{d}t^2} = J\frac{\Omega_\mathrm{N}}{\omega_\mathrm{N}}\times\frac{\mathrm{d}^2\delta}{\mathrm{d}t^2} \qquad (9\text{-}7)$$

式中

$$p = \frac{\omega_{\mathrm{N}}}{\Omega_{\mathrm{N}}}$$

取转距的标幺值 $M_{\mathrm{B}} = \frac{S_{\mathrm{B}}}{\Omega_{\mathrm{N}}}$，得

$$\frac{\Delta M_{\mathrm{a}}}{M_{\mathrm{B}}} = J \frac{\Omega_{\mathrm{N}}}{\omega_{\mathrm{N}}} \times \frac{\mathrm{d}^2 \delta \Omega_{\mathrm{N}}}{\mathrm{d}t^2 S_{\mathrm{B}}}$$

即

$$\Delta M_{\mathrm{a}*} = \frac{J\Omega_{\mathrm{N}}^2}{S_{\mathrm{B}}} \times \frac{1}{\omega_{\mathrm{N}}} \times \frac{\mathrm{d}^2 \delta}{\mathrm{d}t^2} \tag{9-8}$$

我们定义

$$T_{\mathrm{J}} = \frac{J\Omega_{\mathrm{N}}^2}{S_{\mathrm{B}}} \tag{9-9}$$

为惯性时间常数（S_{B} 为功率基准值）。于是转子运动方程为

$$\Delta M_{\mathrm{a}*} \approx \Delta P_{\mathrm{a}*} = \frac{T_{\mathrm{J}}}{\omega_{\mathrm{N}}} \times \frac{\mathrm{d}^2 \delta}{\mathrm{d}t^2} = \frac{T_{\mathrm{J}}}{\omega_{\mathrm{N}}} \times \frac{\mathrm{d}\omega}{\mathrm{d}t} = T_{\mathrm{J}} \frac{\mathrm{d}\omega_*}{\mathrm{d}t} \tag{9-10}$$

式中各量的单位如下：δ 为弧度（当 $\omega_{\mathrm{N}} = 2\pi f_{\mathrm{N}}$ 时）或度（当 $\omega_{\mathrm{N}} = 360° f_{\mathrm{N}}$ 时）；f_{N} 为同步频率，即 $50\mathrm{Hz}$；$\omega_* = \frac{\omega}{\omega_{\mathrm{N}}}$、$\Delta M_{\mathrm{a}} = \frac{\Delta M_{\mathrm{a}*}}{M_{\mathrm{B}}}$、$\Delta P_{\mathrm{a}*} = \frac{P_{\mathrm{T}} - P_{\mathrm{e}}}{S_{\mathrm{B}}} = P_{\mathrm{T}} - P_{\mathrm{e}*}$，均为标幺值，无量纲。

对时间 t 的变换如下：取时间的基准值 $t_{\mathrm{B}} = \frac{1}{\omega_{\mathrm{N}}}$（$\mathrm{s/rad}$），即 t 为发电机以同步转速转过 $1\mathrm{rad}$ 时所需时间定义为时间基准值。那么，时间的标幺值为

$$t_* = \frac{t(s)}{t_{\mathrm{B}}(\mathrm{s/rad})} = t_{\omega_{\mathrm{N}}}(\mathrm{rad})$$

这时转子运动方程可以写成

$$T_{J*} \frac{\mathrm{d}^2 \delta}{\mathrm{d}t_*^2} = \Delta M_{\mathrm{a}*} \tag{9-11}$$

式中，δ 的单位为 rad。

转子运动方程写成状态方程形式为

$$\begin{cases} \dfrac{\mathrm{d}\delta}{\mathrm{d}t} = \omega - \omega_{\mathrm{N}} \\[2mm] \dfrac{\mathrm{d}\omega}{\mathrm{d}t} = \dfrac{\omega_{\mathrm{N}}}{T_{\mathrm{J}}} \Delta M_{\mathrm{a}*} \approx \dfrac{\omega_{\mathrm{N}}}{T_{\mathrm{J}}}(P_{\mathrm{T}} - P_{\mathrm{e}}) \end{cases} \tag{9-12}$$

发电机的绝对角速度 $\Delta\omega$ 还可用绝对转差率 s 来表示，$s = (\omega_i - \omega_{\mathrm{N}})/\omega_{\mathrm{N}}$，因而 $\Delta\omega = s\omega_{\mathrm{N}}$。$s$ 与 $\Delta\omega$ 同符号，发电机的转速高于同步速度时取正值。于是转子运动方程又可写成

$$\begin{cases} \dfrac{\mathrm{d}\delta}{\mathrm{d}t} = s\omega_{\mathrm{N}} \\[2mm] \dfrac{\mathrm{d}s}{\mathrm{d}t} = \dfrac{\Delta M_{\mathrm{a}*}}{T_{\mathrm{J}}} \end{cases} \tag{9-13}$$

9.2.3　惯性时间常数的物理意义

惯性时间常数是反映发电机转子机械惯性的一个很重要的参数。由它的定义式(9-9)可知，它是将 T_{J} 归算至基准功率 S_{B}。对单机组取 $S_{\mathrm{N}} = S_{\mathrm{B}}$ 为机组的额定容量，因此单机组的惯性时间常数在以本机组额定容量为基准的表示式为

$$T_{\mathrm{J}} = \frac{J\Omega_{\mathrm{N}}^2}{S_{\mathrm{N}}} = 2\frac{\frac{1}{2}J\Omega_{\mathrm{N}}^2}{S_{\mathrm{N}}} = 2\frac{W_{\mathrm{K}}}{S_{\mathrm{N}}} = 2H(\mathrm{s}) \tag{9-14}$$

式中：$W_{\mathrm{K}} = \frac{1}{2}J\Omega_{\mathrm{N}}^2$ 为同步发电机组转子在额定转速时所具有的动能；$H = W_{\mathrm{K}}/S_{\mathrm{N}}$ 为额定转速时机组单位容量所具有的动能。

这种 T_{J} 的物理意义可理解为在额定转速时，机组单位容量所具有动能的两倍。反映了发电机组转子在额定转速时的机械转动的惯性。

将式(9-10)稍作变化，并积分得

$$\int_0^t \Delta M_{\mathrm{a}*}\,\mathrm{d}t = \int_0^1 T_{\mathrm{J}}\mathrm{d}\omega$$

当 $\Delta M_{\mathrm{a}*} = 1$ 时，可得发电机转速 ω 从 0 上升至额定转速 ω_{N} 时所需要的时间(s)，即由

$$\int_0^t 1\mathrm{d}t = \int_0^1 T_{\mathrm{J}}\mathrm{d}\omega^*$$

得

$$t = T_{\mathrm{J}}(\mathrm{s})$$

由上式可见，惯性时间常数 T_{J} 的另一个物理意义是：当机组输出的电磁转矩 $M_{\mathrm{e}*} = 0$，输入的机械转矩 $M_{\mathrm{T}*} = 1$，则不平衡转矩 $\Delta M_{\mathrm{a}} = 1 - 0 = 1$ 时，机组从静止升到额定转速所需要的时间(s)。

惯性时间常数 T_{J} 一般不易从手册中查到，手册中只给出反映发电机转动部分质量和尺寸的机组的回转力矩 CD^2 值。这时 T_{J} 用下式计算

$$T_{\mathrm{JN}} = \frac{2.74GD^2 n_{\mathrm{N}}^2}{1\,000 S_{\mathrm{N}}} \tag{9-15}$$

式中，GD^2 为包括原动机在内的机组的回转力矩($\mathrm{t \cdot m}^2$)；n_{N} 为机组的额定转速(r/min)；S_{N} 为机组的额定功率($\mathrm{kV \cdot A}$)。

在电力系统稳定计算中，当已选好系统的基准功率时，必须将各发电机的惯性时间常数归算成统一基准功率的标幺值

$$T_{\mathrm{J}i} = T_{\mathrm{JN}i}\frac{S_{\mathrm{N}i}}{S_{\mathrm{B}}} \tag{9-16}$$

式中：T_{JN} 是以机组容量 S_{N} 为基准的惯性时间常数(s)。

若将 n 台机组合并成一台等值发电机组时，合并后等值机的惯性时间常数为

$$T_{\mathrm{J}\Sigma} = \frac{T_{\mathrm{JN}1}S_{\mathrm{N}1} + T_{\mathrm{JN}2}S_{\mathrm{N}2} + \cdots + T_{\mathrm{JN}n}S_{\mathrm{N}n}}{S_{\mathrm{B}}} = \sum_{i=1}^n T_{\mathrm{J}i} \tag{9-17}$$

一般来说，汽轮发电机组的惯性时间常数为 8~16s；水轮发电机组的惯性时间常数为 4~8s；同期调相机的惯性时间常数为 2~4s。

同步发电机组转子运动方程式是电力系统稳定性分析和计算中最基本的方程式。它可以描述电力系统受扰动后发电机间或发电机与系统间的相对运动，它是用来判断电力系统受扰动后能否保持稳定的最直接根据。发电机组转子的运动状态决定于作用在其转轴上的不平衡转矩或者不平衡功率。而不平衡转矩(或功率)又决定于原动机输入的机械转矩(或功率)与发电机输出的磁转矩(或功率)的差值。原动机输入的机械转矩又决定于原动机及其调速系统的特性，一般情况下，认为原动机输入的机械转矩在暂态过程中保持不变。发电机输出的电磁转矩(或功率)与本台发电机的电磁特性、转子运动特性、负荷特性、网络结构

等有关,因而它是电力系统稳定的分析和计算中最为复杂的部分。也可以说,电力系统稳定计算的复杂性和工作量,取决于发电机电磁转矩(或功率)的描述和计算。

9.3　简单电力系统的功率特性

下面讨论同步发电机在以下几个假设条件下的电磁功率:

(1) 略去发电机定子绕组电阻;

(2) 设机组转速接近同步转速,即 $\omega^* \approx 1$;

(3) 不计定子绕组中的电磁暂态过程;

(4) 发电机的某个电动势,例如空载电动势或暂态电动势甚至端电压为恒定。

9.3.1　隐极式发电机的功率特性

1. 以空载电动势 E_q 和同步电抗 X_d 表示发电机

隐极式发电机的转子是对称的。因而它的直轴同步电抗和交轴同步电抗是相等的,即 $X_d = X_q$。略去定子绕组的电阻,系统等值电路及发电机正常运行时向量图如图 9-2 所示。其功率特性如图 9-3 所示。

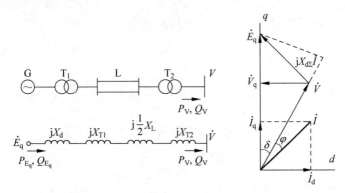

图 9-2　电力系统的等值电路及向量图

系统总电抗为

$$X_{d\Sigma} = X_d + X_{T1} + \frac{1}{2}X_L + X_{T2} \qquad (9\text{-}18)$$

由图 9-2 可得

$$\begin{cases} E_q = V_q + I_d X_d \\ 0 = V_d - I_q X_q \end{cases} \qquad (9\text{-}19)$$

而发电机输出的有功功率的表达式为

$$\begin{aligned} P_{E_q} &= R_e(\tilde{V} \times \dot{I}) = R_e[(V_d + jV_q)(I_d - I_q)] \\ &= R_e[(V_d I_d + V_q I_q) + j(V_q I_d - V_d I_q)] \\ &= V_d I_d + V_q I_q \end{aligned}$$

$$(9\text{-}20)$$

将式(9-19)代入式(9-20)可得

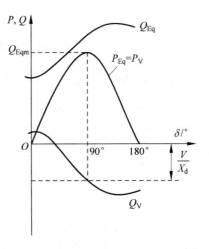

图 9-3　隐极式发电机的功率特性

$$P_{E_q} = V_d \frac{E_q - V_q}{X_{d\Sigma}} + V_q \frac{V_d}{X_{d\Sigma}} = \frac{E_q V}{X_{d\Sigma}} \sin\delta \tag{9-21}$$

式中，$V_d = V\sin\delta$。

同理，发电机输出的无功功率表达式为

$$Q_V = I_m(\tilde{V} \times \dot{I}) = V_q I_d - V_d I_q$$

$$= V_q \frac{E_q - V_q}{X_{d\Sigma}} - V_d \frac{V_d}{X_{d\Sigma}}$$

$$= \frac{E_q V_q}{X_{d\Sigma}} - \frac{V_d^2 + V_q^2}{X_{d\Sigma}}$$

$$= -\frac{V^2}{X_{d\Sigma}} + \frac{E_q V}{X_{d\Sigma}} \cos\delta \tag{9-22}$$

式中，$V_q = V\cos\delta$。

当发电机电动势 E_q 及电压 V 恒定时，发电机发出的电磁功率仅是 δ 的函数。δ 是空载电动势 E_q 对母线电压 V 的相对角，又称功角。以此作出的包含隐极式发电机的简单电力系统的功角特性曲线如图 9-4 所示。

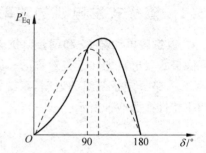

图 9-4 以 E_q' 表示的功角特性(隐极机)

2. 以交轴暂态电势 E_q' 和直轴暂态电抗 X_d' 表示发电机

功率特性为

$$P_{E_q'} = \frac{E_q' V}{X_{d\Sigma}'} \sin\delta - \frac{V^2}{2}\left(\frac{X_{q\Sigma} - X_{d\Sigma}'}{X_{q\Sigma} X_{d\Sigma}'}\right) \sin2\delta \quad (\delta_{E'qm} > 90°) \tag{9-23}$$

在工程计算中还采取进一步的简化，即 X_d' 后的电势 $\dot{E}'$ 代替 $\dot{E}_q'$。得

$$P_{E'}' = \frac{E' V}{X_{d\Sigma}'} \sin\delta'$$

3. 以发电机端电压为常数表示

由图 9-3 可写出发电机的功率为

$$R_{V_G} = \frac{V_G V}{X_e} \sin\delta_G$$

式中，$X_e = X_T + X_L$，即发电机端与无限大母线间的电抗；δ_G 为 $\dot{V}_G$ 与 $\dot{V}$ 之间的夹角。

9.3.2 凸极式发电机的功率特性

凸极式发电机的转子是不对称的，因而它的直轴同步电抗和交轴同步电抗不相等，即 $X_d \neq X_q$。略去定子绕组的电阻，含凸极式发电机的简单电力系统正常运行时的向量图如图 9-5 所示。

由式 $\dot{E}_Q = \dot{V}_q + j\dot{I}_d X_q$ 及 $E_q = E_Q + (X_d - X_q)I_d$ 可得电压方程

$$\begin{cases} E_q = V_q + I_d X_d \\ 0 = V_d - I_q X_q \end{cases} \tag{9-24}$$

将此式代入式(9-20)，可得

$$P_{E_q} = \frac{E_q V}{X_{d\Sigma}} \sin\delta + \frac{V^2}{2} \times \frac{X_{d\Sigma} - X_{q\Sigma}}{X_{d\Sigma} X_{q\Sigma}} \sin 2\delta \tag{9-25}$$

取不同的 δ 值代入式(9-25)中,可以绘制出此种状态下发电机有功功率的功角特性曲线,如图 9-6 所示。由图可见,由于 $X_d \neq X_q$,出现了一个两倍功率角的正弦 $\sin 2\delta$ 变化的功率分量,即为磁阻功率。由于磁阻功率的存在,使功角特性曲线畸变,从而使功率极限有所增加,但功率极限出现在 $\delta < 90°$ 处。

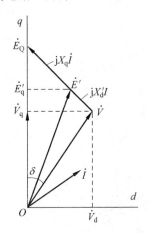

图 9-5　凸极式发电机向量图

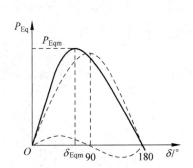

图 9-6　凸极式发电机的功角特性曲线

磁阻功率的出现也使功角特性的计算复杂化,但在某些场合可以简化。如以发电机的交轴同步电抗 X_q 和这个电抗后的虚构电势 E_Q 表示发电机。此时与之对应的有功功率功角特性方程式为

$$P_{E_Q} = \frac{E_Q V}{X_{q\Sigma}} \sin\delta \tag{9-26}$$

若给定系统的运行状态,E_Q 和 δ 按下式计算

$$\begin{cases} E_Q = \sqrt{\left(V + \dfrac{Q_V X_{q\Sigma}}{V}\right)^2 + \left(\dfrac{P_V X_{q\Sigma}}{V}\right)^2} \\[3mm] \delta = \arctan \dfrac{\dfrac{P_V X_{q\Sigma}}{V}}{V + \dfrac{Q_V X_{q\Sigma}}{V}} \end{cases} \tag{9-27}$$

式中,P_V、Q_V 是发电机输送到系统的功率。

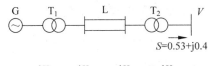

图 9-7　例 9-1 图

【例 9-1】　简单电力系统接线及等值电路如图 9-7 所示。试作输送到无穷大容量母线处的功角特性曲线。(1)设发电机为隐极机,$X_d = 1.8$;(2)设发电机为凸极机,$X_d = 1.8$,$X_q = 1.1$。设 $X_\Sigma = X_{T1} + X_L + X_{T2} = 0.65$;$\dot{V} = 1 \underline{/0°}$。

解:

(1)设发电机为隐极机,则

$$X_{d\Sigma} = X_d + X_\Sigma = 1.8 + 0.65 = 2.45$$

根据电压损耗方程可得

$$E_q = \sqrt{\left(V + \frac{QX_{d\Sigma}}{V}\right)^2 + \left(\frac{PX_{d\Sigma}}{V}\right)^2}$$

$$= \sqrt{\left(1.0 + \frac{0.4 \times 2.45}{1.0}\right)^2 + \left(\frac{0.53 \times 2.45}{1.0}\right)^2} = 2.37$$

$$\delta = \arctan \frac{PX_{d\Sigma}/V}{V + \dfrac{QX_{d\Sigma}}{V}} = \arctan \frac{1.3}{1.98} = 33.3°$$

则

$$P_{E_q} = \frac{E_q V}{X_{d\Sigma}} \sin\delta = \frac{2.37 \times 1.0}{2.45} = 0.97\sin\delta$$

以 $\delta = 33.3°$ 代入上式，得

$$P_{E_q} = 0.97\sin33.3° = 0.53$$

然后取不同的 δ 值代入，可作出功角特性曲线如图 9-8(a)所示。

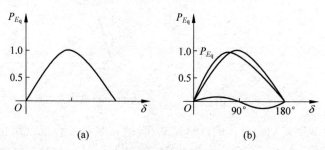

(a)　　　　　　　　(b)

图 9-8　功角特性曲线

（2）若发电机为凸极机，则

$$X_{q\Sigma} = X_q + X_\Sigma = 1.1 + 0.65 = 1.75$$

因 $\dot{S} = \dot{V}\dot{I}^*$，则

$$\dot{I} = \frac{S^*}{V^*} = \frac{0.53 - j0.4}{\underline{/0°}} = 0.664\underline{/-37.04°}$$

用发电机稳态运行方程求 E_q，则

$$\dot{E}_Q = \dot{V} + j\dot{I}X_{q\Sigma} = 1.0 + j0.664\underline{/-37.04°} \times 1.75$$

$$= 1.7 + j0.928 = 1.937\underline{/28.63°}$$

$$I_d = I\sin(\delta + \varphi) = 0.664\sin(37.04° + 28.63°) = 0.605$$

$$E_q = E_Q + (X_{d\Sigma} - X_{q\Sigma})I_d = 1.937 + 0.7 \times 0.605 = 2.36$$

$$\delta = 28.63°$$

于是得

$$P_{E_q} = \frac{E_q V}{X_{d\Sigma}} \sin\delta + \frac{V^2}{2} \times \frac{X_{d\Sigma} - X_{q\Sigma}}{X_{d\Sigma} X_{q\Sigma}} \sin2\delta$$

$$= \frac{2.36 \times 1.0}{2.45} \sin\delta + \frac{1.0^2}{2} \times \frac{2.45 - 1.75}{2.45 \times 1.75} \sin2\delta$$

$$= 0.96\sin\delta + 0.082\sin2\delta$$

将 $\delta = 28.63°$ 代入上式,得

$$P_{E_q} = 0.96\sin28.63° + 0.082\sin57.26° = 0.53$$

然后取不同的 δ 值代入上式,可作出功角特性曲线如图 9-8(b)所示。

9.4　复杂电力系统的功率特性

电力系统是由许多发电厂、输电线路和各种形式的负荷组成,假设电力系统中有 n 台发电机,用 $(1,2,3,\cdots,n)$ 表示发电机节点。所有发电机由电抗后电势的模型来描述,至于选择哪种电势电抗模型,要视发电机的类型、励磁调节器的性能和计算条件来确定。所有负荷用恒定阻抗模型来描述。该电力系统最后简化为 N 网络,该网络除了保留发电机节点以外,已消去了网络中全部联络节点。该多机电力系统网络模型如图 9-9 所示。

经过简化处理后,便可作出全系统的等值电路,这是一个多电势源的线性系统,此线性网络的导纳型节点方程为

$$I_G = Y_G \cdot E_G \tag{9-28}$$

式中,$I_G = [\dot{I}_{G1}\ \dot{I}_{G2}\cdots\dot{I}_{Gn}]^T$ 是各发电机输出电源的列向量;$E_G = [\dot{E}_{G1}\ \dot{E}_{G2}\cdots\dot{E}_{Gn}]^T$ 是各发电机电势的列向量;Y_G 是仅保留发电机电势节点和参考节点(零电位点),而其他节点经过网络变换全部消去后的等值网络的节点导纳矩阵。Y_G 可由潮流计用的节点导纳矩阵修改后得到。

潮流计算中是以发电机端点作为发电机节点的。现在应在每一发电机节点 i 后面,通过发电机内阻抗 Z_{G_i} 支路,增加一个电势源节点 i',其注入电流 I_{G_i} 等于原来发电机节点的注入电流,而原发电机节点 i 的注入电流等于零,如图 9-10 所示。接入 Z_{G_i} 和增加节点 i' 后,应对原潮流计算用导纳矩阵进行修正,发电机有几个,修改后的导纳矩阵将增加几阶。

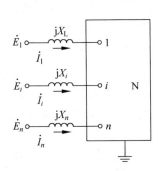

图 9-9　多机电力系统网络模型

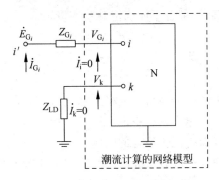

图 9-10　多机电力系统等值电路

对于负荷节点,当负荷用恒定阻抗表示时,可令原负荷节点并联接入负荷的等值阻抗(或导纳),并令原负荷节点注入电流 $I_k = 0$ 即可。由于负荷阻抗是并联接在负荷节点与参考点之间的,所以网络的节点数不增加。但原导纳矩阵的负荷节点的目导纳应变为

$$Y'_{kk} = Y_{kk} + Y_{LDk}$$

如果原网络有 N 个节点,其中发电机节点有 n 个,则进行上述修改后的导纳矩阵将有 $N+n$ 阶。将修改后的导纳矩阵分块,节点方程可写成

$$\begin{pmatrix} \boldsymbol{I}_{\mathrm{G}} \\ 0 \end{pmatrix} \begin{bmatrix} \boldsymbol{Y}_{\mathrm{GG}} & \boldsymbol{Y}_{\mathrm{GN}} \\ \boldsymbol{Y}_{\mathrm{NG}} & \boldsymbol{Y}_{\mathrm{NN}} \end{bmatrix} \begin{pmatrix} \boldsymbol{E}_{\mathrm{G}} \\ \boldsymbol{V}_{\mathrm{N}} \end{pmatrix} \tag{9-29}$$

消去 $\boldsymbol{V}_{\mathrm{N}}$,即可得式(9-28),其中

$$\boldsymbol{Y}_{\mathrm{G}} = \boldsymbol{Y}_{\mathrm{GG}} - \boldsymbol{Y}_{\mathrm{GN}} \boldsymbol{Y}_{\mathrm{NN}}^{-1} \boldsymbol{Y}_{\mathrm{NG}} \tag{9-30}$$

发电机电流为

$$\dot{\boldsymbol{I}}_{\mathrm{G}_i} = \sum_{j=1}^{n} \boldsymbol{Y}_{ij} \dot{\boldsymbol{E}}_{\mathrm{G}_j}, \quad (j = 1, 2, \cdots, n) \tag{9-31}$$

将电流代入到发电机功率算式 $S_{\mathrm{G}_i} = P_{\mathrm{G}_i} + \mathrm{j} Q_{\mathrm{G}_i} = \dot{E}_{\mathrm{G}_i} \overset{*}{I}_{\mathrm{G}_i}$ 中,经整理后得复杂多机电力系统任意一台发电机的功率特性的通式

$$\begin{cases} P_{\mathrm{G}_i} = E_{\mathrm{G}_i}^2 \mid Y_{ii} \mid \sin\alpha_{ii} + \sum_{j=1, j\neq i}^{n} E_{\mathrm{G}_i} E_{\mathrm{G}_j} \mid Y_{ij} \mid \sin(\delta_{ij} - \alpha_{ij}) \\ Q_{\mathrm{G}_i} = E_{\mathrm{G}_i}^2 \mid Y_{ii} \mid \cos\alpha_{ii} - \sum_{j=1, j\neq i}^{n} E_{\mathrm{G}_i} E_{\mathrm{G}_j} \mid Y_{ij} \mid \cos(\delta_{ij} - \alpha_{ij}) \end{cases} \tag{9-32}$$

式中

$$\begin{cases} \alpha_{ii} = 90° - \arctan\dfrac{-B_{ij}}{G_{ij}} \\ \alpha_{ij} = 90° - \arctan\dfrac{B_{ij}}{-G_{ij}} \end{cases} \tag{9-33}$$

由式(9-32)可以看出复杂电力系统的功率特性有以下特点:

(1) 任一台发电机输出的电磁功率都与所有发电机的电势及电势间相对角有关,因而任何一台发电机运行状态的变化,都将影响到其余所有发电机的运行状态。

(2) 任一台发电机的功角特性,是它与其余所有发电机的转子间相对角(共 $n-1$ 个)的函数,是多变量函数,因而不能在 $P-\delta$ 平面上画出功角特性曲线。同时,功率极限的概念也不明确,一般也不能确定其功率极限。

本章小结

电力系统是多台发电机并联运行的,因此,要求所有发电机必须同步地运转,即有相同的角速度。电力系统稳定性通常是指电力系统受到小的或大的扰动后,所有的同步发电机能否继续保持同步运行的问题。

功角 δ 在电力系统稳定性分析中具有十分重要的意义,它既是两个发电机电势间的相位差,又是用电角度表示的两个发电机转子间的相对位移角。δ 随时间变化的规律反映了同步发电机转子间相对运动的特征,是判断电力系统同步运行稳定性的依据。

电力系统静态稳定性,是指电力系统在运行中受到微小扰动后,独立地恢复到它原来运行状态的能力。对于简单电力系统,可用 $\mathrm{d}P/\mathrm{d}\delta > 0$ 作为此运行状态具有静态稳定性的判据。

电力系统暂态稳定性,是指电力系统在运行中受到大的扰动后,能从初始状态不失去同步地过渡到新的运行状态,并在新的状态下稳定运行的能力。

电力系统的电压稳定性,是指电力系统在正常情况下或遭受扰动后在所有节点维持可

接受的电压的能力。静态电压失稳是指负荷的缓慢增加导致负荷端母线电压缓慢地下降，在达到电力系统承受负荷增加能力的临界值时导致的电压失稳，在电压突然下降之前的整个过程中，发电机转子角度及母线电压相角并未发生明显的变化。

发电机转子运动方程是研究电力系统稳定性的一个基本方程，应熟悉该方程式的各种书写形式及各有关变量的单位。

本章给出了简单电力系统用不同电势表示的功率特性。

对于用某一电抗后电势表示的功率特性，可以写成

$$P_{X} = \frac{E_{X}V}{X_{X\Sigma}}\sin\delta_{X}$$

其中电势、电抗及角度的对应关系是很明显的，即 $E' \rightarrow X'_{d\Sigma} \rightarrow \delta'$。

对于用 q 轴电势表示的功率特性及各电势间的关系，可以概括为

$$P_{X} = \frac{E_{X}V}{X_{X\Sigma}}\sin\delta + \frac{V^{2}}{2}\frac{X_{X\Sigma}-X_{q\Sigma}}{X_{X\Sigma}X_{q\Sigma}}\sin\delta$$

$$E_{X} = E_{Y}\frac{X_{X\Sigma}}{X_{Y\Sigma}} + \left(1 - \frac{X_{X\Sigma}}{X_{Y\Sigma}}\right)V\cos\delta$$

各电势与电抗对应关系为

$$E_{q} \rightarrow X_{d\Sigma}; \quad E_{Q} \rightarrow X_{q\Sigma}; \quad E'_{q} \rightarrow X'_{d\Sigma}$$

复杂电力系统功率特性计算的本质是多电源交流网络的计算，因此，发电机只能用一个阻抗及其后一个电势表示，当从某一运行状态出发改变运行状态时，该电势应按其变化规律求出其后新值后，再代入式(9-32)求出发电机的功率值。

功率极限是功率特性的最大值。一般来说，功率极限较大时，系统的稳定性也较高。

习题

9-1　什么是电力系统的运行稳定性？如何分类？它主要研究的内容是什么？

9-2　电力系统功角稳定是如何定义的？

9-3　电力系统电压稳定是如何定义的？

9-4　电力系统频率稳定是如何定义的？

9-5　电机组的惯性时间常数及物理意义是什么？

9-6　什么是发电机的功角特性曲线？

9-7　凸极式发电机以 E_q、X_d、X_q 表示的功角特性曲线为什么会出现畸变现象？

9-8　发电机转子运动方程的基本形式如何？

9-9　如图 9-11 所示，已知：$X_d = 1.21$，$X_q = 0.72$，$X_{T1} = 0.169$，$X_{T2} = 0.14$，$X_L/2 = 0.37$，$P = 0.8$，$Q = 0.059$，$V = 1.0$，试作出输送到无穷大系统用空载电势 E_q 表示的凸极机有功功率的功角特性曲线。

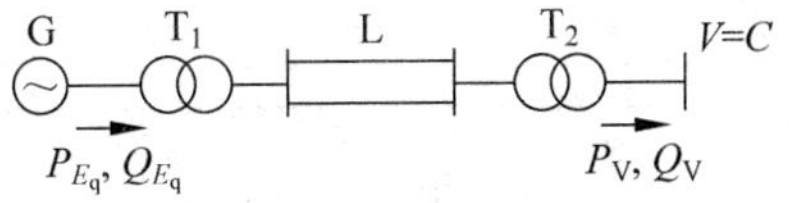

图 9-11　系统接线图

第10章　电力系统的静态稳定性

内容提要：本章首先介绍静态稳定性的分析方法，即实用判据法和小干扰法；然后介绍简单电力系统的静态稳定性分析及自动励磁调节对静态稳定的作用；最后介绍励磁控制的发展及 PSS 的应用，同时给出了提高静态稳定的措施。

基本概念：静态稳定，小干扰法，简单电力系统，稳定判据，励磁控制，PSS。

重点：电力系统静态稳定性，小干扰法，稳定判据。

难点：采用小干扰法分析判断静态稳态性。

10.1　简单电力系统的静态稳定

10.1.1　静态稳定性分析

电力系统静态稳定是指电力系统在某一运行状态下受到某种小干扰后，系统能自动恢复到原来运行状态的能力。如果能恢复到原来的运行状态，则系统是稳定的，否则就是静态不稳定的。电力系统具有静态稳定性是保持正常运行的基本条件之一。

简单电力系统如图 10-1(a)所示。在给定的运行情况下，发电机输出的功率为 P_0，$\omega=\omega_N$；原动机的功率为 $P_{T0}=P_0$。假定：原动机的功率 $P_T=P_{T0}=P_0=$ 常数，发电机为隐极

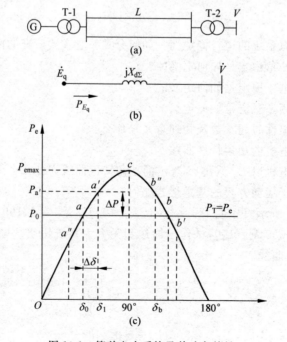

图 10-1　简单电力系统及其功角特性

机,且不计励磁调节作用和发电机各绕组的电磁暂态过程,即 $E_q=E_{q0}=$ 常数。发电机、变压器和输电线路的总电抗为 $X_{d\Sigma}$,忽略电阻,则该单机无穷大系统的等值电路如图 10-1(b) 所示。发电机的功角特性如图 10-1(c) 所示。

由图 10-1(c) 可见,当输送功率为 P_0 时,有两个运行点 a 和 b。从下面的分析可以看到,只有 a 点是能保持静态稳定的实际运行点,而 b 点是不可能维持稳定运行的,也就是静态不稳定的。

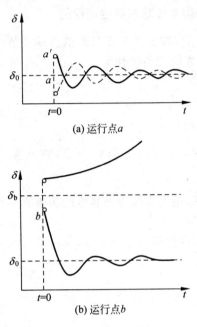

(a) 运行点 a

(b) 运行点 b

图 10-2　小扰动后功角的变化

在 a 点,如果系统中出现某种瞬时的小扰动,使功角 δ 增加了一个微小增量 $\Delta\delta$,则发电机输出的电磁功率达到与图中 a' 对应的值。此时,由于原动机的机械功率 P_T 保持不变,仍为 P_0,发电机输出的电磁功率大于原动机的机械功率,即 $P_e>P_T$。因此,发电机转子将减速,δ 将减小。由于运行过程中存在阻尼作用,经过一系列微小振荡后运行点又回到 a 点。图 10-2(a) 给出了功角 δ 变化的曲线。同样地,如果小扰动使 δ 减小了 $\Delta\delta$,则发电机输出的电磁功率为点 a'' 对应值,这时,$P_e<P_T$,转子将加速,δ 将增加。同样经过一系列振荡后又会回到 a 点。可见,在 a 点运行,系统是静态稳定的。

在 b 点,如果小扰动使功角 δ_b 增加了一个微小增量 $\Delta\delta$,则发电机输出的电磁功率将减小到与图中 b' 对应的值,$P_e<P_T$。发电机转子将加速,δ 将进一步增大。而功角增大时,与之对应的电磁功率又将进一步减小。这样继续下去,功角不断增大,运行点不能回到 b 点,图 10-2(b) 画出了 δ 随时间不断增大的情况。如果小扰动使 δ_b 减小了 $\Delta\delta$,则发电机输出的电磁功率增加到 b'' 点对应的值,这时,$P_e>P_T$,转子将减速,δ 将减速。一直减小到 δ_a 点,转子又获得加速,然后经过一系列振荡,在 a 点达到新的平衡。运行点也不再回到 b 点。因此,b 点是不稳定的。

10.1.2　电力系统静态稳定的实用判据

根据 10.1.1 节的分析可知,在 a 点运行时,随着功角 δ 的增大,电磁功率也增大,随着功角 δ 的减小,电磁功率也减小。而 b 点对应的功角 δ_b 则大于 $90°$,在 b 点运行时,随着功角 δ 的增大,电磁功率反而减小,随着功角 δ 的减小,电磁功率反而增大。换言之,在 a 点,两个变量 ΔP_{E_q} 与 $\Delta\delta$ 的符号相同,即 $\dfrac{\mathrm{d}P_{E_q}}{\mathrm{d}\delta}>0$,在 b 点,两个变量 ΔP_{E_q} 与 $\Delta\delta$ 的符号相反,即 $\dfrac{\mathrm{d}P_{E_q}}{\mathrm{d}\delta}<0$。因此,可以得出结论:$\dfrac{\mathrm{d}P_{E_q}}{\mathrm{d}\delta}>0$ 时,系统是静态稳定的;$\dfrac{\mathrm{d}P_{E_q}}{\mathrm{d}\delta}<0$ 时,系统是静态不稳定的。由此可以得出电力系统静态稳定的实用判据为

$$S_{E_q}=\frac{\mathrm{d}P_{E_q}}{\mathrm{d}\delta}>0 \tag{10-1}$$

式中,S_{E_q} 称为整步功率系数,其大小可以说明发电机维持同步的能力,即说明静态稳定的程度。由式(10-1)可以求得

$$S_{E_q} = \frac{\mathrm{d}P_{E_q}}{\mathrm{d}\delta} = \frac{E_q V}{X_{d\Sigma}}\cos\delta \tag{10-2}$$

而与 $\delta=90°$ 对应的 c 点则是静态稳定的临界点,此时功率达到极限,$P_{E_q\max} = \frac{E_{q0}V_0}{X_{d\Sigma}}$ 称为功率极限。在 c 点,$\frac{\mathrm{d}P_{E_q}}{\mathrm{d}\delta}=0$,严格地讲,该点是不能保持系统静态稳定运行的。

若考虑自动调节励磁装置对电力系统静态稳定的影响,根据第 9 章分析的自动调节励磁装置对功角特性的影响,维持发电机暂态电势 E'_q 为常数的功角特性为 P'_{E_q},这时,按静态稳定的实用判据,系统静态稳定的条件为

$$S_{E_q} = \frac{\mathrm{d}P_{E'_q}}{\mathrm{d}\delta} > 0 \tag{10-3}$$

系统静态不稳定的条件为:当 $S_{E_q} = \frac{\mathrm{d}P_{E'_q}}{\mathrm{d}\delta} = 0$ 时,对应的点为临界点,则功角为 $\delta_{E'_q m} > 90°$。

因此,一般可以认为计及自动调节励磁装置的作用后,电力系统静态稳定的功角范围扩大了。

电力系统不应经常在接近稳定极限的情况下运行,而应保持一定的储备,其储备系数为

$$K_p = \frac{P_{e\max} - P_{e(0)}}{P_{e(0)}} \times 100\% \tag{10-4}$$

式中,$P_{e\max}$ 是最大功率;$P_{e(0)}$ 为某一运行情况下的输送功率。我国规定,系统在正常运行方式下,$K_p\%$ 为 15%～20%;事故后 $K_p\%$ 不应小于 10%。

10.2　小干扰法分析电力系统的静态稳定性

10.2.1　小干扰法

研究电力系统遭受小干扰后的瞬态过程及其稳定性的理论,是著名学者李雅普诺夫奠定的。李雅普诺夫理论认为,任何一个动力学系统都可以用多元函数 $\varphi(X_1, X_2, X_3, \cdots)$ 来表示,当系统因受到某种微小干扰使某参数发生变化时,函数变为 $f(X_1+\Delta X_1, X_2+\Delta X_2, X_3+\Delta X_3, \cdots)$,若所有参数的微小增量在微小干扰消失后能趋近于零,即 $\lim_{t\to\infty}\Delta X_i \Rightarrow 0$,则系统可认为是稳定的。

对于非线性动力系统,其运动特性可以用一阶非线性微分方程组来描述,即

$$\mathrm{d}\boldsymbol{X}(t)/\mathrm{d}t = \boldsymbol{F}[\boldsymbol{X}(t)] \tag{10-5}$$

式中,$\boldsymbol{X}$ 为系统状态变量的向量;$\boldsymbol{F}$ 为非线性函数向量。

如果 $\boldsymbol{X}_0$ 是系统的一个初始平微状态变量,即 $\boldsymbol{F}(\boldsymbol{X}_0)=0$,系统受小扰动后,$\boldsymbol{X} = \boldsymbol{X}_0 + \Delta\boldsymbol{X}$,代入式(10-5)并用泰勒级数展开后,忽略 $\Delta\boldsymbol{X}$ 的二阶及以上各项,可得

$$\mathrm{d}(\boldsymbol{X}_0 + \Delta\boldsymbol{X})\mathrm{d}t = \boldsymbol{F}(\boldsymbol{X}_0 + \Delta\boldsymbol{X}) = \boldsymbol{F}(\boldsymbol{X}_0) + \mathrm{d}\boldsymbol{F}(\boldsymbol{X}) \cdot /\mathrm{d}\boldsymbol{X}\,|_{x_0} \cdot \Delta\boldsymbol{X}$$

即

$$\mathrm{d}\Delta\boldsymbol{X}/\mathrm{d}t = \mathrm{d}\boldsymbol{F}(\boldsymbol{X}) \cdot /\mathrm{d}\boldsymbol{X}\,|_{x_0} \cdot \Delta\boldsymbol{X} = \boldsymbol{A}\Delta\boldsymbol{X} \tag{10-6}$$

式(10-6)即为线性化的状态方程,其中 $\boldsymbol{A}$ 又称为雅可比矩阵。

　　根据李雅普诺夫小干扰稳定性判据,若 $\boldsymbol{A}$ 阵所有特征根的实部均为负值,则系统是稳定的;若 $\boldsymbol{A}$ 阵的特征根中出现一个零根或实部为零的一对虚根,则系统处于稳定边界,只要特征根出现一个正实根或一对具有正实部的复根,则系统是不稳定的。前者对应于非周期性地失稳,后者对应于周期性失稳。

10.2.2　用小干扰法分析简单电力系统的静态稳定

　　根据这一理论来研究电力系统遭受小干扰后瞬态过程的方法,称之为"小干扰法"。用小干扰法分析简单电力系统静态稳定步骤如下:

　　(1) 写出系统的运动方程(微分方程或状态方程);

　　(2) 写出小干扰下的运动方程;

　　(3) 对小干扰下的非线性方程进行"线性化"处理;

　　(4) 由线性化后的方程写出特征方程,并求出特征方程的特征根;

　　(5) 根据特征值(根)的性质判断系统的稳定性。

　　根据线性化微分方程的特征方程的根,来判别系统稳定性的一般方法如下:

　　(1) 若所有特征根都为负实数或具有负实部的复数,则系统是稳定的;

　　(2) 若特征根中出现一个零根或实部为零的一对虚根,则系统处于稳定的边界;

　　(3) 只要特征根中出现一个正实数或一对有正实部的复数,则系统是不稳定的。

　　以下进行公式推导:

　　(1) 发电机转子运动方程为

$$T_1 \frac{\mathrm{d}^2 \delta}{\mathrm{d} t^2} = P_\mathrm{T} - P_\mathrm{e}$$

写成状态方程

$$
\begin{cases}
\dfrac{\mathrm{d}\delta}{\mathrm{d}t} = \omega - \omega_\mathrm{N} \\[3mm]
\dfrac{\mathrm{d}\omega}{\mathrm{d}t} = \dfrac{\omega_\mathrm{N}}{T_\mathrm{J}}(P_\mathrm{T} - P_{E_\mathrm{q}})
\end{cases}
\tag{10-7}
$$

　　(2) 小干扰下的运动方程为

$$\frac{\mathrm{d}(\delta_0 + \Delta\delta)}{\mathrm{d}t} = (\omega_\mathrm{N} + \Delta\omega) - \omega_\mathrm{N}$$

$$\frac{\mathrm{d}(\omega_\mathrm{N} + \Delta\omega)}{\mathrm{d}t} = \frac{\omega_\mathrm{N}}{T_\mathrm{J}}\left[P_\mathrm{T} - \frac{E_\mathrm{q} V}{X_{\mathrm{d}\Sigma}} \sin(\delta_0 + \Delta\delta) \right]$$

$$\tag{10-8}$$

　　(3) 线性化后的运动方程为

$$\frac{\mathrm{d}\Delta\delta}{\mathrm{d}t} = \Delta\omega$$

$$\frac{\mathrm{d}\Delta\omega}{\mathrm{d}t} = \frac{\omega_\mathrm{N}}{T_\mathrm{J}}(-\Delta P_{E_\mathrm{q}}) = -\frac{\omega_\mathrm{N}}{T_\mathrm{J}}\left(\frac{\mathrm{d}P_{E_\mathrm{q}}}{\mathrm{d}\delta}\right)_{\delta_0} \times \Delta\delta = -\frac{\omega_\mathrm{N} S_{E_\mathrm{q}}}{T_\mathrm{J}} \times \Delta\delta$$

即

$$
\begin{bmatrix}
\dfrac{\mathrm{d}\Delta\delta}{\mathrm{d}t} \\[3mm]
\dfrac{\mathrm{d}\Delta\omega}{\mathrm{d}t}
\end{bmatrix}
=
\begin{bmatrix}
\Delta\dot{\delta} \\[2mm]
\Delta\dot{\omega}
\end{bmatrix}
=
\begin{bmatrix}
0 & 1 \\[3mm]
-\dfrac{\omega_\mathrm{N} S_{E_\mathrm{q}}}{T_\mathrm{J}} & 0
\end{bmatrix}
\begin{bmatrix}
\Delta\delta \\[2mm]
\Delta\omega
\end{bmatrix}
\tag{10-9}
$$

（4）特征方程为

$$\det \begin{pmatrix} -p & 1 \\ -\dfrac{\omega_N S_{E_q}}{T_J} & -p \end{pmatrix} = 0, \quad p^2 + \dfrac{\omega_N S_{E_q}}{T_J} = 0 \tag{10-10}$$

（5）特征方程的根为

$$p_{1,2} = \pm \sqrt{-\dfrac{\omega_N S_{E_q}}{T_J}}$$

（6）特征根分析如下：

① 当 $S_{E_q} < 0$ 时，有两个实根 $\pm\alpha$，系统不是静态稳定的；

② 当 $S_{E_q} > 0$ 时，有两个纯虚根 $\pm j\beta$，系统为临界状态，严格来讲，系统不是静态稳定的；但考虑到系统有阻尼作用（阻尼系统 $D > 0$ 时），$S_{E_q} > 0$ 时，系统是静态稳定的。稳定极限为 $S_{E_q} = 0$，极限运行角 $\delta_{al} = 90°$，发电机输出的电磁功率为

$$P_{E''_{qal}} = \dfrac{E_{q0} V_0}{X_{d\Sigma}} \sin\delta_{al} = \dfrac{E_{q0} V_0}{X_{d\Sigma}} = P_{E_q m}$$

【例 10-1】 图 10-3 所示为一简单电力系统，并给出了发电机（隐极机）的同步电抗、变压器电抗和线路电抗的标幺值（均以发电机额定功率为基准值）。无限大系统母线电压为 $1\underline{/0°}$。如果在发电机端电压为 1.05 时，发电机向系统输送功率为 0.8，试计算此时系统的静态稳定储备系数。

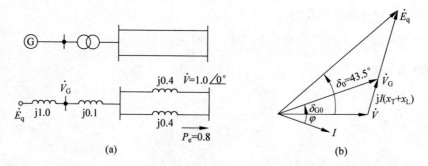

图 10-3 系统接线及电压电流相量法

解： 此系统的静态稳定极限即对应的功率极限为

$$\dfrac{E_q V}{X_{d\Sigma}} = \dfrac{E_q \times 1}{1.3}$$

下面计算空载电势 E_q。

（1）计算 V_G 的相角 δ_{G0}。电磁功率表达为

$$P_e = \dfrac{V V_G}{X_T + X_L} \sin\delta_{G0} = \dfrac{1 \times 1.05}{0.3} \sin\delta_{G0} = 0.8$$

求得

$$\delta_{G0} = 13.21°$$

（2）计算电流 $\dot{I}$ 为

$$\dot{I} = \dfrac{\dot{V}_G - \dot{V}}{j(X_T + X_L)} = \dfrac{1.05\underline{/13.21°} - 1\underline{/0°}}{j03} = 0.803\underline{/-5.29°}$$

（3）计算 $\dot{E}_q$ 为

$$\dot{E}_q = \dot{V} + j\dot{I}\dot{X}_{d\Sigma} = 1.0\underline{/0^\circ} + j0.803\underline{/-5.29^\circ} \times 1.3 = 1.51\underline{/43.5^\circ}$$

所以,静态稳定极限对应的功率极限为

$$P_{em} = \frac{1.51}{1.3} = 1.16$$

静态稳定储备系数为

$$K_p = \frac{1.16 - 0.8}{0.8} \times 100\% = 45\%$$

【例 10-2】　如图 10-4（a）所示,一台隐极机给系统供电,已知 V_T 处电压及功率为 $V_T = 1.0$, $P_0 = 1.0$, $\cos\varphi_0 = 0.85$；发电机、变压器参数为 $X_d = 1.0$, $X_T = 0.1$,现经 $X_L = 0.3$ 的线路送到无限大母线 S 处,求 V_S、P_m 和 K_P。

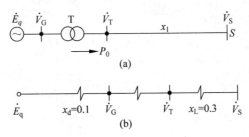

(a)

(b)

图 10-4　简单电力系统图

解：等值电路如图 10-4（b）所示。

$V_T = 1.0\underline{/0^\circ}$,　$P_0 = 1.0$,　$\cos\varphi_0 = 0.85$

$Q_0 = P_0 \tan(\arccos 0.85) = 1.0 \times \tan(\arccos 0.85) = 0.62$

$X_{d\Sigma 1} = X_d + X_T = 1.0 + 0.1 = 1.1$

$X_{d\Sigma 2} = X_d + X_T + X_L = 1.0 + 0.1 + 0.3 = 1.4$

$\Delta V_1 = \dfrac{P_0 R + Q_0 X_L}{V} = \dfrac{0 + 0.62 \times 0.3}{1.0} = 0.186$

$\delta V_1 = \dfrac{P_0 R_L - Q_0 R}{V} = \dfrac{1.0 \times 0.3 - 0}{1.0} = 0.3$

$\dot{V}_S = \dot{V}_T - (\Delta V_1 + j\delta V) = 1.0\underline{/0^\circ} - (0.186 + j0.3) = 0.814 - j0.3$

$\quad = 0.868\underline{/-20.33^\circ}$

$E_Q = \sqrt{\left(V_T + \dfrac{Q_0 X_{d\Sigma 1}}{V_T}\right)^2 + \left(\dfrac{P_0 X_{d\Sigma 1}}{V_T}\right)^2} = \sqrt{\left(1.0 + \dfrac{0.62 \times 1.1}{1.0}\right)^2 + \left(\dfrac{1 \times 1.1}{1.0}\right)^2}$

$\quad = 2.01$

$P_m = \dfrac{E_Q V_S}{X_{d\Sigma 2}} = \dfrac{2.01 \times 0.868}{1.4} = 1.246$

$K_P = \dfrac{P_m - P_0}{P_0} \times 100\% = \dfrac{1.246 - 1.0}{1.0} \times 100\% = 24.6\%$

10.2.3 计及发电机组的阻尼作用时静态稳定

发电机组的阻尼作用包括由轴承摩擦和发电机转子与气体摩擦所产生的机械性阻尼作用以及由发电机转子闭合绕组(包括铁芯)所产生的电气阻尼作用。机械阻尼作用与发电机的实际转速有关,电气阻尼作用则与相对转速有关,要精确计算这些阻尼作用是很复杂的。为了对阻尼作用的性质有基本了解,我们假定阻尼作用所产生的转矩(或功率)都与转速呈线性关系,于是对于相对运动的阻尼转矩(或功率)可表示为

$$M_D \approx P_D = D\Delta\omega = D(\omega - \omega_N) = D\frac{d\Delta\delta}{dt} \tag{10-11}$$

式中,D 为综合阻尼系数。计及阻尼作用之后,发电机的转子运动方程为(线性化的状态方程)

$$\begin{cases} \dfrac{d\Delta\delta}{dt} = \Delta\omega \\ \dfrac{d\Delta\omega}{dt} = -\dfrac{\omega_N S_{E_q}}{T_J} \cdot \Delta\delta - \dfrac{\omega_N D}{T_J}\Delta\omega \end{cases} \tag{10-12}$$

A 矩阵为

$$A = \begin{bmatrix} 0 & 1 \\ -\dfrac{\omega_N S_{E_q}}{T_J} & -\dfrac{\omega_N D}{T_J} \end{bmatrix} \tag{10-13}$$

A 矩阵的特征值为

$$p_{1,2} = -\frac{\omega_N D}{2T_J} \pm \sqrt{\left(\frac{\omega_N D}{2T_J}\right)^2 - \frac{\omega_N S_{E_q}}{T_J}} \tag{10-14}$$

下面分两种情况来讨论阻尼对稳定性的影响。

1. 当 $D>0$(发电机有正阻尼)时

(1) $S_{E_q}>0$,且 $D^2>4S_{E_q}T_J/\omega_N$,有两个负实根,系统是稳定的。这种状态称为过阻尼。

(2) $S_{E_q}>0$,且 $D^2<4S_{E_q}T_J/\omega_N$,有一对共轭复数根,其实部为与 D 成正比的负数,系统是稳定的。

(3) $S_{E_q}<0$,有正、负两个实数根,系统不稳定。

所以,当 $D>0,S_{E_q}>0$ 时,系统稳定。

2. 当 $D<0$(发电机有负阻尼)时

无论 S_{E_q} 为何值,特征根的实部总是正值,系统是不稳定的。

结论:当发电机具有正阻尼时,静态稳定性的判据与无阻尼时一样,为 $S_{E_q}>0$;当发电机具有负阻尼时,系统都是不稳定的。

10.3 自动调节励磁对静态稳定的影响

10.3.1 按电压偏差调节的比例式调节器

所谓比例式调节器,一般是指稳态调节量同简单的实际运行参数(电压、电流)与它的给定(整定)值之间的偏差值成比例的调节器,有时又称为按偏差调节器。属于这类调节器的

有单参数调节器和多参数调节器。单参数调节器是按电压、电流等参数中的某个参数的偏差调节的,如电子型电压调节器;多参数调节器则按几个运行参数偏差量的线性组合进行调节,如相复励、带有电压校正器的复式励磁调节器等。下面以按电压偏差调节的比例式调节器为例来进行分析。

1. 各元件的动态方程

简单电力系统如图 10-5 所示。令不引入负反馈,$T_R=0$,$T_A=0$,$T_F=0$,$V_s=0$,$S_e=0$(不计饱和),$K_e=1$(完全他励)。

简化后励磁系统的传递函数框图如图 10-6 所示。

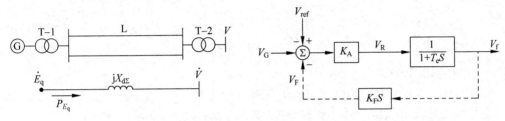

图 10-5　简单电力系统及等值电路　　　　图 10-6　简化后的励磁系统框图

图 10-6 中,V_f 为励磁电压;V_G 为发电机端电压;V_R 为经放大后的电压;V_{ref} 为参考电压;V_F 为反馈电压;K_F 为反馈增益系数;K_A 为比例调节系数。

其方程如下:

(1) 简化后励磁系统方程。

方程如下

$$\begin{cases} V_R = K_A(V_{ref} - V_G) \\ T_e \dfrac{dV_f}{dt} + V_f = V_R \end{cases} \tag{10-15}$$

式中,$T_e = T_{ef} + T_{ff}$ 为励磁机励磁绕组的等值时间常数;T_{ef} 为自励绕组的时间常数;T_{ff} 为他励绕组的时间常数。

得偏差量表示的小扰动方程

$$-K_A \Delta V_G = \Delta V_f + T_e \frac{d\Delta V_f}{dt} \tag{10-16}$$

发电机励磁绕组方程

$$E_{qe} = E_q + T'_{d0} \frac{dE'_q}{dt} \tag{10-17}$$

令 $V_f = V_{f0} + \Delta V_f$,$V_G = V_{G0} + \Delta V_G$,代入式(10-16),又计及

$$V_{R0} = V_{f0}, \quad V_{ref} = \frac{V_{R0}}{K_A} + V_{G0}$$

注意到 $\Delta E_{qe} = X_{ad} \Delta i_{fe}$,有

$$-K_V \Delta V_G = \Delta E_{eq} + T_e \frac{d\Delta E_{qe}}{dt} \tag{10-18}$$

式中,$K_V = \dfrac{X_{ad} K_A}{R_f}$ 为调节器的综合放大系数。

在给定的运行平衡点有 $E_{qe0} = E_{q0}$,计及 $E'_{q0} = C$,由式(10-17)得以偏差量表示的方程

$$\Delta E_{qe} = \Delta E_q + T'_{d0} \, d\Delta E'_q \tag{10-19}$$

式中，$E_{qe} = i_{fe} X_{ed}$ 为空载电势的强制分量，且有 $X_{ad} = E_q$；$i_{fe} = \dfrac{V_f}{R_f}$ 是励磁电流的强制分量；$T'_{d0} = \dfrac{X_f}{R_f}$ 是励磁绕组的暂态时间常数；$E'_q = \dfrac{X_{ad}}{X_f} \psi_f = (1 - \sigma_f) \psi_f$；$\psi_f$ 为励磁绕组总磁链；X_{ad} 为直轴电枢反应电抗。

（2）以偏差量表示的发电机转子运动方程。

方程如下

$$\begin{cases} \dfrac{d\Delta\delta}{dt} = \Delta\omega \\[2mm] \dfrac{d\omega}{dt} = -\dfrac{\omega_N}{T_J} \cdot \Delta P_e \end{cases} \tag{10-20}$$

（3）发电机的电磁功率方程。

式(10-18)、式(10-19)和式(10-20)中共有 7 个变量，即 ΔV_G、ΔE_{qe}、ΔE_q、$\Delta E'_q$、$\Delta\delta$、$\Delta\omega$、ΔP_e，其中取 ΔE_{qe}、$\Delta E'_q$、$\Delta\delta$、$\Delta\omega$ 为状态变量，取 ΔE_q、ΔV_G、ΔP_e 为输出变量。

由上面的论述可知，发电机的功率特性可以用不同的电势表示，并且各功率特性曲线在给定的稳态运行点相交。我们把不同电势表示的功率特性写成一般函数的形式，即

$$\begin{cases} \Delta P_{E_q} = S_{E_q} \Delta\delta + R_{E_q} \Delta E_q \\ \Delta P_{E'_q} = S_{E'_q} \Delta\delta + R_{E'_q} \Delta E'_q \\ \Delta P_{VGq} = S_{VGq} \Delta\delta + R_{VGq} \Delta V_{Gq} \end{cases} \tag{10-21}$$

通过对这些功率方程的线性化处理，便可以求得电磁功率的增量 ΔP_e。例如，对于 $P_{E_q}(E_q, \delta)$，将其在平衡点附近展开成泰勒级数，可得

$$P_{E_q}(E_q, \delta) = P_{E_q}(E_{q0} + \Delta E_q, \delta_0 + \Delta\delta) = P_{E_q}(E_{q0}, \delta_0) + \Delta P_{E_q}$$

$$= P_{E_q}(E_{q0}, \delta_0) + \frac{\partial P_{E_q}}{\partial \delta} \Delta\delta + \frac{\partial P_{E_q}}{\partial E_q} \Delta E_q + \cdots$$

忽略二次及以上各项，便得到

$$\begin{cases} \Delta P_{E_q} = S_{E_q} \Delta\delta + R_{E_q} \Delta E_q \\[2mm] S_{E_q} = \left. \dfrac{\partial P_{E_q}}{\partial \delta} \right|_{\substack{E_q = E_{q0} \\ \delta = \delta_0}}, \quad R_{E_q} = \left. \dfrac{\partial P_{E_q}}{\partial E_q} \right|_{\substack{E_q = E_{q0} \\ \delta = \delta_0}} \end{cases} \tag{10-22}$$

同理可以得到

$$\begin{cases} \Delta P_{E_q} = S_{E_q} \Delta\delta + R_{E_q} \Delta E_q \\ \Delta P_{E'_q} = S_{E'_q} \Delta\delta + R_{E'_q} \Delta E'_q \\ \Delta P_{VGq} = S_{VGq} \Delta\delta + R_{VGq} \Delta V_{Gq} \end{cases} \tag{10-23}$$

式中

$$\begin{cases} S_{E_q} = \left. \dfrac{\partial P_{E_q}}{\partial \delta} \right|_{\substack{E_q = E_{q0} \\ \delta = \delta_0}} \\[4mm] R_{E_q} = \left. \dfrac{\partial P_{E_q}}{\partial E_q} \right|_{\substack{E_q = E_{q0} \\ \delta = \delta_0}} \end{cases} \tag{10-24}$$

$$\left.\begin{aligned} S_{E'_q} &= \left.\frac{\partial P_{E'_q}}{\partial \delta}\right|_{\substack{E'_q = E_{q0} \\ \delta = \delta_0}} \\ R_{E'_q} &= \left.\frac{\partial P_{E'_q}}{\partial E'_q}\right|_{\substack{E'_q = E_{q0} \\ \delta = \delta_0}} \end{aligned}\right\} \tag{10-25}$$

$$\left\{\begin{aligned} S_{VGq} &= \left.\frac{\partial P_{VGq}}{\partial \delta}\right|_{\substack{VG_q = E_{G0} \\ \delta = \delta_0}} \\ R_{E_q} &= \left.\frac{\partial P_{VGq}}{\partial E_{Gq}}\right|_{\substack{VG_q = VG_0 \\ \delta = \delta_0}} \end{aligned}\right. \tag{10-26}$$

因为扰动是微小的,所以假定

$$\begin{cases} \Delta P_{E_q} \approx \Delta P_{E'_q} \approx \Delta P_{VG_q} = \Delta P_e \\ \Delta V_G \approx \Delta V_{Gq} \end{cases} \tag{10-27}$$

(4) 发电机的数学模型。

将式(10-21)~式(10-27)整理以后得到

$$\begin{cases} \dfrac{\mathrm{d}\Delta E_{qe}}{\mathrm{d}t} = -\dfrac{1}{T_e}\Delta E_{qe} - \dfrac{K_V}{T_e}\Delta V_{Gq} \\[2mm] \dfrac{\mathrm{d}\Delta E'_q}{\mathrm{d}t} = -\dfrac{1}{T'_{d0}}\Delta E_{qe} - \dfrac{1}{T'_{d0}}\Delta E_q \\[2mm] \dfrac{\mathrm{d}\Delta \delta}{\mathrm{d}t} = \Delta \omega \\[2mm] \dfrac{\mathrm{d}\Delta \delta}{\mathrm{d}t} = -\dfrac{\omega_N}{T_J}\Delta P_e \\[2mm] S_{E_q}\Delta \delta + R_{E_q}\Delta E_q - \Delta P_e = 0 \\[2mm] S_{E'_q}\Delta \delta + R_{E'_q}\Delta E'_q - \Delta P_e = 0 \\[2mm] S_{VG_q}\Delta \delta + R_{VG_q}\Delta V_{Gq} - \Delta P_e = 0 \end{cases} \tag{10-28}$$

(5) 消去代数方程及非状态变量,求状态方程。

把式(10-28)写成矩阵的形式,如下所示。

$$\begin{pmatrix} \dfrac{\mathrm{d}\Delta E_q}{\mathrm{d}t} \\[2mm] \dfrac{\mathrm{d}\Delta E'_q}{\mathrm{d}t} \\[2mm] \dfrac{\mathrm{d}\Delta \delta}{\mathrm{d}t} \\[2mm] \dfrac{\mathrm{d}\Delta \omega}{\mathrm{d}t} \\[1mm] \hdashline 0 \\ 0 \\ 0 \end{pmatrix} = \begin{pmatrix} -\dfrac{1}{T_e} & 0 & 0 & 0 & \vline & 0 & -\dfrac{K_V}{T_e} & 0 \\[2mm] -\dfrac{1}{T'_{d0}} & 0 & 0 & 0 & \vline & -\dfrac{1}{T'_{d0}}0 & 0 & 0 \\[2mm] 0 & 0 & 0 & 1 & \vline & 0 & 0 & 0 \\[2mm] 0 & 0 & 0 & 0 & \vline & 0 & 0 & -\dfrac{\omega_N}{T_J} \\[1mm] \hdashline 0 & 0 & S_{E_q} & 0 & \vline & R_{E_q} & 0 & -1 \\[1mm] 0 & R_{E'_q} & S_{E'_q} & 0 & \vline & 0 & 0 & -1 \\[1mm] 0 & 0 & S_{VGq} & 0 & \vline & 0 & R_{VGq} & -1 \end{pmatrix} \begin{pmatrix} \Delta E_{qe} \\ \Delta E'_q \\ \Delta \delta \\ \Delta \omega \\ \Delta E_q \\ \Delta_{Gq} \\ \Delta V_{Gq} \\ \Delta P_e \end{pmatrix} \tag{10-29}$$

将上式按虚线分块,写成分块矩阵的形式

$$\begin{pmatrix} \dfrac{\mathrm{d}\Delta \boldsymbol{X}}{\mathrm{d}t} \\ \boldsymbol{0} \end{pmatrix} = \begin{pmatrix} \boldsymbol{A}_{XX} & \boldsymbol{A}_{XY} \\ \boldsymbol{A}_{YX} & \boldsymbol{A}_{YY} \end{pmatrix} \begin{pmatrix} \Delta \boldsymbol{X} \\ \Delta \boldsymbol{Y} \end{pmatrix} \tag{10-30}$$

式中，$\Delta \boldsymbol{X} = \begin{bmatrix} \Delta E_{qe} & \Delta E'_q & \Delta \delta & \Delta \omega \end{bmatrix}^{\mathrm{T}}$ 为状态变量列向量；$\Delta \boldsymbol{Y} = \begin{bmatrix} \Delta E_q & \Delta V_{qG} & \Delta P_e \end{bmatrix}^{\mathrm{T}}$ 为非状态变量列向量。

展开式(10-29)，并进行消去运算，便可得到计及励磁调节器的线性化小扰动方程

$$\frac{\mathrm{d}\Delta \boldsymbol{X}}{\mathrm{d}t} = \boldsymbol{A}\Delta \boldsymbol{X} \tag{10-31}$$

$$\boldsymbol{A} = \boldsymbol{A}_{XX} - \boldsymbol{A}_{XY}\boldsymbol{A}_{YY}^{-1}\boldsymbol{A}_{YX} \tag{10-32}$$

上述求线性小扰动方程的步骤和方法，也适用于复杂多机电力系统。

对于简单电力系统，可以用直接代入消去的方法求 $\boldsymbol{A}$ 矩阵；令式(10-27)和式(10-28)的右端相等，解出 ΔV_{Gq}，然后将 ΔV_{Gq} 代入式 $-K_V \Delta V_G = \Delta E_{qe} + T_e \dfrac{\mathrm{d}\Delta E_{qe}}{\mathrm{d}t}$ 中，令式(10-24)和式(10-25)右端相等，解出 ΔE_q，将式(10-25)代入式(10-20)中，经过整理便得到

$$\begin{pmatrix} \dfrac{\mathrm{d}\Delta E_{qe}}{\mathrm{d}t} \\ \dfrac{\mathrm{d}\Delta E'_q}{\mathrm{d}t} \\ \dfrac{\mathrm{d}\Delta \delta}{\mathrm{d}t} \\ \dfrac{\mathrm{d}\Delta \omega}{\mathrm{d}t} \end{pmatrix} = \begin{pmatrix} -\dfrac{1}{T_e} & -\dfrac{K_V R_{E'_q}}{T_e R_{VGq}} & \dfrac{K_V(S_{VGq} - S_{E'_q})}{T_e R_{VGq}} & 0 \\ -\dfrac{1}{T'_{d0}} & -\dfrac{R_{E'_q}}{T'_{d0} R_{E_q}} & -\dfrac{S_{E'_q} - S_{E_q}}{T'_{d0} R_{E_q}} & 0 \\ 0 & 0 & 0 & 1 \\ 0 & -\dfrac{\omega_N R_{E'_q}}{T_J} & -\dfrac{\omega_N S_{E'_q}}{T_J} & 0 \end{pmatrix} \begin{pmatrix} \Delta E_{qe} \\ \Delta E'_q \\ \Delta \delta \\ \Delta \omega \end{pmatrix} \tag{10-33}$$

到此为止，得到了线性化状态方程及其系统矩阵 $\boldsymbol{A}$。根据给定的运行情况及系统各参数可以算出 $\boldsymbol{A}$ 矩阵的各元素值，然后应用数值计算的方法求出 $\boldsymbol{A}$ 矩阵的全部特征值，或者用代数判据便可以判定电力系统在所给定的运行条件下是否具有静稳定性。

2. 判据及其稳定性分析

应用间接判定特征值的方法来求出用运行参数表示的稳定判据，以便对励磁调节器的影响作出评价。

根据式(10-33)的 $\boldsymbol{A}$ 矩阵，由 $f(p) = \det[\boldsymbol{A} - p\boldsymbol{1}] = 0$ 求出特征方程。在整理简化过程中，假定发电机为隐极机，计及：$R_{E_q} = \dfrac{V}{X_{d\Sigma}}\sin\delta$；$R_{E'_q} = \dfrac{V}{X'_{d\Sigma}}\sin\delta$；$R_{VGq} = \dfrac{V}{X_{TL}}\sin\delta$；可知：$T'_d = T'_{d0}\dfrac{R_{E_q}}{R_{E'_q}}$；$\dfrac{R_{E_q}}{R_{VGq}} = \dfrac{X_{TL}}{X_{d\Sigma}}$。于是得到特征方程为

$$a_0 p^4 + a_1 p^3 + a_2 p^2 + a_3 p + a_4 = 0 \tag{10-34}$$

方程的系数为

$$\begin{cases} a_0 = \dfrac{1}{\omega_N} T_J T_e T'_d \\ a_1 = \dfrac{1}{\omega_N} T_J (T_e + T'_d) \\ a_2 = \dfrac{1}{\omega_N} T_J \left(1 + K_V \dfrac{X_{TL}}{X_{d\Sigma}}\right) + T_e T'_d S_{E_q} \\ a_3 = T_e S_{E_q} + T'_d S_{E_q} \\ a_4 = S_{E_q} + S_{VGq} K_V \dfrac{X_{TL}}{X_{d\Sigma}} \end{cases} \tag{10-35}$$

根据胡尔维茨判别法,所有特征值的实部为负值,即系统保持稳定的条件如下。

① 特征方程所有的系数均大于零,即

$$a_0 > 0, \quad a_1 > 0, \quad a_2 > 0, \quad a_3 > 0, \quad a_4 > 0$$

② 胡尔维茨行列式及其主子式的值均大于零,即

$$\Delta_1 = a_1 > 0, \quad \Delta_2 = \begin{vmatrix} a_1 & a_0 \\ a_3 & a_2 \end{vmatrix} > 0$$

$$\Delta_3 = \begin{vmatrix} a_1 & a_3 & 0 \\ a_0 & a_2 & a_4 \\ 0 & a_1 & a_3 \end{vmatrix} > 0, \quad \Delta_4 = \begin{vmatrix} a_1 & a_3 & 0 & 0 \\ a_0 & a_2 & a_4 & 0 \\ 0 & a_1 & a_3 & 0 \\ 0 & a_0 & a_2 & a_4 \end{vmatrix} > 0$$

条件①中的系数 a_0 和 a_1 与运行情况无关,总是大于零。其余 3 个系数与运行情况有关,由于功角从给定 δ_0 继续增大时,S_{E_q} 总是比 S_{E_q} 大,因此,要求 $a_3 > 0$,必须有 $S_{E_q'} > 0$。所以,只要 $a_3 > 0$,则必有 $a_2 > 0$。这样,由条件①可得到两个与运行参数相联系的稳定条件,即

$$a_3 = T_e S_{E_q} + T_d' S_{E_q'} > 0 \tag{10-36}$$

$$a_4 = S_{E_q} + K_V S_{VGq} \frac{X_{TL}}{X_{d\Sigma}} > 0 \tag{10-37}$$

根据条件②可以看到,当特征方程的系数都大于零时,只要 $\Delta_3 > 0$,必有 $\Delta_2 > 0$ 和 $\Delta_4 > 0$。这样,由条件②又得到一个与运行参数相联系的稳定条件,即

$$\Delta_3 = a_1 a_2 a_3 - a_0 a_3^2 - a_1^2 a_4 > 0$$

将系数代入上式,并解出 K_V,得到

$$K_V < \frac{X_{d\Sigma}}{X_{TL}} \times \frac{S_{E_q'} - S_{E_q}}{S_{VGq} - S_{E_q'}} \times \frac{1 + \dfrac{\omega_N T_e^2}{T_J(T_e + T_d')}(T_e S_{E_q} + T_d' S_{E_q'})}{1 + \dfrac{T_e}{T_d'} \times \dfrac{S_{VGg} - S_{E_q}}{S_{VGq} - S_{E_q'}}} = K_{V\max} \tag{10-38}$$

这样,我们得到式(10-36)、式(10-37)和式(10-38)这 3 个为保持系统静态稳定而必须同时满足的条件。随着运行情况的变化,S_{E_q}、$S_{E_q'}$、S_{VGq} 都要变化。当达到某一运行状态时,有些稳定条件便不能满足了,因而系统也不能保持稳定运行。随着运行角度的增大,S_{E_q}、$S_{E_q'}$、S_{VGq} 依次由正值变为负值。根据这个特点和 3 个稳定条件,我们进一步分析励磁调节器对静态稳定的影响。

3. 励磁调节器对静态稳定的影响

式(10-37)说明,如果没有调节器,即 $K_V = 0$,则稳定条件变为 $S_{E_q} > 0$,这与上节的结论相同。有调节器后,在 $\delta > 90°$ 的一段范围内,虽然 $S_{E_q} < 0$,但 $S_{VGq} > 0$,因此只要 K_V 足够大,仍然有可能满足式(10-37)。所以,装设调节器后,运行角可以大于 90°,从而扩大了系统稳定运行的范围。为保证在 $\delta > 90°$ 仍能稳定运行,由式(10-37)可以解出

$$K_V > \frac{|S_{E_q}|}{S_{VGq}} \times \frac{X_{d\Sigma}}{X_{TL}} = K_{V\min}(\delta > 90°) \tag{10-39}$$

上式说明,调节器在运行中所整定的放大系数要大于与运行情况有关的最小允许值 $K_{V\min}$。对于一般输电系统,这个条件较容易满足。例如,对于送端为汽轮发电机,输电线路

长 200～300km 的系统所作的计算表明,当 $K_V>6$,$\delta<110°$时,式(10-37)仍能满足。

式(10-37)是由 $a_4>0$ 得出的。a_4 通常称为特征方程的自由项(即不含 p 的项)。自由项的符号与纯实数特征值的符号有关。因此,式(10-37)不能满足就意味着有正实数的特征值,此时系统失去稳定的形式,与无励磁调节器时间相同,是非周期的。

再来看式(10-36)。当运行角 $\delta<90°$时,S_{E_q}、$S_{E'_q}$ 均为正值,该式能满足。在运行角 $\delta>90°$的一段范围内,$S_{E_q}<0$,$S_{E'_q}>0$。式(10-30)可改写成

$$S_{E'_q}>\frac{T_e}{T'_d}\mid S_{E_q}\mid \quad (\delta>90°) \tag{10-40}$$

为满足式(10-40),必须有 $S_{E'_q}>0$,这就是说,稳定的极限功率角 δ_{sl} 将小于与 $S_{E'_q}=0$ 所对应的角度 $\delta_{E'_{qm}}$。这说明,比例式励磁调节器虽然能把稳定运行范围扩大到 $\delta>90°$,但不能达到 $S_{E'_q}=0$ 所对应的功角 $\delta_{E'_{qm}}$。一般 T_e 远小于 T'_d,因此,δ_{sl} 与 $\delta_{E'_{qm}}$ 相差很小,在简化计算中,可以把式(10-36)近似地写为

$$S_{E'_q}>0 \tag{10-41}$$

这说明,在发电机装设了比例式励磁调节器后,计算发电机保持稳定下所能输送的最大功率时,可近似采用“$E'_q=$常数”的模型。

最后分析式(10-38),K_{Vmax} 是运行参数的复杂函数。仍以上述 200～300km 输电系统为例进行计算,结果如图 10-7 所示。一般励磁机的等值时间常数 T_e 是不大的,从图中可以看到,按稳定条件所允许的放大系数 K_{Vmax} 也是不大的。例如,对于 $T_e=0.5s$ 的情况,当运行角 $\delta=100°$时,$K_{Vmax}=10$。通常,为了使发电机电压波动不大,要求调节器的放大系数整定得大些。同时,调节器的放大系统整定值越大,维持发电机端电压的能力就越强,输电系统的功率极限就越大。然而式(10-38)却限制采用较大的放大系数,或者放大系数可整定得大些,但只允许运行在轻小的功角下。此时,由式(10-38)

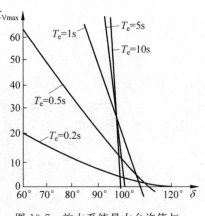

图 10-7　放大系统最大允许值与运行角的关系

所确定的稳定极限 P_{sl} 远小于功率极限 P_m,从而限制了输送功率。

当放大系数整定得过大而不满足式(10-38),系统失去静态稳定的形式与无调节器的情况不同,它是周期性的自发振荡。从理论上说,因为式(10-38)是由 $\Delta_3>0(\Delta_{n-1}>0)$ 得出的,当条件不满足时,特征值为有正实部的共轭复数,因而功角的自由振荡中含有振幅按指数增长的正弦项。

为了说明励磁调节器引起的自发振荡的性质,在 P-δ 平面上分析自发振荡的过程。图 10-8 为 $P(\delta)$ 特性的局部放大图,发电机工作在某一个角度 δ_0 下,对应此情况下,$P_{E'_q}$、P_{VG} 均具有上升特性。当发电机工作在与 δ_0 相对应的平衡点 1 时,假定某种扰动使发电机获得了一个初始速度 $\Delta\omega=0$,功角不再增大。但此刻,一方面原动机的功率仍小于电磁功率,发电机继续减速,功角开始减小;另一方面,因为点 2 在 $V_G=V_{G0}=$常数的曲线右侧,这意味着发电机端电压 $V_G<V_{G0}$,调节器将继续增大励磁电流,所以发电机工作点在功角减小的同时,仍将向 E'_q 数值较大的 P_{E_q} 的曲线过渡,直到点 4。越过点 4 后,工作点将位于 $V_G=$

$V_{G0}=$ 常数的曲线左侧,这意味着 $V_G>V_{G0}$,调节器开始减小励磁电流。但因放大系数过大,故随着功角的减小,E_q' 也减小。这样,发电机工作点在功角减小的同时,将向 E_q' 较小的 $P_{E_q'}$ 曲线过渡,直到由 $A_{2345}+A_{567}=0$ 所确定的点 6 为止,发电机恢复同步,功角不再减小。以后的过程是 6→8→…变化下去,即振荡幅度越来越大而失去稳定。从以上分析可以看到,若放大系数整定过大,则系统受扰动后,发电机工作点在 $P\text{-}\delta$ 平面上将围绕平衡点作反时针方向旋转,这与前一节所述的具有负阻尼系数的无励磁调节的发电机的情况相同。所以,比例式调节器实际上产生了负阻尼作用。当调节器产生的负阻尼效应超过了发电机的正阻尼作用(如励磁绕组的阻尼作用等)时,系统成为具有负阻尼的系统,因而将发生自发振荡而不能稳定工作。

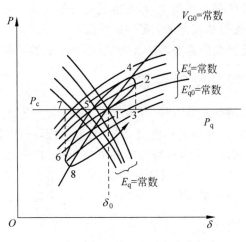

图 10-8　放大系数过大时的自发振荡

10.3.2　比例式调节器对静态稳定的影响

上面论述了按电压偏差的比例式调节器对静态稳定的影响,其他比例式调节器也可以用相同的方法进行分析,这里不再赘述。关于比例式励磁调节器对静态稳定的影响,归纳起来有下面几点:

(1) 比例式励磁调节器可以提高和改善电力系统的静态稳定性。调节器扩大了稳定运行的范围(或称为稳定域),发电机可以运行在 $S_{E_q}<0$ 且 $\delta>90°$ 的一定范围内,同时增大了稳定极限 P_{sl} 的值,提高了输送能力。

(2) 具有比例式励磁调节器的发电机,不能在 $S_{E_q}'<0$ 的情况下稳定运行。考虑到 T_e 远比 T_d' 小,因此,在实用计算中,如果能恰当地整定放大系数,使之不发生自发振荡,则可以近似地用 $S_{E_q}'=0$ 来确定稳定极限,即发电机可以采用“$E_q'=E_{q0}'=$ 常数”的模型。

(3) 调节器放大系数的整定值是应用比例式调节器要特别注意的问题。整定值应兼顾维持电压能力、提高功率极限和扩大稳定运行范围、增大稳定极限两个方面。

(4) 多参数的比例式调节器比单参数的比例式调节器优越。可以用其中的一个参数的调节(如按电流偏差调节)来扩大稳定域,而用另一个参数的调节(如按电压偏差调节)来提高功率极限,从而使稳定极限得到较大的增加。

随着电力系统的发展扩大,需要将远方发电厂的大量电力通过输电网送往负荷中心。

由于发电厂没有近距离的负荷,发电机的端电压可以允许有较大的变动。这样,自动励磁调节器在电力系统中的主要作用便从维持发电机端电压、保证电能质量转变为提高电力系统稳定性了。

从上面对比例式励磁调节器的分析中看到,励磁调节器可能产生负阻尼效应,使得调节器的放大系数不能整定得过大,因此,需要对励磁调节系统进行研究和改进。改进的主要目的是设法削弱和克服励磁调节器所产生的负阻尼效应,抑制和防止电力系统发生自发振荡。

10.4　提高电力系统静态稳定性的措施

电力系统静态稳定性的基本性质说明,发电机可能输送的功率极限越高,则静态稳定性越高。以单机-无穷大系统的情况来看,减少发电机与系统之间的联系电抗就可以增加发电机的功率极限。以下几种提高静态稳定性的措施,都是直接或间接地减少电抗的措施。

10.4.1　采用自动调节励磁装置

当发电机装设比例式励磁调节器时,发电机可看做具有 E'_q(或 E')为常数的功率特性,相当于将发电机的电抗 X_d 减小为暂态电抗 X'_d。当采用按运行参数的变化率调节励磁时,可维持发电机端电压为常数,相当于将发电机的电抗减小为零。发电机装设先进的调节器就相当于缩短了发电机与系统间的电气距离,从而提高了静态稳定性。因为调节器在总投资中所占的比重很小,所以在各种提高稳定性的措施中,总是优先考虑安装自动励磁调节器。

10.4.2　减小元件的电抗

发电机之间的联系电抗总是由发电机、变压器和线路的电抗所组成,这里有实际意义的是减少线路电抗(理论上可以减小发电机、变压器、线路的电抗,但减小发电机、变压器电抗要增大短路比、增大尺寸、提高造价,技术上不合理,所以要设法减小输电线路的电抗)。具体做法有以下几种。

1. 采用分裂导线

高压输电线采用分裂导线的主要目的是为了避免电晕,同时,分裂导线可以减小线路电抗。

2. 提高线路额定电压等级

功率的极限与电压的平方成正比,因而提高线路额定电压等级可以提高功率极限。另外,提高线路额定电压等级也可以等值地看作减小线路的电抗。当用统一的基准值计算各元件电抗的标幺值时,发电机的电抗为

$$x_{G*(B)} = x_{G*(N)} \times \frac{S_B}{S_{NG}}$$

变压器电抗为

$$x_{T*(B)} = \frac{V_s\%}{100} \times \frac{S_B}{S_{NT}}$$

线路电抗为

$$x_{L*(B)} = x_L \times \frac{S_B}{V_{NL}^2}$$

式中,V_{NL} 为线路的额定电压。由此可见,线路电标抗幺值与其电压平方成反比。

10.4.3 采用串联电容器

采用串联补偿就是在线路上串联电容器以补偿线路的电抗。一般在较低电压等级的线路上,串联电容补偿主要是用于调压;在较高电压等级的输电线路上,串联电容补偿则主要是用来提高系统的稳定性。后者补偿度对系统的影响较大。所谓补偿度 K_C,是电容器电抗 X_C 和线路电抗 X_L 的比值,即 $K_C = X_C/X_L$。

一般情况下,串联电容补偿度 K_C 越大,线路等值电抗越小,对提高稳定性越有利。但 K_C 的增大要受到很多条件的限制。首先是短路电流不能过大。当补偿度过大时,装在离电源较近的高压输电线上的电容后面发生短路时(如图 10-9 中电容器右侧),电容器的电抗可能大于变压器和电容器前面输电线路的电抗之和。这时,短路电流就会大于发电机端短路时的短路电流,这显然是不合适的。而且,短路电流还可能呈容性电流。这时电流、电压相位关系的紊乱将引起某些保护装置的误动作。此外,补偿度过大时,系统中可能出现低频的自发振荡或"自激励"现象。前者是由于采用串联电容补偿后,系统中电阻对感抗的比值将增大,阻尼系数 D 可能为负数;后者则由于补偿后发电机外部电路电抗可能呈现容性,电枢反应可能起助磁作用,使发电机的电流和电压无法控制地上升,直至发电机的磁路饱和为止。上述都是限制补偿度的条件,因此,为提高系统稳定性而采用的串联电容补偿,其补偿度一般不超过 0.5。近年来采用可控串补(Thyristor Controlled Series Compensation, TCSC)装置。

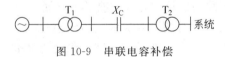

图 10-9 串联电容补偿

10.4.4 改善系统结构和采用中间补偿设备

1. 改善系统结构

有多种方法可以改善系统的结构,加强系统的联系,例如,增加输电线路的回路数。另外,当输电线路通过的地区原来就有电力系统时,将这些中间电力系统与输电线路连接起来也是有利的,这样可以使长距离输电线路中间点的电压得到维持,相当于输电线路分成两段,缩小了"电气距离"。而且,中间系统还可以与输电线交换有功功率,起到互为备用的作用。

2. 采用中间补偿设备

如果在输电线路中间的降压变压器变电所内安装同期调相机,如图 10-10 所示,而且同期调相机配有先进的自动励磁调节器,则可以维持同期调相机端点电压甚至高压母线电压恒定。这样,输电线路也就等值地分为两段,系统的静态稳定性得到提高。近年来,并联电容补偿装置和静止补偿器用得较多。

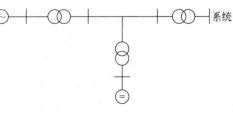

上面提高静态稳定性的措施均是从减少电抗这一点出发的,在正常运行中提高发电机电动势和电网的运行电压也可以提高功率极限。为使电网具有较高的电压水平,必须

图 10-10 接有同期调相机的系统

在系统中装设足够的无功功率电源。

本章小结

本章以简单电力系统为例,针对简单模型和较为精细模型(如计及自动励磁调节器)进行了分析论述,其处理方法完全可用于实际电力系统。

功率极限是指发电机功率特性的最大值;稳定极限是指保持静态稳定下发电机所能输送的最大功率,必须严格区分这两个重要的概念。还应注意,复杂电力系统不能从理论上求出其功率极限和稳定极限。然而,在许多场合下,仍然可以将实际电力系统近似地简化成简单系统,应用功率极限(或稳定极限)的概念来定性地估计电力系统的稳定性。

具有等效负阻尼系数的电力系统是不能稳定运行的,其失去稳定的形式是周期性地不断增大振荡幅度(自发振荡)。

自动励磁调节器可以提高功率极限和稳定运行范围。由于调节器的某些环节会产生负阻尼作用,当发电机输送功率增大(或运行状态改变)到一定程度时,调节器的负阻尼完全抵消并超过系统固有的正阻尼,使系统等效阻尼为负值时,系统将自发振荡而失去静态稳定,这使励磁调节器的提高稳定性的效果受到限制。由此得出,改进和发展励磁调节器的重要目标之一是尽可能地削弱和消除励磁调节器产生的负阻尼效应。

励磁控制系统的发展包括两方面的内容:一是主励磁系统本身即励磁方式的改进与发展;另一方面是励磁调节器即励磁控制方式的改进与发展。

对于实际电力系统静态稳定分析中常见的一些问题,本章从概念上进行了简要的说明,可以作为实际工作中的参考。采用古典励磁控制方式的情况下,可将极限角 δ_m 由无调节时的 90° 提高至 100° 左右;若采用特殊措施,也可将 δ_m 提高至 105° 或 110°。在这种控制方式下,其调节品质特别是对振荡的阻尼效果也远不能满足大电力系统的运行要求,因此,发展了 PSS 控制方式。PSS 控制方式比古典控制方式有较大的进步,它的采用可将极限角提高到 110°~120° 之间,而且比较显著地改善了动态品质。

电力系统静态稳定性的基本性质说明,发电机可能输送的功率极限越高,则静态稳定性越高。以单机-无穷大系统的情况来看,减少发电机与系统之间的联系电抗就可能增加发电机功率极限,措施有:(1)采用自动调节励磁装置;(2)减小元件的电抗;(3)采用串联电容器;(4)改善系统结构和采用中间补偿设备。

习题

10-1 何谓简单电力系统静态稳定性?

10-2 简单电力系统静态稳定的实用判据是什么?

10-3 何谓电力系统静态稳定储备系数和整步功率系数?

10-4 如何用小干扰法分析简单电力系统的静态稳定性?

10-5 提高电力系统静态稳定性的措施主要有哪些?

10-6 简单电力系统如图 10-11 所示,各元件参数如下。发电机 G:$P_N = 250MW$,$\cos\phi_N = 0.85$,$V_N = 10.5kV$,$X_d = 1.0\Omega$,$X_q = 0.65\Omega$,$X'_d = 0.23\Omega$。变压器 T_1:$S_N =$

$300\text{MVA}, V_s\% = 15, K_{T1} = 10.5/242$。变压器 T_2：$S_N = 300\text{MVA}, V_s\% = 15, K_{T2} = 220/121$。线路：$L = 250\text{km}, V_N = 220\text{kV}, X_1 = 0.42\Omega/\text{km}$。运行初始状态为 $V_0 = 115\text{kV}$, $P_0 = 220\text{MW}, \cos\phi_0 = 0.98$。

（1）如发电机无励磁调节，$E_q = E_{q0} = $ 常数，试求功角特性 $P_{E_q}(\delta)$、功率极限 $P_{E_q m}$、$\delta_{E_q m}$, 并求此时的静态稳定储备系数 $K_q\%$;

（2）如计及发电机励磁调节，$E_q' = E_{q(0)}' = $ 常数，试作同样内容计算。

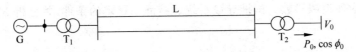

图 10-11　题 10-6 的电力系统

10-7　简单电力系统的元件参数及运行条件与题 10-6 相同，但需计及输电线路的电阻 $r_1 = 0.07\Omega/\text{km}$。试求功率特性 $P_{E_q}(\delta)$、功率极限 $P_{E_q m}$、$\delta_{E_q m}$。

10-8　如图 10-12 所示的电力系统，参数标幺值如下：$X_d = 1.12, X_{T1} = 0.169, X_{T2} = 0.14, X_1/2 = 0.373$。运行参数为 $V_C = 1.0$，发电机向受端输送功率为 $P_0 = 0.8, \cos\phi_0 = 0.98$。

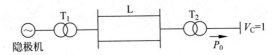

图 10-12　题 10-8 的电力系统

试计算当 E_q 为常数时，此系统的静态稳定功率极限及静态稳定储备系数。

10-9　如图 10-12 所示的电力系统，参数标幺值如下：网络参数 $X_d = 1.12, X_d' = 0.4$, $X_{T1} = 0.169, X_{T2} = 0.14, X_1/2 = 0.373$，运行参数 $V_C = 1$，发电机向受端输送功率 $P_0 = 0.8$, $\cos\phi = 0.98$。试分别计算当 E_q、V_G 为常数时，此系统的静态稳定功率极限及静态稳定储备系数。

10-10　某一输电系统接线及参数如图 10-13 所示。试计算此电力系统的静态稳定储备系数。

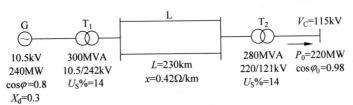

图 10-13　系统接线图

10-11　如图 10-14 所示，判断电力系统在 $\delta = 60°$ 时运行的稳定性（列出微分方程和特征方程，利用稳定判据判断）。

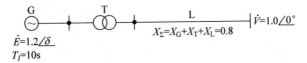

图 10-14　系统接线图

10-12 已知具有附加控制器的某等值发电机转子运动方程(增量形式)可表示为

$$\begin{cases} \dfrac{d\Delta\delta}{dt} = \Delta\omega \cdot \omega_0 \\[2mm] \dfrac{d\Delta\delta}{dt} = \dfrac{\Delta P_e + \Delta P_e'}{T_1} \end{cases}$$

式中,$\Delta P_e = D\Delta\omega + S_e \cdot \Delta\delta$;$\Delta P_e' = K_1\Delta\delta + K_2\dfrac{d\Delta\delta}{dt}$;$D$ 为阻尼功率系数;S_e 为整步功率系数;K_1、K_2 为附加控制参数。试推导该系统保持静态稳定的条件,并分析 K_1、K_2 对静态稳定性的作用。

第11章　电力系统的暂态稳定性

内容提要：本章首先讲述简单电力系统在各种运行情况下的功角特性及简单电力系统受到大干扰后发电机转子的相对运动；接着介绍定量分析暂态稳定性采用的等面积定则和发电机转子运动方程的数值解法，以及复杂电力系统的暂态稳定性；最后介绍提高电力系统暂态稳定性的措施。

基本概念：大干扰，等面积定则，数值解法，复杂电力系统。

重点：简单电力系统在各种运动情况下的功角特性；简单电力系统受到大干扰后发电机转子的相对运动；等面积定则；提高电力系统暂态稳定性的措施。

难点：等面积定则；发电机转子运动方程的数值解法。

11.1　电力系统暂态稳定概述

暂态稳定是指电力系统在某一运行状态下受到某种大的干扰后，各同步发电机保持同步运行并过渡到新的稳定运行状态或恢复到原来运行状态的能力。电力系统受到某种大的干扰后，由于发电机转子上的机械转矩与电磁转矩不平衡，使各发电机转子间相对位置发生变化，即各发电机电动势间相对相位角发生变化，从而引起系统中电流、电压和发电机电磁功率的变化。因此，由大干扰引起的电力系统暂态过程，是一个电磁暂态过程和发电机机电暂态过程交织在一起的复杂过程。

精确地确定所有电磁参数和机电参数在暂态过程中的变化是困难的，对于解决一般工程实际问题也是不必要的。通常，暂态稳定分析计算的目的是确定系统在给定的大干扰下发电机能否继续保持同步运行。因此，我们只需找出暂态过程中影响转子机械运动的主要因素，并在分析计算中加以考虑，对于影响不大的因素，则予以忽略或作近似考虑。

1. 基本假设

(1) 忽略定子电流的非周期分量和与它对应的转子电流的周期分量。

这意味着定子回路交流分量的电流和与之对应的磁链可以突变，电感电路的电流可以突变，闭合绕组的合成磁链不再守恒，系统中的电压和电磁功率也可以突变。

(2) 发生不对称故障时，不计负序和零序分量电流对转子运动的影响。

(3) 忽略暂态过程中发电机的附加损耗。

(4) 不考虑频率变化对系统参数的影响。

2. 近似计算中的简化

(1) 简化发电机的数学模型。

暂态过程中，时间常数 T''_d 很小，可不计其影响。这个假设意味着发电机阻尼绕组开路。在大干扰瞬间，合成磁链 ψ 守恒，与之成正比的 E'_q 也保持不变，发电机电抗为 X'_d，交轴电抗为 X_q。

进一步简化，用 E' 代替 E'_q，δ 为 δ'，电抗为 X'_d、X_q。

（2）不考虑原动机调速器的作用。

（3）电力系统负荷用简化的数学模型。

引起大干扰的原因主要有：

- 发电机、变压器、线路和大负荷的投入与切除；
- 发生短路故障；
- 线路故障。

本章主要以短路故障作为大干扰，介绍干扰后的暂态过程及分析方法。

11.2 简单电力系统暂态稳定分析

11.2.1 简单电力系统在各种运行情况下的功角特性

简单电力系统如图 11-1 所示。正常运行时发电机经过变压器和双回线路向无穷大系统送电。若发电机用电动势 E' 作为其等值电动势，则电动势 E' 与无穷大系统间的电抗为

$$X_{\mathrm{I}} = X'_{\mathrm{d}} + X_{\mathrm{T1}} + \frac{1}{2}X_{\mathrm{L}} + X_{\mathrm{T2}}$$

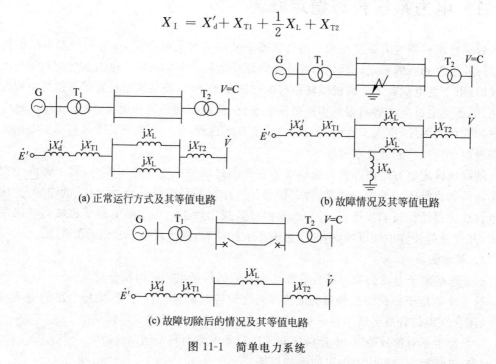

(a) 正常运行方式及其等值电路　　　(b) 故障情况及其等值电路

(c) 故障切除后的情况及其等值电路

图 11-1　简单电力系统

根据给定的运行条件，可以算出短路前暂态电抗 X'_{d} 后的电势值 E'_0。正常运行时的功率特性为

$$P_{\mathrm{I}} = \frac{E'V}{X_{\mathrm{I}}}\sin\delta = P_{\mathrm{mI}}\sin\delta \tag{11-1}$$

如果突然在某一回输电线始端发生不对称短路，如图 11-1(b) 所示，则根据正序等效定则，应在正常等值电路中的短路点接入短路附加电抗 X_Δ，等值电路见图 11-1(b)。此时，发

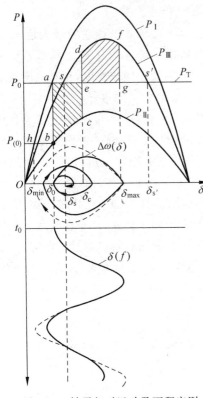

图 11-2　转子相对运动及面积定则

电机与系统间的转移电抗

$$X_{\mathbb{II}} = X_{\mathrm{I}} + \frac{(X'_{\mathrm{d}} + X_{\mathrm{T1}})\left(\frac{1}{2}X_{\mathrm{L}} + X_{\mathrm{T2}}\right)}{X_{\Delta}}$$

其中，$X_{\mathbb{II}} > X_{\mathrm{I}}$。若是三相短路，则 X_{Δ} 为零，$X_{\mathbb{II}}$ 为无穷大，即三相短路截断了发电机与系统间的联系。

故障情况下发电机的功率特性为

$$P_{\mathbb{II}} = \frac{E'V}{X_{\mathbb{II}}}\sin\delta = P_{\mathrm{m}\mathbb{II}}\sin\delta \qquad (11\text{-}2)$$

由于 $X_{\mathbb{II}} > X_{\mathrm{I}}$，短路时的功率特性比正常运行时的要低（见图 11-2）。三相短路时发电机输出功率为零。

故障线路被切除后（见图 11-1(c)），发电机与无穷大系统间的电抗为

$$X_{\mathbb{III}} = X'_{\mathrm{d}} + X_{\mathrm{T1}} + X_{\mathrm{L}} + X_{\mathrm{T2}}$$

此时的功率特性为

$$P_{\mathbb{III}} = \frac{E'V}{X_{\mathbb{III}}}\sin\delta = P_{\mathrm{m}\mathbb{III}}\sin\delta \qquad (11\text{-}3)$$

一般情况下，$X_{\mathrm{I}} < X_{\mathbb{III}} < X_{\mathbb{II}}$，因此 $P_{\mathbb{III}}$ 也介于 P_{I} 和 $P_{\mathbb{II}}$ 之间（见图 11-2）。

11.2.2　简单电力系统大干扰后发电机转子的相对运动

在图 11-2 中画出了发电机正常运行（P_{I}）、故障（$P_{\mathbb{II}}$）和故障切除后（$P_{\mathbb{III}}$）3 种状态下的功率特征曲线。若在正常时发电机向无穷大系统输送的有功功率为 P_0，则原动机输出的机械功率为 $P_{\mathrm{T}} = P_0$。假设不计故障后几秒钟之内调速器的作用（在图 11-2 中用一横线表示），发电机的工作点为 a，与此对应的功角为 δ_0。

发生短路的瞬间，发电机的工作点应在短路时的功率 $P_{\mathbb{II}}$ 上。由于转子具有惯性，功角不能突变，发电机输出的电磁功率（即工作点）应由 $P_{\mathbb{II}}$ 上对应于 δ_0 的点 b 确定，设其值为 $P_{(0)}$。这时原动机的功率 P_{T} 仍保持不变，于是出现了过剩功率 $\Delta P_{(0)} = P_{\mathrm{T}} - P_{\mathrm{e}} = P_0 - P_{(0)} > 0$，它是加速性的。

在加速性的过剩功率作用下，发电机获得加速，使其相对速度 $\Delta\omega = \omega - \omega_{\mathrm{N}} > 0$，于是功角 δ 开始增大。发电机的工作点将沿着 $P_{\mathbb{II}}$ 由 b 向 c 移动。如果故障永久存在下去，则始终存在过剩转矩，发电机将不断加速，最终与无穷大系统失去同步。但实际上，短路后继电保护装置迅速动作，切除故障线路。在变动过程中，随着 δ 的增大，发电机的电磁功率也增大，过剩功率则减小，但过剩功率仍是加速性的，所以，$\Delta\omega$ 不断增大（见图 11-2）。

假设在 c 点时将故障切除，此时功角为 δ_{c}，在切除瞬间，由于功角不能突变，发电机的工作点便转移到 $P_{\mathbb{III}}$ 上对应于 δ_{c} 的点 d。此时，发电机的电磁功率大于原动机的机械功率，过剩功率 $\Delta P_{(0)} = P_{\mathrm{T}} - P_{\mathrm{e}} < 0$，变成了减速性的。在此过剩功率的作用下，发电机转速开始降低，虽然相对速度 $\Delta\omega$ 开始减小，但它仍大于零，因此功角继续增大，工作点将沿 $P_{\mathbb{III}}$ 由 d 向

f 变动。发电机则一直受到减速作用而不断减速。

如果到达点 f 时,发电机恢复到同步速度,即 $\Delta\omega=0$,则功角 δ 抵达它的最大值 $\delta_{\max}$。虽然此时发电机恢复了同步,但由于功率平衡尚未恢复,所以不能在点 f 确立同步运行的稳态。发电机在减速性不平衡转矩的作用下,转速继续下降而低于同步速度,相对速度改变符号,即 $\Delta\omega<0$,于是功角 δ 开始减小,发电机工作点将沿 P_{III} 由点 f 向点 d、s 变动。

以后的过程将像前面分析的那样,如果不计能量损失,工作点将沿 P_{III} 曲线在点 f 和点 h 之间来回变动,与此相对应,功角将在 $\delta_{\max}$ 和 $\delta_{\min}$ 之间变动(见图 11-2)。考虑到振荡过程中的能量损失,振荡将逐渐衰减,最后停留在一个新的运行点 s 上稳定地运行。s 点即故障切除后功率特性 P_{III} 与 P_{T} 的交点。也就是说,系统在上述大干扰下保持暂态稳定。

如果故障线路切除得较晚,如图 11-3 所示。在故障切除前,转子加速已比较严重,当故障切除后,在到达与图 11-2 中相应的 f 点时,转子转速仍大于同步转速,甚至在到达 s' 点时转速还未降至同步转速,因此 δ 就将越过 s' 点对应的功角 δ_{cr}。而当运行点越过 s' 点后,转子又立即承受加速转矩,转速又开始升高,而且加速度越来越大,δ 将不断增大,发电机和无穷大系统之间最终失去同步,其过程如图 11-4 所示。

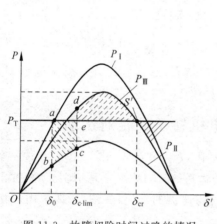

图 11-3 故障切除时间过晚的情况

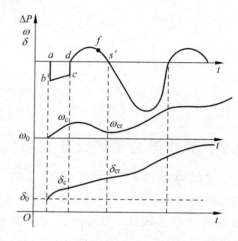

图 11-4 失步过程

可见,快速切除故障是保证暂态稳定的有效措施。

前面定性地叙述了简单电力系统发生短路故障后两种暂态过程结果,前者显然是暂态稳定的,后者是不稳定的。由两者的 δ 变化曲线可见,前者的 δ 第一次逐渐增大至 δ_{m}(小于 $180°$)后即开始减小,以后振荡逐渐衰减;后者的 δ 在接近 $180°$(δ_{cr})时仍继续增大。因此,在一振荡周期内即可判断稳定与否。

由以上分析可以看出,系统是否暂态稳定是和正常运行情况(决定于 P_{T} 和 E' 的大小)及扰动情况(发生什么故障、何时切除)直接有关。要确切判断系统在何种运行方式下,受到何种扰动后能否保持暂态稳定,必须通过定量的分析计算。下面介绍几种分析计算方法。

11.2.3 等面积定则

当不考虑振荡中的能量损耗时,可以在功角特性上,根据等面积定则简便地确定最大摇摆角 $\delta_{\max}$,并判断系统稳定性。从前面的分析可知,在功角由 δ_0 变到 δ_{c} 的过程中,原动机输入的能量大于发电机输出的能量,多余的能量将使发电机转速升高并转化为转子的动能而储存在转子中;而当功角由 δ_c 变到 δ_{max} 时,原动机输入的能量小于发电机输出的能量,不足部分由发电机转速降低而释放的动能转化为电磁能来补充。

转子由 δ_0 到 δ_c 移动时,过剩转矩所做的功为

$$W_a = \int_{\delta_0}^{\delta_c} \Delta M_a \mathrm{d}\delta = \int_{\delta_0}^{\delta_c} \frac{\Delta P_a}{\omega} \mathrm{d}\delta$$

用标幺值计算时,因发电机转速偏离同步速度不大,$\omega \approx 1$,于是

$$W_a \approx \int_{\delta_0}^{\delta_c} \Delta P_a \mathrm{d}\delta = \int_{\delta_0}^{\delta_c} (P_T - P_{\mathrm{II}}) \mathrm{d}v$$

上式右边的积分,代表 $P\text{-}\delta$ 平面上的面积,对应于图 11-2 的情况为阴影的面积 A_{abce}。在不计能量损失时,加速期间过剩转矩所做的功将全部转化为转子动能。在标幺值计算中,可以认为转子在加速过程中获得的能增量就等于面积 A_{abce},这块面积称为加速面积。当转子由 δ_c 变动到 δ_{max} 时,转子动能增量为

$$W_b = \int_{\delta_c}^{\delta_{max}} \Delta M_a \mathrm{d}\delta \approx \int_{\delta_c}^{\delta_{max}} \Delta P_a \mathrm{d}\delta = \int_{\delta_c}^{\delta_{max}} (P_T - P_{\mathrm{II}}) \mathrm{d}\delta$$

由于 $\Delta P_a < 0$,上式积分为负值。也就是说,动能增量为负值,这意味着转子储存的动能减小了,即转速下降了,减速过程中动量增量所对应的面积称为减速面积,A_{edfg} 就是减速面积。

显然,当满足

$$W_a + W_b = \int_{\delta_0}^{\delta_c} (P_T - P_{\mathrm{II}}) \mathrm{d}\delta + \int_{\delta_c}^{\delta_{max}} (P_T - P_{\mathrm{III}}) \mathrm{d}\delta = 0 \tag{11-4}$$

时,动能增量为零,即短路后得到加速使其转速高于同步速的发电机重新恢复了同步。应用这个条件,并将本例 $P_T = P_0$,以及 P_{II} 和 P_{III} 的表达式(11-2)和式(11-3)代入,便可求得 δ_{max}。

式(11-4)也可写成

$$|A_{abce}| = |A_{edfg}| \tag{11-5}$$

即加速面积和减速面积大小相等,这就是等面积定则。同理,根据等面积定则,可以确定摇摆的最小角度 δ_{min},即

$$\int_{\delta_0}^{\delta_s} (P_T - P_{\mathrm{II}}) \mathrm{d}\delta + \int_{\delta_s}^{\delta_{max}} (P_T - P_{\mathrm{III}}) \mathrm{d}\delta = 0$$

由图 11-2 可以看到,在给定的计算条件下,当切除角 δ_c 一定时,有一个最大可能的减速面积 $A_{afs'e}$。如果这块面积的数值比加速面积 A_{abce} 小,发电机将失去同步。因为在这种情况下,当功角增至临界角 δ_{cr} 时,转子在加速过程中所增加的动能未完全耗尽,发电机转速仍高于同步速度,功角继续增大而越过点 s',过剩功率变成加速性的了,使发电机继续加速而失去同步。显然,最大可能的减速面积大于加速面积是保持暂态稳定的条件。

11.2.4　极限切除角

利用上述的等面积定则,可以确定极限切除角,即最大可能的 δ_c。如前所述,为了保持系统的稳定,必须在到达 s' 点之前使转子恢复同步速度。极限的情况是正好到达 s' 点时转子恢复同步速度,这时的切除角称为极限切除角 $\delta_{c.\lim}$。应用等面积定则可以确定 $\delta_{c.\lim}$。

由图 11-3 可得

$$\int_{\delta_0}^{\delta_{c\cdot lim}} (P_0 - P_{m\,\text{II}} \sin\delta)\,d\delta + \int_{\delta_{c\cdot lim}}^{\delta_{cr}} (P_0 - P_{m\,\text{III}} \sin\delta)\,d\delta = 0$$

上式经整理后,可得极限切除角

$$\delta_{c\cdot lim} = \arccos\delta \frac{P_0(\delta_{cr} - \delta_0) + P_{m\,\text{II}} \cos\delta_{cr} - P_{m\,\text{II}} \cos\delta_0}{P_{m\,\text{III}} - P_{m\,\text{II}}} \tag{11-6}$$

上式中所有角度都是用弧度表示的。

在 s' 点有 $P_0 = P_{m\,\text{III}} \sin\delta_{cr}$,所以,有

$$\delta_{cr} = \pi - \arcsin \frac{P_0}{P_{m\,\text{II}}} \tag{11-7}$$

在极限切除角时切除故障线路,已利用了最大可能的减速面积。如果切除角大于极限切除角,就会造成加速面积大于减速面积,暂态过程中运行点就会越过 s' 点而使系统失去同步。相反,只要切除角小于极限切除角,系统总是稳定的。但是,求得极限切除角并没有解决实际问题。实际需要知道的是,为保证系统稳定必须在多长时间之内切除故障线路,也就是要知道极限切除角对应的极限切除时间。要解决这个问题并不困难,只需要求出从故障开始到故障切除这段时间内 δ 随时间变化的曲线,从此曲线上找到对应于极限切除角的时间即为极限切除时间。这就需要解决转子运动方程的求解问题。

【例 11-1】 一简单电力系统的接线如图 11-5 所示。设输电线路某一回路的始端分别发生两相接地短路、三相短路、单相短路和两相短路,试计算为保持暂态稳定而要求的极限切除角度。

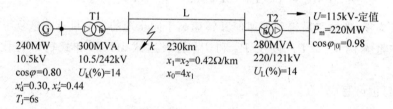

图 11-5 简单电力系统接线图

解:选择基准值,$S_B = 100\text{MVA}$,$V_{Bi} = V_{avi}$,即 $V_{B1} = V_{av1} = 10.5\text{kV}$,$V_{B2} = V_{av2} = 230\text{kV}$,$V_{B3} = V_{av3} = 115\text{kV}$。

计算各参数标幺值

$$S_{GN} = \frac{P_{GN}}{\cos\varphi} = \frac{240}{0.8} = 300\text{MVA}$$

$$X_{G1} = X'_d \frac{S_B}{S_{GN}} = 0.3 \times \frac{100}{300} = 0.1, \quad X_{G2} = X_2 \frac{S_B}{S_{GN}} = 0.44 \times \frac{100}{300} = 0.1467$$

$$X_{T1} = \frac{V_k}{100} \cdot \frac{V_{T1N}^2}{S_{T1N}} \cdot \frac{S_B}{V_{B2}^2} = \frac{14}{100} \cdot \frac{242^2}{300} \cdot \frac{100}{230^2} = 0.0512$$

$$X_{T2} = \frac{V_k}{100} \cdot \frac{V_{T2N}^2}{S_{T2N}} \cdot \frac{S_B}{V_{B2}^2} = \frac{14}{100} \cdot \frac{220^2}{280} \cdot \frac{100}{230^2} = 0.046$$

$$\frac{1}{2}X_l = \frac{1}{2} \cdot x_1 \cdot l \cdot \frac{S_B}{V_{B2}^2} = \frac{1}{2} \times 0.42 \times 230 \times \frac{100}{230^2} = 0.091$$

$$P_0 = \frac{220}{100} = 2.2 \quad Q_0 = P_0 \cdot \tan\varphi_0 = 0.4468$$

各序等值电路如图 11-6 所示。

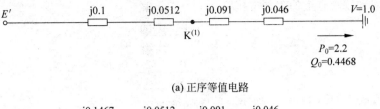

(a) 正序等值电路

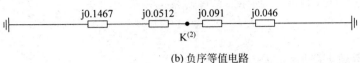

(b) 负序等值电路

(c) 零序等值电路

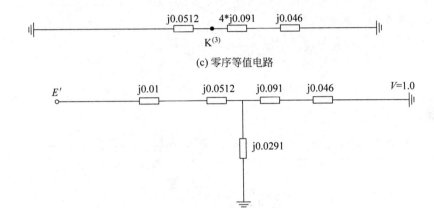

(d) 故障时等值电路

(e) 故障切除后等值电路

图 11-6　系统各序等值电路

系统正常运行方式下,有

$$X_{\mathrm{I}} = 0.1 + 0.0512 + 0.091 + 0.046 = 0.288$$

$$E' = \sqrt{\left(V + \frac{Q_0 \cdot X_{\mathrm{I}}}{V}\right)^2 + \left(\frac{P_0 \cdot X_{\mathrm{I}}}{V}\right)^2}$$

$$= \sqrt{\left(1 + \frac{0.4468 \times 0.288}{1}\right)^2 + \left(\frac{2.2 \times 0.288}{1}\right)^2} = 1.294$$

$$\delta_0 = \arctan \frac{2.2 \times 0.288}{1 + 0.4468 \times 0.288} = 29.3°$$

故障后等效电抗为

$$X_{2\Sigma} = \frac{(0.1467 + 0.0512) \times (0.091 + 0.046)}{0.1467 + 0.0512 + 0.091 + 0.046} = 0.081$$

$$X_{0\Sigma} = \frac{0.0512 \times (4 \times 0.091 + 0.046)}{0.0512 + 4 \times 0.091 + 0.046} = 0.0455$$

（1）发生两相接地短路时。

加在正序网络故障点上的附加电抗为

$$X_\Delta = \frac{X_{2\Sigma} \cdot X_{0\Sigma}}{X_{2\Sigma} + X_{0\Sigma}} = \frac{0.081 \times 0.0455}{0.081 + 0.0455} = 0.0291$$

$$X_{\text{II}} = 0.1512 + 0.137 + \frac{0.1512 \times 0.137}{0.0291} = 1$$

故障时等值电路如图 11-6(d)所示。故障时发电机最大功率为

$$P_{\text{mII}} = \frac{E'V}{X_{\text{II}}} = \frac{1.294 \times 1}{1} = 1.294$$

故障切除后,等值电路见图 11-6(e)

$$X_{\text{III}} = 0.1 + 0.0512 + 2 \times 0.091 + 0.046 = 0.3792$$

此时最大功率为

$$P_{\text{mIII}} = \frac{E'V}{X_{\text{III}}} = \frac{1.294 \times 1}{0.3792} = 3.412$$

$$\delta_{\text{cr}} = 180 - \arcsin\frac{P_0}{P_{\text{mIII}}} = 180 - \arcsin\frac{2.2}{3.412} = 139.9°$$

计算极限切除角为

$$\cos\delta_{\text{c.lim}} = \frac{P_0(\delta_{\text{cr}} - \delta_0)\dfrac{\pi}{180} + P_{\text{mIII}}\cos\delta_{\text{cr}} - P_{\text{mII}}\cos\delta_0}{P_{\text{mIII}} - P_{\text{mII}}}$$

$$= \frac{2.2 \times (139.9 - 29.3)\dfrac{\pi}{180} + 3.412 \times (-0.7649) - 1.294 \times 0.8721}{3.412 - 1.294}$$

$$= 0.24$$

得 $\delta_{\text{c.lim}} = 76.1°$。

（2）发生三相短路时。

故障时有 $X_\Delta = 0$

$$X_{\text{II}} = \infty$$
$$P_{\text{mII}} = 0$$

切除故障后同(1)。

计算极限切除角

$$\cos\delta_{\text{c.lim}} = \frac{P_0(\delta_{\text{cr}} - \delta_0)\dfrac{\pi}{180} + P_{\text{mIII}}\cos\delta_{\text{cr}} - P_{\text{mII}}\cos\delta_0}{P_{\text{mIII}} - P_{\text{mII}}}$$

$$= \frac{2.2 \times (139.9 - 29.3)\dfrac{\pi}{180} + 3.412 \times (-0.7649) - 0}{3.412 - 0}$$

$$= 0.4797$$

得 $\delta_{\text{c.lim}} = 61.3°$。

（3）发生单相短路时。

故障时有 $X_\Delta = X_{2\Sigma} + X_{0\Sigma} = 0.1265$

$$X_{\text{II}} = 0.1512 + 0.137 + \frac{0.1512 \times 0.137}{0.1265} = 0.452$$

$$P_{\text{mII}} = \frac{E'V}{X_{\text{II}}} = \frac{1.294 \times 1}{0.452} = 2.863$$

切除故障后同(1)。

计算极限切除角为

$$\cos\delta_{\text{c, lim}} = \frac{P_0(\delta_{\text{cr}} - \delta_0)\dfrac{\pi}{180} + P_{\text{mIII}}\cos\delta_{\text{cr}} - P_{\text{mII}}\cos\delta_0}{P_{\text{mIII}} - P_{\text{mII}}}$$

$$= \frac{2.2 \times (139.9 - 29.3)\dfrac{\pi}{180} + 3.412 \times (-0.7649) - 2.863 \times 0.8721}{3.412 - 2.863}$$

$$< -1$$

得 $\delta_{\text{c, lim}}$ 无解。表示不切除故障，系统依然稳定。

（4）发生两相短路时。

故障时 $X_\Delta = X_{2\Sigma} = 0.081$

$$X_{\text{II}} = 0.1512 + 0.137 + \frac{0.1512 \times 0.137}{0.081} = 0.5437$$

$$P_{\text{mII}} = \frac{E'V}{X_{\text{II}}} = \frac{1.294 \times 1}{0.5437} = 2.38$$

切除故障后同(1)。

计算极限切除角为

$$\cos\delta_{\text{c, lim}} = \frac{P_0(\delta_{\text{cr}} - \delta_0)\dfrac{\pi}{180} + P_{\text{mIII}}\cos\delta_{\text{cr}} - P_{\text{mII}}\cos\delta_0}{P_{\text{mIII}} - P_{\text{mII}}}$$

$$= \frac{2.2 \times (139.9 - 29.3)\dfrac{\pi}{180} + 3.412 \times (-0.7649) - 2.38 \times 0.8721}{3.412 - 2.38}$$

$$= -0.4251$$

得 $\delta_{\text{c, lim}} = 115.2°$。

发生不同类型短路的情况见图 11-7。

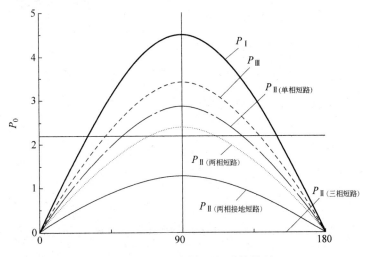

图 11-7　发生不同类型短路的情况

11.3　发电机转子运动方程的求解方法

发电机转子运动方程是非线性常微分方程,一般不能求得解析解,只能用数值计算方法求它们的近似解。这里,仅介绍暂态稳定计算中常用的两种方法。

11.3.1　分段计算法

对于简单的电力系统,用标幺值描述的发电机转子运动方程为

$$\frac{T_{\mathrm{J}}}{\omega_{\mathrm{N}}}\frac{\mathrm{d}^2\delta}{\mathrm{d}t^2} = \Delta M_{\mathrm{a}} = \frac{1}{\omega}\Delta P_{\mathrm{a}} = \frac{1}{\omega}(P_{\mathrm{T}} - P_{\mathrm{m}}\sin\delta)$$

式中,功角 δ 对时间的二阶导数为发电机的加速度,当取 $\omega \approx 1$ 时,转子运动方程为

$$\alpha = \frac{\omega_{\mathrm{N}}}{T_{\mathrm{J}}}\frac{1}{\omega}(P_{\mathrm{T}} - P_{\mathrm{m}}\sin\delta) = \frac{\omega_{\mathrm{N}}}{T_{\mathrm{J}}}(P_{\mathrm{T}} - P_{\mathrm{m}}\sin\delta) \tag{11-8}$$

因为 δ 是时间的函数,所以发电机转子运动为变加速运动。

分段计算法就是把时间分成各个小段 Δt(又称为计算的步长),在每一个小段时间内,把变加速运动近似地看成等加速运动来计算 δ 的变化。

不失一般性,在从 $t = t_n$ 到 $t = t_n + \Delta t$ 的第 $n+1$ 时段内,按等加速运动计算 δ 的公式为

$$\Delta\delta_{(n+1)} = \Delta\omega_{(n)}\Delta t + \frac{1}{2}\alpha^+_{(n)}\Delta t^2 \tag{11-9}$$

$$\delta_{(n+1)} = \delta_{(n)} + \Delta\delta_{(n+1)} \tag{11-10}$$

发电机的角速度不能突变,而角加速度正比于过剩功率,根据前述假定,运行状态突变时,发电机的电磁功率容许突变。因而角加速度是一个可突变的量。当 t_n 时刻发生故障或操作时,加速度将发生突变。我们以 $\alpha^-_{(n)}$ 和 $\alpha^+_{(n)}$ 分别表示突变前和突变后的加速度。显然,在第 $n+1$ 时段计算中宜用 $\alpha^+_{(n)}$(见图 11-8)。

为了提高角速度计算的精确度,采用时间段初和时间段末的加速度的平均值,作为计算每个时间段角速度增量的加速度。于是

$$\Delta\omega_{(n)} = \Delta\omega_{(n-1)} + \frac{1}{2}(\alpha^+_{(n-1)} + \alpha^-_{(n)})\Delta t \tag{11-11}$$

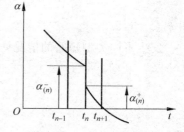

图 11-8　角加速度的突变

将式(11-11)代入式(11-9),经整理便得

$$\Delta\delta_{(n+1)} = \Delta\delta_{(n)} + \frac{1}{2}(\alpha^-_{(n)} + \alpha^+_{(n)})\Delta t^2 \tag{11-12}$$

这是适用于一切时间段的角度增量计算公式。对于第一时段,即 $n=0$,有 $\Delta\delta_{(0)} = 0, \alpha^-_{(0)} = 0$,因而

$$\Delta\delta_{(1)} = \frac{1}{2}\alpha^+_{(0)}\Delta t^2 \tag{11-13}$$

不发生故障(或操作)时,$\alpha^-_{(n)} = \alpha^+_{(n)} = \alpha_{(n)}$,故有

$$\Delta\delta_{(n+1)} = \Delta\delta_{(n)} + \alpha_{(n)}\Delta t^2 \tag{11-14}$$

根据式(11-8),令 $K = \frac{\omega_{\mathrm{N}}}{T_{\mathrm{J}}}\Delta t^2$,对于 11.2 节所讨论的简单电力系统的情况,不计调速器

作用时，$P_T = P_0 =$ 常数，在短路发生后的第一个时间段

$$\Delta\delta_{(1)} = \frac{1}{2}K\Delta P_{(0)} = \frac{1}{2}K(P_0 - P_{m\,II}\sin\delta_0) \tag{11-15}$$

在短路期间的其余时段

$$\Delta\delta_{(k+1)} = \Delta\delta_{(k)} + K\Delta P_{(k)} = \Delta\delta_{(k)} + K(P_0 - P_{m\,II}\sin\delta_{(k)}) \tag{11-16}$$

如果在时刻 t_m 切除故障，发电机的工作点便由 P_{II} 突然变到 P_{III} 上。过剩功率也由 $\Delta P_{(m)}^- = P_0 - P_{m\,II}\sin\delta_{(m)}$ 跃变到 $\Delta P_{(m)}^+ = P_0 - P_{m\,II}\sin\delta_{(m)}$。那么以 t_m 为起点的第 $m+1$ 时段的角度增量为

$$\Delta\delta_{(m+1)} = \Delta\delta_{(m)} + \frac{1}{2}K(\Delta P_{(m)}^- + \Delta P_{(m)}^+) \tag{11-17}$$

短路切除后其余时段的计算公式同式(11-17)。

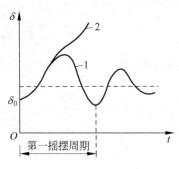

图 11-9　转子摇摆曲线

这样，便可以把暂态过程中功角变化计算出来并绘成曲线，如图 11-9 所示。这种曲线通常称为发电机转子摇摆曲线。如果功角随时间不断增大(单调变化)，则系统在所给定的扰动下不能保持暂态稳定的。如果功角增加到某最大值后便开始减小，以后振荡逐渐衰减，则系统是稳定的。

分段计算法的计算精确度与所选的时间段的长短(即步长)有关，Δt 太大固然精确度下降；Δt 过分小，除增加计算量外，也会增加计算过程中的累计误差。Δt 的选择应与所研究对象的时间常数相配合，若发电机组采用简化模型，Δt 一般可选为 $0.01\sim0.05\text{s}$。

11.3.2　改进欧拉法

设一阶非线性微分方程为

$$\frac{\mathrm{d}x(t)}{\mathrm{d}t} = f(x(t), t)$$

且已知 $t = t_0$ 时刻的初始值 $x(t_0) = x_0$，现在要求 $t > t_0$ 之后满足上述方程的 $x(t)$。这就是所谓常微分方程的初值问题。暂态稳定计算就是给定了扰动时刻的初值，求扰动后转子运动的规律 $\delta(t)$，这也属于常微分方程的初值问题。在暂态稳定计算中，非线性函数 f 都不显含时间变量 t，即

$$\frac{\mathrm{d}x(t)}{\mathrm{d}t} = f(x(t))$$

为简化起见，即 $t_0 = 0$，$x(t_0)$ 写成 x_0。

在 $t = 0$ 瞬间，已给定初值 $x(0) = x_0$，于是可以求得此瞬间非线性函数值 $f(x_0)$ 及 x 的变化速度为

$$\left.\frac{\mathrm{d}x}{\mathrm{d}t}\right|_0 = f(x_0)$$

在一个很小的时间段 Δt 内，假设 x 的变化速度不变，并等于 $\left.\dfrac{\mathrm{d}x}{\mathrm{d}t}\right|_0$，则第 1 个时间段内 x

的增量 Δx 为

$$\Delta x_1 = \frac{\mathrm{d}x}{\mathrm{d}t}\bigg|_0 \Delta t$$

第 1 个时间段末(即 $t_1 = \Delta t$)的 x 值为

$$x_{(1)} = x_0 + \Delta x_{(1)} = x_0 + \frac{\mathrm{d}x}{\mathrm{d}t}\bigg|_0 \Delta t \tag{11-18}$$

知道 $x_{(1)}$ 的值后,便可求得 $f(x_{(1)})$ 的值以及 $\dfrac{\mathrm{d}x}{\mathrm{d}t}\bigg|_1 = f(x_{(1)})$,从而求得第 2 个时间段末(即 $t = 2\Delta t$)的 x 值

$$x_{(2)} = x_{(1)} + \Delta x_{(2)} = x_{(1)} + \frac{\mathrm{d}x}{\mathrm{d}t}\bigg|_1 \Delta t$$

以后时间段的递推公式为

$$x_{(k)} = x_{(k-1)} + \frac{\mathrm{d}x}{\mathrm{d}t}\bigg|_{k-1} \Delta t \tag{11-19}$$

上式算法的特点是算式简单,计算量小,但不够精确,一般不能满足工程计算的精度要求,必须加以改进。改进后的算法如下。

对于一时间段,先计算时间段初 x 的变化速度(例如第 1 个时间段)为

$$\frac{\mathrm{d}x}{\mathrm{d}t}\bigg|_0 = f(x_0)$$

于是可以求得时间段末 x 的近似值为

$$x_{(1)}^{(0)} = x_0 + \frac{\mathrm{d}x}{\mathrm{d}t}\bigg|_0 \Delta t$$

然后再计算时间段末 x 的近似速度

$$\frac{\mathrm{d}x}{\mathrm{d}t}\bigg|_1^{(0)} = f(x_{(1)}^{(0)})$$

最后,以时间段初的初始速度和时间段末的近似速度的平均值,作为这个时间段的不变速度来求 x 的增量,即

$$\Delta x_{(1)} = \frac{1}{2}\left[\frac{\mathrm{d}x}{\mathrm{d}t}\bigg|_0 + \frac{\mathrm{d}x}{\mathrm{d}t}\bigg|_1^{(0)}\right]\Delta t$$

从而求得时间段末 x 的修正值

$$x_{(1)} = x_0 + \Delta x_{(1)} = x_0 + \frac{1}{2}\left[\frac{\mathrm{d}x}{\mathrm{d}t}\bigg|_0 + \frac{\mathrm{d}x}{\mathrm{d}t}\bigg|_1^{(0)}\right]\Delta t \tag{11-20}$$

这种算法称为改进欧拉法,它的递推公式为

$$\begin{cases} \dfrac{\mathrm{d}x}{\mathrm{d}t}\bigg|_{k-1} = f(x_{k-1}) \\[2mm] x_{(k)}^0 = x_{(k-1)} + \dfrac{\mathrm{d}x}{\mathrm{d}t}\bigg|_{k-1} \Delta t \\[2mm] \dfrac{\mathrm{d}x}{\mathrm{d}t}\bigg|_k^{(0)} = f(x_{(k)}^{(0)}) \\[2mm] x_{(k)} = x_{(k-1)} + \dfrac{1}{2}\left[\dfrac{\mathrm{d}x}{\mathrm{d}t}\bigg|_{k-1} + \dfrac{\mathrm{d}x}{\mathrm{d}t}\bigg|_k^{(0)}\right]\Delta t \end{cases} \tag{11-21}$$

　　对于一阶微分方程组，递推算式的形式和式(11-21)相同，只是式中的 x、$f(x)$ 等换成列向量或列向量函数。

　　下面，以简单系统为例来说明改进欧拉法在暂态稳定计算中的应用。对于转子运动方程

$$\begin{cases} \dfrac{\mathrm{d}\delta}{\mathrm{d}t} = \omega - \omega_\mathrm{N} = f_\delta(\delta, \Delta\omega) \\[3mm] \dfrac{\mathrm{d}\Delta\omega}{\mathrm{d}t} = \dfrac{\omega_\mathrm{N}}{T_\mathrm{J}}(P_\mathrm{T} - P_\mathrm{e}) = f_\omega(\delta, \Delta\omega) \end{cases} \tag{11-22}$$

假定计算已进行到第 k 个时间段。计算步骤及递推公式如下。

$$P_{\mathrm{e}(k-1)} = P_{\mathrm{m}\mathrm{II}} \sin\delta_{(k-1)}$$

解微分方程求时间段末功角的等近似值(设 $P_\mathrm{T} = P_0 =$ 常数)分别为

$$\begin{cases} \left.\dfrac{\mathrm{d}\delta}{\mathrm{d}t}\right|_{k-1} = f_\delta(\delta_{(k-1)}, \quad \Delta\omega_{(k-1)}) = \Delta\omega_{(k-1)} \\[3mm] \left.\dfrac{\mathrm{d}\Delta\omega}{\mathrm{d}t}\right|_{k-1} = f_\omega(\delta_{(k-1)}, \quad \Delta\omega_{(k-1)}) = \dfrac{\omega_\mathrm{N}}{T_\mathrm{J}}(P_0 - P_{\mathrm{e}(k-1)}) \\[3mm] \delta_{(k)}^{(0)} = \delta_{(k-1)} + \left.\dfrac{\mathrm{d}\delta}{\mathrm{d}t}\right|_{k-1}\Delta t \\[3mm] \Delta\omega_{(k)}^{(0)} = \Delta\omega_{(k-1)} + \left.\dfrac{\mathrm{d}\Delta\omega}{\mathrm{d}t}\right|_{k-1}\Delta t \end{cases} \tag{11-23}$$

计算时间段末电磁功率的近似值为

$$P_{\mathrm{e}(k)}^{(0)} = P_{\mathrm{m}\mathrm{II}} \sin\delta_{(k)}^{(0)}$$

解微分方程分别求时间段末功角等的修正值为

$$\begin{cases} \left.\dfrac{\mathrm{d}\delta}{\mathrm{d}t}\right|_{k}^{(0)} = f_\delta(\delta_{(k)}^0, \quad \Delta\omega_{(k)}^{(0)}) = \Delta\omega_{(k)}^{(0)} \\[3mm] \left.\dfrac{\mathrm{d}\Delta\omega}{\mathrm{d}t}\right|_{k}^{(0)} = f_\omega(\delta_{(k)}^{(0)}, \quad \Delta\omega_{(k)}^{(0)}) = \dfrac{\omega_\mathrm{N}}{T_\mathrm{J}}(P_0 - P_{\mathrm{e}(k)}^{(0)}) \\[3mm] \delta_{(k)} = \delta_{(k-1)} + \dfrac{1}{2}\left[\left.\dfrac{\mathrm{d}\delta}{\mathrm{d}t}\right|_{k-1} + \left.\dfrac{\mathrm{d}\delta}{\mathrm{d}t}\right|_{k}^{(0)}\right]\Delta t \\[3mm] \Delta\omega_{(t)} = \Delta\omega_{(k-1)} + \dfrac{1}{2}\left[\left.\dfrac{\mathrm{d}\Delta\omega}{\mathrm{d}t}\right|_{k-1} + \left.\dfrac{\mathrm{d}\Delta\omega}{\mathrm{d}t}\right|_{k}^{(0)}\right]\Delta t \end{cases} \tag{11-24}$$

　　从递推公式可以看到，用改进欧拉法计算暂态稳定，也是把时间分成各个小段，按等速运动进行微分方程求解，从而求得发电机转子摇摆曲线。

　　必须注意，用改进欧拉法对故障切除(或其他操作)后的第一个时间段的计算，与用分段计算法不同，电磁功率只用故障切除后的网络方程来计算即可。

　　改进欧拉法和分段计算法的精确度是相同的。对于简单电力系统(包括某些多机系统的简化计算)来说，分段计算法的计算量比改进欧拉法少得多。

　　【例 11-2】　对于如图 11-10 所示的输电系统，如果在输电线路始端发生两相接地短路，线路两侧开关经 0.1s 同时切除，试用分段计算法和改进欧拉法计算发电机的摇摆曲线，并判断系统能否保持暂态稳定。各元件参数和系统运行初态如下。

　　发电机：$S_\mathrm{GN} = 352.5\mathrm{MVA}$；$P_\mathrm{GN} = 300\mathrm{MW}$；$V_\mathrm{G} = 10.5\mathrm{kV}$；$x_\mathrm{d} = 1.0$；$x_\mathrm{d}' = 0.25$。$x_2 = 0.2$，

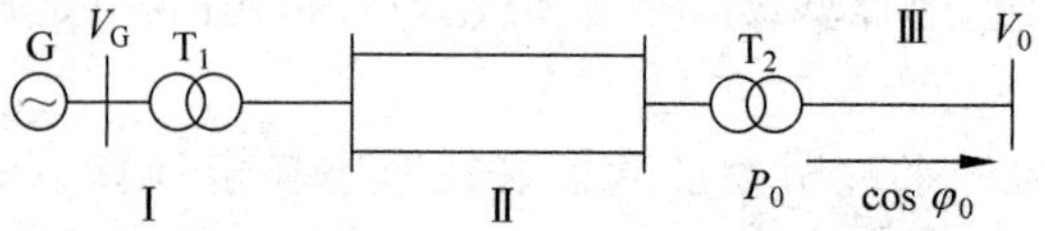

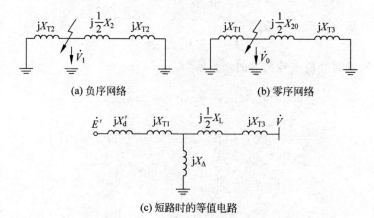

图 11-10 输电系统

$T_{JN}=8s$。

变压器： T_1 $S_{TN1}=360MVA$； $V_{ST1}=10.14$； $k_{T1}=10.5/242$；

T_2 $S_{TN2}=360MVA$； $V_{ST2}=10.14$； $k_{T1}=220/110$

线路： $l=250km$；$V_N=250kV$； $x_L=10.41km$； $x_{0L}=5x_L$

运行条件： $E_0'=1.47$； $P_0=1.0$； $\delta_0'=31.54°$

解：由相关公式可知

$$X_2=x_2\frac{S_B}{S_{GN}}\frac{V_{GN}^2}{V_{B(1)}^2}=0.2\times\frac{250}{352.5}\times\frac{10.5^2}{9.07^2}=0.19$$

$$T_J=T_{JN}\frac{S_{GN}}{S_B}=8\times\frac{352.5}{250}=11.28s$$

$$X_{L0}=5X_L=5\times0.586=2.93$$

输电线路始端短路时的负序和零序等值网络如图 11-11 所示，由图得

(a) 负序网络 (b) 零序网络

(c) 短路时的等值电路

图 11-11 序网及短路时的等值电路

$$X_{2\Sigma}=\frac{(X_2+X_{T1})\left(\frac{1}{2}X_L+X_{T2}\right)}{X_2+X_{T1}+\frac{1}{2}X_L+X_{T2}}=\frac{(0.19+0.13)\times(0.293+0.108)}{0.19+0.13+0.293+0.108}=0.178$$

$$X_{0\Sigma}=\frac{X_{T1}\left(\frac{1}{2}X_{L0}+X_{T2}\right)}{X_{T1}+\frac{1}{2}X_{L0}+X_{T2}}=\frac{0.13\times(1.465+0.108)}{0.13+1.465+0.108}=0.12$$

两相接地时短路附加电抗为

$$X_\Delta=\frac{X_{0\Sigma}X_{2\Sigma}}{X_{0\Sigma}+X_{2\Sigma}}=\frac{0.12\times0.178}{0.12+0.178}=0.072$$

等值电路如图 11-11(c)所示,系统的转移电抗和功率特性分别为

$$X_{\text{II}} = X_d' + X_{T1} + \frac{1}{2}X_L + X_{T2} + \frac{(X_d' + X_{T1})\left(\frac{1}{2}X_L + X_{T2}\right)}{X_\Delta} = 2.82$$

$$P_{\text{II}} = \frac{E_0 V_0}{X_{\text{II}}}\sin\delta = \frac{1.47}{2.82}\sin\delta = 0.52\sin\delta, \quad P_{\text{mII}} = 0.52$$

故障切除后系统的转移电抗及功率特性为

$$X_{\text{II}} = X_d' + X_{T1} + X_L + X_{T2} = 0.238 + 0.13 + 0.586 + 0.108 = 1.062$$

$$P_{\text{II}} = \frac{E_0 V_0}{X_{\text{II}}}\sin\delta = \frac{1.47}{1.062}\sin\delta = 1.384\sin\delta, \quad P_{\text{mII}} = 1.384$$

(1) 用分段计算法计算。

Δt 取为 $0.05\text{s}, K = \dfrac{\omega_N}{T_J}\Delta t^2 = \dfrac{18\,000}{11.28} \times 0.05^2 = 3.99$

对于第 1 个时间段,有

$$\Delta P_{(0)} = P_0 - P_{\text{mII}}\sin\delta_0 = 1 - 0.52\sin31.54° = 0.728$$

$$\Delta\delta_{(1)} = \frac{1}{2}K\Delta P_{(0)} = \frac{1}{2} \times 3.99 \times 0.728 = 1.45°$$

$$\delta_{(1)} = \delta_0 + \Delta\delta_{(1)} = 31.54 + 1.45 = 32.99°$$

对于第 2 个时间段,有

$$\Delta P_{(1)} = P_0 - P_{\text{mII}}\sin\delta_{(1)} = 1 - 0.52\sin32.99° = 0.717$$

$$\Delta\delta_{(2)} = \Delta\delta_{(1)} + K\Delta P_{(1)} = 1.45 + 3.99 \times 0.717 = 4.31°$$

$$\delta_{(2)} = \delta_{(1)} + \Delta\delta_{(2)} = 32.99 + 4.31 = 37.3°$$

第 3 个时间段开始瞬间,故障被切除,故

$$\Delta P_{(2)}^- = P_0 - P_{\text{mII}}\sin\delta_{(2)} = 1 - 0.52\sin37.3° = 0.685$$

$$\Delta P_{(2)}^+ = P_0 - P_{\text{mII}}\sin\delta_{(2)} = 1 - 1.384\sin37.3° = 0.16$$

$$\Delta\delta_{(3)} = \Delta\delta_{(2)} + K\frac{1}{2}(\Delta P_{(2)}^- + \Delta P_{(2)}^+) = 4.31 + 3.99 \times \frac{1}{2}(0.685 + 0.16) = 6.0°$$

$$\delta_{(3)} = \delta_{(2)} + \Delta\delta_{(3)} = 37.3 + 6 = 43.3°$$

以后时间段的计算结果列于表 11-1 中。

表 11-1　发电机转子摇摆曲线计算结果

t/s	P_T(标幺值)		ΔP(标幺值)		$\Delta\delta/(°)$		$\delta/(°)$		$\Delta\omega/(°/s)$
	分段计算法	改进欧拉法	分段计算法	改进欧拉法	分段计算法	改进欧拉法	分段计算法	改进欧拉法	改进欧拉法
0.00	0.272	0.272	0.728	0.728	0	0	31.54	31.54	0
0.05	0.283	0.283	0.717	0.717	1.45	1.45	32.99	32.99	58.09
0.10	0.315	0.839	0.685	0.161	4.31	4.33	37.30	37.32	114.40
0.15	0.950	0.950	0.050	0.050	6.00	6.04	43.30	43.36	123.03
0.20	1.052	1.054	−0.052	−0.054	6.20	6.25	49.50	49.61	122.90
0.25	1.141	1.143	−0.141	−0.143	5.99	6.04	55.50	55.65	115.00
0.30	1.210	1.211	−0.210	−0.211	5.43	5.47	60.93	61.11	100.74
0.35	1.260	1.262	−0.260	−0.262	4.60	4.61	65.53	65.73	81.68

t/s	P_T(标幺值)		ΔP(标幺值)		$\Delta\delta/(°)$		$\delta/(°)$		$\Delta\omega/(°/s)$
	分段计算法	改进欧拉法	分段计算法	改进欧拉法	分段计算法	改进欧拉法	分段计算法	改进欧拉法	改进欧拉法
0.40	1.293	1.295	−0.293	−0.295	3.56	3.56	69.09	69.29	59.32
0.45	1.312	1.313	−0.312	−0.313	2.39	2.38	71.48	71.67	34.87
0.50	1.321	1.322	−0.321	−0.322	1.15	1.12	72.63	72.79	9.33
0.55	1.320	1.320	−0.320	−0.320	−0.13	−0.18	72.50	72.61	−16.49
0.60	—	—	—	—	−1.41	−1.47	71.09	71.15	−41.84

（2）用改进欧拉法计算。

对于第 1 个时间段,有

$$P_{e(0)} = P_{m\text{II}}\sin\delta_0 = 0.52\sin31.54° = 0.272$$

$$\left.\frac{\mathrm{d}\delta}{\mathrm{d}t}\right|_0 = \Delta\omega_{(0)} = 0$$

$$\left.\frac{\mathrm{d}\Delta\omega}{\mathrm{d}t}\right|_0 = \frac{\omega_N}{T_J}(P_0 - P_{e(0)}) = \frac{18\,000}{11.28}(1 - 0.272) = 1\,161.7(°/s)$$

$$\delta_{(1)}^{(0)} = \delta_0 + \left.\frac{\mathrm{d}\delta}{\mathrm{d}t}\right|_0 \Delta t = 31.54°$$

$$\Delta\omega_{(1)}^{(0)} = \Delta\omega_{(0)} + \left.\frac{\mathrm{d}\Delta\omega}{\mathrm{d}t}\right|_0 \Delta t = 1\,161.7 \times 0.05 = 58.09(°/s)$$

$$P_{e(1)}^{(0)} = P_{m\text{II}}\sin\delta_{(1)}^{(0)} = 0.52\sin31.54° = 0.272$$

$$\left.\frac{\mathrm{d}\delta}{\mathrm{d}t}\right|_1^{(0)} = \Delta\omega_{(1)}^{(0)} = 58.09(°/s)$$

$$\left.\frac{\mathrm{d}\Delta\omega}{\mathrm{d}t}\right|_1^{(0)} = \frac{\omega_N}{T_J}(P_0 - P_{e(1)}^{(0)}) = \frac{18\,000}{11.28}(1 - 0.272) = 1\,161.7(°/s)$$

$$\delta_{(1)} = \delta_0 + \frac{1}{2}\left[\left.\frac{\mathrm{d}\delta}{\mathrm{d}t}\right|_0 + \left.\frac{\mathrm{d}\delta}{\mathrm{d}t}\right|_1^{(0)}\right]\Delta t$$

$$= 31.54 + \frac{1}{2}(0 + 58.09) \times 0.05 = 32.99°$$

$$\Delta\omega_{(1)} = \Delta\omega_{(0)} + \frac{1}{2}\left[\left.\frac{\mathrm{d}\Delta\omega}{\mathrm{d}t}\right|_0 + \left.\frac{\mathrm{d}\Delta\omega}{\mathrm{d}t}\right|_1^{(0)}\right]\Delta t$$

$$= \left[0 + \frac{1}{2}(1\,161.7 + 1\,161.7) \times 0.05\right] = 58.09(°/s)$$

第 2 时间段末的功角及相对速度分别为 $\delta_{(2)} = 37.32°$, $\Delta\omega_{(2)} = 114.4(°/s)$。

第 3 个时间段开始瞬间切除故障,应该用切除故障后的电路来求电磁功率,即

$$P_{e(2)} = P_{m\text{II}}\sin\delta_{(2)} = 1.384\sin37.32° = 0.839$$

计算结果列于表 11-1 中（由表可以绘出发电机转子摇摆曲线）。从表可以看到,两种算法的结果是极接近的,但分段计算法的计算量要少得多。

11.4　自动调节系统对暂态稳定的影响

在暂态稳定的分析计算中,计及自动调节励磁作用时,应考虑发电机电动势变化;计及自动调速系统作用时,应考虑原动机的机械功率变化。而且计及自动调节励磁作用和计及自动调速系统作用时,不能再运用等面积定则先求出极限切除角,然后计算与之对应的极限切除时间,而是用试探法——先给定一个切除时间 t_c,计算在这个时间切除故障时,系统能否保持暂态稳定。

1. 自动调节励磁系统的作用

在前面的讨论中,认为发电机暂态电抗 x_d' 后的电动势 E' 在整个暂态过程中保持恒定,这实际上仅是很粗略地考虑自动调节励磁装置的作用,因而有可能产生错误的结论。例如,若发生短路后发电机在强行励磁作用下暂态电动势升高,则上述近似处理偏于保守,否则相反。

2. 自动调速系统的作用

在前面的讨论中,还认为原动机的机械功率 P_T 在整个暂态过程中保持恒定,这种假设是根据如下考虑提出的,即调速系统有一定的失灵区,而且,其中各个环节的时间常数也较大,以致往往在调速系统动作(减小或增大原动机的机械功率)时,系统的暂态稳定已被破坏,或者已从一种运行状态安全地向另一种运行状态过渡。但由于调速系统的性能在逐渐改善,失灵区缩小,各环节的时间常数减小,以致有可能借调速系统调节原动机的机械功率来提高系统的暂态稳定性。特别是在采用快速关闭汽门的措施后,更需要在计算暂态稳定时计及原动机机械功率的变化。

11.5　复杂电力系统暂态稳定分析

11.5.1　大干扰后各发电机转子运动的特点

以两机电力系统为例,来说明复杂电力系统大干扰后各发电机转子运动的特点。如图 11-12 所示为两机电力系统,正常运行时,发电机 G1、G2 共同向负荷 LD 供电。为简化起见,负荷用恒定阻抗表示。

这样,可以画出正常运行时的等值电路,并根据给定的运行条件,计算出 $E_1\underline{/\delta_1}$,$E_2\underline{/\delta_2}$ 以及发电机转子间的相对角 $\delta_{12}=\delta_1-\delta_2$。对于两机系统,可得

$$P_{1\,I} = \frac{E_1^2}{|Z_{11\,I}|}\sin\alpha_{11\,I} + \frac{E_1 E_2}{|Z_{12\,I}|}\sin(\delta_{12}-\alpha_{12\,I}) \tag{11-25}$$

$$P_{2\,I} = \frac{E_2^2}{|Z_{22\,I}|}\sin\alpha_{22\,I} - \frac{E_1 E_2}{|Z_{12\,I}|}\sin(\delta_{12}+\alpha_{12\,I}) \tag{11-26}$$

根据上式可以画出功率特性曲线(见图 11-13)。由于两发电机共同供给负荷所需的功率,所以发电机 G_1 的功率随相对角 δ_{12} 增大而增大;发电机 G_2 的功率则随相对 δ_{12} 增大而减小。

正常运行时,$\delta_{12}=\delta_{120}$,发电机输出的功率应为由 $P_{1\,I}$ 和 $P_{2\,I}$ 分别与 δ_{120} 相交的点 a_1 及

点 a_2 所确定的 P_{10} 和 P_{20}，它们分别等于各自原动机的功率 P_{T1} 和 P_{T2}（见图 11-13）。

如果在靠近发电机 G_1 的高压线路始端发生短路，则短路时的等值电路如图 11-12(b) 所示。此时各发电机的功率特性为

$$\begin{cases} P_{1\mathrm{II}} = \dfrac{E_1^2}{|Z_{11\mathrm{II}}|}\sin\alpha_{11\mathrm{II}} + \dfrac{E_1 E_2}{|Z_{12\mathrm{II}}|}\sin(\delta_{12} - \alpha_{12\mathrm{II}}) \\[2mm] P_{2\mathrm{II}} = \dfrac{E_2^2}{|Z_{22\mathrm{II}}|}\sin\alpha_{22\mathrm{II}} + \dfrac{E_1 E_2}{|Z_{12\mathrm{II}}|}\sin(\delta_{12} - \alpha_{12\mathrm{II}}) \end{cases} \tag{11-27}$$

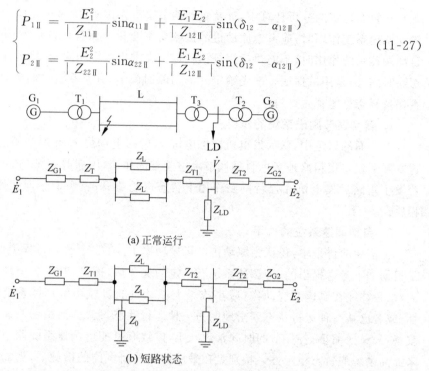

(a) 正常运行

(b) 短路状态

图 11-12　两机系统暂态稳定计算用的等值电路

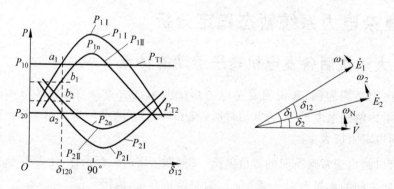

图 11-13　两机系统的功率特性

通常，高压网络的电抗远大于电阻，因此，短路附加阻抗 Z_Δ 主要是电抗。并联电抗的接入，使转移阻抗增大，即 $|Z_{12\mathrm{II}}| > |Z_{12\mathrm{I}}|$。因而功率特性中与转移阻抗成反比的正弦项的幅值下降，从而使发电机 G_1 的功率比正常时更低，发电机 G_2 的功率则比正常时更高（见图 11-13 中的 $P_{1\mathrm{II}}$、$P_{2\mathrm{II}}$）。

在突然短路瞬间，由于转子惯性，功角仍保持为 δ_{120}。此刻，发电机 G_1 输出的电磁功率由 $P_{1\mathrm{II}}$ 上的点 b_1 确定；发电机 G_2 的电磁功率由 $P_{2\mathrm{II}}$ 上的点 b_2 确定。由图 11-13 可以看到，发电机 G_1 的电磁功率比它的原动机的功率小，它的转子将受到加速性的过剩转矩

作用而加速,使其转速高于同步速度,从而使"绝对"角 δ_1 增大。而发电机 G_2 的电磁功率却大于它的原动机功率,它的转子将受到减速性过剩转矩作用而减速,使其低于同步速度,因而"绝对"角 δ_2 将减小。这将使发电机之间的相对运动更加剧烈,相对角 δ_{12} 急剧增大。

在多发电机的复杂电力系统中,当发生大干扰时,各发电机输出的电磁功率将按干扰后的网络特性重新分配。这样,有的发电机因电磁功率小于原动机功率而加速,有的则因电磁功率大于原动机功率而减速。至于哪些发电机加速,哪些发电机减速,则与网络的接线、负荷的分布、各发电机与短路点(大干扰发生的地点)的电气连接有关。

11.5.2　复杂电力系统暂态稳定的近似计算

判断复杂电力系统的暂态稳定同样需要求解发电机转子运动方程,计算功角随时间变化的曲线。由于复杂电力系统暂态稳定计算的计算量很大,现在都采用计算机来完成。

每一台发电机的转子运动方程为

$$\begin{cases} \dfrac{\mathrm{d}\delta_i}{\mathrm{d}t} = \Delta\omega_i \\ \dfrac{\mathrm{d}\Delta\omega_i}{\mathrm{d}t} = \dfrac{\omega_{\mathrm{N}}}{T_{\mathrm{J}i}}(P_{\mathrm{T}i} - P_{ei}) \ (i=1,2,\cdots,n) \end{cases} \tag{11-28}$$

式中,$P_{\mathrm{T}i}$ 为第 i 台发电机的原动机的功率,它由本台原动机及其调速器特性所决定,基本上与其他发电机无关;P_{ei} 为第 i 台发电机输出的电磁功率,它由求解全系统的网络方程来确定。

在暂态稳定的近似分析中,常采用下列简化假设:

(1) 发电机用电抗 x_d' 及其后的电势 $\dot{E}'$ 表示,$\dot{E}'=$ 常数,而且用 $\dot{E}'$ 的相位 δ' 代替转子的"绝对"角 δ;

(2) 负荷用恒定阻抗表示;

(3) 不考虑原动机的调节作用,即 $P_{\mathrm{T}}=$ 常数。

采用上述 3 项简化假设的电力系统模型又称为经典模型。在经典模型下系统中每一台发电机的电磁功率都可由式(9-32)直接计算,式中的自导纳(输入阻抗)和互导纳(转移阻抗)只需在网络状态变更时(发生故障、故障切除或其他操作后)进行一次计算即可。

采用分段计算法或改进欧拉法求解转子运动方程的计算公式和步骤与 11.3 节所讲的简单系统的情况基本相同,其差别只是电磁功率的计算公式不同,而且每一步要加算相对角 $\delta_{ij}=\delta_i-\delta_j$。

与简单系统的情况相比较,复杂系统暂态稳定计算的主要特点如下:

(1) 发电机转子运动方程也是用每一台发电机的"绝对"角 δ_i 和"绝对"角速度 $\Delta\omega_i$ 来描述的,计算公式简单。

(2) 发电机的电磁功率是 $(n-1)$ 个相对角 δ_{ij} 的函数。它与干扰后网络的结构和参数、所有发电机的电磁特性和参数,以及负荷的特性和参数有关。

(3) 对于复杂电力系统不能再用等面积定则来确定极限切除角,而是按给定的故障切除时间 t_c 进行计算,算到 $t=t_c$ 时刻,按照系统再发生一次扰动(操作)来处理,从而算出发电机的摇摆曲线。

11.5.3 复杂电力系统暂态稳定的判断

由暂态稳定计算的结果,可以得到两种功角随时间变化的曲线,即绝对角和相对角随时间变化的曲线,如图 11-14 所示。

电力系统是否具有暂态稳定性,或者说,系统受到大干扰后各发电机之间能否继续保持同步运行,是根据各发电机转子之间相对角的变化特性来判断的。在相对角中,只要有一个相对角随时间变化趋势是不断增大(或不断减小)时,系统是不稳定的(见图 11-15)。如果所有的相对角经过振荡之后都能稳定在某一值,则系统是稳定的(见图 11-14(b))。

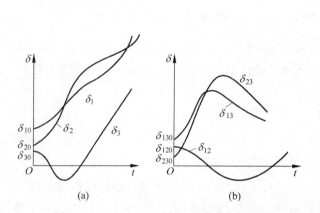

图 11-14　绝对角和相对角随时间变化的曲线

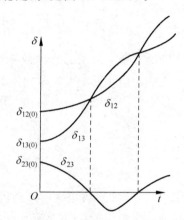

图 11-15　发电机 G_1 与 G_2、G_3 间失去同步

因为绝对角是发电机相对于同步旋转轴的角度,因此,若绝对角 δ_i 随时间不断增大,则意味着第 i 台发电机的转速高于同步速度;若 δ_i 随时间不断减小,则第 i 台发电机的转速低于同步速度。所有发电机的绝对角最后都随时间不断增大(见图 11-14(a)),系统仍然可能是稳定的,它只意味着在新的稳定运行状态下,系统频率高于额定值。

图 11-15 为系统失去暂态稳定的情况。从图中可以看到,发电机 G_2、G_3 基本上是同步的,而发电机 G_1 相对于发电机 G_2、G_3 则失去同步,系统稳定破坏是由于发电机 G_1 转速升高引起的。

11.6　提高电力系统暂态稳定性的措施

提高暂态稳定的措施,一般首先考虑的是减少干扰后功率差额的临时措施,因为在大干扰后发电机组机械功率和电磁功率的差额是导致暂态稳定性破坏的主要原因。下面介绍几种常用的措施。

11.6.1　快速切除故障和自动重合闸

1. 快速切除故障

快速切除故障对于提高电力系统暂态稳定性有决定性的作用,因为快速切除故障减小了加速面积,增加了减速面积,提高了发电机之间并列运行的稳定性。另外,快速切除故障也可使负荷中的电动机端电压迅速回升,减小了电动机失速和停机的危险,提高了负荷的稳定性,如图 11-16 所示。

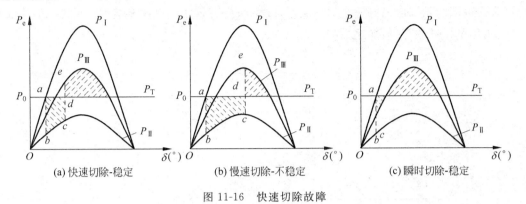

图 11-16　快速切除故障

2. 自动重合闸

电力系统的故障特别是高压输电线路的故障大多是短路故障,而这些短路故障大多数又是暂时性的。采用自动重合闸装置,在发生故障的线路上先切除线路,经过一定时间再合上断路器,如果故障消失则重合闸成功。重合闸的成功率是很高的,可达 90％ 以上。这个措施可以提高供电的可靠性。对于提高系统的暂态稳定性也有十分明显的作用。重合闸动作越快,对稳定越有利,但是重合闸的时间受到短路处去游离时间的限制。

1) 双回路的三相重合闸

如图 11-17(a)所示的电力系统,双回路中有一回路发生了瞬间短路故障。有、无三相自动重合闸运行情况的变化如图 11-17(b)、(c)所示。

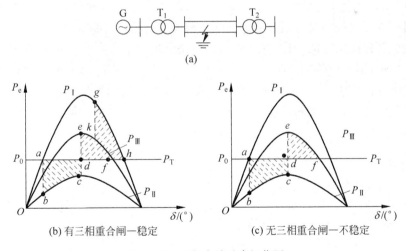

图 11-17　三相自动重合闸作用

2) 单回路的单相重合闸

如图 11-18(a)所示电力系统,单回路中有一回路发生了瞬间短路故障。三相自动重合闸与单相自动重合闸运行情况的比较如图 11-18(b)、(c)所示。

超高压输电线路的短路大多数是单相接地故障,因此在这些线路上往往采用单相重合闸,这种装置在切除故障相后经过一段时间再将该相重合闸。由于切除的只是故障相而不是三相,从切除故障相后到重合闸前的一段时间里,即使是单回路输电的场合,送电端的发电厂和受电端的系统也没有完全失去联系,故可以提高系统的暂态稳定性。由图 11-18(c)可知,采用单相重合闸时,加速面积大大减少。

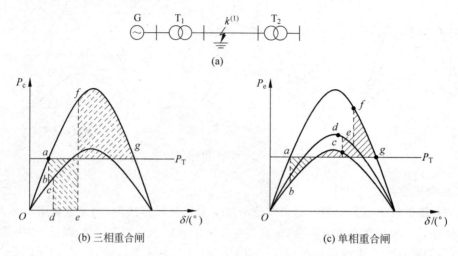

图 11-18　三相自动重合闸及单相自动重合闸作用

11.6.2　提高发电机输出的电磁功率

1. 发电机装设强行励磁装置

发电机都备有强行励磁装置,以保证当系统因发生故障而使发电机端电压低于 85%～90%额定电压时,迅速而大幅度地增加励磁,从而提高发电机电动势,增加发电机输出的电磁功率。强行励磁对提高发电机并列运行和负荷的暂态稳定性都是有用的。

采用直流励磁机励磁的系统,强行励磁多半是借助于装设在发电机端电压的低压继电器,启动一个接触器去短接励磁机的磁场变阻器(见图 11-19 中 R_c),因而称为继电式强行励磁。在晶闸管励磁中,强行励磁则是靠增大晶闸管整流器的导通角而实现的。强行励磁的作用随励磁电压增长速度和强行励磁倍数(最大可能励磁电压与额定运行时励磁电压之比)的增大而变得显著。

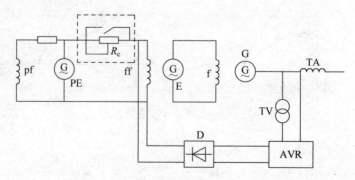

图 11-19　具有副励磁机的直流励磁机励磁系统

2. 发电机采用电气制动

电气制动就是当系统中发生故障后迅速地投入电阻以消耗发电机的有功功率(增大电磁功率),从而减少功率差额。见图 11-20(a)。

电气制动的原理可用等面积定则解释。图 11-20(b)、(c)中比较了有、无电气制动的情况。图中假设故障发生后瞬间投入制动电阻;切除故障电路的同时切除制动电阻。由图 11-20(c)可见,若切除故障角 δ_c 不变,由于采用了电气制动,减少了加速面积,使原来不能保证的暂态稳定得到了保证。

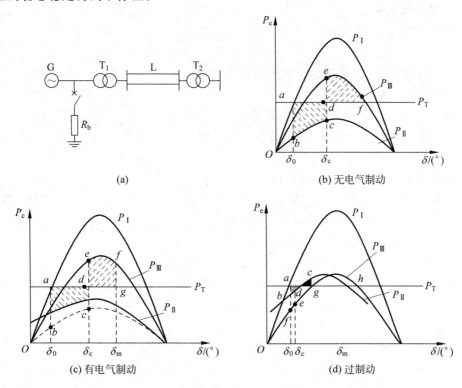

图 11-20　发电机采用电气制动

运用电气制动提高暂态稳定性时,制动电阻的大小及其切除时间要选得适当。否则,或者会发生所谓欠制动,即制动过小,发电机仍要失步;或者会发生过制动,即制动作用过大,发电机虽在第 1 次振荡中没有失步,却在切除故障和制动电阻后的第 2 次振荡中失步。如图 12-20(d)所示,故障过程中运行点转移的顺序时 a—b—d—c—d,即第 1 次振荡过程中发电机没有失步。在 d 点切除故障,同时切除制动电阻,运行点转移的顺序是 d—e—f—e—g—h,即在第 2 次振荡过程中发电机失步了。因此考虑采用电气制动时,应通过一系列计算来选择制动电阻。

3. 变压器中性点经小电阻接地

正常运行时,三相对称电阻不起作用。发生不对称故障时,中性点经小电阻 R_g 接地。中性点未接电阻时,发电机电磁功率为

$$P_{\mathrm{II}} = \frac{EV}{X_{12\,\mathrm{II}}}\sin\delta$$

中性点经小电阻接地时,发电机电磁功率为

$$P'_{\text{II}} = \frac{E^2}{Z_{11}}\sin\alpha_1 + \frac{EV}{|Z_{12}|}\sin(\delta - \alpha_{12})$$

功率中增加了一项固有功率,而由于 R_g 的存在,零序阻抗 $Z_{0\Sigma}$ 增大,零序电流流过时引起了附加的功率损耗,使 R'_{II} 增大。

11.6.3　减小原动机输出的机械功率

1. 汽轮机快关汽门

减少原动机输出的机械功率也可以减少过剩功率。

对于汽轮机可以采用快速的自动调速系统或者快速关闭进汽门的措施。

如图 11-21 所示为汽轮机快关汽门作用时,汽轮机输出的机械功率 P_T 减小,加速面积减小,减速面积增大。

2. 送电端连锁切机,受电端切负荷

水轮机由于水锤现象不能快速关闭汽门,水轮机的机械功率 P_T 为定值,因此有时采用在故障时从送端发电厂中切掉一台发电机的方法,即减少原动机功率。

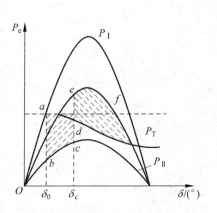

图 11-21　汽轮机快关汽门的作用

当然,这时由于发电机的总等值阻抗略有增加,使发电厂的电磁功率略有减少。如图 11-22 所示为在切除故障的同时从发电厂的 4 台发电机中切除了一台后减速面积增大的情景。必须指出,这种切机的方法使系统少了一台发电机,电源减少了,这是不利的。

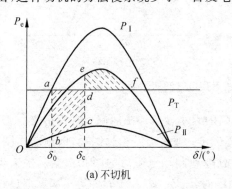
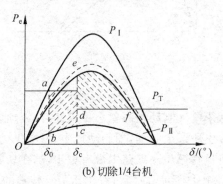

(a) 不切机　　　　　　　　　　　　　(b) 切除1/4台机

图 11-22　切机对提高暂态稳定性的作用

目前,切除部分发电机已在我国大电力系统中采用,部分电力系统还附加了切负荷措施。

11.6.4　防止系统失去稳定的措施

1. 设置解列点

如果其他提高稳定的措施均不能保持系统的稳定性,可以有计划地手动或靠解列装置自动断开系统某些断路器,将系统分解成几个独立部分,这些解列点是预先设置好的。应该尽量做到解列后的每个独立部分的电源和负荷基本平衡,从而使各部分频率和电压接近正常值,各独立部分相互之间不再保持同步。这种把系统分解成几个部分的措施是不得已的临时措施,一旦将各部分的运行参数调整好后,就要尽快将各部分重新并列运行。

2. 短期异步运行和再同步

电力系统若失去稳定,一些发电机处于不同步的运行状态,即为异步运行状态。异步运行可能给系统(包括发电机组)带来严重危害,但若系统能承受短时的异步运行,并有可能再次拉入同步,这样可以缩短系统恢复正常运行所需要的时间。

本章小结

本章从定性分析和定量计算两方面介绍了电力系统暂态稳定性的分析计算方法。

电力系统的暂态稳定性,是指电力系统在某一运行状态下受到某种较大的干扰后,能够过渡到一个新的稳定运行状态或恢复到原来运行状态的能力。电力系统遭受大的干扰后,发电机转子上机械转矩与电磁转矩不平衡,使各发电机转子间相对位置发生变化,即各发电机电动势间相对相位角发生变化,从而引起系统中电流、电压和发电机电磁功率的变化。所以,由于大的干扰引起的电力系统暂态过程是电磁暂态过程和发电机转子间机械运行暂态过程交织在一起的复杂过程。引起大干扰的原因主要有:发电机、变压器、线路及大负荷的投入与切除,发生短路、断线故障等。

等面积定则是基于能量守恒原理导出的。发电机受大的干扰后,转子将产生相对运动,当代表能量增量的加速面积与减速面积相等时,转子的相对速度达到零值。应用等面积定则,可以确定发电机受扰后转子相对角的振荡幅度,即确定最大摇摆角 δ_{max} 和最小摇摆角 δ_{min},进而可以判断发电机能否保持稳定性。

本章介绍了两种求解发电机转子运动方程的方法,把时间分成若干个小段(即步长),在一个步长内对描述暂态稳定过程的方程进行近似的求解,以得到一些变量在一系列时间离散点上的数值。分段计算法是把发电机转子的相对运动在一个步长内近似看成等加速运动;改进欧拉法则把转子相对运动在一个步长内近似看成等速运动。两种算法具有同等的精度。当发电机采用简化模型和负荷用恒定阻抗模型时,分段计算法的计算量比改进欧拉法小得多。

对于简单电力系统,判断系统在给定的计算条件下(运行方式、扰动和操作内容及其发生的时序)是否具有暂态稳定性,用极值比较法比较快捷。对于实际电力系统,则必须根据相对角随时间变化的特性来判断。

本章还介绍了提高电力系统暂态稳定性的几种措施,即故障的快速切除和自动重合闸;发电机强行励磁;电气制动;送端切机、受端切负荷等。

习题

11-1　何谓电力系统的暂态稳定性?

11-2　试简述等面积定则的基本原理。

11-3　何谓极限切除角、极限切除时间?

11-4　何谓同步发电机组转子的摇摆曲线?它有何作用?

11-5 如何应用分段计算法和改进欧拉法求解极限切除时间？

11-6 复杂电力系统暂态稳定计算的特点是什么？如何判断复杂电力系统暂态稳定？

11-7 提高电力系统暂态稳定的措施有哪些？并简述其原理。

11-8 如图 11-23 所示为简单电力系统，当在输电线路送端发生单相接地故障时，为保证系统暂态稳定，试求其极限切除角 $\delta_{c.\lim}$。

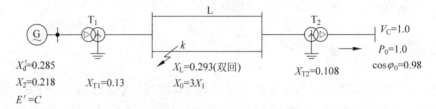

图 11-23 题 11-8 的简单电力系统

11-9 某发电机通过一网络向一无穷大母线输送 1.0 的功率，最大输送功率为 1.8，这时发生一故障，使发电机最大输送功率降为 0.4。切除故障后，最大输送功率变为 1.3。求临界故障切除角 δ_{cr}，画出功角特性曲线，并指出加速面积和减速面积（忽略电阻）。

11-10 如图 11-24 所示为简单电力系统，当输电线路某回送端发生三相短路故障时，试计算为保证暂态稳定而要求的极限切除角。

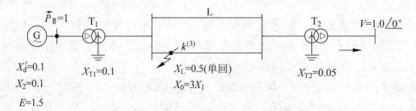

图 11-24 题 11-10 的简单电力系统

11-11 某简单电力系统如图 11-25 所示，系统阻抗及末端功率 S 都用标幺值表示。

G： $X'_d = 0.24$， $X_2 = 0.50$；

T_1, T_2： $X_1 = X_2 = 0.15$， $X_0 = 0.15$；

L_1, L_2： $X_1 = X_2 = 0.5$， $X_0 = 1.5$；

$S = 1 + j0.1$， $T_J = 7.5s$， 末端电压保持 $0.9 \underline{/0°}$

如果发电厂一侧发生单相短路，并经过 0.2s 切除故障，试校验该系统的暂态稳定。

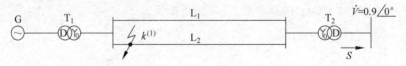

图 11-25 题 11-11 的简单电力系统

11-12 某电力系统如图 11-26 所示，设在一条线路始端发生三相突然短路，随后经过 t 时间在继电保护装置作用下线路两端开关同时跳闸，求（暂态稳定）极限切除角度。

已知：原动机输出功率 $P_0 = 1$，双回线运行时的（暂态）功角特性为 $P_1 = 2\sin\delta$，故障切除后一回线运行时,(暂态)功角特性为 $P_2=1.6\sin\delta$,以上数据均指标幺值数据。

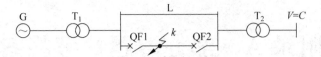

图 11-26　题 11-12 的电力系统接线图

11-13　简单电力系统如图 11-27 所示,当在一回线路上发生三相突然短路时,试计算其保持系统暂态稳定的短路极限切除角 δ_{cm}。

已知:$P_0=1.0,E'=1.41,\delta_0=34.53°,\dot{V}=1.0\underline{/0°},X_{12}^{I}=0.79,X_{12}^{II}=1.043$。

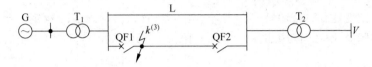

图 11-27　题 11-13 的简单电力系统

11-14　某发电机与一无穷大容量母线连接,母线电压为 132kV,故障前后两者之间的电抗如下:故障前为 140Ω,故障期间为 385Ω,故障切除后为 175Ω。若在功角为 80°时故障排除,求故障发生前输送的功率。

11-15　简单电力系统如图 11-28 所示,已知在统一基准值下各元件的标幺值为:发电机,$X_d'=0.29,X_2=0.23$;变压器 $T_1,X_{T1}=0.13$;变压器 $T_2,X_{T2}=0.11$;线路 L,双回线,$X_{L1}=0.29,X_{L0}=3X_{L1}$。运行状态:$V_0=1.0,P_0=1.0,Q_0=0.2$。若在输电线路首端 k_1 点发生两相短路接地故障,试用等面积定则的基本原理,判别故障切除角 $\delta_{cr}=40°$时,该简单系统能否保持暂态稳定。

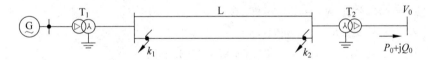

图 11-28　题 11-15 的简单电力系统

11-16　某发电厂经二回输电线与无限大受端系统相连接。已知正常运行情况和输电参数如图 11-29 所示。当输电线路首端发生三相金属短路时,使用等面积定则推出:

(1) 能维持系统暂态稳定的极限切除角的计算公式。

(2) 当一回输电线突然跳开时,保持系统暂稳定的条件是什么(不计自动调节系统作用)?

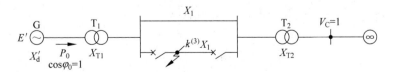

图 11-29　题 11-16 的简单电力系统

附录 A 部分习题参考答案

1-3

(1) 额定电压：发电机 10.5kV；T_1 低压侧 10.5kV，T_1 高压侧 242kV；

T_2 高压侧 220kV，中压侧 121kV，低压侧 38.5kV；

T_3 高压侧 35kV，T_3 低压侧 6.6kV。

(2) T_1 额定变比：242/10.5；T_2 额定变比：220/121/38.5；T_3 额定变比：35/6.6。

(3) T_1 实际变比：254/10.5；T_2 实际变比：220/121/38.5；T_3 实际变比：33.25/6.6。

1-4

(1) 额定电压：发电机 13.8kV；

T_1 高压侧 121kV，T_1 中压侧 38.5kV，T_1 低压侧 13.8kV；

T_2 高压侧 35kV，T_2 低压侧 11kV；

T_3 高压侧 10kV，T_2 低压侧 0.4kV。

(2) T_1 实际变比：124.025/40.425/13.8；

T_2 实际变比：35/11；

T_3 实际变比：9.75/0.4。

2-2　长 80km 时，$R=21\Omega$，$X=31.429\Omega$；

　　　长 200km 时，$R=52.5\Omega$，$X=78.572\Omega$，$B=5.692\times10^{-4}\mathrm{S}$

2-3　$R=10.5\Omega$，$X=119.2\Omega$，$B=1.494\times10^{-3}\mathrm{S}$

2-4　$R_\mathrm{T}=10.542\Omega$，$X_\mathrm{T}=153.701\Omega$，$G_\mathrm{T}=9.562\times10^{-7}\mathrm{S}$，$B_\mathrm{T}=7.513\times10^{-6}\mathrm{S}$

2-5　$R_\mathrm{I}=3.919\Omega$，$R_\mathrm{II}=2.645\Omega$，$R_\mathrm{III}=2.152\Omega$；

　　　$X_\mathrm{I}=130.075\Omega$，$X_\mathrm{II}=75.625\Omega$，$X_\mathrm{III}=-3.025\Omega$

　　　$G_\mathrm{T}=9.669\times10^{-7}\mathrm{S}$，$B_\mathrm{T}=7.438\times10^{-6}$

2-6

(1) 正常稳态：$X_\mathrm{G}=2.667$，$X_\mathrm{T1}=0.369$，$X_\mathrm{L}=0.302$，$X_\mathrm{T2}=X_\mathrm{T3}0.64$

(2) 无阻尼绕组：$X_\mathrm{G}=0.28$，$X_\mathrm{T1}=0.369$，$X_\mathrm{L}=0.302$，$X_\mathrm{T2}=X_\mathrm{T3}0.64$

(3) 有阻尼绕组：$X_\mathrm{G}=0.487$，$X_\mathrm{T1}=0.369$，$X_\mathrm{L}=0.302$，$X_\mathrm{T2}=X_\mathrm{T3}0.64$

3-13　$112.14\underline{/1.367°}$，$10.144+\mathrm{j}0.683\mathrm{MVA}$

3-14　$112.14\underline{/1.367°}$，$10.168+\mathrm{j}5.663\mathrm{MVA}$

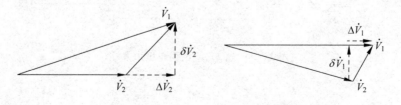

3-15 （1）

$S_1=10.11+j7.61MVA$　$S'=10.098+j7.46MVA$

V_1　　　　　　　　　　　　　　　　　　　　V_2

$S''=10+j6.2MVA$

$\Delta S_T=0.01175+j0.15MVA$

（2）36.61kV

3-16

（1）

Ⅰ 线路：$\Delta \dot{V}=(30.382+j27.622)kV$，电压损耗$=28.612kV（13\%）$

Ⅱ 变压器：$\Delta \dot{V}=(17.411+j19.93)kV$，电压损耗$=16.416kV（7.46\%）$

Ⅲ 输电系统的电压损耗$=45.028kV（20.46\%）$

（2）$S_{A1}=(158.7714+j83.2368)MVA$，输电效率$\eta=94.475\%$

（3）电压偏移：A 点$=+11.36\%$，B 点$=-1.642\%$，C 点$=+5.25\%$

3-17

（1）$S_{AB}=(15+j11.038)MVA$，$S_{AC}=(15+j11.8777)MVA$，

$S_{BC}=(-5-j2.8397)MVA$

闭环时，$\Delta V_{max}=3.202\%$；AB 断开时，$\Delta V_{max}=8.141\%$

（2）各条线路首末端功率为：

$S_{AB1}=(15.3784+j10.8886)MVA$，$S_{AB2}=(15+j11.6793)MVA$；

$S_{AC1}=(15.328+j11.823)MVA$，$S_{AC2}=(15.0271+j12.3939)MVA$；

$S_{CB1}=(5.0271+j2.3939)MVA$，$S_{CB2}=(5+j3.3207)MVA$；

闭环时，$\Delta V_{max}=3.1649\%$；AB 断开时，$\Delta V_{max}=8.408\%$

（3）$S_{AB}=(15.1004+j11.4024)MVA$，$S_{AC}=(14.8996+j11.5387)MVA$，

$S_{CB}=(4.8996+j2.488)MVA$；

闭环时，$\Delta V_{max}=3.2644\%$；AB 断开时，$\Delta V_{max}=8.854\%$

3-18

（1）$Y=\begin{bmatrix} -j5.333 & 0 & j2 & 0 & j3.333 \\ 0 & -j5 & j5 & 0 & 0 \\ j2 & j5 & -j16.1667 & j6.6667 & j2.5 \\ 0 & 0 & j6.6667 & -j10.6667 & j4 \\ j3.3333 & 0 & j2.5 & j4 & -j10.8333 \end{bmatrix}$

（2）$Y=\begin{bmatrix} -j5.333 & 0 & j2 & 0 & j3.333 \\ 0 & -j5 & j5 & 0 & 0 \\ j2 & j5 & -j13.6667 & j6.6667 & 0 \\ 0 & 0 & j6.6667 & -j10.6667 & j4 \\ j3.3333 & 0 & 0 & j4 & -j8.3333 \end{bmatrix}$

5-11　$V_{1t}=33.25kV（-2\times2.5\%$分接头）

5-12　$V_{1t}=V_N=121kV（$主抽头）

5-13　采用静电电容器 $V_{1t}=1.025\ V_N=112.75kV$；$Q_C=16.95Mvar$，选 $Q_{CN}=$ 16Mvar 采用同步调相机 $V_{1t}=V_N=110kV$；$Q_C=13.16Mvar$，选 $Q_{CN}=15Mvar$

5-14　串联补偿 $Q_C=3.7Mvar$，$Q_{CN}=9.1Mvar$，759 个

6-11　$I_p=4.24kA$，$i_{im}=10.79kA$，$I_{im}=6.44kA$，$S_t=77.1MVA$

6-12　$x_{f1}=1.92$，$x_{f2}=2.56$，$x_{f5}=0.98$，$x_{f4}=0.3$

6-13　$I''=1.6kA$，$i_{im}=4.07kA$，$I_{im}=2.43kA$，$S_t=102.36MVA$

6-14　f_1 点 $I''=4.34kA$，$i_{im}=9.47kA$，f_2 点 $I''=2.56kA$，$i_{im}=6.50kA$

6-15　G_1、G_2 及 S 各用一台等值机代表 $I_{(0)}=43.23kA$，$I_{(0.2)}=32.95kA$，$I_{(\infty)}=29.05kA$

G_1 和 S 合并为一台等值机 $I_{(0)}=43.21kA$，$I_{(0.2)}=33.05kA$，$I_{(\infty)}=29.17kA$

G_1、G_2 及 S 合并为一台等值机 $I_{(0)}=42.65kA$，$I_{(0.2)}=37.29kA$，$I_{(\infty)}=44.46kA$

6-16　f_1 点短路 $I_{(0.2)}=7.446kA$，$I_{(1)}=7.622kA$

　　　　f_2 点短路 $I_{(0.2)}=110.94kA$，$I_{(1)}=110.27kA$

7-4
$$\dot{I}_{a1}=\frac{1}{3}(\dot{I}_a+\alpha\dot{I}_b+\alpha^2\dot{I}_c)$$
$$=\frac{1}{3}(10\underline{/0°}+1\underline{/120°}\times10\underline{/180°}+1\underline{/240°}\times0)$$
$$=5.78\underline{/-30°}(A)$$
$$\dot{I}_{a2}=\frac{1}{3}(\dot{I}_a+\alpha^3\dot{I}_b+\alpha\dot{I}_c)$$
$$=\frac{1}{3}(10\underline{/0°}+1\underline{/240°}\times10\underline{/180°}+1\underline{/120°}\times0)$$
$$=5.78\underline{/30°}(A)$$
$$\dot{I}_{a0}=\frac{1}{3}(\dot{I}_a+\dot{I}_b+\dot{I}_c)$$
$$=\frac{1}{3}(10\underline{/0°}+10\underline{/180°}+0)$$
$$=0(A)$$

9-9　$P_{E_q}=0.98\sin\delta+0.09\sin2\delta$

10-6

(1) E_q 为常数时，$P_{E_q}=1.16\sin\delta+0.085\sin2\delta$，　$\delta_m=82.35°$，　$P_{E_qm}=1.172$，
　　　　$K_P=33.18\%$

(2) E_q' 为常数时，$P_{E_q'}=1.58\sin\delta-0.21\sin2\delta$，　$\sin=103.77°$，　$P_{E_q'm}=1.63$，
　　　　$K_P=84.9\%$

10-7　取 $S_n=220MVA$，$P_{E_q}(\delta)=0.0636+1.2\sin(\delta-1.13°)$；$P_{E_qm}=1.264$，$\delta_{E_qm}=$ 90.13°

10-8　$P_m=1.074$，$K_P=34.25\%$。

10-9　当 E_q 守恒时，$P_m=1.06$，$K_P=32.5\%$；当 E' 守恒时，$P_m=1.348$，$K_P=68.5\%$；当 V_G 守恒时，$P_m=1.54$，$K_P=92.5\%$。

10-10　取 $S_n=220MVA$，$K_P=34.7\%$。

10-11　特征方程为 $10P^2 + 0.75 = 0$；特征根只有共轭虚根，功角随时间不断作等幅振荡。

11-8　$\delta_{c \cdot lim} = 88.9°$

11-9　$\delta_{cr} = 55.4°$

11-10　$\delta_{cm} = 74.18°$

11-12　$\delta_{cm} = 64.3°$

11-13　$\delta_{cm} = 53.9°$

11-14　$P_0 = 52.4\text{MVA}$

11-16　(1) $P_{\text{II} lm} = \dfrac{E'V_c}{X'_{d\Sigma\text{III}}}, \delta_{cr} = \cos^{-1}\left[\dfrac{P_0(\delta'_1 - \delta_0) + P_{\text{II} lm}\cos\delta'_k}{P_{\text{II} lm}}\right]$

(2) $\displaystyle\int_{\delta_0}^{\delta_{cm}} P_0 \,\mathrm{d}\delta < \int_{\delta_{cm}}^{\delta'_k} (P_{\text{II} lm}\sin\delta - P_0)\,\mathrm{d}\delta$

附录 B 短路电流周期分量计算曲线数字表

表 B-1 汽轮发电机计算曲线数字表

X_{js}	0s	0.01s	0.06s	0.1s	0.2s	0.4s	0.5s	0.6s	1s	2s	4s
0.12	8.963	8.603	7.186	6.400	5.220	4.252	4.006	3.821	3.344	2.795	2.512
0.14	7.718	7.467	6.441	5.839	4.878	4.040	3.829	3.673	3.280	2.808	2.526
0.16	6.763	6.545	5.660	5.146	4.336	3.649	3.481	3.359	3.060	2.706	2.490
0.18	6.020	5.844	5.122	4.697	4.016	3.429	3.288	3.186	2.944	2.659	2.476
0.20	5.432	5.280	4.661	4.297	3.715	3.217	3.099	3.016	2.825	2.607	2.462
0.22	4.938	4.813	4.296	3.988	3.487	3.052	2.951	2.882	2.729	2.561	2.444
0.24	4.526	4.421	3.984	3.721	3.286	2.904	2.816	2.758	2.638	2.515	2.425
0.26	4.178	4.088	3.714	3.486	3.106	2.769	2.693	2.644	2.551	2.467	2.404
0.28	3.872	3.705	3.472	3.274	2.939	2.641	2.575	2.534	2.464	2.415	2.378
0.30	3.603	3.536	3.255	3.081	2.785	2.520	2.463	2.429	2.379	2.360	2.347
0.32	3.368	3.310	3.063	2.909	2.646	2.410	2.360	2.332	2.299	2.306	2.316
0.34	3.159	3.108	2.891	2.754	2.519	2.308	2.264	2.241	2.222	2.252	2.283
0.36	2.975	2.930	2.736	2.614	2.403	2.213	2.175	2.156	2.149	2.109	2.250
0.38	2.811	2.770	2.597	2.487	2.297	2.126	2.093	2.077	2.081	2.148	2.217
0.40	2.664	2.628	2.471	2.372	2.119	2.045	2.017	2.004	2.017	2.099	2.184
0.42	2.531	2.499	2.357	2.267	2.110	1.970	1.946	4.936	4.956	2.052	2.151
0.44	2.411	2.382	2.253	2.170	2.027	1.900	1.879	1.872	1.899	2.006	2.119
0.46	2.302	2.275	2.157	2.082	1.950	1.835	1.817	1.812	1.845	1.963	2.088
0.48	2.203	2.178	2.069	2.000	1.879	1.774	1.759	1.756	1.794	1.921	2.057
0.50	2.111	2.088	1.988	1.924	1.813	1.717	1.704	1.703	1.746	1.880	2.027
0.55	1.913	1.894	1.810	1.757	1.665	1.589	1.581	1.583	1.635	1.785	1.953
0.60	1.748	1.732	1.662	1.617	1.539	1.478	1.474	1.479	1.538	1.699	1.884
0.65	1.610	1.596	1.535	1.497	1.431	1.382	1.381	1.388	1.452	1.621	1.819
0.70	1.492	1.479	1.426	1.393	1.336	1.297	1.298	1.307	1.375	1.549	1.734
0.75	1.390	1.379	1.332	1.302	1.253	1.221	1.225	1.235	1.305	1.484	1.596
0.80	1.301	1.291	1.249	1.223	1.179	1.154	1.159	1.171	1.243	1.424	1.474
0.85	1.222	1.214	1.176	1.152	1.114	1.094	1.100	1.112	1.186	1.358	1.370
0.90	1.153	1.145	1.110	1.089	1.055	1.039	1.047	1.060	1.134	1.279	1.279
0.95	1.091	1.084	1.052	1.032	1.002	0.990	0.998	1.012	1.087	1.200	1.200

续表

X_{js}	0s	0.01s	0.06s	0.1s	0.2s	0.4s	0.5s	0.6s	1s	2s	4s
1.00	1.035	1.028	0.999	0.981	0.954	0.945	0.954	0.968	1.043	1.129	1.129
1.05	0.985	0.979	0.952	0.935	0.910	0.904	9.014	0.928	1.003	1.067	1.067
1.10	0.940	0.934	0.908	0.893	0.870	0.866	0.876	0.891	0.966	1.011	1.011
1.15	0.898	0.892	0.869	0.854	0.833	0.832	0.842	0.857	0.932	0.961	0.961
1.20	0.860	0.855	0.832	0.819	0.800	0.800	0.811	0.825	0.898	0.915	0.915
1.25	0.825	0.820	0.799	0.786	0.769	0.770	0.781	0.796	0.864	0.874	0.874
1.30	0.793	0.788	0.768	0.756	0.740	0.743	0.754	0.769	0.800	0.802	0.802
1.35	0.763	0.758	0.739	0.728	0.713	0.717	0.728	0.743	0.769	0.770	0.770
1.40	0.735	0.731	0.713	0.703	0.688	0.693	0.705	0.720	0.740	0.740	0.770
1.45	0.710	0.705	0.688	0.678	0.665	0.671	0.682	0.697	0.740	0.740	0.740
1.50	0.686	0.682	0.665	0.656	0.644	0.650	0.662	0.676	0.713	0.713	0.713
1.55	0.663	0.659	0.644	0.635	0.623	0.630	0.642	0.657	0.687	0.687	0.687
1.60	0.642	0.639	0.623	0.615	0.604	0.612	0.624	0.638	0.664	0.664	0.664
1.65	0.622	0.619	0.605	0.596	0.586	0.594	0.606	0.621	0.642	0.642	0.642
1.70	0.604	0.601	0.587	0.579	0.570	0.578	0.590	0.604	0.621	0.621	0.621
1.75	0.586	0.583	0.570	0.562	0.554	0.562	0.574	0.589	0.602	0.602	0.602
1.80	0.570	0.567	0.554	0.547	0.539	0.548	0.559	0.573	0.584	0.584	0.584
1.85	0.554	0.551	0.539	0.532	0.524	0.534	0.545	0.559	0.566	0.566	0.566
1.90	0.540	0.537	0.525	0.518	0.511	0.521	0.532	0.544	0.550	0.550	0.550
1.95	0.526	0.523	0.511	0.505	0.498	0.508	0.520	0.530	0.535	0.535	0.535
2.00	0.512	0.510	0.498	0.492	0.486	0.496	0.508	0.517	0.521	0.521	0.521
2.05	0.500	0.497	0.486	0.480	0.474	0.485	0.496	0.504	0.507	0.507	0.507
2.10	0.488	0.485	0.475	0.469	0.463	0.474	0.485	0.492	0.494	0.494	0.494
2.15	0.476	0.474	0.464	0.458	0.453	0.463	0.474	0.481	0.482	0.482	0.482
2.20	0.465	0.463	0.453	0.448	0.443	0.453	0.464	0.470	0.470	0.470	0.470
2.25	0.455	0.453	0.443	0.438	0.433	0.444	0.454	0.459	0.499	0.459	0.459
2.30	0.445	0.443	0.433	0.428	0.424	0.435	0.444	0.448	0.448	0.448	0.448
2.35	0.435	0.433	0.424	0.419	0.15	0.426	0.435	0.438	0.438	0.438	0.438
2.40	0.426	0.424	0.415	0.411	0.407	0.418	0.426	0.428	0.428	0.428	0.428
2.45	0.417	0.415	0.407	0.402	0.399	0.410	0.417	0.419	0.419	0.419	0.419
2.50	0.409	0.407	0.399	0.394	0.391	0.402	0.409	0.410	0.410	0.410	0.410
2.55	0.400	0.399	0.391	0.387	0.383	0.394	0.401	0.402	0.402	0.402	0.402
2.60	0.392	0.391	0.383	0.379	0.376	0.387	0.393	0.393	0.393	0.393	0.393
2.65	0.385	0.384	0.376	0.372	0.369	0.380	0.385	0.386	0.386	0.386	0.386
2.70	0.377	0.377	0.369	0.365	0.362	0.373	0.378	0.378	0.378	0.378	0.378
2.75	0.370	0.370	0.362	0.359	0.356	0.367	0.371	0.371	0.371	0.371	0.371
2.80	0.363	0.363	0.356	0.352	0.350	0.361	0.364	0.364	0.364	0.364	0.364
2.85	0.357	0.356	0.350	0.346	0.344	0.354	0.357	0.357	0.357	0.357	0.357
2.90	0.350	0.350	0.344	0.340	0.338	0.348	0.351	0.351	0.351	0.351	0.351
2.95	0.344	0.344	0.338	0.335	0.333	0.343	0.344	0.344	0.344	0.344	0.344
3.00	0.338	0.338	0.332	0.329	0.327	0.337	0.338	0.338	0.338	0.338	0.338
3.05	0.332	0.332	0.327	0.324	0.322	0.331	0.332	0.332	0.332	0.332	0.332
3.10	0.327	0.326	0.322	0.319	0.317	0.326	0.327	0.327	0.327	0.327	0.327
3.15	0.321	0.321	0.317	0.314	0.312	0.321	0.321	0.321	0.321	0.321	0.321
3.20	0.316	0.316	0.312	0.309	0.307	0.316	0.316	0.316	0.316	0.316	0.316
3.25	0.311	0.311	0.307	0.304	0.303	0.311	0.311	0.311	0.311	0.311	0.311
3.30	0.306	0.306	0.302	0.300	0.298	0.306	0.306	0.306	0.306	0.306	0.306
3.35	0.301	0.301	0.298	0.295	0.294	0.301	0.301	0.301	0.301	0.301	0.301
3.40	0.297	0.297	0.293	0.291	0.290	0.297	0.297	0.297	0.297	0.297	0.297
3.45	0.292	0.292	0.289	0.287	0.286	0.292	0.292	0.292	0.292	0.292	0.292

表 B-2　水轮发电机计算曲线数字表

X_{js}	0s	0.01s	0.06s	0.1s	0.2s	0.4s	0.5s	0.6s	1s	2s	4s
0.18	6.127	5.695	4.623	4.331	4.100	3.933	3.867	3.807	3.605	3.300	3.081
0.20	5.526	5.184	4.297	4.045	3.856	3.754	3.716	3.681	3.563	3.378	3.234
0.22	5.055	4.767	4.026	3.806	3.633	3.556	3.531	3.508	3.430	3.302	3.191
0.24	4.647	4.402	3.764	3.575	3.433	3.378	3.363	3.348	3.300	3.220	3.151
0.26	4.290	4.083	3.538	3.375	3.253	3.216	3.208	3.200	3.174	3.133	3.098
0.28	3.993	3.816	3.343	3.200	3.096	3.073	3.070	3.067	3.060	3.049	3.043
0.30	3.727	3.574	3.163	3.039	3.950	2.938	2.941	2.943	2.952	2.970	2.993
0.32	3.494	3.360	3.001	3.892	2.817	2.815	2.822	2.828	2.851	2.895	2.943
0.34	3.285	3.168	2.851	2.755	2.692	2.699	2.709	2.719	2.754	2.820	2.891
0.36	3.095	2.991	2.712	2.627	2.574	2.589	2.602	2.614	2.660	2.745	2.837
0.38	2.922	2.831	2.583	2.508	2.464	2.484	2.500	2.515	2.569	2.674	2.782
0.40	2.767	2.685	2.464	2.398	2.361	2.388	2.405	2.422	2.484	2.600	2.728
0.42	2.627	2.554	2.356	2.297	2.267	2.294	2.317	2.336	2.404	2.532	2.675
0.44	2.500	2.434	2.256	2.204	2.179	2.214	2.235	2.255	2.329	2.467	2.624
0.46	2.385	2.325	2.164	2.117	2.098	2.136	2.158	2.180	2.258	2.406	2.575
0.48	2.280	2.225	2.079	2.038	2.023	2.064	2.087	2.110	2.192	2.348	2.527
0.50	2.183	2.134	2.001	1.964	1.953	1.996	2.021	2.044	2.130	2.293	2.482
0.52	2.095	2.050	1.928	1.895	1.887	1.933	1.958	1.983	2.071	2.241	2.438
0.54	2.013	1.972	1.861	1.831	1.826	1.874	1.900	1.925	2.015	2.191	2.396
0.56	1.938	1.899	1.798	1.771	1.769	1.818	1.845	1.870	1.963	2.143	2.355
0.60	1.802	1.770	1.683	1.662	1.665	1.717	1.744	1.770	1.866	2.054	2.263
0.65	1.658	1.630	1.559	1.543	1.550	1.605	1.633	1.660	1.759	1.950	2.137
0.70	1.534	1.511	1.452	1.440	1.451	1.507	1.535	1.562	1.663	1.846	1.964
0.75	1.428	1.408	1.358	1.349	1.363	1.420	1.449	1.476	1.578	1.741	1.794
0.80	1.336	1.318	1.276	1.270	1.286	1.343	1.372	1.400	1.498	1.620	1.642
0.85	1.254	1.239	1.203	1.199	1.217	1.274	1.303	1.331	1.423	1.507	1.513
0.90	1.182	1.169	1.138	1.135	1.155	1.212	1.241	1.268	1.352	1.403	1.403
0.95	1.118	1.106	1.080	1.078	1.099	1.156	1.185	1.210	1.282	1.308	1.308

续表

X_{js}	0s	0.01s	0.06s	0.1s	0.2s	0.4s	0.5s	0.6s	1s	2s	4s
1.00	1.061	1.050	1.027	1.027	1.048	1.105	1.132	1.156	1.211	1.225	1.255
1.05	1.009	0.999	0.979	0.980	1.002	1.058	1.084	1.105	1.146	1.152	1.152
1.10	0.962	0.953	0.936	0.937	0.959	1.015	1.038	1.057	1.085	1.087	1.087
1.15	0.919	0.911	0.896	0.898	0.920	0.974	0.995	1.011	1.029	1.029	1.029
1.20	0.880	0.872	0.859	0.862	0.885	0.936	0.955	0.966	0.977	0.977	0.977
1.25	0.843	0.837	0.825	0.829	0.852	0.900	0.916	0.923	0.930	0.930	0.930
1.30	0.810	0.804	0.794	0.798	0.821	0.866	0.878	0.884	0.888	0.888	0.888
1.35	0.780	0.774	0.765	0.769	0.792	0.834	0.843	0.847	0.849	0.849	0.849
1.40	0.751	0.746	0.738	0.743	0.766	0.803	0.810	0.812	0.813	0.813	0.813
1.45	0.725	0.720	0.713	0.718	0.740	0.774	0.778	0.780	0.780	0.780	0.780
1.50	0.700	0.696	0.690	0.695	0.717	0.749	0.749	0.750	0.750	0.750	0.750
1.55	0.677	0.673	0.668	0.673	0.694	0.719	0.722	0.722	0.722	0.722	0.722
1.60	0.655	0.652	0.647	0.652	0.673	0.694	0.696	0.696	0.696	0.696	0.696
1.65	0.635	0.632	0.628	0.633	0.653	0.671	0.672	0.672	0.672	0.672	0.672
1.70	0.616	0.613	0.610	0.615	0.634	0.649	0.649	0.649	0.649	0.649	0.649
1.75	0.598	0.595	0.592	0.598	0.616	0.628	0.628	0.628	0.628	0.628	0.628
1.80	0.581	0.578	0.586	0.582	0.599	0.608	0.608	0.608	0.608	0.608	0.608
1.85	0.565	0.563	0.561	0.566	0.582	0.590	0.590	0.590	0.590	0.590	0.590
1.90	0.550	0.548	0.546	0.552	0.566	0.572	0.572	0.572	0.572	0.572	0.572
1.95	0.536	0.533	0.532	0.538	0.551	0.556	0.556	0.556	0.556	0.556	0.556
2.00	0.522	0.520	0.519	0.524	0.537	0.540	0.540	0.540	0.540	0.540	0.540
2.05	0.509	0.507	0.507	0.512	0.523	0.525	0.525	0.525	0.525	0.525	0.525
2.10	0.497	0.495	0.495	0.500	0.510	0.512	0.512	0.512	0.512	0.512	0.512
2.15	0.485	0.483	0.483	0.488	0.497	0.498	0.498	0.498	0.498	0.498	0.498
2.20	0.474	0.472	0.472	0.477	0.485	0.486	0.486	0.486	0.486	0.486	0.486
2.25	0.463	0.462	0.462	0.466	0.473	0.474	0.474	0.474	0.474	0.474	0.474
2.30	0.453	0.452	0.452	0.456	0.462	0.462	0.462	0.462	0.462	0.462	0.462
2.35	0.443	0.442	0.442	0.446	0.452	0.452	0.452	0.452	0.452	0.452	0.452
2.40	0.434	0.433	0.433	0.436	0.441	0.441	0.441	0.441	0.441	0.441	0.441
2.45	0.425	0.424	0.424	0.427	0.431	0.431	0.431	0.431	0.431	0.431	0.431
2.50	0.416	0.415	0.415	0.419	0.422	0.422	0.422	0.422	0.422	0.422	0.422
2.55	0.408	0.407	0.407	0.410	0.413	0.413	0.413	0.413	0.413	0.413	0.413
2.60	0.400	0.399	0.399	0.402	0.404	0.404	0.404	0.404	0.404	0.404	0.404
2.65	0.392	0.391	0.392	0.394	0.396	0.396	0.396	0.396	0.396	0.396	0.396
2.70	0.385	0.384	0.384	0.387	0.388	0.388	0.388	0.388	0.388	0.388	0.388
2.75	0.378	0.377	0.377	0.379	0.380	0.380	0.380	0.380	0.380	0.380	0.380
2.80	0.371	0.370	0.370	0.372	0.373	0.373	0.373	0.373	0.373	0.373	0.373
2.85	0.364	0.363	0.364	0.365	0.366	0.366	0.366	0.366	0.366	0.366	0.366
2.90	0.358	0.357	0.357	0.359	0.359	0.359	0.359	0.359	0.359	0.359	0.359
2.95	0.351	0.351	0.351	0.352	0.353	0.353	0.353	0.353	0.353	0.353	0.353
3.00	0.345	0.345	0.345	0.346	0.346	0.346	0.346	0.346	0.346	0.346	0.346
3.05	0.339	0.339	0.339	0.340	0.340	0.340	0.340	0.340	0.340	0.340	0.340
3.10	0.334	0.333	0.333	0.334	0.334	0.334	0.334	0.334	0.334	0.334	0.334
3.15	0.328	0.328	0.328	0.329	0.329	0.329	0.329	0.329	0.329	0.329	0.329
3.20	0.323	0.322	0.322	0.323	0.323	0.323	0.323	0.323	0.323	0.323	0.323
3.25	0.317	0.317	0.317	0.318	0.318	0.318	0.318	0.318	0.318	0.318	0.318
3.30	0.312	0.312	0.312	0.313	0.313	0.313	0.313	0.313	0.313	0.313	0.313
3.35	0.307	0.307	0.307	0.308	0.308	0.308	0.308	0.308	0.308	0.308	0.308
3.40	3.303	0.302	0.302	0.303	0.303	0.303	0.303	0.303	0.303	0.303	0.303
3.45	0.298	0.298	0.298	0.298	0.298	0.298	0.298	0.298	0.298	0.298	0.298

参 考 文 献

[1] 何仰赞,温增银.电力系统分析[M].3 版.武汉：华中科技大学出版社,2002.

[2] 陈珩.电力系统稳态分析[M].2 版.北京：水利电力出版社,1995.

[3] 李光琦.电力系统暂态分析[M].2 版.北京：水利电力出版社,1995.

[4] 韩祯祥,吴国炎.电力系统分析[M].2 版.杭州：浙江大学出版社,1993.

[5] 华智明,岳湖山.电力系统稳态计算[M].重庆：重庆大学出版社,1991.

[6] 陆敏政.电力系统习题集[M].北京：水利电力出版社,1990.

[7] 西安交通大学,清华大学,浙江大学,等.电力系统计算[M].北京：水利电力出版社,1978.

[8] 西安交通大学,西北电力设计院,电力工业部西北勘测设计院.短路电流实用计算方法[M].北京：电力工业出版社,1982.

[9] NAGRATH I J,KOTHARI D R . Modern power system analysis[M]. New Delhi：Tata MaGraw-Hill Publishing Company,1989.

[10] KUNDUR P. Power system stability and control[M]. New York：McGraw-Hill,1994.

[11] GRAINGER J J,STEVENSON W D. Power system analysis[M]. New York：McGraw-Hill,1994.

[12] VENIKOV V A. Transient processes in electrical power systems[M]. Moscow：Mir Publishers, 1980.

[13] 安德逊,佛阿德.电力系统的控制与稳定：第一卷[M].《电力系统的控制与稳定》翻译组,译.北京：水利电力出版社,1979.

[14] 张钟俊.电力系统电磁暂态过程[M].北京：中国工业出版社,1961.

图 书 资 源 支 持

感谢您一直以来对清华版图书的支持和爱护。为了配合本书的使用,本书提供配套的资源,有需求的读者请扫描下方的"清华电子"微信公众号二维码,在图书专区下载,也可以拨打电话或发送电子邮件咨询。

如果您在使用本书的过程中遇到了什么问题,或者有相关图书出版计划,也请您发邮件告诉我们,以便我们更好地为您服务。

我们的联系方式:

地　　址:北京市海淀区双清路学研大厦 A 座 701

邮　　编:100084

电　　话:010 - 62770175 - 4608

资源下载:http://www.tup.com.cn

客服邮箱:tupjsj@vip.163.com

QQ:2301891038 (请写明您的单位和姓名)

用微信扫一扫右边的二维码,即可关注清华大学出版社公众号"清华电子"。

教学交流、课程交流

清华电子

扫一扫,获取最新目录